面向新工科普通高等教育系列教材

ASP. NET 程序设计教程（C#版）
第 4 版

崔　森　贾红军　主编

机 械 工 业 出 版 社

本书以 C#为开发语言，面向初次接触 Web 应用程序设计的读者，从零开始，采用案例方式，全面细致地介绍了 ASP.NET 的基础知识、特点和具体应用。本书共分为 12 章，主要包括 Visual Studio 开发环境简介、Web 网站前端设计基础（HTML 5+CSS 3、JavaScript、jQuery、ASP.NET AJAX、主题和母版页等）、ASP.NET 常用内置对象和状态管理、数据库应用程序开发、LINQ to SQL，以及 ASP.NET MVC 5 等方面的内容。

本书适合作为高等院校计算机类相关专业的教材，同时也可作为广大计算机爱好者和各类 ASP.NET（C#）程序设计培训班的参考用书。

本书配有电子课件、视频资源（可扫码观看），需要的教师可登录 www.cmpedu.com 免费注册，审核通过后下载，或联系编辑索取（微信：13146070618，电话：010-88379739）。

图书在版编目（CIP）数据

ASP.NET 程序设计教程：C#版/崔淼，贾红军主编．—4 版．—北京：机械工业出版社，2024.2

面向新工科普通高等教育系列教材

ISBN 978-7-111-74919-6

Ⅰ．①A…　Ⅱ．①崔…　②贾…　Ⅲ．①网页制作工具-程序设计-高等学校-教材　Ⅳ．①TP393.092.2

中国国家版本馆 CIP 数据核字（2024）第 013272 号

机械工业出版社（北京市百万庄大街 22 号　邮政编码 100037）
策划编辑：解　芳　　责任编辑：解　芳
责任校对：李小宝　　责任印制：李　昂
河北鹏盛贤印刷有限公司印刷

2024 年 3 月第 4 版第 1 次印刷
184mm×260mm · 19 印张 · 480 千字
标准书号：ISBN 978-7-111-74919-6
定价：79.00 元

电话服务　　　　　　　　　网络服务
客服电话：010-88361066　　机　工　官　网：www.cmpbook.com
　　　　　010-88379833　　机　工　官　博：weibo.com/cmp1952
　　　　　010-68326294　　金　　书　　网：www.golden-book.com
封底无防伪标均为盗版　　机工教育服务网：www.cmpedu.com

前　言

ASP.NET是微软公司推出的企业级B/S架构Web应用程序开发平台，它建立在Microsoft .NET框架的通用语言运行环境（Common Language Runtime，CLR）之上，可在服务器端生成功能强大的Web应用程序，建立分布式、多层架构的应用环境。

本书以Microsoft Visual Studio 2015为开发平台，兼容Microsoft Visual Studio 2010以上版本（除特别声明的内容外），以C#为开发语言，面向初次接触Web应用程序设计的读者，从零开始，采用案例方式，全面、细致地介绍了ASP.NET的基础知识、特点和具体应用。

为使读者全面、系统地理解Web应用程序设计的各个环节，本书加强了对以HTML 5+CSS 3为基础，以JavaScript、jQuery、ASP.NET AJAX，以及主题和母版页为辅助的Web前端设计技术的介绍。对数据库应用程序设计部分进行了结构优化，使其层次更加清晰，更易于理解。本书还包含了对LINQ to SQL数据库访问技术和ASP.NET MVC 5架构等内容的介绍。

本书在示例处理上采用“任务驱动”方式，即先给出设计目标，然后介绍为实现该目标而采取的设计方法。在程序设计中的操作以详尽的表述结合图例来说明，力求让读者对每一步操作都清清楚楚。在代码设计中尽可能多地给出注释，力求让读者对每一行代码的意义及其前后联系明明白白。在编排上注意做到简明扼要、由浅入深、循序渐进，力求通俗易懂、简洁实用。在编写的主导思想上突出一个“用”字，避免烦琐的、长篇大论的理论阐述，紧紧抓住培养学生基本编程技能这个纲，以求达到学以致用的目的。本书概念清晰、逻辑性强、层次分明、示例丰富，符合教师教学和学生学习的习惯。

本书共分为12章，主要包括Visual Studio开发环境简介、Web网站前端设计基础（HTML 5+CSS 3、JavaScript、jQuery、ASP.NET AJAX、主题和母版页等）、ASP.NET常用内置对象和状态管理、数据库应用程序开发、LINQ to SQL，以及ASP.NET MVC 5等方面的内容。

本书适合作为高等院校计算机类相关专业教材，同时也可作为广大计算机爱好者和各类ASP.NET（C#）程序设计培训班的教学用书。

本书由崔淼、贾红军主编，具体分工如下：崔淼编写第9、10、11章，贾红军编写第2、3、4章，孙民瑞编写第1、7章，李媛编写第5、6章，徐军编写第8章，刘瑞新编写第12章。本书由刘瑞新教授策划，得到了许多一线教师的大力支持，提出了许多宝贵意见，使本书更加符合教学规律，在此表示感谢。

由于计算机信息技术发展迅速，书中难免有不足和疏漏之处，恳请广大读者批评指正。

编　者

目　　录

第1章　ASP.NET概述

计算机应用程序一般可分为客户机/服务器（Client/Server，C/S）架构和浏览器/服务器（Browser/Server，B/S）架构两种类型。而B/S架构应用程序通常需要基于Web运行，故也被称为Web应用程序。任何一个Web应用程序又可分为前端和后端两部分，前端主要提供显示操作界面、数据展示等功能，后端主要提供数据的收集、分析和计算等数据处理功能，并能将处理结果传递给前端。

Microsoft推出的基于.NET框架的ASP.NET技术就是一种常用的Web应用程序开发工具，它包含在Microsoft应用程序开发平台Visual Studio中，支持C#、Visual Basic等程序设计语言，本书采用的版本为Visual Studio 2015。

1.1　Web基础知识

目前有很多Web应用程序开发工具，它们都拥有一套独立的应用程序编程模型。但是无论这些模型有多大区别，它们都必须符合国际上通用的Web标准，只有这样才能使编写出来的应用程序支持多种客户端浏览器。

1.1.1　B/S架构与ASP.NET

B/S架构应用程序的开发工具有很多，其中最被人们所熟知的是Microsoft推出的ASP.NET。

1. C/S与B/S架构的比较

C/S架构体系如图1-1所示。通常，程序员需要将开发完成的软件安装在计算机（客户机）中，将数据库安装在专用的服务器（数据库服务器）中，用户通过安装在客户机中的软件和网络进行各种数据库操作。如果是单机版应用程序，其数据库直接安装在本地计算机中即可。

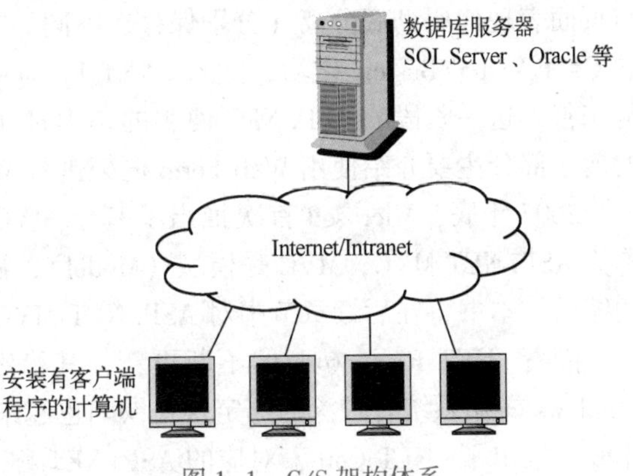

图1-1　C/S架构体系

C/S架构应用程序最主要的特征就是要求客户机中必须安装客户端程序，否则无法工作。常用的聊天工具（如QQ、微信）及一些网络游戏都属于C/S架构的应用程序。

B/S架构应用程序使用户通过浏览器即可访问，无须在本地计算机中安装任何客户端程序。其架构体系如图1-2所示，由客户机、Web应用服务器和数据库服务器3部分组成，在中小型应用系统中，Web应用服务器可以与数据库服务器安装在同一台计算机中。在大型应用系统中，也可以将同一应用程序的不同数据处理业务分别安放在不同的Web应用服务器中（两台或多台），以实现分布式数据处理的需要。

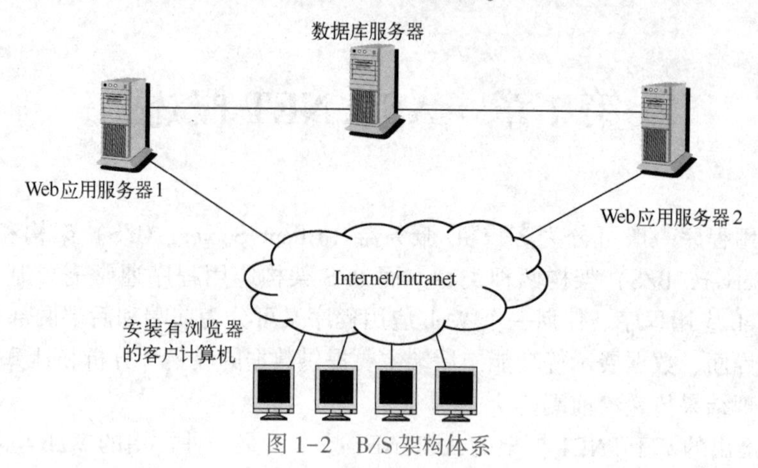

图 1-2 B/S 架构体系

与 C/S 架构相比，B/S 应用程序不需要在客户机上安装专门的客户端软件，用户在使用程序时仅需要通过安装在客户机上的 Internet 浏览器访问指定的网页即可。目前绝大多数微机都在使用集成了 IE 或 Edge 浏览器的 Windows 操作系统，也就是说，只要客户机能够通过网络访问指定的 Web 服务器，即可正常使用 B/S 架构的应用程序。

此外，在 B/S 架构的应用程序中，主要的数据分析和处理工作是在应用服务器中完成的，它将处理完毕的数据以 HTML 网页的形式推送给客户端浏览器。客户端主要用来收集用户数据、下达指令和接收服务器处理结果，所以客户机的配置要求不高，B/S 架构非常适合“瘦客户端”的运行环境。

2. ASP. NET 的发展历程

Microsoft 最初推出的是动态服务器页面（Active Server Page，ASP）技术，它允许开发人员在静态网页的 HTML 编码中添加使用 VBScript 语言编写的脚本代码，实现初步的交互功能。

2002 年 Microsoft 推出 . NET Framework 后，ASP 也升级到了 ASP. NET，将功能实现代码与页面表现代码彻底分离（分别保存在不同的文件中），而且在程序设计语言上支持更强大的 C#和 Visual Basic。之后，随着 . NET Framework 的不断升级，ASP. NET 也在不断地更新与完善。这一阶段的 ASP. NET 使用的是 Web 窗体（Web Form）应用程序设计框架。本书的前半部分主要介绍使用 Web Form 框架进行 Web 应用程序设计的技术。

2007 年底，Microsoft 首次推出了基于 MVC 模式编写 ASP. NET Web 应用程序的框架，称为 ASP. NET MVC，MVC 是模型（Model）、视图（View）和控制器（Controller）3 个单词的缩写。本书将在后续章节中对 ASP. NET MVC 编程技术进行介绍。

随着 . NET Framework 的不断更新，其稳定性及功能日趋强大。但 . NET Framework 对 Windows 操作系统有较深的绑定这一缺陷也越来越明显。为解决这一问题，Microsoft 于 2016 年 6 月推出了 . NET Core，对应的 ASP. NET 称为 ASP. NET Core，这是一个开源的模块化的 Framework，无论是开发 Web 应用程序还是移动设备应用程序，都在同一个 Framework（. NET Core）下运行，而且 . NET Core 也可在不同的操作系统（如 Windows、Linux 和 macOS 等）上运行，实现了跨平台、跨设备应用程序开发的需要。

1. 1. 2 Web 标准概述

ASP. NET 或其他任何一种 B/S 架构应用程序都是由一系列网页（也称为 Web 页）和资

源文件组成的，通常以一个符合国际通用 Web 标准的“网站”形式展现给用户，用户也只能通过安装在计算机中的浏览器软件（如 Edge、Firefox 和 Chrome 等）访问应用程序。

需要说明的是，Web 标准不是某一个标准，而是一系列标准的集合。这些标准大部分由万维网联盟（World Wide Web Consortium，W3C）起草和发布，也有一些是其他标准组织制定的标准，比如欧洲计算机制造商协会（European Computer Manufacturers Association，ECMA）的 ECMAScript 标准。

1999 年 W3C 制定了 HTML 4.01 标准，随后公布了 CSS 2.1 和 JavaScript 标准，这些标准统称为 Web 1.0 标准。随着 W3C 对 HTML 5、CSS 3、JavaScript、Canvas、SVG 及移动设备开发规范等一系列新标准的发布，表示以 HTML 5+CSS 3 为核心的 Web 2.0 时代的到来。

1.1.3　静态网页和动态网页

早期的网页都是使用纯 HTML 标记语言编写的，以 .html 或 .htm 文件格式保存在网站中，网页之间通过超链接进行跳转，这种网页称为“静态网页”。动态网页能很好地与用户进行全方位的互动，并能根据用户的需要动态地返回不同的 HTML 页面。

需要注意的是，包含了一些动画效果的页面是不能被称为动态网页的，动态网页强调的是与用户有交互，特别是数据方面的交互。

1. 静态网页

静态网页具有以下特征：①任何一个访问者无论以何种方式访问网页，网页的内容（文本、图像、声音和超链接等）和外观都是保持不变的；②网页中不包含除了超链接跳转以外的任何与客户端进行交互的功能。

静态网页的最大优点是访问效率高，需要服务器处理的内容十分少。而且通过 Dreamweaver 等开发软件可以很容易地进行设计。静态网页的缺点也很明显，就是当网页的内容需要变化时必须重新进行设计和发布，这对不太了解网页制作技术的普通人来说无疑是一大难题。

静态网页的访问过程如下。

1）用户通过浏览器结合网页的 URL 或超链接向 Web 服务器发出请求。

2）Web 服务器定位用户希望访问的网页将其转换成 HTML 代码流，并通过网络传送给用户的浏览器。

3）用户浏览器对接收到的 HTML 代码流进行解析，并还原成网页显示出来。

2. 动态网页

动态网页依据代码处理位置的不同分为客户端动态网页和服务器端动态网页。

（1）客户端动态网页

客户端动态网页是指 Web 服务器将 HTML 页面和一组包含了页面逻辑的脚本、组件等一起发送到客户端，这些脚本和组件包含了如何与用户交互并产生动态内容的指令，由客户端浏览器及其插件解析 HTML 页面并执行这些指令代码。常见的动态网页技术包括 JavaScript、VBScript、ActiveX 控件、jQuery 和 AJAX 等。

客户端动态网页技术可以充分利用本地计算机硬件资源，在客户端完成各类数据的分析、判断和其他处理工作。由于数据处理在本地完成，减少了数据在网络上的往返传输，因此这种方式下的响应速度很快，也减轻了服务器和网络的压力。但由于数据的分析、判断和其他处理工作的程序代码需要下载到本地执行，也就带来了源代码无法隐藏的弊端，这对程序的安全性还是有一些影响的。所以，通常将客户端网页技术应用在显示特效和动画、验证用户输入的有效性等方面。

（2）服务器端动态网页

服务器端动态网页与客户端动态网页的主要不同在于所有的数据分析、判断和其他处理工作都在服务器端进行，服务器只将处理好的结果以 HTML 代码流的形式发送给客户端。ASP.NET 就是用于开发服务器端动态网页的一个常用工具。

在服务器端动态网页方式中，保存在服务器中的数据处理程序将会被编译成二进制形式，这样既提高了程序的运行效率，又提高了源代码的保密性。但这种方式要求服务器有较高的配置，而且页面是在用户发出请求时临时生成的，尽管生成后的网页可以被缓存，但首次显示网页时的响应速度会有一些卡顿。

1.2 Visual Studio 集成开发环境

1-1 Visual Studio 集成开发环境

Visual Studio（简称 VS）是 Microsoft 推出的用于软件开发的重要平台。目前最新版本为 Visual Studio 2023（简称 VS 2023），内置最高的 .NET Framework 版本为 4.8。同时提供对 .NET Framework 2.0、.NET Framework 3.0 等其他版本的支持。使用 Visual Studio 可以方便地进行 ASP.NET Web、Windows 和移动端等应用程序的开发。

Visual Studio 开发平台将程序设计中需要的各个环节（程序组织、界面设计、程序设计、运行和调试等）集成在同一个窗口中，极大地方便了开发人员的设计工作。通常将这种集多项功能于一身的开发平台称为集成开发环境（Integrated Development Environment，IDE）。

本书以 Visual Studio 2015 Enterprise Update 3 和 Windows 10 专业版为背景，但讲述内容除特别声明外也适用于 Visual Studio 2008 及以上各版本。

1.2.1 Visual Studio 项目管理

“项目”（Project）是 Visual Studio 用来标识构建应用程序的方式。它作为一个容器对程序的源代码和相关资源文件进行统一的管理和组织，项目文件是 .csproj（C#）或 .vbproj（Visual Basic）。

在 Visual Studio 中创建一个 Web 站点项目或 Web 应用程序项目时，系统会自动创建相应的“解决方案”（Solution），解决方案文件是 .sln。一个解决方案中可以包含多个项目，可以将解决方案理解为“项目的容器”，将项目理解为“程序的容器”。

1. Visual Studio 2015 中的常用模板

Visual Studio 中关于 ASP.NET 提供了“Web 网站”（Web Site）和“Web 应用程序”（Web Application）项目两种常用的模板。使用模板可以由系统自动创建应用程序开发所必需的基础架构，减少了程序员的工作量，提高了程序开发效率。

（1）创建 Web 网站

在 Visual Studio 中选择“文件”→“新建”→“网站”命令，弹出如图 1-3 所示的“新建网站”对话框。在该对话框中可以选择使用的编程语言，如本例的 Visual C#及使用的 .NET Framework 版本，本例为 .NET Framework 4.5.2。

对话框下方的“Web 位置”下拉列表框中为用户提供了“文件系统”“HTTP”和“FTP”共 3 种网站文件夹的保存方式。

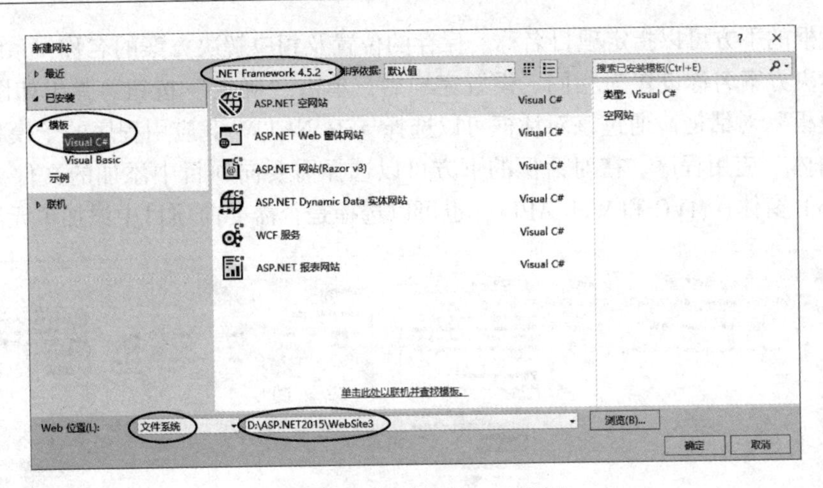

图 1-3 “新建网站”对话框

- 文件系统：在 Visual Studio 中使用默认的“文件系统”方式创建新网站时，仅需要指定一个用于存放站点文件的本地文件夹，而不需要在本计算机中安装 IIS 服务器，系统能自动为该站点配置一个“ASP. NET 开发服务器”（ASP. NET Development Server），用来模拟 IIS 服务器对 ASP. NET 程序运行时的支持，这种方式十分适合独立设计者或学习时使用。
- HTTP：如果在远程或本地 IIS 服务器中已创建并设置好了站点的虚拟目录，则可在“Web 位置”下拉列表框中选择“HTTP”方式后，填写站点的本地或远程 URL 地址，如“http://localhost/站点文件夹名”（localhost 表示本地计算机）或“http://远程服务器 IP 或域名/站点文件夹名”等。单击“确定”按钮后，系统要求用户输入对站点具有管理权限的用户名和相应的密码。

  需要说明的是，使用 HTTP 方式创建新站点时，应确定服务器中已对站点文件夹正确配置了 ASP. NET。使用 HTTP 方式可以将程序的源代码保存到一个公用的 IIS 服务器中，开发团队的所有成员均可用“打开网站”的方式访问和修改程序，这种方式特别适合团队开发时使用。
- FTP：如果在远程或本地 IIS 服务器中已创建并设置好了站点的虚拟目录，并在服务器中安装了用于远程管理的 FTP 服务器，则可在“Web 位置”下拉列表框中选择“FTP”方式后，填写对应的 FTP 访问地址，如“ftp://远程服务器 IP 或域名”或“ftp://远程服务器 IP 或域名/站点文件夹名”。单击“确定”按钮后，系统会要求用户输入拥有足够权限的用户名和相应的密码。使用 FTP 方式与 HTTP 方式相似，都是将程序的源代码存放在公用的 IIS 服务器中，适合团队开发时使用。

(2) Web 应用程序项目

在 Visual Studio“起始页”左侧单击“新建项目”或选择“文件”→“新建”→“项目”命令，弹出如图 1-4 所示的对话框。

通过该对话框可以选择项目使用的 . NET Framework 版本。在左侧窗格中可以选择使用何种编程语言创建何种项目，如本例使用 Visual C#语言创建 Web 项目。

在中间窗格中可以选择指定项目类型的子类，如本例的 ASP. NET Web Application (. NET Framework)，表示要创建基于 . NET Framework 的 ASP. NET Web 应用程序。

在对话框的下方可以指定项目名称、保存的位置及相应解决方案的名称，系统默认将项目名称和解决方案名称设置为相同。设置完毕后，单击“确定”按钮，弹出如图 1-5 所示的“选择模板”对话框。通过该对话框可以选择 ASP.NET Web 应用程序的子模板，如本例的“Web 窗体”应用程序。在对话框的下方可以选择需要向项目中添加的文件夹和相关核心引用（Web 窗体、MVC 和 Web API），也可以选择是否需要向项目中添加单元测试。

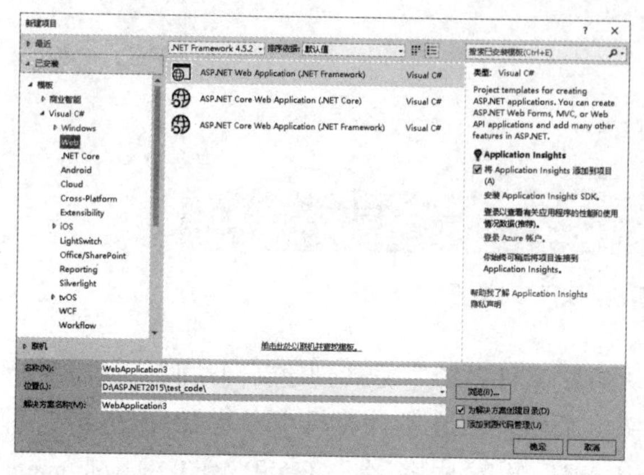

图 1-4 “新建项目”对话框

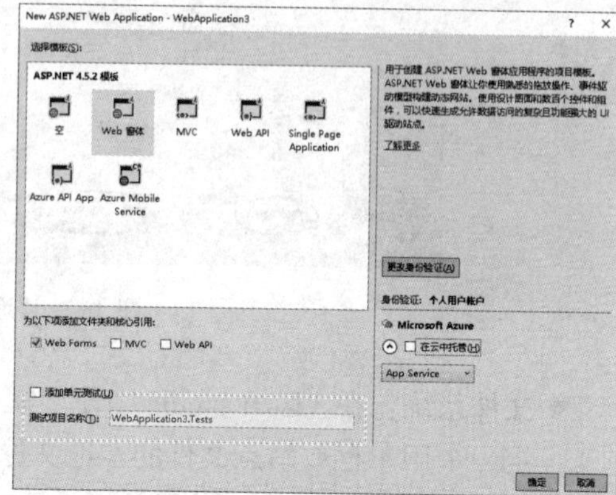

图 1-5 “选择模板”对话框

对话框右侧的 Microsoft Azure 是 Microsoft 提供的一个大型的、收费的云平台，Azure 既提供了基础设施服务，如虚拟机、硬盘等，又提供了托管服务。用户可以把自己开发的网站托管在上面，发布后就可以访问网站了。除非确有必要，此处一般不必选择“在云中托管”复选框。

2. Web 网站与 Web 应用程序的区别

（1）Web 网站

在这种方式下，每个 Web 页面一般由 .aspx 和 .aspx.cs 两个文件来表示。前者主要用于表现页面内容、布局等外观属性，后者存放了用于实现程序功能的源代码。发布网站时系统会将 .aspx.cs 中的源代码编译成独立的二进制 .dll 文件，存放在名为 bin 的文件夹中。Web 网站创建后所在文件夹中没有 .csproj 项目文件，此时系统将整个目录结构当成一个项目。

需要注意的是，Web 网站不可以作为类库被引用，不能通过此方式创建 ASP.NET MVC 应用程序。

（2）Web 应用程序

Web 应用程序可以作为类库被引用，非常适合项目分模块开发方式。通过创建 Web 应用程序的方式可以创建 ASP.NET MVC。在 Web 应用程序项目中，每一个 Web 页面都由 .aspx、.aspx.cs 和 .aspx.designer.cs 这 3 个文件来表示。其中，.aspx.designer.cs 文件通常存放的是一些页面中控件的配置信息，也就是控件注册页面。它是窗体设计器生成的代码文件，作用是对窗体上的控件执行初始化工作，一般不需要程序员进行手工编辑。

1.2.2 集成开发环境的主要子窗口

Visual Studio 启动后，选择“文件”→“新建”→“网站”命令，在弹出的“新建网站”对话框中选择“ASP.NET Web 窗体网站”选项，填写网站文件夹的保存位置，单击

"确定"按钮，系统将按用户的选择自动进行网站相关配置，并将一个默认样式的网站打开到 Visual Studio IDE 主窗口中，如图 1-6 所示。从图 1-6 中可以看到，主窗口中除了具有菜单栏、工具栏外，还包含许多子窗口，其中最常用的是"工具箱""解决方案资源管理器"和"属性"子窗口。更多子窗口可以通过选择"视图"菜单中的相应命令将其打开。在一些显示出来的子窗口下方会有一些选项卡，如"输出"窗口下方就包含一个"错误列表"选项卡，单击这些选项卡可以在子窗口间进行切换显示。

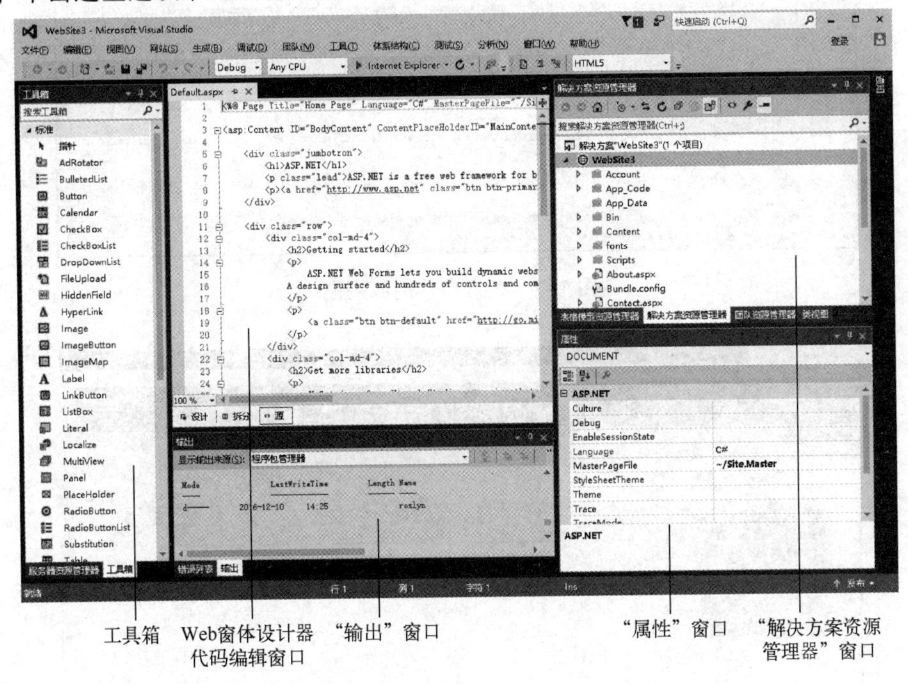

图 1-6　Visual Studio 2015 IDE 主窗口

用户的主要工作区域是 Web 窗体设计器代码编辑窗口，该子窗口用来显示 Web 窗体的"源"视图、"设计"视图或程序"代码窗口"。

1. 解决方案资源管理器

使用 Visual Studio 开发的应用程序称为解决方案，每一个解决方案可以包含一个或多个项目。一个项目通常是一个完整的程序模块，可以包含多个项。"解决方案资源管理器"窗口中显示了 Visual Studio 解决方案的树形结构，单击项名称前面的空心或实心三角形标记，可以使该项展开或折叠。在"解决方案资源管理器"中可以像在 Windows 资源管理器中那样，浏览组成解决方案的所有项目和每个项目中的文件，可以对解决方案的各元素进行各种操作，如打开、编辑、添加内容、重命名和删除等。

(1) Web 页面设计

在解决方案资源管理器中，双击某个文件，将在主窗口中显示相应的视图。例如，双击 Web 窗体文件（. aspx）将打开网页的源视图（HTML 代码设计方式）或设计视图（可视化设计方式），如图 1-7 和图 1-8 所示。

在 Web 窗体设计器代码编辑窗口中打开 Web 窗体文件后，下方将出现"源""拆分"和"设计"3 个选项卡，选择相应的选项卡可在编辑区中进行"源"视图、"拆分"视图和"设计"视图之间的切换。

```
Default.aspx*
1  : Title="Home Page" Language="C#" MasterPageFile="~/Site.Master" AutoEventWireup="true" CodeFile="Default.aspx.cs" Inhe
2
3  ntent ID="BodyContent" ContentPlaceHolderID="MainContent" runat="server">
4
5  v class="jumbotron">
6    <h1>ASP.NET</h1>
7    <p class="lead">ASP.NET is a free web framework for building great Web sites and Web applications using HTML, CSS, and
8    <p><a href="http://www.asp.net" class="btn btn-primary btn-lg">Learn more &raquo;</a></p>
9  iv>
10
11 v class="row">
12  <div class="col-md-4">
13      <h2>Getting started</h2>
14      <p>
15          ASP.NET Web Forms lets you build dynamic websites using a familiar drag-and-drop, event-driven model.
16      A design surface and hundreds of controls and components let you rapidly build sophisticated, powerful UI-driven s
17      </p>
18      <p>
19          <a class="btn btn-default" href="http://go.microsoft.com/fwlink/?LinkId=301948">Learn more &raquo;</a>
20      </p>
21  </div>
22  <div class="col-md-4">
23      <h2>Get more libraries</h2>
24      <p>
25          NuGet is a free Visual Studio extension that makes it easy to add, remove, and update libraries and tools in V
26      </p>
27      <p>
28          <a class="btn btn-default" href="http://go.microsoft.com/fwlink/?LinkId=301949">Learn more &raquo;</a>
29      </p>
30  </div>
100 %
设计 | 拆分 | 源    <asp:Content#BodyContent> <div.jumbotron> <h1>
```

图 1-7　Web 窗体的源视图

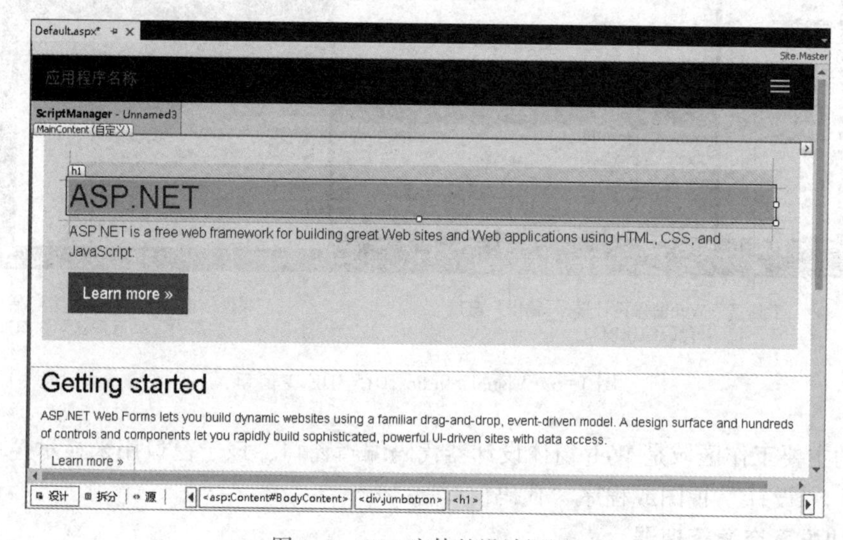

图 1-8　Web 窗体的设计视图

在“拆分”视图中，可在窗口中同时显示源视图和设计视图的内容，这种方式在设计页面外观时非常有用。在“源”视图中，可以使用 HTML、JavaScript 和 jQuery 等进行 Web 页面设计。在“设计”视图中，可以使用“工具箱”中的控件，通过可视化的方式“画出”Web 页面。

（2）编写程序代码

在解决方案资源管理器中双击代码文件（.cs）或在选择了某个 .aspx 文件后单击解决方案资源管理器上方的 <> 按钮，都可以打开如图 1-9 所示的源视图，切换到程序代码设计模式。

2. “属性”窗口

“属性”窗口用于设置解决方案中各对象的属性，当选择 Web 窗体的设计视图、解决方案和类视图中的某一项时，“属性”窗口将以表格的形式显示该子项的所有属性，图 1-10 所示为在 Web 窗体中选择了一个标签控件 Label1 时显示的属性内容。

```
Default.aspx.cs    Default.aspx
WebSite3    _Default    Page_Load(object sende
 1  using System;
 2  using System.Collections.Generic;
 3  using System.Linq;
 4  using System.Web;
 5  using System.Web.UI;
 6  using System.Web.UI.WebControls;
 7
    2 个引用
 8  public partial class _Default : Page
 9  {
        0 个引用
10      protected void Page_Load(object sender, EventArgs e)
11      {
12
13      }
14  }
100 %
```

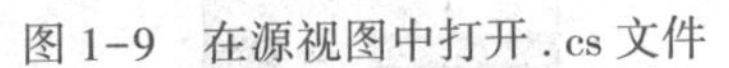

图 1-9　在源视图中打开 .cs 文件

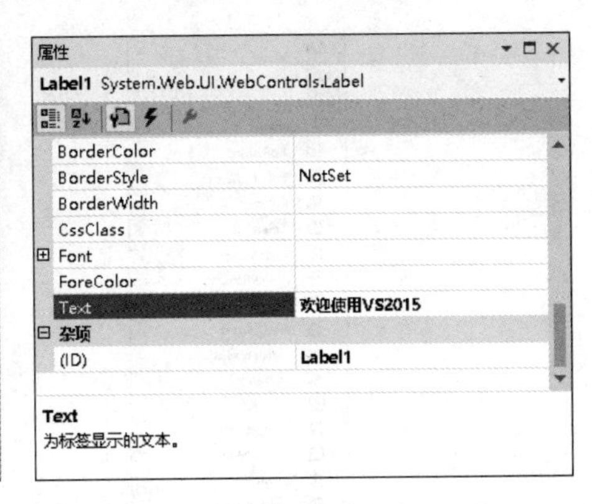

图 1-10　标签控件的"属性"窗口

在"属性"窗口的上方有一个下拉列表框，用于显示当前选定的对象名称及所属类型。可以单击其后的下拉按钮，从打开的下拉列表中选择 Web 窗体中包含的其他对象，例如，如果选择的是 Web 窗体中的控件对象，在设计器窗口中，被选择的对象会自动处于选定状态（四周出现 3 个用于调整大小的控制点），原来选定的对象自动取消选定。

"属性"窗口左边显示的是属性名称，右边显示的是对应各属性的属性值。选择某一属性名称后，可以在右边修改该属性值。例如，希望 Label1 中显示文字"欢迎使用 VS2015"，则可在选中 Label1 后，在 Label1 的 Text 属性右侧输入上述文字即可。

选择设计视图中的 Web 窗体或窗体中的某控件，并在"属性"窗口中单击"事件"按钮，"属性"窗口中将显示被选控件支持的所有事件列表，如图 1-11 所示。双击某一事件名称，将自动打开代码窗口，并添加该事件方法的声明，用户可在其中填入响应事件的 Visual C#代码。属性与事件窗口的下部有一个属性或事件功能说明区域，当选择某一属性或事件时，说明区域显示文字说明属性或事件的作用（图 1-11中所示的是对 DataBinding 事件的描述），这对初学者而言很有用。

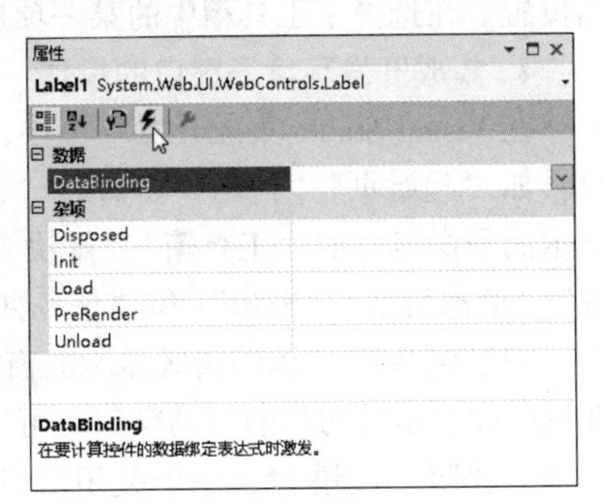

图 1-11　标签控件的事件列表

3. 工具箱

默认状态下，工具箱处于"自动隐藏"状态，主窗口的左边框处显示有工具箱的选项卡标签。当单击该标签时，工具箱将显示到屏幕中。

工具箱用于向 Web 窗体中添加控件。它使用选项卡分类管理其中的控件，打开工具箱将显示 Visual Studio 项目中使用的控件列表。根据当前正在使用的设计器或编辑器，工具箱中可用的选项卡和控件会有所变化。

Visual Studio 将控件放在不同的分类中，各分类卡以空心三角标记表示折叠状态，以实心三角标记表示已展开状态。其中最常用的是标准控件（服务器控件）和 HTML 元素控件，如图 1-12和图 1-13 所示。默认情况下，工具箱中的控件以名称的字母顺序排列，以方便用户查找控件。需要说明的是，"工具箱"中的控件只有在打开 Web 窗体文件（.aspx）时才会显示出来。

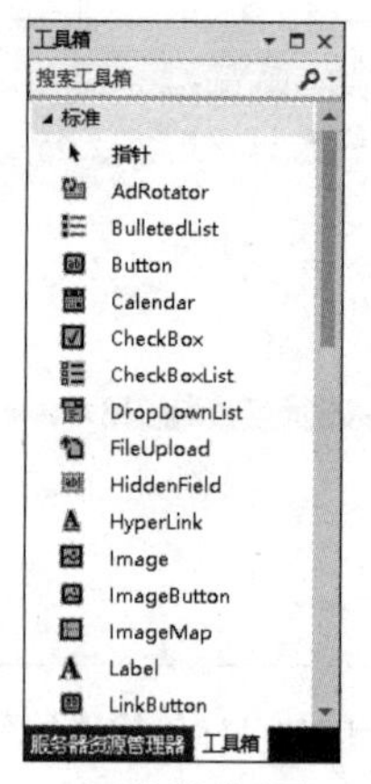

图 1-12　工具箱中的标准控件

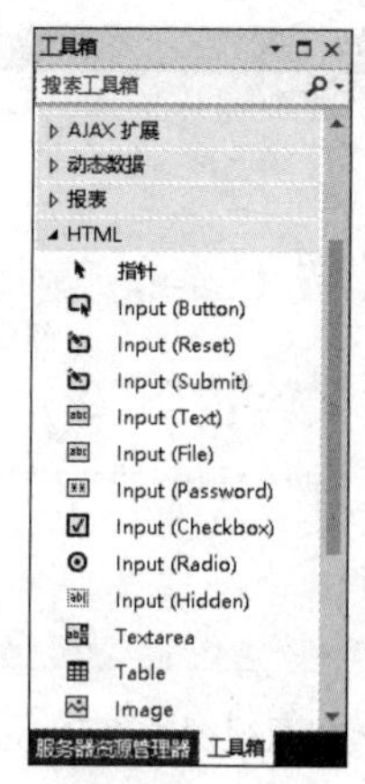

图 1-13　工具箱中的 HTML 元素控件

如果打开了某 . aspx 文件，“工具箱”窗口仍没有出现在 Visual Studio 的 IDE 环境中，可以通过选择“视图”→“工具箱”命令将其打开。

用户不但可以从工具箱中选择控件并将其拖动到 Web 页面中，还可以将某一代码片断拖动到工具箱中暂存，以便将来重新使用。例如，可以将按钮（Button）控件从工具箱中拖放到 Web 窗体设计视图中，完成向 Web 窗体中添加控件的操作；也可以从代码窗口中选择并拖出一个代码片段到工具箱中。将来需要重复使用该代码段时，可将其拖回代码窗口的适当位置。在选择了工具箱中的某一项后，单击控件列表中的“指针”按钮可撤销当前选择。

4. 集成开发环境子窗口的操作

在 Visual Studio 集成开发环境中，有两类子窗口，一类是在 Web 窗体编辑区显示的窗口，如“起始页”“代码”窗口和“设计”视图窗口等；另一类是在 Web 窗体编辑区周围显示的子窗口，如“工具箱”“解决方案资源管理器”“服务器资源管理器”“类视图”“属性”“动态帮助”“输出”和“任务列表”等。

如果在 Web 窗体编辑区显示的窗口不止一个，则诸多窗口以选项卡的形式叠放在一起，在最前端显示的为当前活动窗口。可以通过选项卡的标签切换各个窗口，在窗口的右上角有一个“关闭”按钮 ×，用于关闭窗口，“关闭”按钮只对当前活动窗口有效。要关闭某一窗口，首先要使该窗口成为当前活动窗口，然后单击“关闭”按钮。

在 Web 窗体编辑区周围的窗口也是由若干子窗口共享某一屏幕区域，以选项卡的形式叠放在一起的，通过标签切换窗口。这些窗口的标题栏右部都有两个操作按钮、“关闭”按钮和“图钉”按钮。“关闭”按钮用于关闭窗口，而“图钉”按钮用于决定窗口的隐藏与显示状态，在显示状态下又有停靠显示与浮动显示两种方式。

当“图钉”为横向时，窗口为自动隐藏状态，这时窗口以标签形式显示在 Visual Studio 的左、右、下边框上。单击标签，窗口会显示，单击窗口以外其他位置，则窗口又重新隐藏。

当“图钉”为纵向时，窗口为固定显示状态，默认为停靠显示方式，即窗口附着在 Visual Studio 的左、右、下边框上。这时将鼠标指针指向窗口的标题栏并拖动，使窗口离开边框，窗口即为浮动显示方式，这时标题栏上的“图钉”按钮将消失。如果要使浮动方式变为停靠方式，只须拖动窗口至 Visual Studio 主窗口的边框上即可。

1.2.3　ASP. NET 常用文件和文件夹

一个 ASP. NET 网站或 ASP. NET 应用程序通常由一些特定类型的文件（如 . aspx、. cs

等）和文件夹（如 App_Data、Bin、Script 等）组成。

1. ASP. NET 常用文件类型

ASP. NET 中常用的文件类型及其说明见表 1-1。

表 1-1　ASP. NET 中常用的文件类型及其说明

文件扩展名	文件类型	说明
aspx	Web 窗体	用于表现 Web 窗体外观的文件，可在其中添加 HTML 标记或 JavaScript 脚本等
ascx	用户控件	用户控件是一个标准控件组合，包含的具体控件、外观设计等保存在该文件中
cs 或 vb	程序代码	. cs 文件表示使用 C#语言编写的代码，. vb 文件表示使用 Visual Basic 编写的代码
web. config	站点配置文件	配置文件的文件名只能是 web. config，存放网站运行时需要的辅助参数
master	母版页	母版页就是网页的模板，一个母版页可应用于多个网页，从而使站点风格一致
css	样式表	样式表用于网页中各元素的外观设置，该文件与网页文件分离，以便于修改或重复使用
html	静态网页	使用 HTML 标记语言、JavaScript 脚本语言等编写的静态网页
js	JavaScript 脚本文件	以分离的方式编写的 JavaScript 脚本集，可被 . html、. aspx 等文件引用
sitemap	网站地图	以 XML 格式表示的网站所有页面的清单，用于网站导航

2. ASP. NET 常用文件夹

ASP. NET 中常用的文件夹及其说明见表 1-2。

表 1-2　ASP. NET 中常用的文件夹及其说明

文件夹	说明
Account	账号文件夹，存放与安全登录相关的页面及程序文件
App_Code	代码共享目录，用于存放应用程序中所有网页都可以使用的共享文件，通常将类文件存放其中
App_Data	数据共享目录，用于存放程序运行需要的数据文件、数据库文件等
App_Start	它包含了几个与授权登录、身份验证、脚本绑定、MVC 路由相关的类文件，可根据需要进行修改
Bin	创建 ASP. NET 网站项目时系统会自动创建该文件夹，用于存放预编译中生成的二进制 . dll 文件
Content	用于存放需要发送到客户端的静态文件，多用于存放 . css 文件及图标、图像文件
fonts	用于存放页面设计中用到的一些特殊字体文件
Models	用于存放与应用程序模型相关的类
Script	用于存放项目中需要的脚本文件，多用于存放 JavaScript、AJAX 和 jQuery 文件

需要注意以下两点。

1）这些 ASP. NET 文件夹通常都是在创建项目时由系统自动生成的。用户也可以根据需要向项目中添加其他 ASP. NET 文件夹或自定义文件夹。

2）通过新建网站或新建应用程序模板创建的项目中由系统自动创建的文件夹不尽相同，而且这些文件夹在项目中通常都带有特定的含义和权限（例如，App_Data 文件夹中的文件不能通过 URL 直接访问等），所以用户不要随意更改文件夹的名称。

1.2.4　创建 ASP. NET 网站的基本步骤

1-2　创建 ASP. NET 网站的基本步骤

在 Visual Studio 中创建一个简单的 ASP. NET 网站，一般需要经过以下 6 个步骤。

1）根据用户需求进行问题分析，设计出合理的程序设计思路。

2）创建一个新的 ASP. NET 网站。

3）设计网站中包含的所有 Web 页面的外观。

4）设置页面中所有控件对象的初始属性值。

5）编写用于响应系统事件或用户事件的代码。

6）试运行并调试程序，纠正存在的错误，调整程序界面，提高容错能力和操作的便捷性，使程序更符合用户的操作习惯，通常将这一过程称为提高程序的“友好性”。

1. 创建一个 ASP.NET 网站

本节将通过一个简单 ASP.NET 网站的创建过程，介绍在 Visual Studio 环境中使用 Visual C#语言创建 ASP.NET 网站的基本步骤。

【演练】设计一个能显示当前时间数据的 ASP.NET 网站。

（1）设计要求及设计方法分析

设计要求：要求在 Visual Studio 环境中设计一个 ASP.NET 网站，程序启动后页面中显示当前系统时间，单击“更新时间”按钮显示新的时间数据。

设计方法分析：这是一个简单的单页面应用程序，页面可由一个标签（Label）控件和一个命令按钮控件（Button）组成，在页面显示（发生 Load 事件）时和用户单击命令按钮控件（发生命令按钮的 Click 事件）时，调用用于返回系统时间的 Now 方法，并将返回值显示到标签控件中。

（2）创建 ASP.NET 网站

启动 Visual Studio 后，选择“文件”→“新建”→“网站”命令，在弹出的“新建网站”对话框中选择 Visual C#模板下的“ASP.NET 空网站”，指定站点保存位置，然后单击“确定”按钮。默认情况下，系统将网站保存在“文件系统”（本地硬盘）中，用户也可以直接将网站以 HTTP 或 FTP 方式保存在远程 Web 服务器中。

（3）设计 Web 页面

创建好一个 ASP.NET 空网站后，在解决方案资源管理器中右击项目名称，在弹出的快捷菜单中选择“添加”→“Web 窗体”命令，并将其命名为 Default，单击“确定”按钮。命令执行后系统将向解决方案中添加一个空白 Web 页面文件 Default.aspx 及对应的程序代码文件 Default.aspx.cs，该页面通常为网站的默认主页（HomePage）。

默认情况下，系统会将 Default.aspx 以源视图方式在 Web 窗体编辑区打开，选择编辑区下方的“设计”选项卡，可切换到设计视图方式。

首先，将光标移动到系统在页面中自动创建的 div 层中。在工具箱的“标准”选项卡中分别双击标签控件图标 Label 和命令按钮图标 Button，将这两个控件添加到页面中。

通过在两个控件之间按〈Enter〉键的方法将控件分别放置在两行中，并在两行间添加一个空行（将光标移动到标签控件的后面，连续按两次〈Enter〉键）。

将光标放置在 div 层中的任一位置，按图 1-14 所示选择对齐方式中的“居中”选项，得到如图 1-15 所示的页面设计结果。这种设计使得页面显示时无论窗口如何缩放，控件都会显示在所在行的中间。

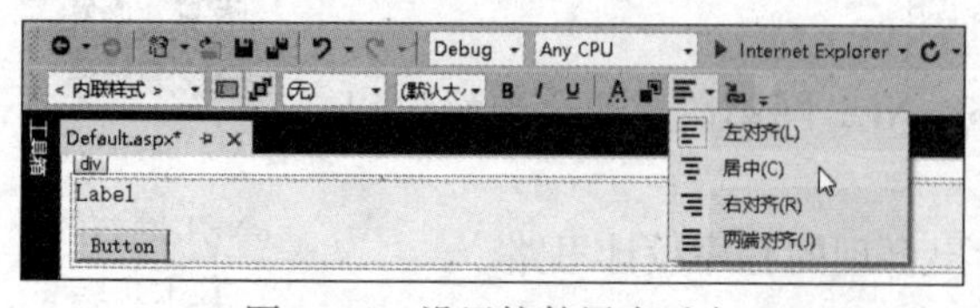

图 1-14　设置控件居中对齐

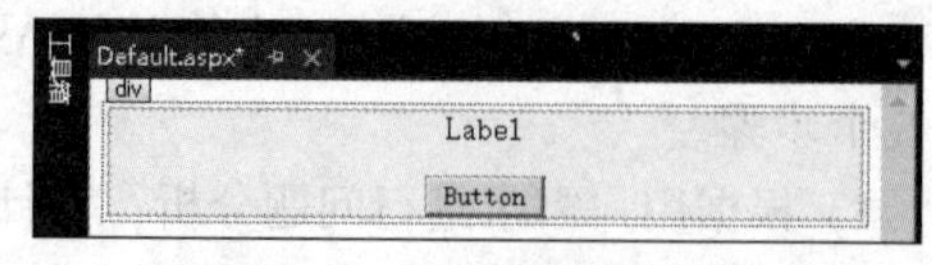

图 1-15　Web 页面设计结果

(4) 设置对象属性

在设计视图中单击选中标签控件，在“属性”窗口中可以看到控件各属性的默认值。控件的 Text 属性表示需要显示到控件中的文本，ID 属性表示控件在程序中使用的名称。

如图 1-16 和图 1-17 所示，本例将标签控件的 Text 属性设置为“请单击按钮”，ID 属性设置为 lblShowTime；将按钮控件的 Text 属性设置为“更新时间”，ID 属性设置为 btnUpdate。控件的 Text 属性设置完毕后，在设计视图中可立即看到更改的结果。

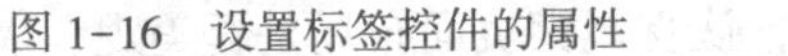

图 1-16　设置标签控件的属性

图 1-17　设置按钮控件的属性

这里为控件命名时采用了控件类型前缀的方法，即用控件类型名或缩写加上若干英文单词来命名控件。使用这种方法可以使程序员阅读程序时能快速理解代码的含义，增强程序的可读性。

(5) 编写程序代码

切换到代码窗口最简单的方法就是直接在设计视图中双击窗体或控件，Visual Studio 会根据用户双击对象的不同而自动创建其默认事件处理程序的框架。

如图 1-18 所示，双击窗体中的按钮控件后系统自动切换到代码编辑窗口，并创建了页面载入（Page_Load）和按钮单击（btnUpdate_Click）两个事件处理方法。

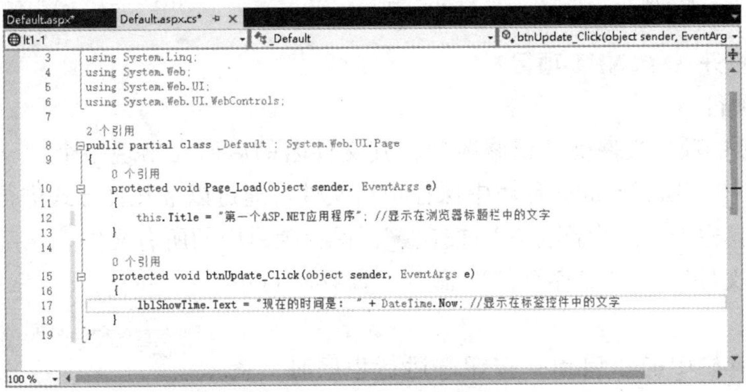

```
using System.Linq;
using System.Web;
using System.Web.UI;
using System.Web.UI.WebControls;

2 个引用
public partial class _Default : System.Web.UI.Page
{
    0 个引用
    protected void Page_Load(object sender, EventArgs e)
    {
        this.Title = "第一个ASP.NET应用程序"; //显示在浏览器标题栏中的文字
    }

    0 个引用
    protected void btnUpdate_Click(object sender, EventArgs e)
    {
        lblShowTime.Text = "现在的时间是：" + DateTime.Now; //显示在标签控件中的文字
    }
}
```

图 1-18　编写程序代码

所谓“事件”，是指系统或用户执行了某个操作所引起的情况，如系统将页面载入、用户单击了按钮等。而“事件处理方法”是指当发生某事件时需要执行的程序代码集合，是响应系统或用户事件的程序功能实现。这种程序设计方法称为“事件驱动式”设计方法。

程序员只须在方法框架中填写必要的代码即可。

需要程序员编写的两条语句的含义说明如下。

```
this.Title="第一个 ASP.NET 应用程序";
```

表示设置 Web 窗体（网页）的 Title 属性值为指定的文字，即系统将页面载入并打开时在浏览器标题栏中显示指定的文字。

```
lblShowTime. Text = "现在的时间是：" +DateTime. Now;
```

表示设置标签控件的 Text 属性为一个字符串常量连接 DateTime 对象的 Now 属性值，即当用户单击按钮时，在标签中显示带有当前系统时间数据的提示信息。

程序中用“//”引导的文本为注释文本（绿色的文本），用于增强代码的可读性。注释文本在程序运行时不会被执行。

（6）运行和调试程序

Visual Studio 中提供了一个名为 IIS Express 的组件，它可以使用户的 ASP. NET 网站在发布到 Web 服务器之前于本地进行测试，而且不要求在本地的计算机中安装 IIS 服务器。

单击工具栏中的“启动”按钮▶或按〈F5〉键，启动 ASP. NET 网站应用程序，在该按钮旁有一个下拉列表框，其中列出了当前计算机中安装的所有浏览器版本，如图 1-19 所示。用户可以通过它选择希望在哪种浏览器中预览自己的网站。这一功能可以方便地检测页面设计在不同浏览器中的表现情况。

网站启动后，应当认真测试每一项功能，认真观察页面布局是否美观、大方等。尽可能多地找出不完善之处，并加以修改。对出现的错误，应根据提示并结合 Visual Studio 提供的调试工具进行相应的修改。本例程序运行结果如图 1-20 和图 1-21 所示。

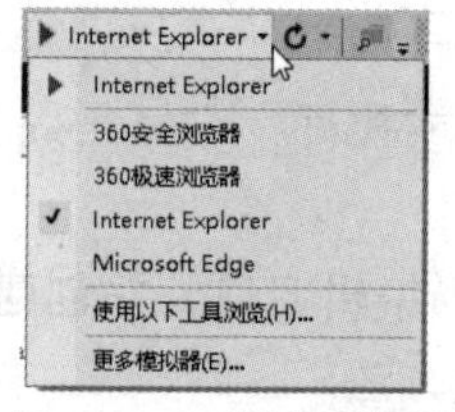

图 1-19 选择浏览器

图 1-20 初始页面

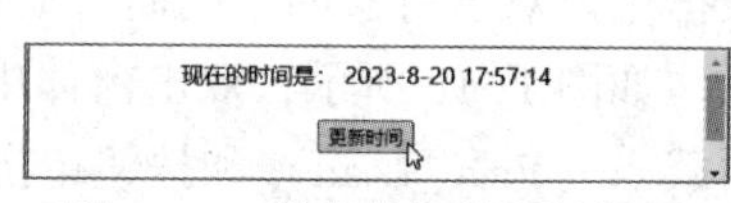

图 1-21 单击按钮得到的结果

2. 保存和打开 ASP. NET 项目

（1）保存项目

打开到 IDE 的项目文件被编辑修改后，其文件名的后面会出现一个“ * ”标记，表示文件尚未保存。在 Visual Studio 环境中保存项目文件可通过以下几种方式进行。

1）单击工具栏中的“全部保存”按钮，保存项目中的所有文件。

2）选择“文件”→“保存全部”命令，保存项目中的所有文件。

3）单击工具栏中的“启动”按钮▶运行程序时，系统将自动执行保存操作。

4）单击“关闭”按钮×退出 IDE 环境时，若文件尚未保存，将弹出如图 1-22 所示的对话框，单击“是”按钮，保存所有文件。

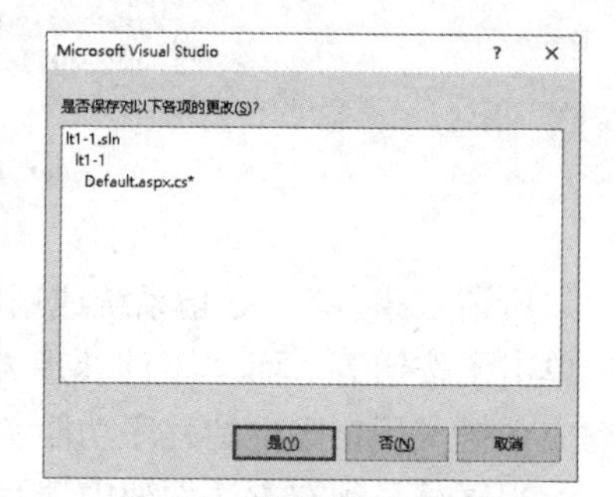

图 1-22 保存文件对话框

（2）项目及文件重命名

在如图 1-23 所示的“解决方案资源管理器”窗口中列出了当前解决方案名称、网站名称及其中包含的所有文件。如果希望更改解决方案或文件的名称，可右击该对象，在弹出的快捷菜单中选择“重命名”命令，输入新的名称后按〈Enter〉键即可。

(3) 打开网站和项目

要在 Visual Studio 环境中打开已保存的网站并进行修改，可通过以下几种方式进行。

1) 启动 Visual Studio，在“起始页”的“最近”列表框中列出了最近使用过的项目（网站）名称，选择需要的项目即可将其打开。

2) 在“起始页”的“开始”列表框中单击“打开项目”按钮或选择“文件”→“打开”→“项目/解决方案”命令，弹出如图 1-24 所示的对话框，选择解决方案文件（. sln）后单击“打开”按钮。

图 1-23　解决方案资源管理器

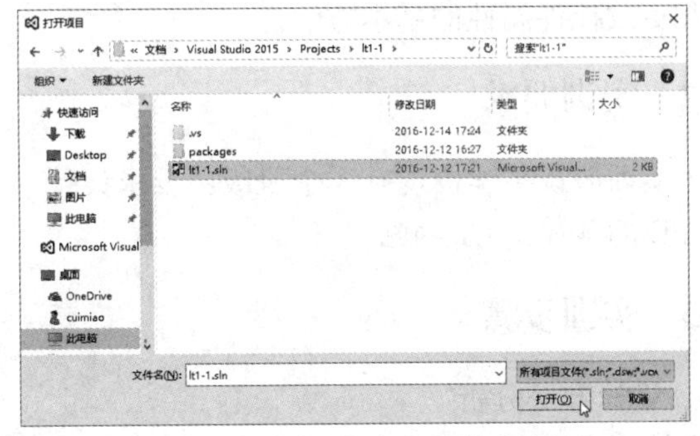

图 1-24　打开项目/解决方案

默认情况下，系统并没有将解决方案文件（. sln）保存在网站文件夹中，而是将其存放在“C:\用户\当前系统登录用户名\文档\Visual Studio 2015\Projects”文件夹下的同名子文件夹中（Windows 10 环境）。选择“工具”→“选项”命令，在弹出的如图 1-25 所示的对话框中选择“项目和解决方案”下的“常规”选项，在对话框中可更改默认的文件保存位置（项目位置、用户项目模板位置和用户项模板位置）。

3) 通过“Windows 资源管理器”或“计算机”打开项目所在的文件夹，双击其中扩展名为“. sln”的解决方案文件打开网站，该文件为 IDE 环境提供关于项目、项目项和解决方案项在磁盘上的位置信息，并将它们组织到解决方案中。

4) 选择“文件”→“打开”→“网站”命令，弹出如图 1-26 所示的对话框，用户可按“文件系统”“本地 IIS”“FTP 站点”或“源代码管理”方式打开指定的网站到 Visual Studio 集成开发环境中。这种方式下，对话框中选择的文件夹是网站文件夹，而不是网站解决方案（. sln）所在的文件夹。

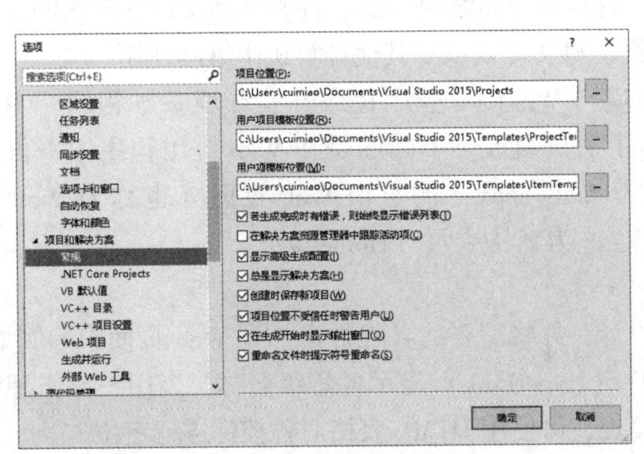

图 1-25　设置 Visual Studio 项目文件保存位置

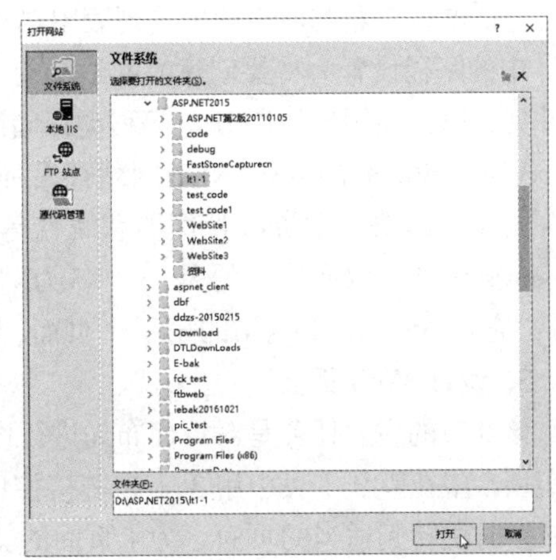

图 1-26　打开文件系统网站

1.3 实训——创建一个简单的课表查询网站

1.3.1 实训目的

通过本实训将进一步理解创建 ASP.NET 网站应用程序的 6 个基本步骤。掌握 Visual Studio 集成开发环境各子窗口的使用方法，并理解它们的作用。掌握在 Visual Studio 环境中设置和更改控件属性的基本方法。

1.3.2 实训要求

本实训假设某学校现有 3 个班级，要求设计一个能在网络中通过浏览器进行各学生班级课表查询的 ASP.NET 网站。

1.3.3 实训步骤

1. 设计方法分析

网站可由 4 个独立的 ASP.NET 网页组成（1 个主页和 3 个班级课表页），各网页之间通过超链接建立联系。

主页中包含分别指向不同班级课表页的 3 个 HyperLink 控件，各班级课表页由包含 Tabel 控件的网页构成。

2. 创建 ASP.NET 网站项目

通过 Windows“开始”菜单启动 Visual Studio 后，在起始页中单击“创建”栏中的“网站”，弹出“新建网站”对话框，在已安装的模板列表中选择“ASP.NET 网站”并指定站点保存位置，然后单击“确定”按钮。

默认情况下，系统将网站保存在“文件系统”（本地硬盘）中，用户也可以直接将网站以 HTTP 或 FTP 方式保存在远程 Web 服务器中。本实训选择了适合初学者使用的“文件系统”方式，将网站创建在本地硬盘中。

为了方便在其他计算机中继续使用解决方案文件（.sln）管理尚未完全开发完成的 ASP.NET 网站，可在创建网站时通过选择“工具”→“选项”命令，弹出 Visual Studio 选项设置对话框，在左侧窗格的项目列表中选择“项目和解决方案”项，将“Visual Studio 项目位置”中的路径设置为将要创建的网站位置。这样可以将解决方案文件和网站文件存放在同一个文件夹，以方便用户使用 U 盘等移动存储设备将文件复制到其他计算机中继续使用。

Visual Studio 的 ASP.NET 网站开发环境与 Windows 应用程序开发环境基本相同，主要由工具箱、解决方案资源管理器和属性等子窗口组成。不同的是在 Web 应用程序中不再有 Windows 窗体，取而代之的是一个名为“Default.aspx”的空白 Web 页面（也称为 Web 窗体），它是 ASP.NET 网站的第一个页面，也称为默认主页（HomePage）。

3. 设计 Web 页面

该环节的主要任务是对页面布局进行设计，并将需要的各控件添加到 Web 页面中。例如，本实训希望在默认主页中用 3 个超链接控件（HyperLink）显示各班级名称，当用户单击超链接文字时跳转到适当的页面。为了页面的美观，可使用 HTML 表格对各控件进行定位。

设计步骤如下。

（1）向页面中添加文字

如图 1-27 所示，在 Default. aspx 的设计视图中，输入页面的标题行文字。如本实训的“曙光学校课表查询”，单击工具栏中“文字对齐”按钮≡▾右侧的“▼”标记，在打开的菜单中选择“居中”选项，使文字处于页面的水平正中位置。用户可以像在 Office 软件中一样使用 Visual Studio 工具栏中的字体、字形和字号工具设置文字的格式。

（2）向页面中添加 HTML 表格

为了布局页面，可向网页中添加一个 HTML 表格。切换到设计视图，选择“表”→“插入表”命令，弹出如图 1-28 所示的对话框，按需要设置表格为 1 行 3 列及其他参数后单击“确定”按钮。

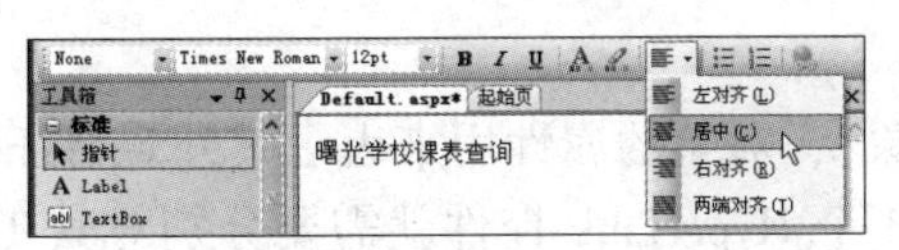

图 1-27　设置标题行文字水平居中

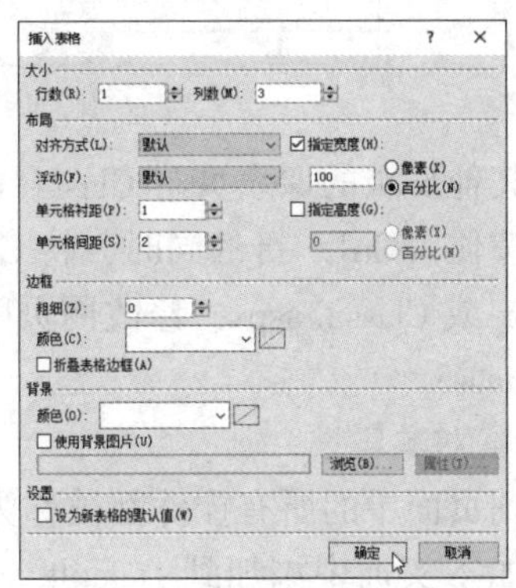

图 1-28　插入 HTML 表格

如果对 HTML 标记语言较为熟悉，可切换到网页的“源”视图，直接通过 HTML 代码进行表格和其他页面元素的设计。

（3）向页面中添加控件

在页面的设计视图中，将光标分别定位到 HTML 的 3 个单元格中，双击工具箱“标准”选项卡中的超链接控件图标 A HyperLink，将其添加到单元格中。页面设计效果如图 1-29 所示。

图 1-29　向表格中添加 HyperLink 控件

需要说明的是，在 Visual Studio 工具箱的“标准”选项卡中所有的控件均为服务器端 Web 控件，这些控件与 HTML 控件或 HTML 表单（HTML Form）相比，除了功能更加强大外，还有一个重要的区别，即它们是在服务器端运行的，用户在浏览器中看到的内容是程序在服务器端运行的结果。这就意味着客户端完全可以不安装 . NET 框架，甚至可以不使用 Windows 操作系统（或 Linux、UNIX 等）。此外，对服务器端控件可以根据用户的操作（事件），编写响应事件的程序代码，这也是服务器端控件与 HTML 控件的一个关键不同点。

（4）向网站中添加新网页

按照设计目标，本实训网站除了具有系统默认创建的 Default. aspx 页面外，还需要手动添加其余 3 个用于显示各班级课表的页面 Class1. aspx、Class2. aspx 和 Class3. aspx。

在解决方案资源管理器中右击网站名称，在弹出的快捷菜单中选择“添加”→“添加新项”命令。在弹出的对话框中选择“Web 窗体”模板，设置页面的名称为 Class1. aspx，设置完毕后单击“添加”按钮。

在“添加新项”对话框中有一个默认被选中的“将代码放在单独的文件中”复选框，

表示采用页面外观设计和程序功能设计分离的方式创建新网页，即一个页面由表示外观设计的 . aspx 文件和一个仅包含程序代码的 . cs 文件来描述。使用这种代码分离方式设计页面可对设计人员按各自的特长（外观设计和程序设计）进行分工，以提高网站的设计效率。

新网页添加到网站后，切换到设计视图，参照前面介绍过的方法向页面中添加一个用于布局的 HTML 表格（4 行 5 列）和内容文字，设计效果如图 1-30 所示。其他班级的课表页用同样的方法创建，这里不再赘述。

2023～2024第二学期网络一班课程表

返回

星期一	星期二	星期三	星期四	星期五
计算机基础	高等数学	网络原理	电路基础	计算机基础
大学语文	政治	计算机基础	高等数学	网络原理
体育	网络原理	电路基础		大学语文

图 1-30　设计课表页 Class1. aspx

由于其他班级的课表页与 Class1. aspx 基本相同，为了减少工作量，可在解决方案资源管理器中按住〈Ctrl〉键的同时，将 Class1. aspx 拖动到其他位置创建其副本，然后重命名为 Class2. aspx 或 Class3. aspx，修改网页中的文字，并将 . aspx 和 . aspx. cs 文件中的 class1 改为 class2 或 class3。

4. 设置对象属性

添加到页面中的所有控件都被称为“对象”，对象的属性用来表示其外观特征和一些特殊参数。如本实训中添加到 Default. aspx 的 3 个 HyperLink 控件就需要分别对其 Text 属性、NavigateUrl 属性和 Target 属性进行设置。

Text 属性用于控制 HyperLink 外观显示的文字信息，NavigateUrl 属性用于控制其超链接目标 URL，Target 属性用于控制超链接的目标框架。

在 Default. aspx 的设计视图中选择 HyperLink1 控件后，“属性”窗口将自动显示该控件的所有属性列表，如图 1-31 所示。用户可直接在 Text 属性栏中输入文字，如本实训中的“网络一班”。

单击 HyperLink1 中的 Target 属性输入栏，可在系统提供的下拉列表框中选择“_blank”选项，表示在新窗口中打开目标网页。

设置 HyperLink 的 NavigateUrl 属性时，可直接输入目标网页的 URL，也可单击工具栏中的“浏览”按钮，在弹出的如图 1-32 所示的对话框中选择目标文件，由系统自动转换为相应的 URL 地址。

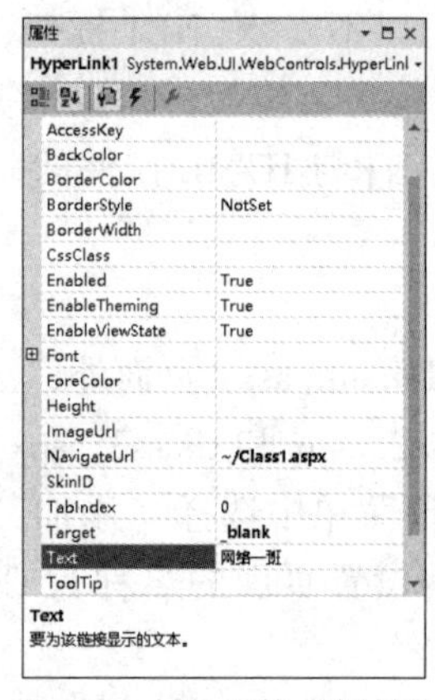

图 1-31　HyperLink 的“属性”窗口

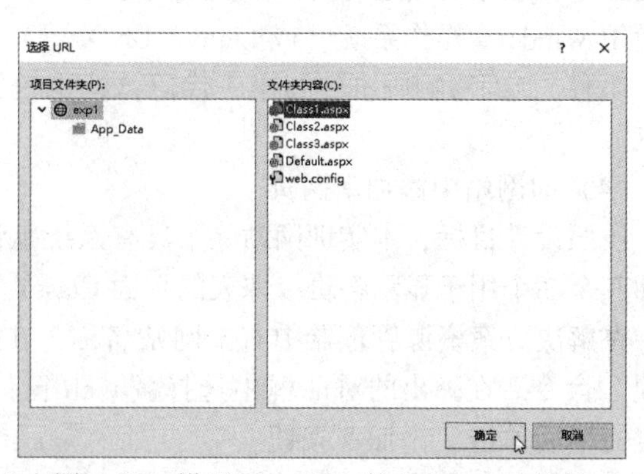

图 1-32　设置 HyperLink 的 NavigateUrl 属性

5. 编写程序代码

ASP. NET 创建的应用程序采用了“事件驱动”方式，程序启动后会暂停下来，等待用户进一步的操作。用户的操作或系统对程序的控制称为“事件”，根据事件的触发对象不同可分为“用户事件”（如单击按钮、输入文字和选择列表项等）和“系统事件”（如页面加载、系统退出等）。

程序员的工作主要是编写用于响应各种系统事件和用户事件的程序代码，即当系统或用户触发了某个事件时执行的程序段。这些程序段能够实现某种特定的功能。例如，查询数据库并将符合指定条件的记录显示到屏幕上。

本实训中希望在页面加载（Page_Load）事件发生时，在浏览器标题栏中显示“欢迎访问课表查询系统”的文字信息。

在设计视图中双击 Web 窗体 Default. aspx 的空白处，进入其代码编辑窗口，系统自动为 Web 窗体创建了 Page_Load 事件的框架，用户只须在框架中书写实现功能的代码即可，如图 1-33所示。本实训中程序员书写的代码只有“this. Title = " 欢迎访问课表查询系统" ”一行，可以理解为：在页面显示到浏览器时，将浏览器标题栏中的文字改为指定信息，实际上是为页面对象 this 的 Title 属性赋值。

```
using System;
using System.Data;
using System.Configuration;
using System.Web;
using System.Web.Security;                系统自动添加的引用
using System.Web.UI;
using System.Web.UI.WebControls;
using System.Web.UI.WebControls.WebParts;
using System.Web.UI.HtmlControls;

public partial class _Default : System.Web.UI.Page ———— 系统创建的Web窗体类
{
    protected void Page_Load(object sender, EventArgs e) —— 系统创建的事件过程
    {
        this.Title = "欢迎访问课表查询系统";  //设置显示在浏览器标题栏中的文字 —— 程序员编写的事件响应代码
    }
}
```

图 1-33　编写事件代码

“//”之后的内容为注释内容，不会被系统执行。

6. 运行及调试程序

单击 Visual Studio 工具栏中的“启动”按钮▶或按〈F5〉键，启动 ASP. NET 网站应用程序，首次运行时屏幕上会显示一个信息框，提示用户当前尚未启用调试。

若启用调试系统时将调试符号插入到已编译的页面中，这对网站的性能会产生一些影响。因此应在开发过程结束、准备将网站发布到 Web 服务器时禁用调试。若要关闭调试，用户可在解决方案资源管理器中双击打开站点配置文件 web. config，将其中的<compilation debug = " true" />改为<compilation debug = " false" />。

若不希望调试而直接运行程序，可按〈Ctrl+F5〉组合键启动程序，此时将不再出现“未启用调试”对话框。

网站启动后，应当认真测试每一项功能，认真观察页面布局是否美观、大方等。尽可能多地找出不完善之处，并加以修改。对出现的错误，应根据提示并结合 Visual Studio 提供的调试工具进行相应的修改。

第 2 章　Web 网站前端设计基础

网站的前端设计，也称为 UI（User Interface）设计，是指使用 HTML、CSS 等静态网页技术，结合 ASP. NET AJAX、JavaScript 和 jQuery 等客户端脚本，来实现网站界面设计的技术。好的前端设计不仅使软件变得有个性、有品位，还能使软件的操作变得舒适、简单、自由，充分体现软件的定位和特点。

本章重点介绍以 HTML 5 和 CSS 3 为核心的静态网页设计技术，这也是网站前端设计最基础、最核心的部分。其他内容将在后续章节中讲解。

2.1　HTML 5 标记语言

1993 年，Internet 工程任务组（Internet Engineering Task Force，IETF）起草了 HTML 的第一个版本，此时的 HTML 采用了标准通用标记语言（Standard General Markup Language，SGML），通过各种标记告诉浏览器应如何显示网页的内容（如文本、图片等），从而使各种网页能在不同的浏览器中正确地显示出来。

1997 年 12 月，万维网联盟（World Wide Web Consortium，W3C）推出了具有严谨（Strict）、过渡（Transitional）和框架（Frameset）3 个版本的 HTML 4，该标准废弃了一些旧的标记，增加了一些适应发展需要的新标记，同时允许使用与框架相关的大部分标记。

2014 年，W3C 在 HTML 4 的基础上推出了 HTML 5 的正式标准，并迅速获得各大浏览器产品的支持（如 IE、Firefox 和 Chrome 等）。HTML 5 目前已成为网页设计的主流趋势，那些不支持或不完全支持 HTML 5 的浏览器产品正逐步被淘汰。

需要说明的是，Microsoft 的 IE 浏览器从 IE 9 开始部分支持 HTML 5，直到 IE 11 才真正实现了对 HTML 5 的完全支持，但 IE 11 只能运行在 Windows 7 以上版本的操作系统上，不支持早期的 Windows XP。运行本书示例时建议在 Windows 7 以上环境中，并使用 IE 11 或 Edge 浏览器。

2.1.1　HTML 5 的基本结构

虽然 HTML 的标准正在不断地发展完善，每个版本都会出现一些新的内容，废弃一些过时的内容，但它的基本格式始终没有变化。所有 HTML 版本都是以"标记"的方式表示页面内容的。标记可以用来划分页面的不同区域（如页眉、页脚、导航栏、正文区等）、规定段落或表格的起始、显示 HTML 控件（如按钮、文本框和下拉列表框等）及其属性等。通常将"标记"表示的 HTML 页面内容称为"HTML 元素"，也可以将 HTML 页面理解成各种"元素"按特定规则组成的集合。

HTML 文件中的标记符必须用"<"和">"括起来，一般情况下标记符都以"<标记>"开始，以"</标记>"结束（若标记为块标记，则结束标记可以省略）。

其最基本的格式如下。

```
<标记>内容</标记>
```

```
<标记 属性 1=属性值 1 属性 2=属性值 2 …>内容</标记>
```

举例如下。

```
<title>我的主页</title>                    <!--浏览器标题栏中显示文本"我的主页"-->
<b>欢迎光临初学者之家</b>                  <!--文字"欢迎光临初学者之家"使用粗体字显示-->
<input type="Button" value="确定" />     <!--显示一个"确定"按钮-->
```

可以看出 HTML 标记语言是通过各种标记及标记附带的属性值，通知浏览器应如何显示网页中的内容的。

1. 文档结构

一个相对完整的 HTML 5 文件的基本格式如下。

```
<!DOCTYPE html>
<html>
<head>
    <meta charset="utf-8" />
    <title>网页的标题</title>
</head>
<body>
    <header id="page_header">这里是页面顶部信息文本</header>
    <nav id="page_nav">这里是页面导航栏部分</nav>
    <section>          <!--该标签定义了文档中的节,如章节、页眉和页脚等-->
        <article>      <!--该标签定义了独立的自包含内容,如文章的内容等-->
            <h1>文章的标题</h1>
            <p>文章的正文文本 1   <!--此处省略了结束标签-->
            <p>文章的正文文本 2
            <!--这里是注释内容-->
        </article>
    </section>
    <aside>这里是页面的侧边栏区域</aside>
    <footer id="page_footer">这里是页面的底部区域</footer>
</body>
</html>
```

上述代码的第一行"<!DOCTYPE html>"是文档类型（Document Type）的缩写，用来标识文档的版本为 HTML 5。

XHTML 1.0 Transitional 的版本声明标记如下。

```
<!DOCTYPE html PUBLIC "-//W3C//DTD XHTML 1.0 Transitional//EN"
"http://www.w3.org/TR/xhtml1/DTD/xhtml1-transitional.dtd">
```

HTML 4.01 Transitional 的版本声明标记如下。

```
<!DOCTYPE html PUBLIC "-//W3C//DTD HTML 4.01 Transitional//EN"
"http://www.w3.org/TR/html4/DTD/loose.dtd">
```

2. HTML 5 与早期版本的不同

HTML 5 相对 XHTML 和 HTML 4.01 发生了一些改变，其规范显得更加宽松，对早期版本也体现了最大可能的"兼容性"。以下是 HTML 5 与其他版本之间的一些差异。

（1）标记不区分大小写

在 HTML 5 中允许开始标记与结束标记的大小写不一致。举例如下。

```
<div>开始标记与结束标记大小写不一致</Div>
<div>开始标记与结束标记大小写不一致</DIV>
```

需要说明的是，允许“不一致”是为了提高“容错”和“兼容”度，书写格式混乱在任何时候都不会被提倡。在编写代码时应养成格式规范、层次清晰、可读性高的良好习惯。

（2）结束标记可以省略

在 HTML 5 中允许省略“块”状元素的结束标记。例如，下列代码在页面中显示一个下拉列表框和一个按钮控件，下拉列表框中有“教务处”“学生处”和“科研处”3 个选项。其中，用于表示下拉列表框选项的<option>标记就省略了结束标记</option>。用于显示按钮的语句“<input type="Button" value="确定" />”将开始标记和结束标记合二为一了。

```
<select>
    <option value="jiawu">教务处
    <option value="xuesheng">学生处
    <option value="keyan">科研处
</select>
<input type="Button" value="确定" />
```

（3）boolean 类属性的设置

常用的 boolean 类属性有 readonly（只读）、disabled（不可用）、checked（选中状态）、selected（设置默认选项）和 multiple（是否允许选择多个项）等，设置这些属性时应注意以下 3 种情况。

1）只写属性名而不指定属性值时，属性值默认为 true。例如，下列语句表示设置一个按钮控件，但按钮处于不可用状态（灰色显示，用户不能操作它）。

```
<input type="button" value="确定" disabled />
```

2）当属性值与属性名相同或属性值为空字符串时，该属性值为 true。举例如下。

```
<input type="button" value="确定" disabled="disabled" />
```

或者

```
<input type="button" value="确定" disabled="" />
```

3）省略 boolean 类属性名时，属性值默认为 false。例如，下列语句表示设置一个按钮控件，按钮处于可用状态，可以响应用户的单击操作。

```
<input type="button" value="确定" />
```

（4）属性引号允许省略

HTML 5 规定，当属性值中不包含空格、<、>、=或单双引号等特殊字符时，属性值可不用引号括起来。举例如下。

```
<img src=logo.jpg alt=图片>                <!--可省略属性值的引号-->
<img src="my logo.jpg" alt="my 图片">      <!--属性值中包含空格,不能省略引号-->
```

2.1.2 在 Visual Studio 中设计网页

Visual Studio 提供了强大的网页设计功能，开发人员既可以在源视图中通过代码完成网页设计任务，也可以在设计视图提供的可视化环境中进行网页设计，而且可以通过“属性”窗口完成页面元素的属性值设置。被编辑的网页对象可以是静态网页（.html），也可以是 Web 窗体（.aspx）。此外，Visual Studio 还提供了对多种版本 HTML 代码的智能感知和校验功能，提高了代码的编写效率。

1. 向 ASP. NET 网站中添加静态网页

Visual Studio 环境下，可以在网站中新建或添加已编辑完成的静态网页文件。

(1) 添加现有静态网页

新建一个 ASP. NET 网站后，如果希望向网站中添加已在 Dreamweaver 等环境中编辑完成的静态网页，可在解决方案资源管理器中右击网站名称，在弹出的快捷菜单中选择“添加”→“现有项”命令，在弹出的“添加现有项”对话框中选择希望添加的 . html 文件后单击“添加”按钮即可。

(2) 新建静态网页

在解决方案资源管理器中右击网站名称，在弹出的快捷菜单中选择“添加”→“添加新项”命令，在弹出的“添加新项”对话框中选择“HTML 页”模板，输入文件名称后单击“添加”按钮，系统将按默认版本创建一个包含了基本框架的 HTML 文档。

2. . aspx 文件与 HTML 文件

Visual Studio 2015 中创建的 Web 窗体中各元素默认以 HTML 5 规范描述，页面中 Web 服务器控件以<asp>标记表示。例如，下列代码表示一个命令按钮控件（Button）和一个标签控件（Label）。其中，按钮控件的 OnClick 属性指定了当用户单击该按钮时，响应单击事件的处理方法名称，如本例的 Button1_Click。

```
<asp:Button ID="Button1" runat="server" Text="确定" OnClick="Button1_Click" />
<asp:Label ID="Label1" runat="server" Text="Label"></asp:Label>
```

可以看出，Web 服务器控件与普通 HTML 元素相比最突出的不同点就是具有 runat="server"的属性，表示控件在服务器端运行。

在 Visual Studio 中新建一个网站项目或添加一个新 Web 窗体页面时，系统都会自动切换到页面的源视图，下列代码为由系统创建的一个空白的 . aspx 文件的内容。

```
<%@ Page Language="C#" AutoEventWireup="true"
                                CodeFile="Default. aspx. cs" Inherits="Default" %>
<!DOCTYPE html>
<html xmlns="http://www. w3. org/1999/xhtml">
<head runat="server">
<meta http-equiv="Content-Type" content="text/html;charset=utf-8"/>
    <title></title>
</head>
<body>
    <form id="form1" runat="server">
    <div>
        <!--所有页面内容一般都要写在这个层内-->
    </div>
    </form>
</body>
</html>
```

可以看出，. aspx 页面代码以<%@ Page …%>开始，称为页面的“@ Page 指令”，其中各属性的含义说明如下。

1) Language：指示程序代码使用的语言，如 C#、VB 等。

2) AutoEventWireup：指示是否自动与某些特定事件关联，如 Page_Init（页面初始化）、

Page_Load（页面载入）等。该属性默认值为 true。

3）CodeFile：前面介绍过 Visual Studio 将 ASP. NET 页面分成展现外观的 . aspx 文件和实现功能的程序文件两部分。该属性指示了实现功能的程序文件名称，如果使用 C#为程序设计语言，则程序文件的扩展名为 . cs。

4）Inherits：指示供页面继承的代码隐藏类。

在 . aspx 文件中除了@ Page 指令行和 runat = " server" 属性外，其他内容与标准的 HTML 文件完全相同。当用户请求一个 . aspx 页面时，服务器会将所有具有 runat = " server" 属性的元素及实现功能的程序文件执行结果转换成标准 HTML 代码返回给用户，这些代码将在用户浏览器中被显示为特定的页面。

另一个值得注意的特点是，Visual Studio 创建的 . aspx 文件中自动包含了一个<div>和</div>标记，程序员进行的所有外观设计的代码都将包含在该标记之间。也就是说，Visual Studio 默认将整个 . aspx 页面包含到一个用于布局的“层”中，通过对层的属性进行统一设置，就能影响页面中所有 HTML 元素（如文字、表格和图片等）的外观。

3. Visual Studio 提供的设计环境

在 Visual Studio 中编辑、修改 HTML 或 . aspx 文件时，无论是编写 HTML 标记代码还是编写 JavaScript 脚本代码，都可以通过系统提供的智能提示功能快速完成编辑工作。

如图 2-1 所示，在源视图中输入了某 HTML 标记的前几个字符后，系统自动显示出相关的智能提示信息。当系统所推荐的正是希望值时，可按空格或〈Enter〉键继续。若在输入了某标记名称并按智能提示使用空格键进行了关键字选择，系统将进一步提示后续的内容。

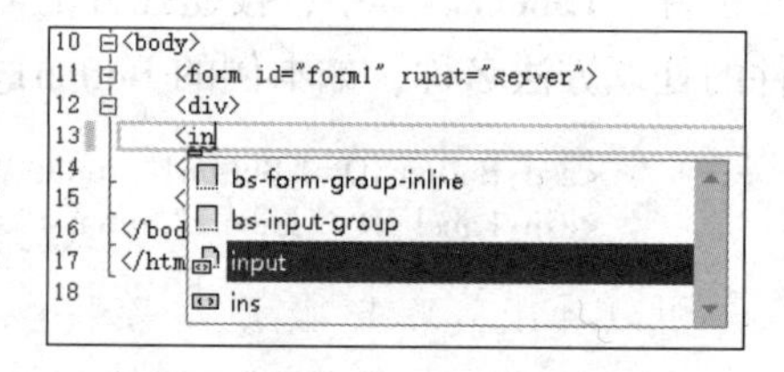

图 2-1 Visual Studio 的智能提示

在 Visual Studio 中打开一个 . aspx 文件并切换到源视图后，工具栏中会出现一个名为“验证的目标架构”下拉列表框，如图 2-2 所示。它用于设置编写 HTML 文件时按指定版本对用户的输入进行验证和智能提示，可选项有 HTML 4. 01、XHTML 1. 0 的各版本和 HTML 5 等。若希望修改其默认值，可选择“工具”→“选项”命令，在弹出的对话框中选择左侧窗格中的“文本编辑器”下的“HTML（Web 窗体）”，在右侧窗格中按照如图 2-3 所示进行相关的各项设置。

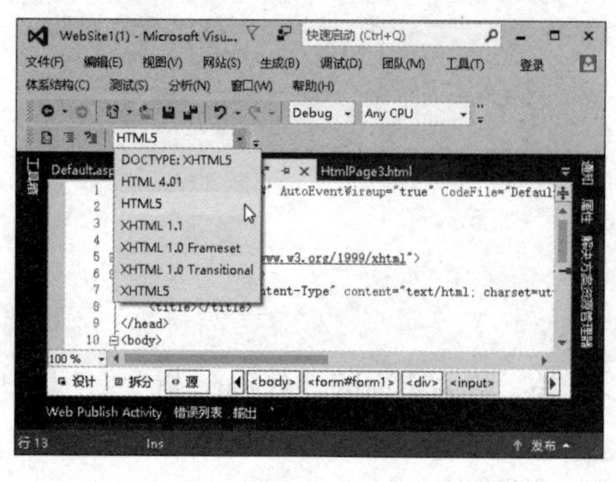

图 2-2 选择验证的目标架构

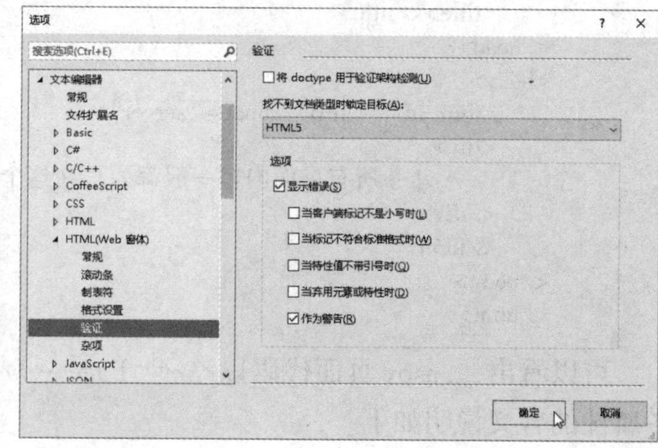

图 2-3 选择验证方式

2.1.3　HTML 5 的常用元素

构成 HTML 5 网页的基本元素有文本、超链接、图片和音视频等。此外，为了格式和页面布局的需要，常用元素还包括层、区域、列表、表格等。网页中的所有元素都需要通过“标记”来表示。

2-1-1　HTML5 的常用元素 1

1. 文本元素标记

HTML 5 网页中常用的文本元素标记及其说明见表 2-1。

表 2-1　常用文本元素标记及其说明

元素标记	说　明
<h1>～<h6>	标题标记。<h1>字号最大，<h6>字号最小
<p>和 	段落和换行标记。<p>表示所包围的文字属于同一段落，后续内容自动换行；通常用 产生一个空行
<b>、<i>和<u>	设置字体为加粗、斜体、下画线的标记
<sup>和<sub>	上标和下标标记。例如，x²显示为 x^2；<p>x₂</p>显示为 x_2
<span>	段内范围标记。用于在段落内划分出一个独立的范围，以便进行不同于段落样式的特殊格式设置
<hr>	水平分隔线标记，分隔线的长度及显示位置需要在 CSS 或 style 样式中设置。<hr>为空元素，不能使用</hr>

HTML 5 的各种标记可以嵌套使用，但应注意嵌套标记的顺序，不能交叉出现。举例如下。

```
<b><i>粗体加斜体显示文字</i></b>        <!--正确的嵌套方式-->
<b><i>粗体加斜体显示文字</b></i>        <!--错误的嵌套方式,<b>标记和<i>标记交叉出现了-->
```

2. 层标记<div>

层标记以<div>标记开始，以</div>标记结束。该标记用来定义页面中的一个特殊区域，区域内可包含文字、图片、表格或下级<div>等。使用<div>标记可方便地将若干页面元素组成一个集合，进而统一设置该集合的显示位置及所含元素的样式。<div>是 HTML 5 页面布局中使用最多，也是最重要的标记之一。

3. 超链接标记<a>

超链接标记<a>是 HTML 5 页面中实现用户交互的一个重要途径，通过超链接可以将组成网站的众多网页关联起来，用户单击设置了超链接的元素（如文字、图片或控件等）时可以跳转到指定的其他页面。使用超链接可以使访问者根据自己的喜好，有选择地从顺序排列的内容中访问需要的内容。组织好的超链接不仅能使读者跳过不感兴趣的章节，而且有助于更好地理解作者的意图，使整个内容更加层次化。

一个超文本链接由两部分组成，一部分是呈现在读者面前的超链接对象（通常是文字和图片）；另一部分是被指向的目标，它可以是同一页面的另一部分，也可以是不同的页面，还可以是动画、音乐、视频和程序文件等。

<a>标记的基本格式如下。

```
<a href=URL 地址 target=打开窗口方式>热点文本</a>
```

其中，href 为超链接引用，其值为一个 URL 地址。

target 用来设置链接到目标资源时打开窗口的方式，有以下 3 种值可供选择。

1）_blank：在新的窗口中打开目标。

2）_parent：目标直接显示在父框架窗口中。

3）_self：目标显示在当前窗口中，该值为默认值。

举例如下。

```
<a href="news1.html" target="_blank">校园新闻</a>
```

表示使用文档中的“校园新闻”几个文字作为热点，链接到当前文件夹中的 news1.html 文件，并且在用户单击热点时，在新窗口中打开目标文件。

描述目标文件位置时可以使用相对路径，也可以使用绝对路径。但如果目标对象不在当前站点中，链接地址就只能使用绝对路径。

举例如下。

```
<a href="http://www.myweb.com.cn/news/news1.htm">校园新闻</a>
```

表示在新窗口中打开另一站点（www.myweb.com.cn）中 news 文件夹下的 news1.htm 文件，目标文件路径描述采用了绝对路径方式。

```
<a href="news/news1.htm" target="_blank">校园新闻</a>
```

表示在当前窗口中打开站点下级子目录 news 下的 HTML 文件 news1.htm，目标文件路径描述采用了相对路径方式。

4. 列表标记

使用列表标记可以将页面中的文本以列表的方式分层次显示。HTML 5 提供了 3 种列表标记：无序列表标记<ul>、有序列表标记<ol>和自定义列表标记<dl>。

2-1-2 HTML5 的常用元素 2

（1）无序列表标记<ul>

<ul>是表示列表项顺序无关的标记，其基本格式如下。

```
<ul>
    <li>列表项 1</li>
    <li>列表项 2
        <ul>                              <!--无序列表的嵌套-->
            <li>子列表项 2-1</li>         <!--列表项的子项-->
            <li>子列表项 2-2</li>         <!--列表项的子项-->
        </ul>
    </li>
    <li>列表项 3</li>
</ul>
```

（2）有序列表标记<ol>

有序列表标记<ol>默认自动添加阿拉伯数字作为列表项的序号，强调了列表项顺序的重要性。其基本格式如下。

```
<ol>
    <li>列表项 1</li>
    <li>列表项 2</li>
    <li>列表项 3</li>
</ol>
```

（3）自定义列表标记<dl>

<dl>标记用来表示带有说明信息的列表，列表中的每个列表项一般由<dt>和<dd>标记组成。其中，<dt>用来表示列表项的标题，<dd>用来表示标题的描述信息。其基本格式如下。

```
<dl>
    <dt>列表项标题 1</dt>
    <dd>描述 1</dd>
    <dt>列表项标题 2</dt>
    <dd>描述 2</dd>
    <dt>列表项标题 3</dt>
    <dd>描述 3</dd>
</dl>
```

5. 表格标记

表格标记<table>用于在页面中以表格形式组织文本，也可以使用表格进行页面布局。表格中的行使用<tr>标记表示，单元格使用<td>表示。例如，下列代码表示了一个 2 行 2 列的表格，“第×行第×格”是显示到相应单元格中的文字。表格的样式（如框线、大小和对齐方式等）通常需要通过 CSS 或 style 样式进行设置。其基本格式如下。

```
<table>
    <tr>
        <td>第 1 行第 1 格</td>
        <td>第 1 行第 2 格</td>
    </tr>
    <tr>
        <td>第 2 行第 1 格</td>
        <td>第 2 行第 2 格</td>
    </tr>
</table>
```

<table>标记中除了需要包含最基本的<tr>和<td>标记外，其他一些辅助标记及其说明见表 2-2。

表 2-2　常用的表格辅助标记及其说明

元素标记	说　明
<thead>	定义表头
<th>	定义列标头，文字加粗、居中显示。包含在<thead>和</thead>之间
<tbody>	定义表体（表格的数据区）。如果存在<tr>、<td>标记，应包含在其中
<tfoot>	定义表格的脚注区
<col>	定义表格的列
<colspan>	在<td>和<th>标记中定义单元格的列跨度，说明单元格横向由几个单元格合并而成，用于创建不规则表格
<rowspan>	在<td>和<th>标记中定义单元格的行跨度，说明单元格纵向由几个单元格合并而成。用于创建不规则表格

6. 图像、音频和视频标记

在网页中加入图像、音频或视频等元素，可以大幅度提高页面的视觉效果和感染力，能有效地辅助阅读者理解页面中包含的信息，甚至可以取代文字成为信息传递的主要载体。

（1）图像标记<img>

图像标记<img>用于在网页中显示一幅图像，该标记常用的属性有 src 和 alt。src 用于指明要显示的图像文件的存放位置，alt 用于表示当图像加载失败时显示的替代文字。例如，下列语句表示在网页中显示当前目录下 images 文件夹中的 logo. jpg 图像文件，当图像加载失败时显示“网站 logo”。

```
<img src="images/logo.jpg" alt="网站 logo" />
```

图片的大小等属性通常需要通过 style 样式或 CSS 进行设置。图片在页面中的显示位置一般需要使用表格或 div 进行控制，这种表格或 div 被称为图像的父容器。

（2）音频标记<audio>

音频标记<audio>是 HTML 5 新增的标记，用于为网页提供播放指定的音频文件的功能。需要说明的是，<audio>标记支持的音频文件格式有 Ogg Vorbis、MP3 和 WAV 共 3 种。<audio>标记的常用属性及其说明见表 2-3。

表 2-3 <audio>标记的常用属性及其说明

属性名	说明
autoplay	若设置了该属性，则网页加载后将自动播放指定的音频文件，该属性覆盖 preload 属性
controls	若设置了该属性，则在网页中显示一个音频播放器控件
loop	若设置了该属性，则音频文件将被循环播放
preload	该属性用于指明网页加载后如何预加载音频文件。取值 auto 表示自动预加载，metadata 表示仅加载音频文件的元数据（如文件大小、时长等），none 表示不进行预加载
src	该属性用于指明要播放的音频文件的保存位置

举例如下。

```
<!--网页加载后自动循环播放音频,不显示音频控件,通常用于背景音乐-->
<audio src="audio/1.mp3" autoplay loop />
<!--网页加载后预加载音频文件,显示音频控件,循环播放-->
<audio controls loop preload="auto">            <!--audio 标记的另一种写法-->
    <source src=audio/1.mp3 type="audio/mp3">
    你的浏览器不支持 audio 标记                <!--浏览器不支持时显示的提示信息-->
</audio>
```

图 2-4 所示的是为<audio>标记设置了 controls 属性时，在网页中显示的音频播放器。它提供了开始/暂停播放、显示已播放的时间、调整播放进度和调整音量/静音等功能。音频控件的显示位置和大小通常需要通过 style 样式或 CSS 进行设置。

（3）视频标记<video>

视频标记<video>是 HTML 5 的新增标记，用于在网页中播放视频。<video>标记与<audio>标记相同，也具有 src、autoplay、controls、loop 和 preload 属性。此外，该标记还有用于设置播放窗口大小的 width（宽）和 height（高）属性。设置播放窗口大小时，可仅指定 width 值和 height 值中的一个，另一个数值可根据视频的原始尺寸按比例自动推算出来。

图 2-5 所示为 HTML 5 视频播放器的界面，窗口最下方显示播放控制条，包含开始/暂停按钮、已播放的时间、播放进度条、视频总共时长、音量/静音按钮和全屏播放按钮。该控制条是否显示由<video>标记的 controls 属性决定。正常播放时该控制条能自动隐藏，当鼠标移动到播放画面上时又能自动显示出来。如果加载的视频文件较大，播放控制条上会显示出“……”标记，表示正在进行缓冲。

图 2-4　HTML 5 音频播放器

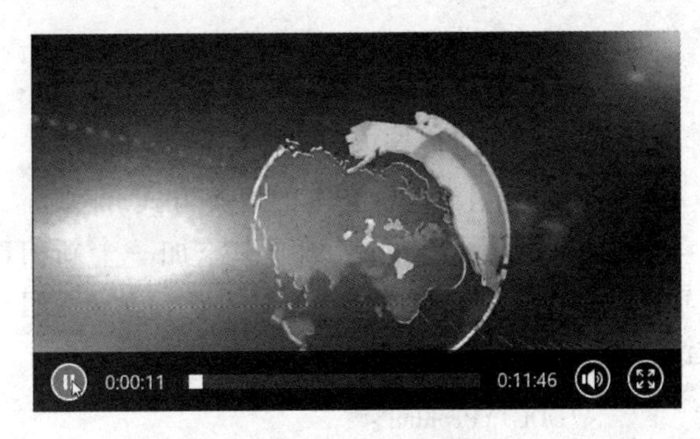

图 2-5　HTML 5 视频播放器

需要说明的是，HTML 5 视频播放器支持的视频格式只有 MP4（带有 H. 264 视频编码和 ACC 音频编码的 MPEG4 文件）、Ogg（带有 Theora 视频编码和 Vorbis 音频编码的 Ogg 文件）和 WebM（带有 VP8 视频编码和 Vorbis 音频编码的 WebM 文件）3 种，而且并非所有的浏览器都支持 HTML 5 的<video>标记。常用浏览器对 3 种视频格式的支持情况见表 2-4。

表 2-4　常用浏览器对 3 种视频格式的支持情况

视频格式	浏览器					
	IE	Edge	Firefox	Opera	Chrome	Safari
Ogg	不支持	支持	3. 5 以上版本	10. 5 以上版本	5. 0 以上版本	不支持
MP4	9. 0 以上版本	支持	不支持	不支持	5. 0 以上版本	3. 0 以上版本
WebM	不支持	支持	4. 0 以上版本	10. 6 以上版本	6. 0 以上版本	不支持

网页加载时系统会自动判断用户的浏览器是否支持<video>标记，若不支持，会使用夹在开始标记和结束标记之间的文字给出提示。举例如下。

```
<!--浏览器不支持时显示提示文字-->
<video src="video/1. mp4" controls width="720">你的浏览器不支持 video 标记</video>
```

需要注意的是，新版主流浏览器（Chrome、Microsoft Edge 等）已取消了对<audio>和<video>元素自动播放功能的支持。所以，即使设置了标记的 autoplay 属性，也可能无法实现音视频的自动播放。

2. 2　网页的样式控制

2-2　网页的样式控制（style 属性）

HTML 5 定义的标记告诉了浏览器需要在网页中显示怎样的文字或控件，而这些文件或控件的外观样式通常需要使用标记的 style 属性或 CSS 进行控制。

2. 2. 1　标记的 style 属性

在 HTML 5 中，所有有关样式的设置都可以由标记的 style 属性来完成。其一般格式如下。

```
<标记 style="参数 1:值 1;参数 2:值 2;…;参数 n:值 n">
```

其中常用的参数有以下几个。

background-color：用于设置背景颜色。

color：用于设置网页中文字的颜色。

font-family：用于设置网页中文字的字体。

font-size：用于设置网页中文字的大小。

text-align：用于设置文本的对齐方式。

例如，在 Visual Studio 网站中添加一个新 HTML 页，并输入以下所示的 HTML 5 代码，按〈F5〉键启动网页，在浏览器中将得到如图 2-6 所示的效果。

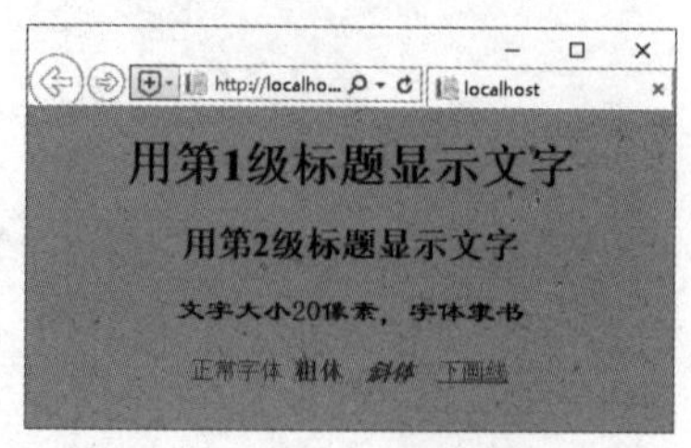

图 2-6　使用 style 设置文本样式

```
<!DOCTYPE html>
<head>
    <title>使用 style 属性设置格式</title>
</head>
<body style="background-color:Silver;color:Blue">
    <h1 style="text-align:center">用第 1 级标题显示文字</h1>
    <h2 style="text-align:center">用第 2 级标题显示文字</h2>
    <p style="font-size:20px;font-family:隶书;text-align:center">文字大小 20px,字体隶书</p>
    <p style="text-align:center;color:#008080">正常字体  
                    <b>粗体  <i>斜体</i> <u>下画线</u></b></p>
</body>
</html>
```

需要注意以下两点。

1）HTML 5 规定无论文字中间的连续空格有多少个，都按一个空格处理。若需要在文字间显示多个连续的空格，应使用若干个普通空格替代符“ ”或使用全角空格替代符“ ”。为了提高代码的可读性，即便只需要显示一个空格，也应使用“ ”或“ ”来表示。

2）设置颜色时可以使用颜色值，也可以使用颜色名称。在 Visual Studio 源视图中编写代码时，可以使用其智能提示在打开的下拉列表框中选择需要的颜色名称。常用颜色的名称及对应的颜色值见表 2-5。

表 2-5　HTML 5 中常用颜色的名称及对应的颜色值

颜色	英文名	十六进制 RGB 值（RRGGBB）	颜色	英文名	十六进制 RGB 值（RRGGBB）
黑色	Black	#000000	绿色	Green	#008000
银灰色	Silver	#C0C0C0	草绿色	Lime	#00FF00
灰色	Gray	#808080	橄榄色	Olive	#808000
白色	White	#FFFFFF	黄色	Yellow	#FFFF00
栗色	Maroon	#800000	藏蓝色	Navy	#000080
红色	Red	#FF0000	蓝色	Blue	#0000FF
紫色	Purple	#800080	黑绿色	Teal	#008080
紫红色	Fuchsia	#FF00FF	蓝绿色	Cyan	#00FFFF

2.2.2　CSS 3 的概念

前面介绍过使用元素的 style 属性控制 HTML 5 元素的样式，这种方式称为“内联式”，其优点是直观、方便。但缺点也十分突出，如果页面中有多个元素需要使用相同的样式，就需要进行多次书写，修改也十分麻烦。

串联样式表（Cascading Style Sheets，CSS），也称为级联样式表或层叠样式表，简称为样式表，是一种将页面元素样式设置集中化的方法，引入 CSS 的主要目的就是实现将页面结构与页面外观表现分离。CSS 目前的最高版本是 CSS 3，它较之前的版本有很大的改进。本书由于篇幅所限，所述内容仅包含了部分 CSS 3 的新特性，有兴趣的读者可自行参阅相关资料。

在设计由众多页面组成的网站时，设计页面外观样式会占据开发人员大量的时间，特别是网页设计完成后，各种颜色的搭配及不同页面的外观一致性要求往往会给后期维护工作带来较大的负担，而使用 CSS 则可以很好地解决这一问题。除了“内联式”，CSS 还规定了“嵌入式”和“外部链接式”两种定义样式的方法。

1. 嵌入式

所谓“嵌入式”样式控制，是将页面中所有样式控制代码集中放置在<head></head>标记之间，其语法格式如下。

```
<head>
    <style type="text/css">
        选择器 1{属性:值;属性:值;…;属性:值}          /*注释内容*/
        选择器 2{属性:值;属性:值;…;属性:值}
        …
        选择器 n{属性:值;属性:值;…;属性:值}
    </style>
</head>
```

选择器用于说明后面的样式设置对哪一部分起作用。选择器可以是网页中现有标记名称、ID 和 CSS 类等。关于选择器的分类和使用方法将在后面进行详细介绍。

使用嵌入式样式定义方法，网页代码可书写成如下格式。

```
<!DOCTYPE html>
<head>
    <title>嵌入式样式控制</title>
    <style type="text/css">                /*使用 style 属性集中定义各元素的样式*/
        h1{font-size:20pt;color:Red}  /*h1 为类型选择器,该设置将应用于所有 h1 标记*/
        h2{font-size:15pt;color:Blue}
    </style>
</head>
<body>
    <div>
        <h1>第 1 章 ASP. NET 与 Visual Studio 开发平台</h1>
        <h2>1. 1 C/S 和 B/S 架构体系</h2>
        <h2>1. 2 ASP. NET 的体系结构</h2>
        <h1>第 2 章 网页设计基础</h1>
        <h2>2. 1 HTML 5 标记语言</h2>
        <h2>2. 2 style 与 CSS</h2>
    </div>
</body>
</html>
```

与内联式相比，嵌入式使代码简洁了许多，而且需要修改样式时只要修改<style></style>中的内容即可。但嵌入式的“集中控制”仅局限在当前网页中，无法将样式定义应用到整个网站包含的所有网页中。

2. 外部链接式

所谓“外部链接式”样式控制，是将样式控制代码单独存放在一个以 .css 为扩展名的级联样式表文件内，再通过<link>标记引用其中对样式的定义。

（1）<link>标记

.css 文件的内容就是嵌入式定义中<style>和</style>之间的样式定义部分，<link>标记的语法格式如下。

```
<head>
    <link type="text/css" href="样式文件名.css" rel="stylesheet">
</head>
```

说明：rel 属性是 Relations 的缩写，rel="stylesheet" 的含义是，将当前文档关联到一个级联样式表文件。href 属性指示了被关联文件的名称，如果 .css 文件没有存放在当前目录中，应写出文件所在的 URL（可以是本地站点，也可以是外部站点）。

显然，使用外部链接样式控制可以将样式定义应用到更为广泛的范围，这给结构复杂、页面众多的大型网站的设计带来了很大方便。

（2）样式定义的优先级

如果网页中既有内联式和嵌入式样式定义，又有外部链接式样式定义，而且这 3 种定义中还存在针对某特定元素的定义冲突，浏览器将采用“就近使用”的优先原则，即采用与该元素位置最近的样式定义。

显然，内联式样式定义在任何情况下都最靠近元素位置，所以其优先级是最高的，也就是说，内联式样式定义将覆盖嵌入式和外部链接式样式定义。而对于嵌入式和外部链接式样式定义的优先级，要看<link>标记和<style>标记哪一个更靠近元素的位置。

需要注意的是，前面谈到的“覆盖”只有在定义发生冲突时才会出现，如果低优先级和高优先级定义的内容没有冲突，则二者同时有效。例如，嵌入式样式定义中设置了文字的颜色和大小，而内联式样式定义仅设置了文字的大小，则文字大小由内联式样式定义决定，而颜色仍由嵌入式样式定义决定。

2.2.3 CSS 3 常用选择器

选择器是 CSS 3 的一个重要内容，是一种集中设置页面元素样式的方式。使用选择器可以大幅度提高网页设计效率，便于网页的调试和修改。

1. 类型选择器

“类型选择器”也称为“标记选择器”或“标签选择器”，它是以网页中现有标记为名称的选择器，用于统一设置某种标记的样式。例如，下列代码中 table、tr 和 td 为类型选择器，用于设置网页中所有表格（table）、表格行（tr）和单元格（td）的样式。代码运行结果如图 2-7 所示。

第1行第1格	第1行第2格
第2行第1格	第2行第2格

图 2-7 代码运行结果

```
<!DOCTYPE html>
<head>
    <title>类型选择器</title>
    <style type="text/css">
        /* 设置表格边框宽 1px,实线边框,银灰色,边框折叠,表格宽度为容器的 30% */
        table {border:1px solid Silver;border-collapse:collapse;width:30%}
        tr {height:30px}    /* 设置所有表格行的高度为 30px */
        td {border:1px solid Silver;padding:10px}  /* padding:10px 表示单元格内边距为 10px */
    </style>
```

```
</head>
<body>
    <div>
        <table>
            <tr>
                <td>第 1 行第 1 格</td>
                <td>第 1 行第 2 格</td>
            </tr>
            <tr >
                <td>第 2 行第 1 格</td>
                <td>第 2 行第 2 格</td>
            </tr>
        </table>
    </div>
</body>
</html>
```

2. ID 选择器和类选择器

为了使相同的网页元素具有不同的外观设置，可以通过指定元素 ID 名称并以该 ID 值为选择器设置样式。ID 选择器书写时必须以“#”开头。

类选择器通过类名称指定一组样式设置，网页中的元素通过引用该类来应用这些样式设置。类选择器书写时必须以“.”开头。

例如，下列代码通过 ID 选择器和类选择器对 3 个图片元素进行样式设置，运行结果如图 2-8 所示。

图 2-8　ID 选择器和类选择器示例

```
<!DOCTYPE html>
<html>
<head>
    <title>ID 选择器和类选择器示例</title>
    <meta charset="utf-8" />
    <style type="text/css">
        #img_l {width:300px}        /* ID 选择器,img_l 为图片元素 id 名称 */
        #img_m {width:200px}        /* ID 选择器,img_m 为图片元素 id 名称 */
        /* 类选择器,img_r 为类名称 */
        .img_r {width:auto;height:auto;max-width:100%;max-height:100%;}
        /* 类选择器,imgdiv 为类名称,position:absolute;表示使用绝对定位方式 */
        .imgdiv {position:absolute;top:20px;left:520px;width:100px;height:71px}
    </style>
</head>
<body>
    <img id="img_l" src="1.jpg" />          <!--设置图片元素的 id 值为 img_l-->
    <img id="img_m" src="1.jpg" />          <!--设置图片元素的 id 值为 img_m-->
    <div class="imgdiv">                    <!--div 元素引用 imgdiv 类的样式设置-->
        <img class="img_r" src="1.jpg" />  <!--图片元素引用 img_r 类的样式设置-->
    </div>
</body>
</html>
```

类选择器 img_r 中的 max-width 和 max-height 是针对图片元素所在容器的 div 而言的，也就是说，图片自动缩放最大占满 div 的范围，而 div 的大小及显示位置由类选择器 imgdiv 决定

（层采用绝对定位方式；距页面顶端 20px；距页面左端 520px；层大小为宽 100px，高 71px）。

3. 包含选择器和组群选择器

包含选择器用于设置某元素下面子元素的样式。例如，下列代码使用包含选择器设置<div>标记下所有<a>子标记的字号为 36px，字体为黑体。

```
<style type="text/css">
    div a {font-size:36px;font-family:黑体}
</style>
```

如果希望 div 标记下的所有子标记都采用上述设置，可将代码改写成如下形式。

```
<style type="text/css">
    /*"*"为通配符选择器,表示所有子标记*/
    div * {font-size:36px;font-family:黑体}
</style>
```

群组选择器可以对若干个不同元素进行统一的样式设置。例如，下列代码使用群组选择器使 body、ul、li、a 和 p 这几个元素具有相同的样式（内外边距均为 0）。

```
<style type="text/css">
    body,ul,li,a,p {padding:0;margin:0}
</style>
```

4. 属性选择器

属性选择器可以根据元素是否具有某个属性或属性是否具有某个特定值来决定是否对其应用指定的样式。CSS 3 中属性选择器常用的格式有以下几种。

```
选择器[属性名] {样式集}            /*当元素具有属性名指定的属性时应用样式*/
选择器[属性名="值"] {样式集}       /*当元素具有属性名指定的属性,且等于指定值时应用样式*/
选择器[属性名=~"值1 值2 ……值n"]{样式集}   /*当元素的指定属性等于值列表中的某个时应用样式*/
选择器[属性名^="值"] {样式集}      /*当元素具有属性名指定的属性,且属性值以指定值开始时应用样式*/
选择器[属性名$="值"] {样式集}      /*当元素具有属性名指定的属性,且属性值以指定值结束时应用样式*/
选择器[属性名*="值"] {样式集}      /*当元素具有属性名指定的属性,且属性值包含指定值时应用样式*/
```

【演练 2-1】属性选择器使用示例。

启动 Visual Studio，选择“文件”→“新建”→“网站”命令，以“ex2-1”为名称新建一个 ASP.NET 空网站。在解决方案资源管理器中右击网站名称，在弹出的快捷菜单中选择“添加”→“HTML 页”命令，以“Default”为文件名向网站中添加一个静态网页文件。

按如下所示编辑 HTML 代码，运行后得到如图 2-9 所示的结果。

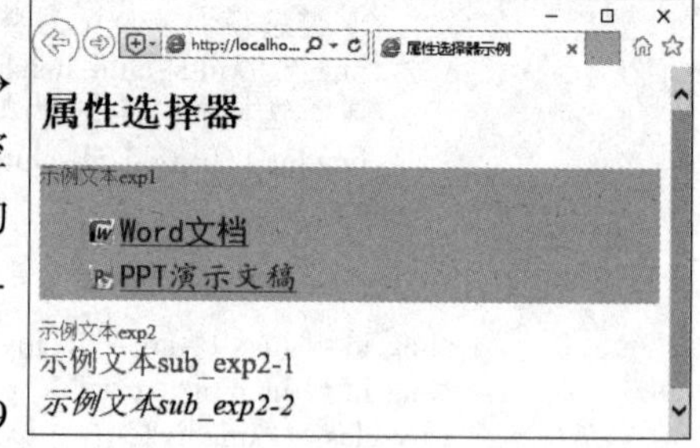

图 2-9 代码运行结果

```
<!DOCTYPE html>
<html>
<head>
<meta http-equiv="Content-Type" content="text/html;charset=utf-8"/>
    <title>属性选择器示例</title>
```

```
        <meta charset="utf-8" />
        <style type="text/css">
            li{list-style:none}
            /*<a>标记中带有 herf 属性,且属性值以 docx 结尾的应用该样式设置*/
            a[href $="docx"]
            {
                /*背景图片为"word.jpg"、不平铺、左端中部对齐*/
                background:url(word.jpg) no-repeat left center ;
                padding-left:25px;/*左边空白为 25px*/
                line-height:36px;/*行高为 36px*/
                font-family:黑体;/*字体为黑体*/
                font-size:26px;/*字体大小为 26px*/
            }
            /*<a>标记中带有 herf 属性,且属性值以 pptx 结尾的应用该样式设置*/
            a[href $="pptx"]
            {
                background:url(ppt.jpg) no-repeat left center ;
                padding-left:25px;          /*左边空白为 25px*/
                line-height:36px;           /*行高为 36px*/
                font-family:楷体;           /*字体为楷体*/
                font-size:26px;             /*字体大小为 26px*/
            }
            /*id 属性值等于 exp1 的标记应用该样式设置,背景色为亮灰色*/
            [id="exp1"]{background-color:lightgray}   /*省略"选择器"表示面向所有标记*/
            /*id 属性值中包含 exp 的标记应用该样式设置,以红色字显示*/
            [id*="exp"]{color:red}
            /*id 属性值以 sub 开头的标记应用该样式设置,字体大小为 24px*/
            [id^="sub"]{font-size:24px;}
            /*id 属性值以-2 结尾的标记应用该样式设置,斜体,行高为 40px,黑色*/
            [id $= "-2"]{font-style:italic;line-height:40px;color:black}
        </style>
    </head>
    <body>
        <h1>属性选择器</h1>
        <nav id="exp1">示例文本 exp1
            <ul>
                <li><a href="Word.docx">Word 文档</a></li>
                <li><a href="PPT.pptx">PPT 演示文稿</a></li>
            </ul>
        </nav>
        <div id="exp2">示例文本 exp2</div>
        <div id="subexp2-1">示例文本 sub_exp2-1</div>
        <div id="subexp2-2">示例文本 sub_exp2-2</div>
    </body>
    </html>
```

说明：本例需要使用两个表示 Word 和 PowerPoint 文档的图标文件，可从 Internet 中下载并调整为 20×20px 大小，复制到网站文件夹中。超链接的目标文件可以是任意的 Word 文档和 PowerPoint 演示文稿（文件名必须是 Word. docx 和 PPT. pptx），同样需要复制到网站文件夹中。

5. 伪类选择器

“伪类选择器”也称为“虚类选择器”，它是在前面介绍的各种选择器的基础上，进一步添加“伪类”来控制特定标记样式设置的方法，其语法格式如下。

```
选择器:伪类名{属性:值}
```

伪类选择器中最常用的是关于超链接的样式设置，举例如下。

```
<style type="text/css">
    a {text-decoration:none}      /* 去掉超链接自带的下画线 */
    a:link {color:red}            /* 通过 link 伪类设置超链接文字为红色 */
    a:visited {color:green}       /* 通过 visited 伪类设置超链接访问过的文字为绿色 */
    a:hover { color:blue}         /* 通过 hover 伪类设置鼠标指针指向超链接时文字变为蓝色 */
    a:active { color:yellow}      /* 通过 active 伪类设置单击超链接时文字变为黄色 */
</style>
```

2.2.4 CSS 3 的盒模型

盒模型（Box Model）是 CSS 3 用于指定网页元素应该如何呈现的一个重要概念。所有 CSS 3 的样式规定都与盒模型相关。

1. 盒模型的概念

在网页设计中，每个元素都可以理解成一个由元素的内容（content）、内边距（padding）、边框（border）和外边距（margin）组成的矩形框。它们之间的关系如图 2-10 所示。

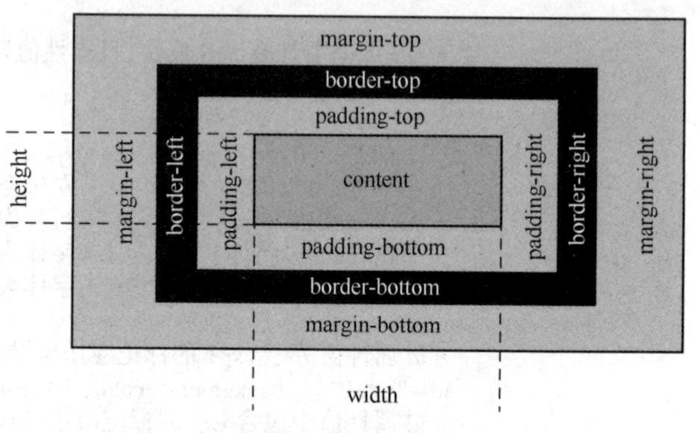

图 2-10 W3C 标准中 CSS 3 盒模型的示意图

从图 2-10 中可以看出下列关系。

盒模型的宽度=内容宽+内边距左右宽+边框左右宽+外边距左右宽
盒模型的高度=内容高+内边距上下高+边框上下高+外边距上下高

包围 content、padding、border 和 margin 区域的外部矩形分别被称为 content-box、padding-box、border-box 和 margin-box。

2. 内外边距和盒大小

在实际应用中，使用最多的是外边距（margin）和内边距（padding）的设置。此外，还可以通过设置盒尺寸 box-sizing 来控制元素内容的宽和高。

（1）外边距（margin）

margin 属性用于设置元素 4 个方向的外边距（margin-left、margin-right、margin-top 和 margin-bottom），它控制着环绕元素的矩形区域与相邻元素之间的距离。

需要注意以下两点。

1）margin-left 和 margin-right 对所有元素都起作用，而 margin-top 和 margin-bottom 仅对块级元素（如 p、h1～h6、div、table、tr 和 td 等）起作用。

2）margin 属性通常使用像素（px）作为尺寸单位，也可以设置为 auto 或百分比值，甚至可以设置成负值。

margin 属性的常见用法如下。

```
<div style="margin-top:20px;margin-bottom:40px">//通过子属性说明设置的是哪个边距
<div style="margin:30px 20px 10% 20%">       //依次设置"上右下左"4 个外边距,单位可以
                                              //混合使用
<div style="margin:12px">         //只使用 1 个参数,表示设置 4 个外边距均为 12px
```

```
<div style="margin:12px 20px">  //使用 2 个参数,表示上下均为 12px;左右均为 20px
<div style="margin:10px auto 5px auto">  //若希望块级元素居中，设置左右边距为 auto 即可
```

(2) 内边距 (padding)

padding 属性用于设置元素内部与元素边框之间 4 个方向的距离（padding-left、padding-right、padding-top 和 padding-bottom）。padding 属性可以使用 px、auto 或百分比作为单位，但不能使用负值。padding 属性的常见使用方法与 margin 十分相似，这里不再赘述。

(3) 盒大小 (box-sizing)

box-sizing 属性主要用于设置元素的边界盒宽度和高度，以便使其以适当的大小适应某个区域的内容。box-sizing 常用的取值有 content-box（默认）和 border-box。

content-box 表示元素的宽度和高度为 content 的宽度和高度，padding 和 border 不包含在内。例如，下列代码表示应用样式类 class1 的元素内容盒的宽度为 200px，内边距为 10px，使用蓝色实线边框。

```
.class1 {box-sizing:content-box;width:200px;padding:10px;border:5px solid Blue}
```

代码表示元素的实际总宽度为：左右内边距 20px(10+10)+左右边框 10px(5+5)+内容宽度 200px=230px。

下列语句省略了 box-sizing 属性，则默认 box-sizing 为 content-box，故与上面的语句等效。

```
.class1 {width:200px;padding:10px border:5px solid Blue}
```

border-box 表示 content、padding 和 border 都包含于元素的 width 和 height 中。下列代码表示元素的实际总宽度就是 200px。

```
.class2 {box-sizing:border-box;width:200px;padding:10px;border:5px solid Blue }
```

3. 盒区域显示特效

在 CSS 3 中可以使用 border-radius 属性设置边框的圆角效果，使用 border-image 属性设置区域的图像边框效果，使用 box-shadow 属性设置区域的阴影效果。

(1) border-radius 属性

CSS 3 中提供了关于圆角边框的 4 个单独属性：border-top-left-radius（左上角）、border-top-right-radius（右上角）、border-bottom-right-radius（右下角）和 border-bottom-left-radius（左下角）。每一个角都由水平半径和垂直半径两个值来表示，水平半径不等于垂直半径时为一个椭圆角，如图 2-11 所示。若属性值只有 1 个，则表示水平和垂直半径相等（圆角）。

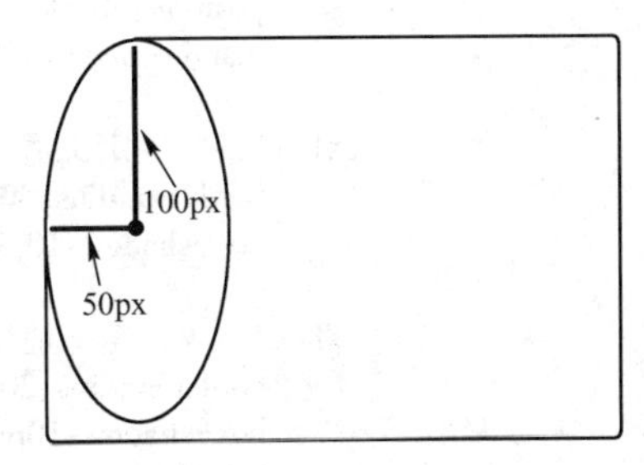

图 2-11 椭圆角示意

(2) border-image 属性

CSS 3 的 border-image 属性可以使用图像文件作为区域的边框，并自动将该图像分割为 9 部分进行处理，无须额外编写代码。其语法格式如下。

```
border-image:url(图像路径) val1 val2 val3 val4;
```

其中，val1 ~ val4 分别表示对图像进行分割时的上、右、下、左边距的大小。

（3）box-shadow 属性

在 CSS 3 中使用 box-shadow 属性可为区域添加阴影效果。其语法格式如下。

```
box-shadow:length1 length2 length3 color;
```

其中，length1 ～ length3 表示阴影离开区域的横向距离、纵向距离和阴影的模糊半径；color 表示阴影的颜色值。

【演练 2-2】盒区域显示特效示例。

启动 Visual Studio，选择“文件”→“新建”→“网站”命令，以“ex2-2”为名称新建一个 ASP. NET 空网站。在解决方案资源管理器中右击网站名称，在弹出的快捷菜单中选择“添加”→“HTML 页”命令，以 Default 为文件名向网站中添加一个静态网页文件。

按照如下所示编辑 HTML 代码，运行后得到如图 2-12 所示的结果。

图 2-12　盒区域的圆角和阴影效果

```
<!DOCTYPE html>
<html>
<head>
<meta http-equiv="Content-Type" content="text/html;charset=utf-8"/>
    <title>盒区域的圆角和阴影效果</title>
    <meta charset="utf-8" />
    <style type="text/css">
        box{                                    /*定义 box 类样式*/
            width:100px;height:10px;
            padding:40px;
            text-align:center;                  /*区域内元素水平居中对齐*/
            vertical-align:middle;              /*区域内元素垂直居中对齐*/
            border:blue solid 26px;             /*定义边框样式*/
            position:absolute;top:10px;         /*采用绝对定位,距顶端 10px*/
            margin-bottom:20px;
        }
        #box1{  /*定义适用于 id 为 box1 的元素样式*/
            border-radius:40px/30px;        /*水平半径为 40px,垂直半径为 30px*/
            box-shadow:10px 10px 10px gray;
        }
        #box2{  /*定义适用于 id 为 box2 的元素样式*/
            border-radius:20px 30px 60px 80px;  /*定义圆角样式,上右下左(顺时针)*/
            box-shadow:10px 10px 0 gray;        /*定义区域的阴影效果*/
            left:200px;                         /*设置区域的左边距*/
        }
        #box3{  /*定义适用于 id 为 box3 的元素样式*/
            border-image:url(pic1.png) 26 26 26 26;/*定义图片边框,pic1.png 为图片文件名*/
            left:400px;
        }
    </style>
</head>
<body>
```

```
        <div id="box1" class="box"><p>区域 1</p></div>/＊声明 3 个层区域＊/
        <div id="box2" class="box"><p>区域 2</p></div> /＊应用“.box”和“#box2”定义的样
                                                        式＊/
        <div id="box3" class="box"><p>区域 3<p></div>
    </body>
    </html>
```

2.2.5　向网站中添加样式表

在 Visual Studio 2015 中，程序员可以十分方便地借助系统提供的各种工具，完成页面元素样式设置和布局的设计工作。通过前面的介绍可以知道，外部链接式样式控制是大型网站设计时首选的样式控制方式。在 Visual Studio 中可以像添加其他类型文件一样向网站中添加 CSS 样式表。

新建一个空白 CSS 样式表的操作步骤如下。

在解决方案资源管理器中右击网站名称，在弹出的快捷菜单中选择“添加”→“样式表”命令，在弹出的对话框中指定样式表文件名（默认名称为“StyleSheet.css”），然后单击“添加”按钮。

一个新的 CSS 样式表创建后，系统将自动切换到其代码编辑窗口（系统已自动创建了一个 body {} 空样式），程序员可根据需要依据前面介绍过的相关知识，借助 Visual Studio 提供的智能提示功能编辑该样式表文件。

如果希望将在其他环境（如 Windows 记事本、Dreamweaver 等）中设计完毕的 CSS 样式表应用到当前网站某网页中（.html 或 .aspx），可以在解决方案资源管理器中将该样式表文件（.css）拖动到页面源视图的<head>标记和</head>标记之间，也可以将样式表拖动到页面设计视图窗口。拖动操作完成后，系统将自动在<head>标记和</head>标记之间添以下代码。

```
    <link href="××××.css" rel="stylesheet" type="text/css" />
```

其中，××××为拖动到页面中的 CSS 样式表文件名。

如果希望使用的 CSS 文件是从其他位置复制到当前 ASP.NET 网站中的，需要在解决方案资源管理器中右击网站名称，在弹出的快捷菜单中选择“刷新文件夹”命令才能看到该文件，进而完成拖动操作。

2.3　页面布局

2-3　页面布局

页面布局是网页设计的重要工作之一，它决定了页面中各板块的显示位置和显示方式。传统的页面布局通常采用表格布局技术，适合一些页面结构不太复杂的小型网站，其优点是布局方便、直观，缺点是显示速度较慢，需要将整个表格下载完毕才开始显示页面内容。表格布局方式也不利于“结构和表现分离”的设计理念。目前流行的页面布局方法是采用 CSS+DIV 的布局技术，这是 Web 标准推荐的布局方法。

2.3.1　使用表格布局页面

早期一般都采用表格进行页面布局，这种方法将整个页面规划到一个或多个表格中，在需要时也可以使用表格嵌套（在一个表格中包含另一个或多个表格）的方法实现页面布局。

目前虽然 CSS+DIV 布局技术占据了主导地位，但在一些小型环境、页面局部设计或页面元素定位中，表格布局仍有自己的一席之地。

图 2-13 所示就是一种在 Web 窗体页（.aspx）中常用的表格布局方式。该布局使用了两个嵌套的表格，外部是一个 3 行 3 列的表格，分为标题（3 列合并）、左边栏、中部、右边栏和页脚区域（3 列合并）。中部区域嵌套了一个 5 行 2 列的表格，将区域划分为“栏目 1”和“栏目 2”两部分。

Visual Studio 为开发人员提供了可视化的表格设计工具，选择“表”→“插入表”命令，将弹出图 2-14 所示的对话框，使用该对话框提供的属性设置功能可以帮助开发人员方便、快速地完成表格外观的设置操作。对对话框的各种设置都会以 HTML 代码的形式添加到页面中，切换到 .aspx 文件的源视图就可以看到这些代码。

当把一个标准表格插入到页面后，除了可以在源视图中通过 HTML 代码对其进行编辑和修改外，还可以在设计视图中使用可视化的方法对表格进行外观调整（如合并单元格、拆分单元格、添加行或列，以及删除行或列等）。

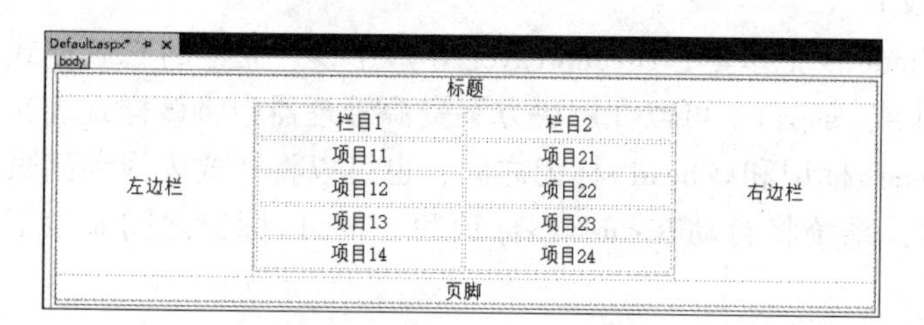

图 2-13 使用表格布局页面

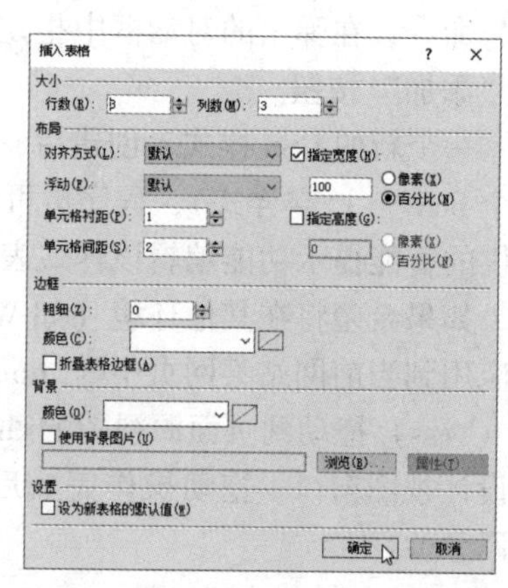

图 2-14 “插入表格”对话框

例如，需要对单元格执行合并操作时，可按照如图 2-15 所示在选择了需要合并的所有单元格后右击，在弹出的快捷菜单中选择“修改”→“合并单元格”命令即可。调整行高或列宽与在 Word 中操作表格相似，直接拖动相应的边框线即可。

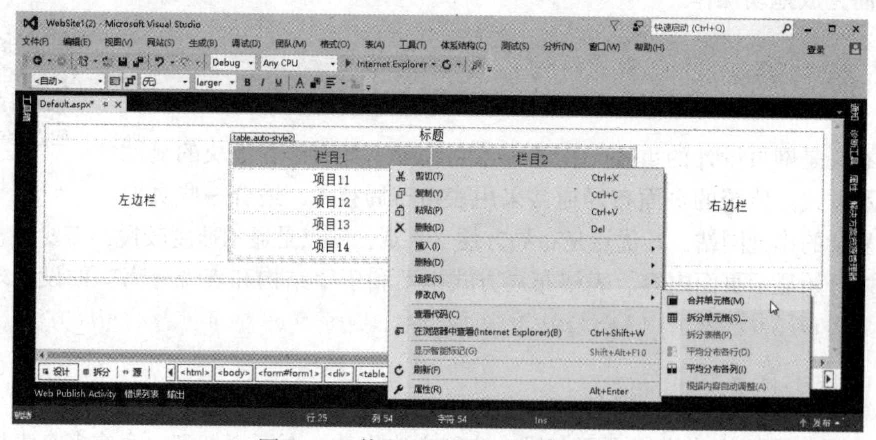

图 2-15 使用可视化方法调整表格

2.3.2　使用 DIV 和 CSS 布局页面

使用 CSS+DIV 进行页面布局最大的优点是体现了结构和表现分离的网页设计思想，此外，浏览器对 CSS+DIV 定义的页面是边解析边显示的，较表格布局的页面显示速度更快。

使用 CSS+DIV 进行页面布局设计时一般需要通过页面结构分析、页面布局和样式设置 3 个环节。

所谓页面结构分析，是指根据页面所表现的内容构思和规划页面组成的过程。也就是说，在设计一个网页时首先应考虑页面应包含哪些板块，这些板块应放置在页面的什么位置等。必要时可画出页面结构的设计草图。

所谓页面布局，是指在页面结构确定后使用<div>标记创建需要的各板块区域。

所谓样式设置，是指对所有<div>及其他页面元素的表现所进行的设置。如，表示各板块的<div>应如何排列，字体、字号和颜色应如何设置，以及在什么位置使用什么图片等。原则上，页面中所有的样式设置应包含在 CSS 样式表中。

1. CSS+DIV 页面布局示例

这里将通过一个实例介绍 CSS+DIV 页面布局的使用方法。

【演练 2-3】使用 CSS+DIV 技术设计如图 2-16 所示的页面布局效果。

（1）页面结构分析

可以认为页面由 6 个板块组成，其中“左边”“中间”和“右边”3 个板块需要横向排列成一行。设计时可以将 6 个板块分别放置在 6 个不同的层结构中，通过对各层属性进行设置实现页面布局效果。

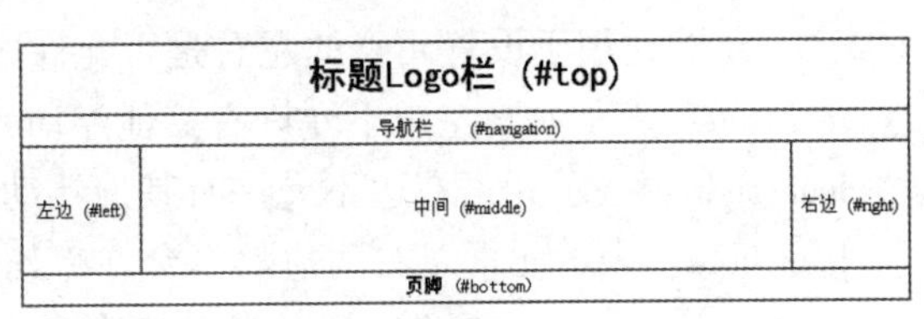

图 2-16　页面布局效果

（2）创建 DIV 层

新建一个 ASP. NET 空网站，向网站中添加一个 Web 窗体并将其命名为 Default。在该页面的源视图中找到由系统自动添加的<div>和</div>标记，在其中再添加 6 对<div>标记。

（3）创建 CSS 样式表

在解决方案资源管理器中右击网站名称，在弹出的快捷菜单中选择“添加”→“添加新项”命令。在弹出的对话框中选择“样式表”模板，单击“添加”按钮。考虑到各层样式要求有完全相同的地方，为避免重复设置，可对层同时应用元素 ID 选择器和类选择器。

使用样式生成器或直接在样式表文件代码窗口中编写 StyleSheet. css 的代码如下。

```
div {
    box-sizing:border-box;                          /* 设置盒大小包含边框、边距 */
    text-align:center;border:#00ff00 1px solid;     /* 草绿色、1px 宽的实线边框 */
}
#top {
    height:56px;
    line-height:56px;font-family:黑体;font-size:xx-large;
}
# navigation {
    /* 设置层高(height)与行高(line-height)相等可使单行文字垂直居中 */
    height:24px;line-height:24px;
```

```
}
#left {
    /* float:left 表示元素向左浮动,使后续元素可跟随在该元素的右侧 */
    width:10%;height:104px;line-height:104px;float:left;
}
#middle {
    width:80%;height:104px;line-height:104px;float:left;
}
#right {
    width:10%;height:104px;line-height:104px;float:left;
}
#bottom {
    /*"clear:both"表示不允许元素的左右两边有浮动元素 */
    height:24px;line-height:24px;font-family:黑体;clear:both;
}
```

说明：CSS+DIV 布局技术中经常用到<div>元素的 float 属性和 clear 属性。

1）float 属性用于确定是否允许元素在页面中浮动及浮动的方向，取值有以下几个。

float:none：表示不允许元素浮动。

float:left：表示元素可以向左浮动。

float:right：表示元素可以向右浮动。

2）clear 属性用于设置元素的左右是否允许出现其他浮动元素，取值有以下几个。

clear:left：表示元素左边不允许有其他浮动元素。

clear:right：表示元素右边不允许有其他浮动元素。

clear:both：表示元素左右两边都不允许有其他浮动元素。

clear:none：表示元素两边都允许有其他浮动元素。

StyleSheet. css 编写完毕后，可在解决方案资源管理器中将其拖动到 Default. aspx 的设计视图窗口，系统将自动生成对 StyleSheet. css 文件的引用代码。

（4）编写 Default. aspx 的 HTML 代码

```
<%@ Page Language="C#" AutoEventWireup="true" CodeFile="Default.aspx.cs"
                    Inherits="_Default" %>
<!DOCTYPE html>
<html xmlns="http://www.w3.org/1999/xhtml">
<head runat="server">
<meta http-equiv="Content-Type" content="text/html;charset=utf-8"/>
    <title>使用 CSS+DIV 布局页面</title>
    <link href="StyleSheet.css" rel="stylesheet" type="text/css" />
</head>
<body>
    <form id="form1" runat="server">
    <div>
    <div id="top">标题 Logo 栏</div>
        <div id=" navigation">导航栏</div>
        <div id="left">左边</div>
        <div id="middle">中间</div>
        <div id="right">右边</div>
        <div id="bottom">页脚</div>
    </div>
    </form>
</body>
</html>
```

2. CSS+DIV 布局的常用技巧

(1) 布局效果 1

要求实现的布局效果 1 如图 2-17 所示。

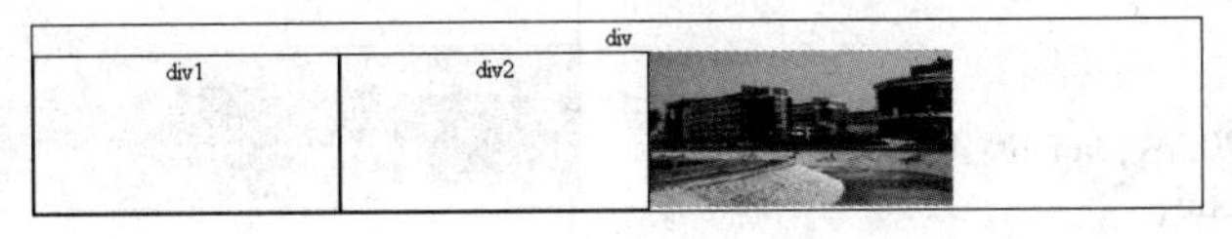

图 2-17　布局效果 1

CSS 定义代码如下。

```
.DivFloatLeft
{
    width:200px;height:100px;float:left;border:1px solid;
}
.ImageFloatLeft
{
    width:200px;height:100px;float:left;
}
```

HTML 代码如下。

```
<div style="width:768px;height:104px;border:1px solid #000000">div
    <div id="div1" class="DivFloatLeft">div1</div>
    <div id="div2" class="DivFloatLeft">div2</div>
    <img class="ImageFloatLeft" src="1.jpg" alt="图片 1" />
</div>
```

(2) 布局效果 2

要求实现的布局效果 2 如图 2-18 所示。

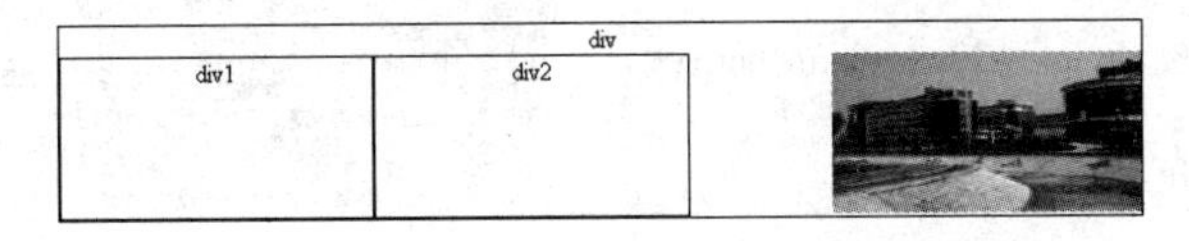

图 2-18　布局效果 2

CSS 定义代码如下。

```
.DivFloatLeft
{
    width:200px;height:100px;float:left;border:1px solid;
}
#ImageFloatRight
{
    width:200px;height:100px;float:right;
}
```

HTML 代码如下。

```
<div style="width:696px;height:118px;border:1px solid #000000">div
    <div id="div1" class="DivFloatLeft">div1</div>
    <div id="div2" class="DivFloatLeft">div2</div>
    <img id="ImageFloatRight" src="1.jpg" alt="图片 1" />
</div>
```

(3) 布局效果 3

要求实现的布局效果 3 如图 2-19 所示。

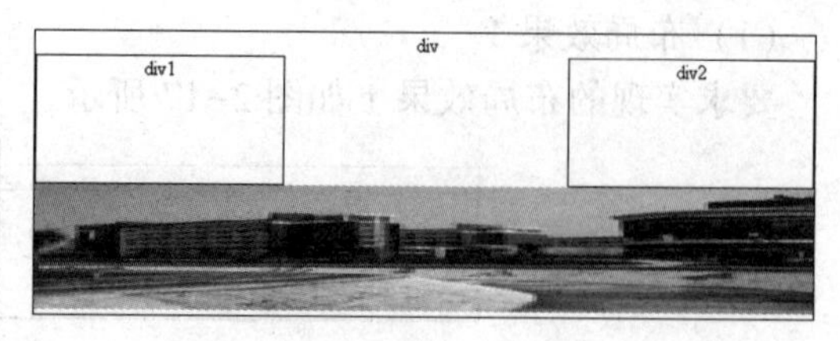

图 2-19　布局效果 3

CSS 定义代码如下。

```
.DivFloatLeft
{
     width: 200px; height: 100px; float: left;
border:1px solid;
}
.DivFloatRight
{
     width:200px;height:100px;float:right;border:1px solid;
}
.ImageFloatClear
{
     width:100%;height:99px;clear:both;
}
```

HTML 代码如下。

```
<div style="width:632px;height:217px;border:1px solid #000000">div
     <div id="div1" class="DivFloatLeft">div1</div>
     <div id="div2" class="DivFloatRight">div2</div>
     <img class="ImageFloatClear" src="1.jpg" alt="图片 1" />
</div>
```

(4) 布局效果 4

要求实现的布局效果如图 2-20 所示。

图 2-20　布局效果 4

CSS 定义代码如下。

```
.ImageFloatClear
{
     width:100%;height:99px;clear:both;
}
#ImageFloatRight
{
     width:200px;height:100px;float:right;
}
.DivFloatLeft
{
     width:200px;height:100px;float:left;border:1px solid;
}
```

HTML 代码如下。

```
<div style="width:656px;height:368px;text-align:left;border:1px solid #000000">
     <img class="ImageFloatClear" src="1.jpg" alt="图片 1" />
     <div id="DivFloatLeft">买花<br />白居易<br />
          帝城春欲暮,喧喧车马度。<br />
          ……
          一丛深色花,十户中人赋。
     </div>
     <span style="color:#009933">唐代</span>(公元 618—907 年)……有的从侧面反映当时社会
     <img id="ImageFloatRight" src="image2.jpg" alt="图片 2" />
          ……形成了我国古典诗歌的优秀传统。
</div>
```

（5）布局效果 5

要求实现的布局效果如图 2-21 所示。

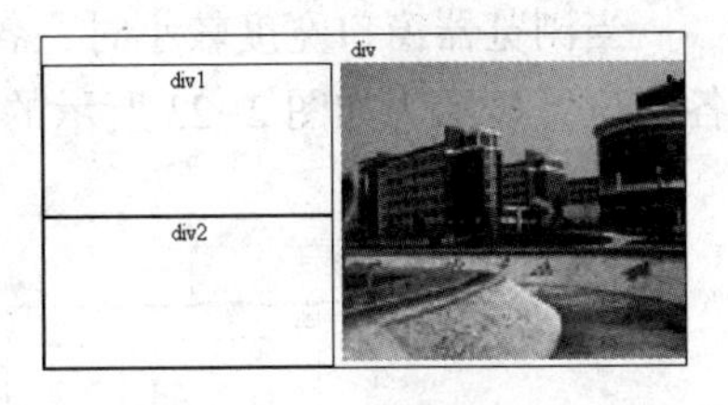

图 2-21　布局效果 5

CSS 定义代码如下。

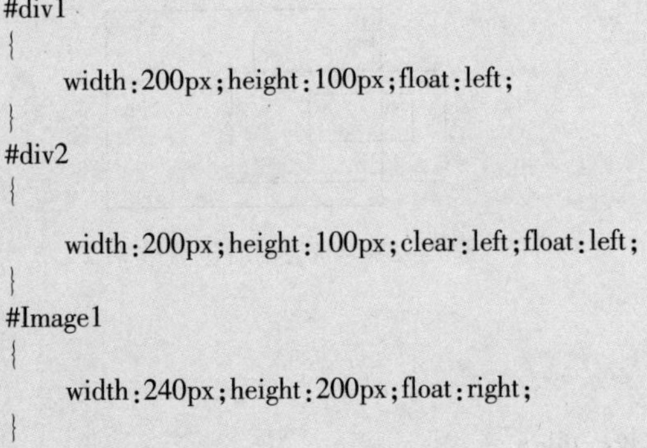

```
#div1
{
    width:200px;height:100px;float:left;
}
#div2
{
    width:200px;height:100px;clear:left;float:left;
}
#Image1
{
    width:240px;height:200px;float:right;
}
```

HTML 代码如下。

```
<div style="width:448px;height:200px;border:1px solid #000000">div
    <div id="div1">div1</div>
    <div id="div2">div2</div>
    <img id="Image1" src="1.jpg" alt="图片 1" />
</div>
```

2.3.3　页面元素的定位

网页中元素的显示位置，在浏览器窗口大小发生变化时可能出现一些变化。为了避免元素位置变化而导致页面布局错乱，需要使用元素定位属性进行设置。页面元素定位分为流布局定位（static）、坐标绝对定位（absolute）和坐标相对定位（relative）3 种形式。

1. 流布局定位（static）

static 定位方式使页面中的所有元素按照从左到右、从上到下的顺序显示，各元素之间不重叠，这种定位方式是 HTML 默认的定位方式。进行页面布局时需要配合 float 属性和 clear 属性使用，前面介绍的例题都是使用这种方法进行页面布局的。

2. 坐标绝对定位（absolute）

absolute 定位方式使元素显示在页面中的位置由 style 样式中的 left、right、top、bottom 及z-index属性值决定。具有相同 z-index 属性值的元素可以重叠，其效果就像多张透明纸按顺序叠放在一起一样，z-index 属性值大的显示在上层。

left、right、top、bottom 分别表示元素距左、右、上、下边的距离。

需要说明的是，虽然这种定位方式的名称为“绝对定位”，但实际上元素的坐标位置是以距元素最近的具有定位属性（position）的父容器作为参照物的。如果不存在具有 position 属性的父容器，则元素将以浏览器窗口为参照物。

3. 坐标相对定位（relative）

relative 定位方式使页面元素显示在页面中的位置由 style 样式中 left、top 和 z-index 属性值决定。与绝对定位不同，具有相同 z-index 属性值的元素不会重叠。

【演练 2-4】新建一个 ASP.NET 空网站并添加一个 Web 窗体页面 Default.aspx。在页面的源视图中，参照下列所示的代码修改页面。按〈F5〉键，在浏览器中打开网页并改变浏览器窗口的宽度，观察各层位置的变化情况。

当浏览器窗口宽度较小时，各层位置显示为如图 2-22 所示的效果，加宽浏览器窗口时各层位置显示为如图 2-23 所示的效果。

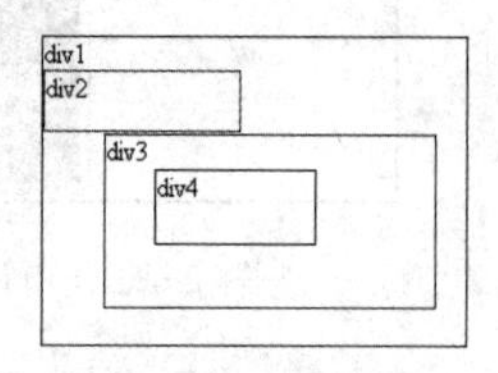

图 2-22　各层相对位置效果 1

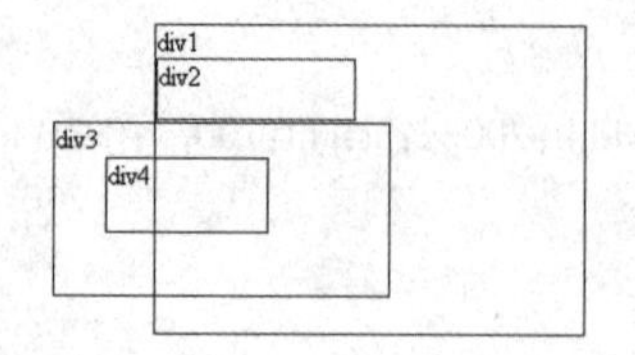

图 2-23　各层相对位置效果 2

页面的 HTML 代码如下。

```
<head runat="server">
    <title>绝对定位与相对定位的比较</title>
    <style type="text/css">
        #div1 {/*"margin:0 auto"使 div1 水平居中显示*/
            margin:0 auto;width:257px;text-align:left;height:179px;border:solid 1px #009999;
        }
        #div2 {
            width:118px;height:34px;text-align:left;border:solid 1px #ff66cc;
        }
        #div3 {
            position:absolute;top:72px;left:248px;width:200px;
            z-index:100;height:100px;border:solid 1px #ff0033;
        }
        #div4 {
            top:20px;left:30px;position:relative;width:96px;height:42px;
            border:solid 1px #3366ff;
        }
    </style>
</head>
<body>
<form id="form1" runat="server">
    <div id="div1">div1
        <div id="div2">div2
            <div id="div3" >div3
                <div id="div4">div4</div>
            </div>
        </div>
    </div>
</form>
</body>
```

在上述代码中，层 div1 相对其父容器 body 水平居中显示，而且 div1 又未设置 position 属性，故 div1 相对浏览器窗口也将居中显示，这就导致浏览器窗口宽度变化时 div1 的显示位置也随之变化（无论浏览器窗口宽度是多少，div1 都要居中显示）。

div2 的父容器是 div1，也就是说，div2 是 div1 的一个元素，故其显示方式要相对父容器左对齐。

表面上看，div3 的父容器是 div2，但由于 div2 和 div1 都没有设置 position 属性，故 div3 实际的参照元素为浏览器窗口。代码中将 div3 的 position 属性设置为 absolute，并设置了 top、left 和 z-index 属性值，导致 div3 的显示位置相对浏览器窗口固定不变。

div4 的父容器是设置了 position 属性的 div3，故其所有位置设置都是相对 div3 而言的。div4 的显示位置无论浏览器窗口如何变化，始终相对 div3 顶端 20px，相对 div3 左边框 30px。这就导致 div3 相对浏览器窗口位置变化时，div4 的位置也随之变化。

思考：如果将 div4 的 position 属性值改为 absolute，其显示效果会发生变化吗？为什么？

2.4　实训——页面布局综合练习

2.4.1　实训目的

进一步理解在 Visual Studio 环境中创建、编辑和引用 CSS 样式表文件的基本步骤。理解层元素在页面布局中的重要作用及使用方法。综合运用 CSS+DIV 布局技术设计出实用的网站主页。

2.4.2　实训要求

新建一个 ASP.NET 空网站，向网站中添加一个 Web 窗体页 Default.aspx。在 Default.aspx 中使用 CSS+DIV 技术设计出如图 2-24 所示的网站主页效果。要求页面中导航栏和“销售排行”中的内容使用 ASP.NET 标准控件 HyperLink，“商品名称”“用户名”和“密码”栏使用 ASP.NET 标准控件 TextBox，所有按钮使用 ASP.NET 标准控件 Button，“商品种类”栏使用 ASP.NET 标准控件 DropDownList。

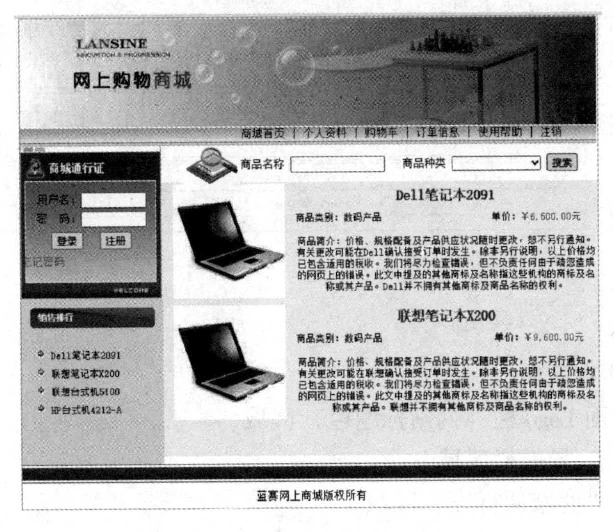

图 2-24　网站主页设计效果

2.4.3　实训步骤

1. 准备需要的图片文件

任何一个网页的页面设计都会用到一些图片文件，本实训页面设计中需要的图片文件如图 2-25 所示。

新建一个 ASP.NET 网站，在站点文件夹中创建一个名为 images 的子文件夹，将本实训中需要的所有图片文件复制到该文件夹中。如果在解决方案资源管理器中不能看到新建的文件夹，可右击网站名称，在弹出的快捷菜单中选择“刷新文件夹”命令使其显示出来。

2. 设计页面布局

如图 2-26 所示，根据设计效果需要可将页面划分在若干个层中，商品描述信息分别放置在两个表中。

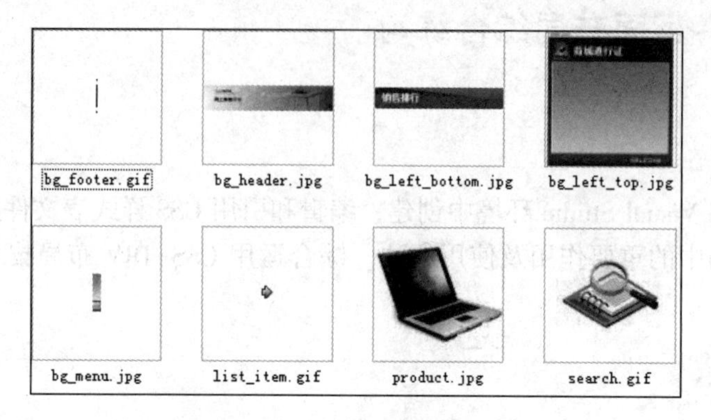

图 2-25 页面设计中需要的图片文件

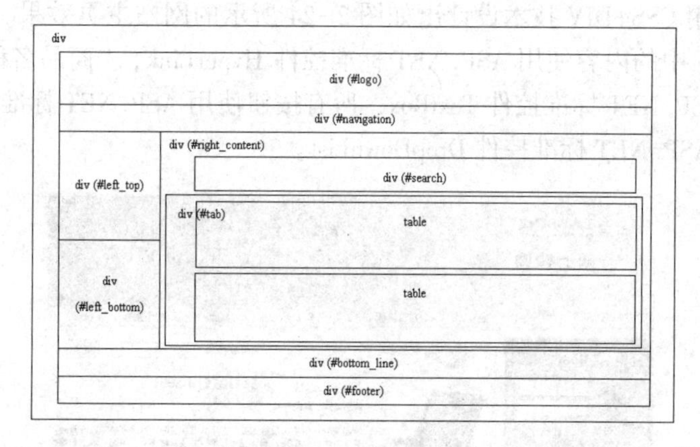

图 2-26 页面布局规划

各元素说明如下。

div：整个页面所在区域。

div（#logo）：页面 Logo 栏（网站标题栏）区域。

div（#navigation）：导航栏区域。

div（#left_top）：“商城通行证”区域。

div（#left_bottom）：“销售排行”区域。

div（#right_content）：页面右侧信息显示区域。

div（#search）：搜索栏区域，包含在 div（#right_content）区域中。

div（#tab）：商品信息显示区域，包含在 div（#right_content）区域中。

table：商品信息显示区域，两条信息使用两个表格。包含在 div（#tab）区域中。

div（#bottom_line）：页面底部分隔线区域。

div（#footer）：页面底部版权栏区域。

页面代码及 CSS 样式的设置请读者自行完成。

第3章 主题与母版页

利用CSS级联样式表可以较好地控制页面中HTML元素的显示方式，但CSS主要还是应用在单个网页上的样式控制技术，而且更为重要的是CSS还不能做到对所有ASP.NET控件实现有效的样式控制。Visual Studio提供的主题、外观和母版页技术是一种面向ASP.NET网站全局的、针对一批具有相同风格的网页进行设计和维护的最佳解决方案。

3.1 使用主题和外观文件

主题（Theme）是从ASP.NET 2.0开始出现的一种新技术。利用主题可以为一批页面元素和ASP.NET控件定义外貌风格。例如，可以定义一批文本框（TextBox）、命令按钮（Button）的背景色和前景色，定义数据表控件（GridView）的头模板、尾模板的样式等。使用主题可以使页面的样式控制更加灵活、全面。主题将CSS、ASP.NET控件的外观，以及各种网站资源的管理有机地组织在一起，为开发人员控制统一的页面样式提供更加方便的设计手段。

3.1.1 使用主题

主题由一个文件组构成，其中包括外观文件（.skin，也称为“皮肤文件”）、CSS文件、图片和其他资源文件。一个主题至少要包含一个外观文件。

在解决方案资源管理器中，主题表现为一个ASP.NET特殊文件夹App_Themes下的一个子文件夹，其中可以存放外观文件（.skin）和级联样式表文件（.css）。

按照应用范围的不同，可将主题分为“全局主题”和“应用程序主题”两大类。全局主题是指保存在服务器特定文件夹下的一个或多个特殊文件夹。全局主题对服务器上的所有Web应用程序都有效。应用程序主题就是前面提到的保存在ASP.NET网站App_Themes文件夹下的一个或多个主题文件夹，主题的名称就是该文件夹的名称。通常所说的主题都是指应用程序主题，即保存在App_Themes文件夹下的主题文件夹。

在解决方案资源管理器中右击网站名称，在弹出的快捷菜单中选择“添加ASP.NET文件夹”→“主题”命令，系统将判断网站中是否已存在一个名为App_Themes的文件，若存在，直接在该文件夹下创建一个默认名称为“主题1”的子文件夹，“主题1”即为新建主题的名称。若网站中尚未创建任何主题，则命令执行后系统首先会创建App_Themes文件夹，而后创建“主题1”文件夹。

重复上述操作可在App_Themes文件夹中创建多个主题，如“主题1”“主题2”……“主题n”等。每个主题文件夹中又可以包含一个或多个不同的外观文件、级联样式表文件、图片文件或其他资源文件。

需要注意的是，当主题被页面引用时，存放在主题文件夹下的级联样式表文件将自动被引用，无须专门使用<link>标记进行引用，此时样式表已变成了主题的一个组成部分。

在页面的@ Page指令中按下列代码所示添加页面的Theme属性或StyleSheetTheme属性，

即可将主题应用到当前页面中。

```
<%@ Page Language="C#"…Theme="主题名称" …%>
```

或

```
<%@ Page Language="C#"…StyleSheetTheme="主题名称"…%>
```

需要说明的是，Theme 和 StyleSheetTheme 都是用来引用主题的，但 Theme 的优先级更高一些。使用 StyleSheetTheme 属性引用外观文件时，其中的样式设置可以被控件的外观属性设置所覆盖。使用 Theme 属性引用外观文件时，控件的外观属性设置无效（被外观文件覆盖）。

3.1.2 使用外观文件

外观是指 ASP.NET 控件（位于 Visual Studio 工具箱中的控件，也称为“服务器控件”）的外观属性设置集合，它保存在扩展名为 skin 的外观文件中。由于外观文件的作用是设置控件的外部表现形式，故常将其称为“皮肤文件”。

1. 创建和使用外观文件

在解决方案资源管理器中右击某主题名称，在弹出的快捷菜单中选择“添加”→“外观文件”命令，在弹出的对话框中填写外观文件的名称（默认为 SkinFile.skin）后单击“添加”按钮，即可将外观文件添加到指定的主题中。

外观文件添加到网站后，系统将自动切换到如图 3-1 所示的外观文件代码编写窗口。其中，<%…%>之间的内容为注释文本，用于提示用户编写代码时的注意事项。外观文件的内容可在注释文本之外进行编写。

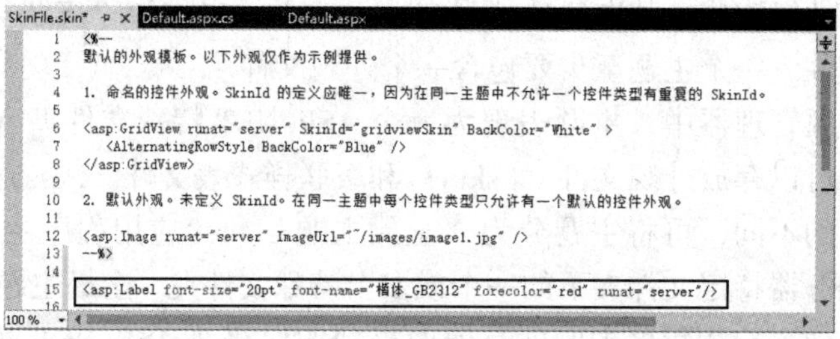

```
SkinFile.skin*   Default.aspx.cs   Default.aspx
1   <%--
2   默认的外观模板。以下外观仅作为示例提供。
3
4   1. 命名的控件外观。SkinId 的定义应唯一，因为在同一主题中不允许一个控件类型有重复的 SkinId。
5
6   <asp:GridView runat="server" SkinId="gridviewSkin" BackColor="White" >
7      <AlternatingRowStyle BackColor="Blue" />
8   </asp:GridView>
9
10  2. 默认外观。未定义 SkinId。在同一主题中每个控件类型只允许有一个默认的控件外观。
11
12  <asp:Image runat="server" ImageUrl="~/images/image1.jpg" />
13  --%>
14
15  <asp:Label font-size="20pt" font-name="楷体_GB2312" forecolor="red" runat="server"/>
```

图 3-1　外观文件代码编写窗口

例如，下列代码对所有 ASP.NET 标签控件（Label）的字号、字体及颜色进行了统一设置。

```
<asp:Label font-size="20pt" font-name="楷体_GB2312" forecolor="red" runat="server"/>
```

一旦将包含该外观文件的主题引用到某页面，则页面中所有的标签控件都将以 20pt、楷体、红色显示。

如果页面中同类控件需要有不同的外观设置，可在代码中使用 SkinID 属性加以区分。举例如下。

```
<asp:Label font-size="20pt" font-name="楷体_GB2312" forecolor="red" runat="server"/>
<asp:LabelSkinID="BlueLabel" font-size="16pt" font-name="黑体" forecolor="blue" runat=
"server"/>
```

代码含义为，默认的标签控件以 20pt、楷体、红色显示，但 SkinID 属性为 BlueLabel 的标签显示为 16pt、黑体、蓝色。控件的 SkinID 属性可以在设计视图中选中控件后，在如

图 3-2所示的“属性”窗口中进行设置，也可以直接在源视图中添加控件的属性设置代码。

【演练 3-1】 利用外观文件使页面中的 Button 控件和 Panel（容器）控件具有如图 3-3 所示的样式。说明：Panel2 中通过使用背景图片的方式实现了渐变色背景效果。

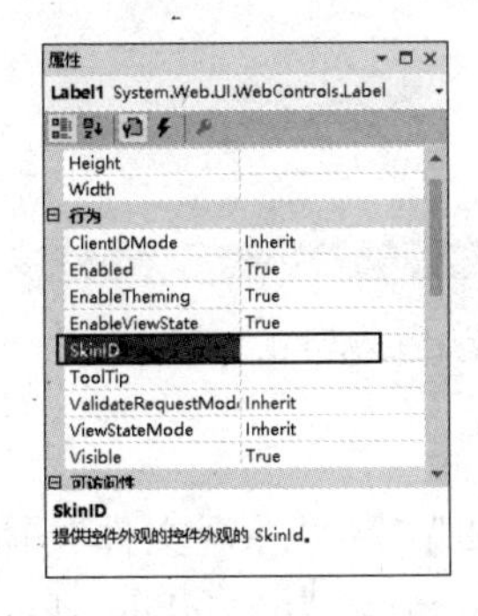

图 3-2　控件的 SkinID 属性

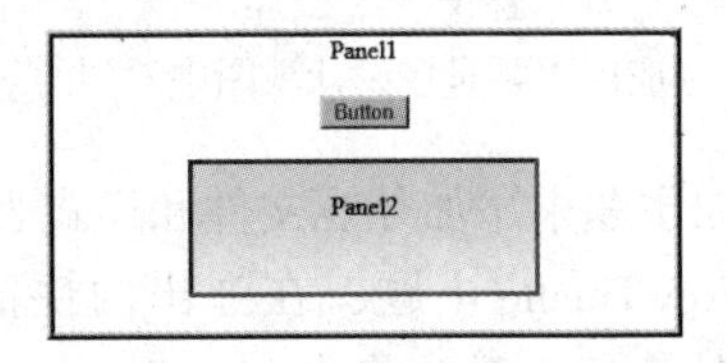

图 3-3　使用外观文件设置 ASP. NET 控件的外观

页面设计步骤如下。

新建一个 ASP. NET 空网站，向网站中添加一个名称为 Default. aspx 的 Web 窗体页面。向网站中添加 App_Themes 文件夹及 NewTheme 主题子文件夹。

（1）向页面中添加 ASP. NET 控件

切换到 Default. aspx 的设计视图，可以看到 Visual Studio 已经为页面创建了一个<div>层，且光标已定位在该层中。

1）双击工具箱中的 Panel 控件图标，向页面中添加第一个容器控件 Panel1。

2）将光标定位到 Panel1 中输入说明文字“Panel1”后按〈Enter〉键换行。

3）双击工具箱中的 Button 控件图标，向 Panel1 中添加命令按钮控件 Button1。将光标定位到按钮控件的后面按〈Enter〉键换行。

4）再次双击工具箱中的 Panel 控件图标，向 Panel1 中添加第 2 个容器控件 Panel2，并输入说明文字 Panel2。

（2）调整控件的大小及位置

添加 ASP. NET 控件到页面后，可通过以下几个途径调整其大小。

1）在设计视图中选中控件后，直接拖动控件周围的 8 个控制点。

2）选中控件后，在“属性”窗口中修改其 Width 属性值和 Height 属性值。

3）在源视图中设置控件的 Width 属性值和 Height 属性值。

例如，下列代码用于设置 Panel1 控件的宽度为 400px，高度为 184px。

```
<asp:Panel ID="Panel1" runat="server" Width="400px" Height="184px">
```

调整页面中各控件及文字位置最简单、最粗略的方法就是在页面适当位置添加空格或按〈Enter〉键换行，每按一次空格键或〈Enter〉键，系统就会在 HTML 代码中添加一个“ ”标记或
标记。更加严格的位置调整需要使用 CSS 或表格进行页面元素的定位。

以上操作完成后，在设计视图中可以看到如图 3-4 所示的未经修饰的页面效果。此时如果按〈F5〉键在浏览器中打开页面，效果如图 3-5 所示，只能看到按钮控件和容器控件的说明文字，两个容器控件因未设置边框而无法看到。

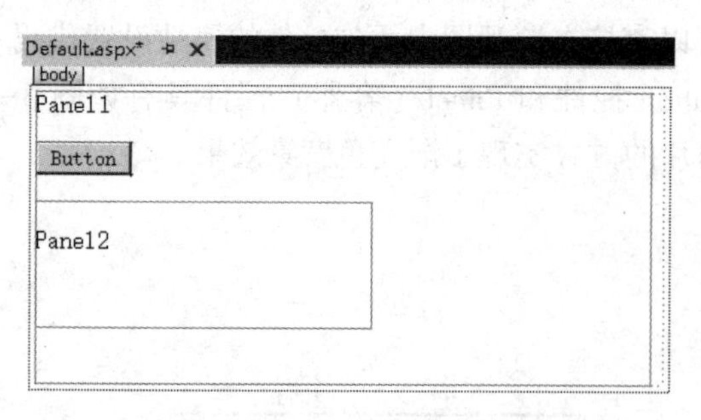

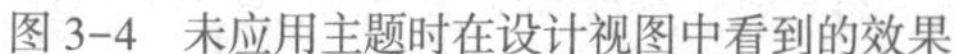

图 3-4 未应用主题时在设计视图中看到的效果

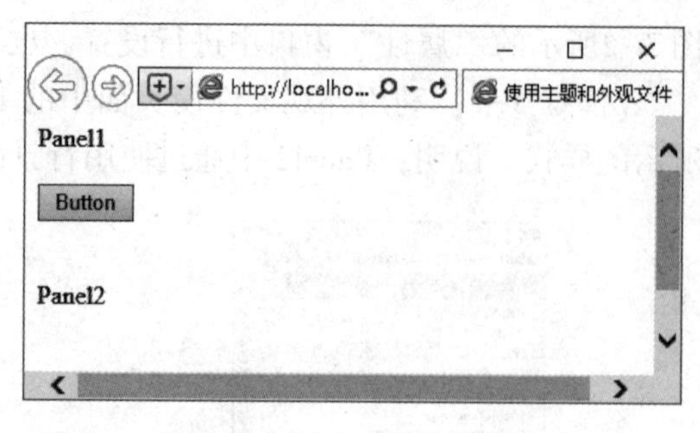

图 3-5 未应用主题时在浏览器中看到的效果

（3）向主题中添加外观文件和样式表

右击 NewTheme 主题，在弹出的快捷菜单中选择“添加”→“外观文件”命令后单击“添加”按钮，系统将在 NewTheme 主题文件夹中添加一个名为 SkinFile.skin 的外观文件。

右击 NewTheme 主题，在弹出的快捷菜单中选择“添加”→“样式表”命令后单击“添加”按钮，系统将在 NewTheme 主题文件夹中添加一个名为 StyleSheet.css 的样式表文件。添加到主题中的样式表文件不需要在页面中通过代码进行关联，当主题被引用时该样式表文件将自动被引用。

操作完成后将事先准备好的、用于设置 Panel2 的背景图片文件 bgpanel.gif 复制到 NewTheme 文件夹中。

（4）设计 ASP.NET 控件的外观

向外观文件 SkinFile.skin 中添加以下代码。

```
<%--页面中所有 Button 控件都使用的外观样式 --%>
<asp:Button runat="server"
    ForeColor="Red"
    BackColor="#E0E0E0"
    BorderColor="#C0FFC0"
    BorderStyle="Outset"
    BorderWidth="2px" />
<%--页面中所有 SkinID 属性为 BgPanel 的 Panel 控件都使用的外观样式 --%>
    <asp:Panel runat="server"
    SkinID="BgPanel"
    style="background-image: url(App_Themes/NewTheme/bgpanel.gif);
        background-repeat: repeat-x"
    BorderColor="#FFC0C0"
    BorderStyle="Inset"
    BorderWidth="3px">
</asp:Panel>
<%--页面中所有未指定 SkinID 属性的 Panel 控件都使用的外观样式 --%>
<asp:Panel runat="server"
    BorderColor="#C0FFFF"
    BorderStyle="Ridge"
    BorderWidth="5px">
</asp:Panel>
```

向外观文件 StyleSheet.css 中添加以下代码。

```
div {
    margin:0 auto;                          /* 设置 div 中的各元素居中显示 */
```

```
    text-align:center;                /* 设置 div 中的文本居中显示 */
  }
```

（5）设置对象属性

为网页引用主题可以使用前面介绍过的在@ Page 指令中添加 Theme 属性的方法。也可以在设计视图选择页面（DOCUMENT），并在“属性”窗口中设置其 Theme 属性值为主题名称 NewTheme，此时系统会在@ Page 指令中添加 Theme="NewTheme" 的属性设置。

在设计视图中选择 Panel2 容器控件，在“属性”窗口中设置其 SkinID 属性值为 BgPanel，使控件使用外观文件中由 BgPanel 指定的 Panel 控件外观。

在设计视图中选择命令按钮控件 Button1，在“属性”窗口中设置其 Text 属性值为“命令按钮”(指定按钮上显示的文字)。按〈F5〉键在浏览器中打开页面，即可看到预期的设计效果。

需要注意以下几点。

1）在页面（DOCUMENT）“属性”窗口中设置页面主题时，Visual Studio 提供了 Theme（页主题）和 StyleSheetTheme（样式表主题）两个属性。两者的用法基本一致，主要区别在于调用的优先级不同。

当设置 Theme 时，先调用页面中的属性，再调用 Theme 中的属性，如果有重复的属性定义，最终以 Theme 中的属性为准。

当设置 StyleSheetTheme 时，先调用 StyleSheetTheme 中定义的属性，再使用页面中定义的属性，如果有重复属性定义，最终结果以页面中定义的属性为准。

2）在编写外观文件时，注释文本需要使用<%-- 注释文本 --%>的格式，并且注释文本不能出现在 ASP. NET 控件标记<asp：…/>之间。

3）本例在 Panel2 中使用渐变色图片作为背景。为了提高页面的加载速度，该图片的宽度仅为 1px，在外观文件设置中通过“background-repeat：repeat-x”属性设置了水平方向的平铺（一次下载，多次使用）。

2. . skin 文件与 . css 文件的区别

外观文件（. skin）和级联样式表文件（. css）的主要区别体现在以下几个方面。

1）外观文件可以使页面中多个同类 ASP. NET 控件具有相同的外观样式，而级联样式表只能通过设置 CssClass 属性实现单个 ASP. NET 控件的外观样式控制，如果页面中的控件较多，就会造成大量重复操作。

2）外观文件可以实现对所有 ASP. NET 控件的外观设置，而级联样式表文件并不是对所有 ASP. NET 控件都有效，其主要应用领域是 HTML 元素。

3）在控制外观属性较多的 ASP. NET 控件时，需要在样式表文件中定义大量的类名选择符，会使文件变得十分臃肿。而且若各 CSS 类之间的关系处理不好，还可能造成页面布局的混乱。

3. 1. 3　网页的动态换肤

3-1　网页的动态换肤

在 ASP. NET 程序运行时，可以通过后台代码实现根据用户的选择动态变更 ASP. NET 页面主题，从而使其具有不同的外观。

【演练 3-2】在程序运行时动态变更页面主题。具体要求如下。

页面打开时显示如图 3-6 所示的默认外观样式，登录对话框带有一个立体边框，背景为淡蓝色。单击“绿色”超链接控件，对话框背景变为“从绿到白”的渐变色，页面和按钮控件中的文字均为蓝色、隶书，如图 3-7 所示。单击“蓝色”超链接控件，对话框背景变为“从白到蓝”的渐变色，页面和按钮控件中的文字均为红色，如图 3-8 所示。单击“默认”超链接控件，恢复到页面刚打开时的显示效果。

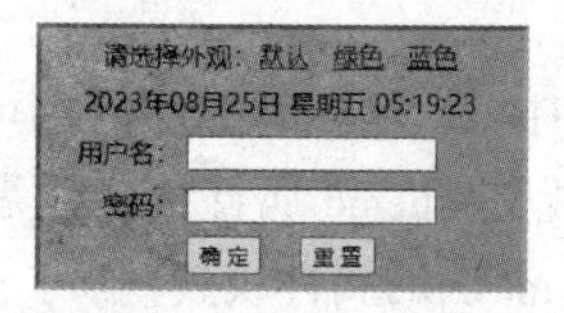

图 3-6 默认外观

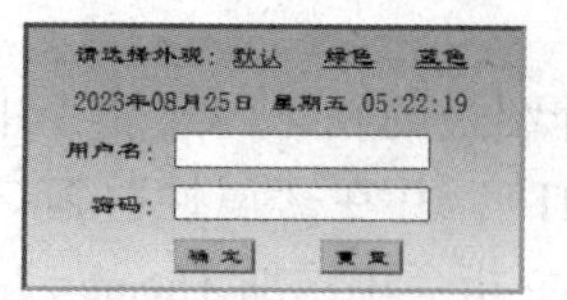

图 3-7 绿渐变色外观

图 3-8 蓝渐变色外观

程序设计步骤如下。

（1）设计 Web 页面

新建一个 ASP. NET 空网站，向网站中添加一个名为 Default. aspx 的 Web 窗体文件。在网站中创建一个名为 images 的文件夹，将事先准备好的两个背景图片（渐变绿和渐变蓝，外观默认使用纯色背景）复制到该文件夹中。

从工具箱向页面中添加一个 Panel 控件 Panel1，向 Panel1 中添加一个用于布局的 5 行 2 列的 HTML 表格，在第 1 行合并左右两个单元格，输入说明文字，并添加 3 个超链接控件 HyperLink1 ～ HyperLink3；在第 2 行合并左右两个单元格，并添加一个标签控件 Label1；在第 3 ～ 4 行左侧单元格中输入说明文字，右侧单元格各添加一个文本框控件；第 5 行在右侧单元格中添加两个命令按钮控件 Button1 和 Button2，之间用空格拉开距离。

图 3-9 设计视图中的程序界面

（2）设置对象属性

在设计视图中分别选中各控件，并在“属性”窗口中设置其属性。各控件的属性值设置情况见表 3-1。初始属性设置完毕后，在设计视图中的程序界面如图 3-9 所示。

表 3-1 各控件属性设置

控件 ID	属 性	属 性 值	控件 ID	属 性	属 性 值
HyperLink1	NavigateUrl	default. aspx?NewTheme=Default	HyperLink3	NavigateUrl	default. aspx?NewTheme=Blue
	Text	默认		Text	蓝色
HyperLink2	NavigateUrl	default. aspx?NewTheme=Green	TextBox2	TextMode	Password
	Text	绿色	Button1、Button2	Text	确定、重置

需要注意以下几点。

1）超链接控件 HyperLink 的 NavigateUrl 属性，用于说明单击超链接时跳转到的网页。本例 3 个超链接控件被单击时都是跳转到自身，但通过“?”向目标 URL 传递了一个名为 NewTheme 的变量，其值分别为网站中 3 个不同主题的名称 Default、Green 和 Blue。

由“?”传递的数据可以在目标页面中使用以下语句接收。

```
Request. QueryString["变量名称"]
```

2）将文本框 TextBox2 的 TextMode 属性设置为 Password，可指定文本框为密码框，输入其中的任何字符都将显示为特定的替代符号（如星号或圆点等）。

3）界面中各控件的简单对齐可以通过 Visual Studio 工具栏中的“对齐”按钮来实

现。单击按钮右侧的▼标记，在打开的下拉列表中可选择不同的对齐方式。通过工具栏或在设计视图中拖动进行样式调整，Visual Studio 都会以添加 Style 样式的方式记录在窗体页面的源视图中。

（3）添加主题和级联样式表文件

在解决方案资源管理器中向网站添加 Blue、Default 和 Green 共 3 个主题文件夹，如图 3-10 所示。向各主题文件夹中添加同名的外观文件 Default. skin、Green. skin 和 Blue. skin。向 Green 和 Blue 主题文件夹中添加同名的级联样式表文件 Green. css 和 Blue. css。

图 3-10　添加 3 个主题文件夹

各外观文件和级联样式表文件的内容如下。

1）Default. skin 的代码如下。

```
<asp:Panel runat="server"
    BackColor="#99CCFF"
    BorderColor="#FFC0C0"
    BorderStyle="Inset"
    BorderWidth="3px" />
```

2）使用“复制、修改”的方法基于 Default. skin 创建 Green. skin 文件，其代码如下。

```
<asp:Panel runat="server"
    style="background-image: url(images/green.gif);
          background-repeat: repeat-x"
    BorderColor="#FFC0C0"
    BorderStyle="Inset"
    BorderWidth="3px" />
<asp:Button runat="server"
    ForeColor="Blue"
    BackColor="#E0E0E0"
    BorderColor="#C0FFC0"
    BorderStyle="Outset"
    BorderWidth="2px"
    Font-Name=隶书  />
```

3）Green. css 文件的代码如下。

```
body
{
    color:blue;
    font-family:隶书;
}
```

4）使用“复制、修改”的方法基于 Default. skin 创建 Blue. skin 文件，其代码如下。

```
<asp:Panel runat="server"
    style="background-image: url(images/blue.gif);
          background-repeat: repeat-x"
    BorderColor="#FFC0C0"
    BorderStyle="Inset"
    BorderWidth="3px" />
<asp:Button runat="server"
    ForeColor="Red"
    BackColor="#E0E0E0"
    BorderColor="#C0FFC0"
    BorderStyle="Outset"
    BorderWidth="2px" />
```

5）Blue. css 文件的代码如下。

```
body
{
    color:Red;
}
```

（4）编写程序代码

1）切换到 Default. aspx 的源视图，在@ Page 指令中添加对默认主题的引用。

```
<%@ Page Language="C#"…StyleSheetTheme="Default" %>
```

2）双击页面空白区域，系统将切换到 Default. aspx. cs 的代码编辑窗口，在窗口中输入以下代码。

页面载入时执行的事件代码如下。

```
protected void Page_Load(object sender,EventArgs e)
{
    //使用 DateTime. Now 方法获得系统日期和时间,使用 string. Format 方法设置其显示格式
    //并将结果显示到标签控件 Label1 中
    Label1. Text=string. Format("{0:yyyy 年 MM 月 dd 日 dddd hh:mm:ss}", DateTime. Now);
}
```

创建页面初始化时执行的事件代码如下。

```
//Page_PreInit 事件发生在 Page_Load 事件之前,此时 StyleSheetTheme 属性值尚未被应用
protected void Page_PreInit()
{
    //获取由"?"传递来的变量值,并赋给页面(this)的 Theme 属性
    //页面@ Page 指令中设置的 StyleSheetTheme 属性值将被 Theme 属性覆盖
    this. Theme=Request. QueryString["NewTheme"];
}
```

3.2 母版页与内容页

3-2 母版页和内容页

在设计具有众多页面组成的网站时，通常需要使这些页面的某些部分（如标题栏、页脚栏和导航栏等）具有相同的设计效果，此时就需要通过设计母版页来实现。

3.2.1 母版页和内容页的概念

母版页是指其他网页可以作为模板来引用的特殊网页，其文件扩展名为 master。在母版页中，界面被分为公用区和可编辑区。公用区的设计方法和普通网页的设计方法相同，可编辑区需要使用 ContentPlaceHolder 控件预留出来。一个母版页中可以有一个或多个可编辑区。

所谓内容页，是指引用了母版页的 . aspx 页面。在内容页中母版页的 ContentPlaceHolder 控件预留可编辑区域会自动替换为 Content 控件，设计人员只要在其中填充需要显示的内容即可，在母版页中定义的公共区域元素将自动显示在内容页中。

当用户通过浏览器请求一个内容页时，服务器按照以下步骤将页面发送给用户。

1）服务器读取页面中的@ Page 指令，判断页面是否引用了某个母版页。如果是，则读取该母版页。

2）服务器将内容页中 Content 控件的内容合并到母版页的 ContentPlaceHolder 控件中，形成完整的页面效果发送给客户端。

需要说明的是，在母版页中使用图片或超链接时应尽量使用 ASP. NET 服务器端控件 Image 和 HyperLink，而不要使用客户端的 HTML 元素<img>和<a>。这是因为将设计好的母版页或内容页移动到另一个文件夹导致其 URL 变化时，如果使用服务器端控件，ASP. NET 就能自动修正其 URL。但如果使用客户端 HTML 元素，ASP. NET 可能无法正确解析其 URL，从而导致图片不能显示或链接丢失的情况，给维护带来很大的麻烦。

3. 2. 2　创建母版页和内容页

母版页的设计方法与普通网页设计方法完全相同，唯一不同的是不能单独在浏览器中预览母版页的显示效果，而必须通过引用了该母版页的内容页进行查看。

内容页所有的内容必须包含在 Content 控件内，可以认为内容页实际上是母版页中可编辑区的填充内容。

1. 创建母版页

新建一个 ASP. NET 空网站，在解决方案资源管理器中右击网站名称，在弹出的快捷菜单中选择“添加”→“添加新项”命令，在弹出的如图 3-11 所示的对话框中选择“母版页”模板，并为母版页文件命名后单击“添加”按钮（默认名称为 MasterPage. master），即可在网站中创建一个新的空白母版页。

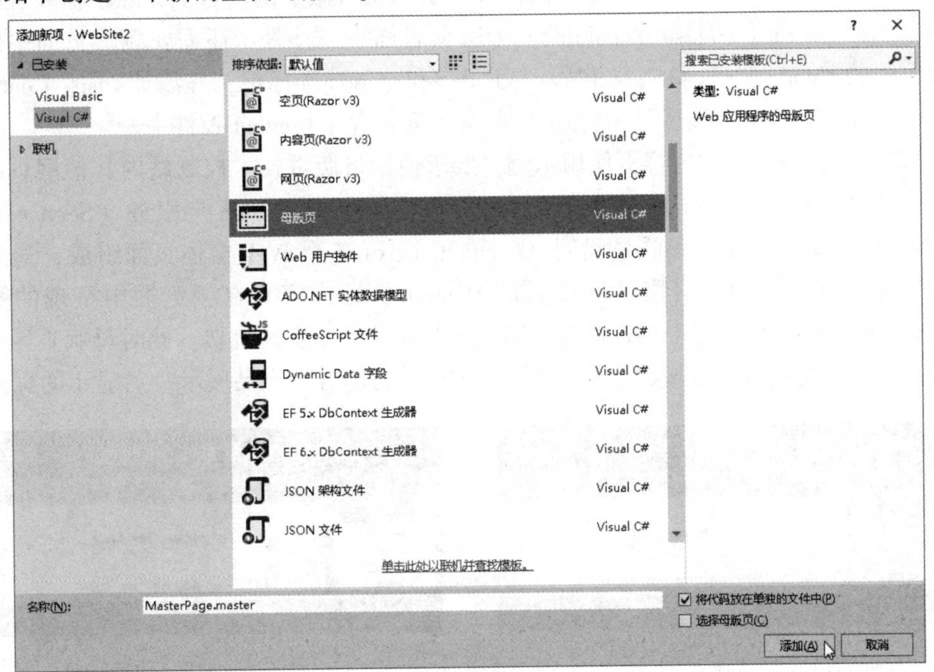

图 3-11　添加母版页

添加完毕后，系统将自动切换到母版页的源视图，从中可以看到由系统创建的、分别命名为 head 和 ContentPlaceHolder1 的两个 ContentPlaceHolder 控件。设计人员可以在源视图中添加母版页的内容，也可以切换到设计视图使用可视化方法设计母版页内容。需要注意的是，母版页的内容不能出现在 ContentPlaceHolder 控件中，即母版页内容不能出现在<asp:

asp:ContentPlaceHolder…>和</ asp:ContentPlaceHolder>标记之间，该区域是为内容页预留的显示位置，书写在其中的任何代码在内容页加载时都将被覆盖。

2. 创建内容页

母版页添加完毕后，可再次在快捷菜单中选择“添加”→“添加新项”命令，在弹出的对话框中选择“Web 窗体”模板，向网站中添加一个 Web 窗体页面。

需要注意的是，在指定了文件的名称后，应选择对话框右下方的“选择母版页”复选框。单击“添加”按钮，弹出如图 3-12 所示的“选择母版页”对话框。从列表框中选择想要的母版页后单击“确定”按钮，即可向网站中添加一个引用了指定母版页的空白内容页。

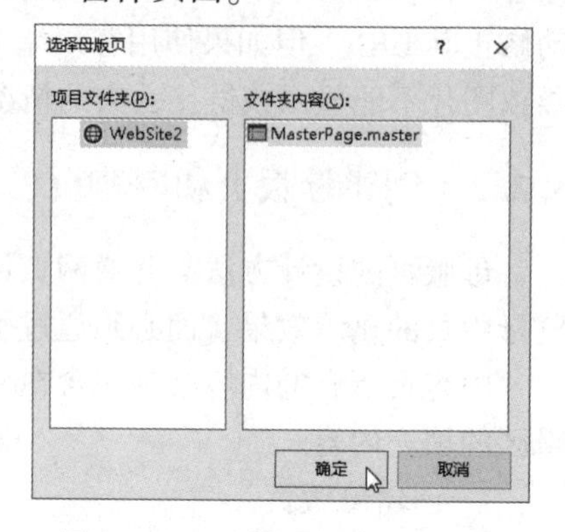

图 3-12 “选择母版页”对话框

在内容页的源视图中可以看到，系统为内容页创建了与母版页对应的两个 Content 控件，并将其 ContentPlaceHolderID 属性设置为与母版页中 ContentPlaceHolder 控件对应的 head 和 ContentPlaceHolder1。

需要注意的是，与设计母版页时正好相反，在设计内容页时所有内容必须包含在 Content 控件中，即内容页的内容必须书写在<asp：Content…>和</asp：Content>标记之间，否则运行时将出现错误。

此外，如果希望将现有的 . aspx 页面修改成引用某母版页的内容页，除了需要在@ Page 指令中添加<% @ Page…MasterPageFile = " 母版页名称" …%>外，还需要删除页面中已包含在母版页中的<html>、<head>、<title>、<body>和<form>等标记，并添加<asp：Content…>标记和</ asp：Content>标记，将内容页的所有元素包含在 Content 控件中。

【演练 3-3】母版页和内容页使用示例。要求使用母版页技术控制站内其他网页的外观风格。网站由首页（Default. aspx）、产品展示（Product. aspx）、客户服务（Service. aspx）、技术支持（Support. aspx）和联系我们（Contact. aspx）5 个 Web 窗体页面组成，通过导航栏的超链接关联。其中，引用了母版页的 Default. aspx 内容页在浏览器中呈现的效果如图 3-13 所示。单击导航栏中某板块名称时在客户浏览器中实现跳转，此时母版页区域内容不变，变化的只是内容页区域的信息。图 3-14 所示为单击“产品展示”后显示的页面。

图 3-13 显示首页内容

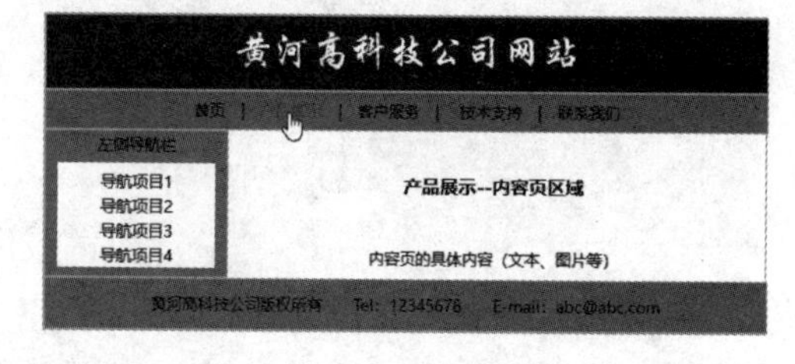

图 3-14 显示“产品展示”页

（1）设计母版页

新建一个 ASP. NET 空网站，右击网站名称，在弹出的快捷菜单中选择“添加”→“添加新项”命令，在弹出的对话框中选择“母版页”模板后单击“添加”按钮，系统将在网站中添加一个名为 MasterPage. master 的母版文件。

按照设计要求，母版页中应包括用于显示网站标题的 logo 层、用于显示导航栏的 nav

层、用于显示左侧导航栏的 left 层、用于显示左侧导航栏中具体导航信息的 div 层（该层包含在 left 层内），以及用于显示版权信息的 bottom 层。

按照下列代码所示修改系统自动创建的 MasterPage. master 的 HTML 代码。

```
<%@ Master Language="C#" AutoEventWireup="true" CodeFile="MasterPage. master. cs"
                Inherits="MasterPage" %>
<! DOCTYPE html>
<html>
<head runat="server">
<meta http-equiv="Content-Type" content="text/html; charset=utf-8"/>
    <title>黄河高科</title>
    <asp:ContentPlaceHolder id="head" runat="server">
    </asp:ContentPlaceHolder>
    <link href="StyleSheet. css" rel="stylesheet" />
</head>
<body>
    <form id="form1" runat="server">
    <div style="width:600px; border: solid 1px Silver">
        <div id="logo">黄河高科技公司网站</div>
<div id="nav"><a href="Default. aspx">首页</a> | 
                <a href="Product. aspx">产品展示</a> | 
                <a href="Service. aspx">客户服务</a> |  
                <a href="Support. aspx">技术支持</a> | 
                <a href="Contact. aspx">联系我们</a></div>
        <div id="left"><p style="margin:6px">左侧导航栏</p>
            <div>
                <br/>导航项目 1<br/><br/>
                导航项目 2<br/><br/>
                导航项目 3<br/><br/>
                导航项目 4
            </div>
        </div>
    <asp:ContentPlaceHolder id="ContentPlaceHolder1" runat="server">
    </asp:ContentPlaceHolder>
        <div id="bottom">
            黄河高科技公司版权所有   
            Tel:12345678  E-mail:abc@ abc. com
        </div>
    </div>
    </form>
</body>
</html>
```

（2）设计 CSS 样式表

向网站中添加一个 CSS 样式表文件 StyleSheet. css，并将文件从解决方案资源管理器中拖动到 MasterPage. mater 的<head>标记和</head>标记之间，完成页面对 CSS 样式表的引用。

编写以下所示的 StyleSheet. css 文件代码。

```
body
{
    font-size:small;
    text-align:center;
}
#logo
{
    width: 600px;
```

```
        height: 60px;
        line-height:60px;     /*设置 height 和 line-height 属性值相同,可使单行文本垂直居中*/
        border: 1px solid Silver;
        background-color:darkblue;
        text-align:center;
        font-family:华文行楷;
        font-size:xx-large;
        color:#FFFFFF;
    }
    #nav
    {
        border: 1px solid Silver;
        width: 600px;
        height: 30px;
        background-color:cornflowerblue;
        line-height:30px;
    }
    #left
    {
        width: 150px;
        height: 118px;
        line-height:10px;
        border: 1px solid Silver;
        background-color:cadetblue;
        float:left;
    }
    #left div                      /*左侧导航栏中所有<div>标记的样式设置*/
    {
        margin: 10px;
        width: 130px;
        height: 85px;
        background-color: #FFFFFF;
    }
    #bottom
    {
        border: 1px solid Silver;
        width: 600px;
        height: 40px;
        line-height:40px;
        background-color:cornflowerblue;
        text-align:center;
    }
    a {text-decoration:none}    /*设置超链接没有下画线*/
    a:link {color:black}        /*设置超链接文字为黑色*/
    a:visited {color:black}     /*设置访问过的超链接文字也为黑色*/
    a:hover { color:red}        /*设置鼠标指向超链接时文字变成红色*/
```

（3）设计内容页

向网站中添加一个新 Web 窗体，注意在“添加新项”对话框中选中“选择母版页”复选框，将文件命名为 Default. aspx 后单击“添加”按钮。

切换到 Default. aspx 页面的设计视图，向 Content2 控件（对应母版页 ContentPlaceHolder1 控件）中添加一个用于内容布局的、2 行 1 列的表格，适当调整各行的高度，并按需要向表格中添加文字、图片等信息后即可完成内容页的设计。按〈F5〉键在浏览器中打开页面，将能看到预期的设计效果。

其他 4 个页面可以通过在解决方案资源管理器中按住〈Ctrl〉键拖动 Default. aspx 的方法进行复制，而后再重命名并修改。

Default. aspx 的 HTML 代码如下。

```
<%@ Page Title="" Language="C#" MasterPageFile="~/MasterPage.master" AutoEventWireup=
"true" CodeFile="Default.aspx.cs" Inherits="_Default" %>
<asp:Content ID="Content1" ContentPlaceHolderID="head" Runat="Server">
    <style type="text/css">
        .auto-style1 {
            width: 74%;
            height:120px;
        }
    </style>
</asp:Content>
<asp:Content ID="Content2" ContentPlaceHolderID="ContentPlaceHolder1" Runat="Server">
    <table class="auto-style1">
        <tr><td><h3>首页--内容页区域</h3></td></tr>
        <tr><td>内容页的具体内容(文本、图片等)></td></tr>
    </table>
</asp:Content>
```

需要注意以下两点。

1）本例是一种常用的网站布局设计，在实际应用中通常需要将 logo、nav 和 bottom 这 3 个层的宽度设置为 100%，以自动匹配屏幕的宽度；不设置 left 层的高度，使之能自动匹配内容页的高度。

2）在实际应用中，为了使 bottom 层无论是否出现纵向滚动条都自动出现在屏幕的最下方，需要在 StyleSheet. css 的#bottom{}中添加以下代码。

```
#bottom
{
    …
    bottom:0px;
    position:fixed;                    /* 相对浏览器实行绝对定位 */
    /* top 属性的值由 JavaScript 表达式 expression_r 计算得出 */
top:expression_r(eval_r(document.compatMode &document.compatMode=='CSS1Compat')?
    documentElement.scrollTop+
        (documentElement.clientHeight-this.clientHeight) : document.body.scrollTop+
        (document.body.clientHeight-this.clientHeight));
}
```

3.3 从内容页访问母版页的内容

前面介绍的主要是如何在内容页中引用母版页，以及如何进行母版页和内容页的页面设计等技术，也就是如何进行页面外观设计的技术。但在实际应用中常常需要在内容页中访问母版页中控件的属性或响应母版页中控件的事件。例如，可能需要在母版页中的某命令按钮控件被单击时，将母版页某文本框中用户填写的文本信息显示到内容页的某个标签中等。

3.3.1 从内容页访问母版页控件的属性

由于内容页被打开时会将母版页合并到自己的页面代码中来构成最终的页面代码，因此在内容页中访问母版页中的控件属性是完全可能的。

具体的实现方法是：首先使用系统 Master 类中提供的 FindControl( )方法，获取对母版页中控件的引用（相当于得到母版页控件的副本）。然后对该引用进行操作，读取或更改母版页控件的属性值。

FindControl( )方法的语法格式如下。

```
Master. FindControl("被查找控件的 ID 属性值");
```

例如，设内容页中有一个文本框控件 TextBox1，母版页中有一个标签控件 Label1。若希望页面打开时将标签中的信息显示到文本框后在标签中显示“12345”，可在内容页 Page_Load 事件中添加以下代码。

```
protected void Page_Load(object sender,EventArgs e)
{
    //声明一个标签类型的变量 LabelName,将找到的控件经类型转换后存放在该变量中
    Label LabelName=(Label)Master. FindControl("Label1");
    TextBox1. Text=LabelName. Text;
    LabelName. Text="12345";
}
```

3.3.2 在内容页中响应母版页控件的事件

在母版页中通常包含用户登录、站内搜索等需要与用户交互操作的界面，这就需要能够在内容页中处理发生在母版页中的系统事件或用户事件。

例如，用户在包含于母版页中的搜索栏内填写了关键词，设置了搜索选项并单击了“搜索”按钮时，需要在内容页对用户的输入信息进行处理，并将程序执行结果（搜索结果）显示在内容页中。此时不仅需要从内容页读取母版页中控件的属性值，还需要在内容页中响应发生在母版页中的用户事件（单击按钮）。

在内容页中响应母版页中的事件，需要用到“委托”技术，也就是将母版页中发生的事件“委托”给内容页中编写的某个“方法”程序来处理。

EventHandler 委托的语法格式如下。

```
事件名称+=new EventHandler(处理事件的方法名称);
```

例如，希望将命令按钮 Button1 的 Click 事件交给名为 B1_Click 的方法处理，可编写以下程序代码。

```
Button1. Click+=new EventHandler(B1_Click);                //定义事件委托
protected void B1_Click(object sender,EventArgs e)         //创建 B1_Click( )方法
{
    //处理 Button1_Click 事件的程序段
}
```

如果希望在内容页中使用委托技术处理发生在母版页中的事件，除了需要定义事件委托和编写处理事件的方法外，还需要使用 FindControl( )方法获取母版页中控件的实例。

【演练 3-4】在内容页中响应母版页中事件的示例。设母版页中有一个文本框控件 TextBox1 和一个按钮控件 Button1，内容页中有一个标签控件 Label1。要求当用户单击母版页中的 Button1 时，将用户输入在母版页 TextBox1 中的信息显示到内容页的 Label1 中。

程序设计步骤如下。

1）新建一个 ASP. NET 空网站，向网站中添加一个母版页 MasterPage. master，在设计视图中向母版页添加一个文本框控件 TextBox1 和一个命令按钮控件 Button1。

2）向网站中添加一个引用母版页 MasterPage. master 的内容页 Default. aspx，向内容页中添加一个标签控件 Label1。

切换到内容页 Default. aspx 的代码窗口，编写程序代码如下。

```
protected void Page_Load(object sender,EventArgs e)
{
    //查找母版页中的 Button1 控件,并赋值给 Button 类型变量 B1
    Button B1=(Button)Master. FindControl("Button1");
    //将 B1 的单击事件委托给内容页中的 B1_Click 方法,
    //即母版页中的 Button1 被单击时,由内容页 B1_Click 方法中包含的代码来处理(响应)
    B1. Click+=new EventHandler(B1_Click);
}
protected void B1_Click(object sender,EventArgs e)                    //创建 B1_Click()方法
{
    TextBoxTextName=(TextBox)Master. FindControl("TextBox1");
    Label1. Text=TextName. Text;
}
```

3.4　实训——使用母版页和内容页

3.4.1　实训目的

进一步理解在 Visual Studio 环境中创建、编辑和引用母版页、内容页的基本步骤，理解母版页和内容页之间的关系。综合运用母版页、内容页和 CSS+DIV 布局技术设计出实用的、具有统一风格的网站页面体系。

3.4.2　实训要求

要求使用母版页技术控制站内其他网页的外观风格。其中，母版页设计效果如图 3-15所示，引用了母版页的 Default. aspx 和 QA. aspx 内容页在浏览器中呈现如图 3-16 所示的效果。引用了母版页的 Slight. aspx 内容页呈现如图 3-17 所示的效果。

图 3-15　母版页 MasterPage. master 设计效果

图 3-16　引用母版页后的 Default. aspx 内容页效果

图 3-17　引用母版页后的 Slight. aspx 内容页效果

3.4.3 实训步骤

1. 准备需要的图片文件

任何一个网页的页面设计都会用到一些图片文件，一般情况下，这些图片文件可根据设计需要事先使用 Photoshop 等图片编辑软件制作出来。也可以通过搜索引擎从 Internet 中下载。

本实训页面设计中需要的图片文件有标题栏背景图片 logo.jpg、版权栏背景图片 bottom.jpg，以及 Slight.aspx 中使用的 3 张图片 1.jpg、2.jpg 和 3.jpg。

新建一个 ASP.NET 空网站，在站点文件夹中创建一个名为 images 的子文件夹，将本实训中需要的所有图片文件复制到该文件夹中。如果在解决方案资源管理器中不能看到新建的文件夹，可右击网站名称，在弹出的快捷菜单中选择“刷新文件夹”命令使其显示出来。

2. 设计母版页

向网站中添加一个母版页 MasterPage.master，添加一个级联样式表文件 StyleSheet.css。母版页由用于显示标题图片的 logo 层、显示左侧专栏的 left 层、显示具体专栏内容的 leftcolumn 层和显示底部版权信息的 bottom 层组成。其中，leftcolumn 层包含在 left 层内部，层内包含一个 4 行 1 列的表格，用于说明文字和 3 个超链接标签控件的定位。

MasterPage.master 的 HTML 代码如下。

```
…
<html>
<head runat="server">
    <title>曙光大学网站</title>
    <link href="~/StyleSheet.css" rel="stylesheet" type="text/css" />
    <asp:ContentPlaceHolder id="head" runat="server">
    </asp:ContentPlaceHolder>
</head>
<body>
    <form id="form1" runat="server">
    <div id="page">
        <div id="logo"></div>
        <div id="left">
            <div id="leftcolumn">
                <table>
                    <tr>
                        <td style="font-size:medium; background-color:White;
                          font-family: 楷体_GB2312; font-weight: bold;
                          color: #000099;">学校专栏
                        </td>
                    </tr>
                    <tr>
                        <td>
                          <asp:HyperLink ID="HyperLink1"
                            runat="server" NavigateUrl="~/Default.aspx">
                            学校简介</asp:HyperLink>
                        </td>
                    </tr>
                    <tr>
                        <td>
                          <asp:HyperLink ID="HyperLink2"
                            runat="server" NavigateUrl="~/sight.aspx">
                            校园风光</asp:HyperLink>
```

```
                                    </td>
                                </tr>
                                <tr>
                                    <td>
                                        <asp:HyperLink ID="HyperLink3"
                                            runat="server" NavigateUrl="~/QA.aspx">
                                            考生问答</asp:HyperLink>
                                    </td>
                                </tr>
                            </table>
                        </div>
                    </div>
                    <asp:ContentPlaceHolder id="ContentPlaceHolder1" runat="server">
                    </asp:ContentPlaceHolder>
                    <div id="bottom">曙光大学 · 版权所有</div>
                </div>
            </form>
</body>
</html>
```

说明：3 个超链接标签控件的 NavigateUrl 属性值（用户单击超链接后跳转到的目标 URL）可以在源视图中通过代码设置，也可以在设计视图中选中控件后，在“属性”窗口中设置。

3. 设计母版页使用的样式表

在解决方案资源管理器中，将 StyleSheet. css 拖动到 MasterPage. master 的<head>和</head>标记之间，完成对样式表的引用。

StyleSheet. css 的代码如下。

```
body
{
    text-align:center;
}
#page                                   /*包含整个页面的层*/
{
    width:750px;border:solid 1px Silver;
    text-align: left;
}
#logo
{
    background-image: url(images/logo.jpg);
    text-align: center;
    width:750px; height:123px;border:solid 1px Silver;
}
#bottom
{
    width:750px; height:19px;
    padding-top:27px;
    background-image: url(images/bottom_bg.gif);
    border:solid 1px Silver;
    text-align:center;
    vertical-align: text-bottom;
    font-size:small;
}
#left
{
    float:left;
```

```
        width:185px; height:150px;
        background-color:#4D87D6;
    }
    #leftcolumn
    {
        margin: 10px;
        width: 165px; height: 130px;
        background-color: #99CCFF;
    }
    #left table                              /* left 层中<table>元素的样式 */
    {
        height:100%; width:100%;
    }
    #left td                                 /* left 层中所有<td>元素的样式 */
    {
        text-align:center;
        font-size:small;
    }
```

4. 设计内容页

在解决方案资源管理器中右击网站名称，在弹出的快捷菜单中选择“添加”→“添加新项”命令，在弹出的对话框中选择“Web 窗体”模板，将文件命名为 Default. aspx，并注意选择“选择母版页”复选框，单击“添加”按钮，在弹出的对话框中选择前面创建的 MasterPage. master 为网页的母版。

切换到 Default. aspx 的设计视图，选择“表”→“插入表”命令，向由系统自动创建的 Content2 控件中添加一个 2 行 1 列的表格（第 1 行输入内容标题，第 2 行输入具体内容），适当调整第 2 行的高度，使整个表格的高度与 left 层的高度相等，并通过设置第 2 行<td>元素的 line-height 属性适当调整文字的行距。

表格设计完毕后，向其中录入需要的文本。按〈F5〉键在浏览器中打开页面，将能看到预期的设计效果。

另一个内容页 QA. aspx 的设计可参照上述方法完成，也可在解决方案资源管理器中直接将 Default. aspx 页面拖动到网站名称上得到其副本，将副本文件重命名为 QA. aspx 后修改其中内容来完成页面设计。

用于显示图片列表的内容页 Slight. aspx 需要在 Content2 控件中添加一个<div>元素和 3 个 Image 控件，在每个 Image 控件中显示一幅事先准备好的、存放在 images 文件夹下的图片。

Slight. aspx 的 HTML 代码如下。

```
<asp:Content ID="Content2" ContentPlaceHolderID="ContentPlaceHolder1" Runat="Server">
    <div style="height: 150px; text-align:center; padding-top:2px;">
        <asp:Image ID="Image1" runat="server" Height="147px" Width="170px"
            ImageUrl="~/images/1.jpg" />
         <asp:Image ID="Image2" runat="server" Height="147px" Width="170px"
            ImageUrl="~/images/2.jpg" />
         <asp:Image ID="Image3" runat="server" Height="147px" Width="170px"
            ImageUrl="~/images/3.jpg" />
    </div>
</asp:Content>
```

设计完毕后按〈F5〉键，在浏览器中打开页面，将能看到预期的设计效果。

第4章　C#程序设计基础

C#是 Visual Studio 提供的、主要用于 ASP.NET 程序设计的编程语言，它采用事件驱动机制来组织程序流程。虽然 C#采用了完全面向对象的程序设计方法，但在编写程序代码时，对于具体的代码块仍涉及流程控制问题。也就是说，面向对象的程序设计方法包容了面向过程的结构化程序设计方法。

4.1　C#程序设计方法

4-1　C#程序设计方法

结构化程序设计方法把程序的结构规定为顺序、选择和循环 3 种基本结构。尽量避免语句间的跳转，设计时要求自顶向下、逐步求精和模块化程序设计等设计原则。其目的是解决团队开发大型软件时如何实现高效率、高可靠性的问题。

面向对象的程序设计方法，将所有问题均看作一个“对象”，程序通过对象的属性、事件和方法来实现所需功能。在面向对象的程序设计方法中将相似的对象看作一个“类”，而对象则是类的实例化结果。

4.1.1　事件驱动机制

所谓“事件”，是指能被程序感知到的用户或系统发起的操作。如用户单击了鼠标、输入了文字、选择了选项，以及系统将窗体载入内存并初始化等。Visual Studio 中包含了大量已定义的隶属于各种控件的事件，如 Click( )、Load( ) 和 TextChange( ) 等。在代码窗口中，设计人员可以编写响应事件的代码段来实现程序的具体功能，这就是可视化程序设计方法的事件驱动机制。当然，除了系统预定义的各种事件外，还可以通过委托创建具有特定功能的自定义事件来满足程序设计的需要。

【演练 4-1】设计一个简单的算术计算器程序，从而理解常用 Web 服务器端控件的使用方法和顺序结构程序设计的特点。

(1) 设计要求

程序启动后显示如图 4-1 所示的 Web 页面。用户可在第 1 个和第 2 个文本框中分别输入两个数字，再单击“+”“-”“×”“÷”中的一个，在第 3 个文本框中将显示按用户选择的方式得出的计算结果。

(2) 设计 Web 页面

为了定位各控件的布局，首先向 Web 窗体中添加一个 4 行 5 列的 HTML 表格。分别选中第 1、3、4、5 列中所有单元格并右击，在弹出的快捷菜单中选择“修改”→“合并单元格”命令。当然，HTML 表格行列数的调整也可以通过在源视图中直接修改 HTML 代码来实现。

将光标分别定位到第 1、3、5 列，双击工具箱“标准”选项中的 TextBox 图标，向 Web 页面中添加 3 个文本框控件 TextBox1 ～ TextBox3。

将光标分别定位到第 2 列的 4 个单元格中，双击工具箱“标准”选项中的 Button 图标，向页面中添加 4 个按钮控件 Button1 ～ Button4。将光标定位到第 4 列直接在单元格中输入一个等号。页面设计结果如图 4-2 所示。

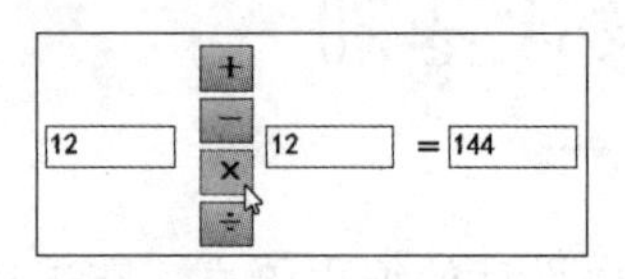

图 4-1　程序运行结果

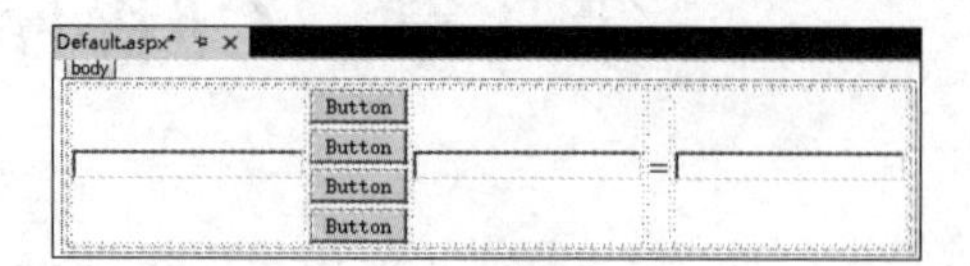

图 4-2　设计 Web 页面

（3）设置对象属性

分别选择页面中的各控件对象，在“属性”窗口中按表 4-1 所示设置它们的初始属性。

表 4-1　各控件对象的属性设置

控　件	属　性	值	说　明
TextBox1 ～ TextBox3	ID	txtNum1、txtNum2、txtResult	文本框在程序中使用的名称
Button1 ～ Button4	ID	btnAdd、btnSub、btnMulti、btnDivi	按钮控件在程序中使用的名称
	Text	+、−、×、÷	按钮控件上显示的文本

为美化程序界面，还可以通过各控件的 Font 属性集对显示字体进行必要的设置。

（4）编写事件代码

1）双击 Web 窗体的空白处，切换到代码视图编写页面载入时执行的事件代码。

```
protected void Page_Load(object sender,EventArgs e)
{
    this.Title="简单算术计算器";          //设置浏览器标题栏中显示的文字
    txtResult.ReadOnly=true;              //设置文本框为只读文本框(在代码中设置对象属性)
    txtNum1.Focus();                      //使文本框得到焦点(显示插入点光标)
}
```

2）“+”按钮被单击时执行的事件代码如下。

```
protected void btnAdd_Click(object sender, EventArgs e)
{
    float result;                         //声明 1 个单精度变量(过程级局部变量)
    //将文本框中的字符串数据转换为单精度类型后相加
    result=float.Parse(txtNum1.Text)+float.Parse(txtNum2.Text);
    txtResult.Text=result.ToString();     //将运算结果转换成字符串,并写入文本框
}
```

3）“−”按钮被单击时执行的事件代码如下。

```
protected void btnSub_Click(object sender, EventArgs e)
{
    float result;
    result=float.Parse(txtNum1.Text)-float.Parse(txtNum2.Text);
    txtResult.Text=result.ToString();          //将运算结果转换成字符串,并写入文本框
}
```

4）“×”按钮被单击时执行的事件代码如下。

```
protected void btnMulti_Click(object sender, EventArgs e)
{
    float result;
```

```
        result=float. Parse(txtNum1. Text)  * float. Parse(txtNum2. Text);
        txtResult. Text=result. ToString();
    }
```

5）“÷”按钮被单击时执行的事件代码如下。

```
protected void btnDivi_Click(object sender, EventArgs e)
{
    float result;
    result=float. Parse(txtNum1. Text)/float. Parse(txtNum2. Text);
    txtResult. Text=result. ToString();
}
```

（5）运行并检测正确性

程序运行后分别在前两个文本框中输入一个数据，单击某个运算按钮进行计算，并检测计算结果的正确性。

需要注意以下两点。

1）程序由 5 个事件处理程序组成（1 个系统事件，4 个用户事件），启动时触发系统事件 Page_Load，自动执行事件代码，执行完毕后程序运行暂停，等待下一个事件的触发。用户单击某个运算按钮时触发用户单击事件，程序再执行对应的事件处理代码给出响应。如果系统或用户不再触发任何事件，则程序会一直等待下去，直到浏览器关闭程序运行结束。

2）在事件代码块中声明的变量为“局部变量”，当事件处理结束后变量将被自动释放，故本例需要在每个事件处理程序段中都进行变量声明。若希望声明的变量在所有事件中均可用（事件处理结束后变量中的数据仍可保留），则应将其声明在所有事件处理程序之外，一般可在 Web 窗体类声明语句下方书写声明语句，这样的变量称为窗体级变量，只有当页面关闭时变量才会被释放。举例如下。

```
public partial class _Default : System. Web. UI. Page
{
    float result;//声明对所有事件处理程序均有效的窗体级变量
    protected void Page_Load(object sender, EventArgs e)
    {
        …
    }
    …
}
```

4.1.2　选择结构程序设计

所谓选择结构，是指程序可以根据一定的条件有选择地执行某一程序段。也就是说，对不同的问题采用不同的处理方法。C#提供了多种形式的条件语句来实现选择结构。

1. if…else 语句

if 语句是程序设计中基本的选择语句，if 语句的语法格式如下。

```
if (条件表达式)
{语句序列 1; }
else
{ 语句序列 2; }
```

有以下 3 点需要说明。

1）条件表达式可以是关系表达式、逻辑表达式（布尔表达式）或逻辑常量值真（true）与假（false），当条件表达式的值为真时，程序执行语句序列 1，否则执行语句序列 2。

2）语句序列 1 和语句序列 2 可以是单语句，也可以是语句块。如果语句序列为单语句，则大括号可以省略。

3）else 子句为可选部分，可根据实际情况决定是否需要该部分。

if…else 语句一般用于两种分支的选择。下面结合实例来介绍 if…else 语句的使用方法。

【演练 4-2】 求函数值，输入 x，计算 y 的值，计算方法如下。

$$y=\begin{cases}4x & x\geqslant 0\\ 15-2x & x<0\end{cases}$$

程序运行后，在第 1 个文本框中输入 x 值，单击“计算”按钮，第 2 个文本框中将显示相应的 y 值，同时“计算”按钮变为“清除”按钮，单击“清除”按钮可清除上次的计算结果，按钮恢复成“计算”。若用户没有输入数据或输入了非法数据值后单击“计算”按钮，程序将显示出错提示信息。程序运行结果如图 4-3 所示。

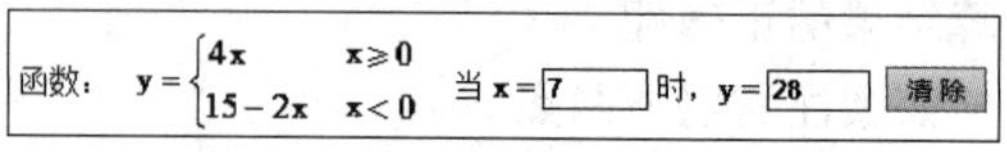

图 4-3　程序运行结果

程序设计步骤如下。

（1）问题分析

该问题是数学中的一个分段函数，它表示当 $x\geqslant 0$ 时，用公式 $y=4x$ 来计算 y 的值，当 $x<0$ 时，用公式 $y=15-2x$ 来计算 y 的值。在选择条件时，既可以选择 $x\geqslant 0$ 作为条件，也可以选择 $x<0$ 作为条件。这里选择 $x\geqslant 0$ 作为选择条件。当 $x\geqslant 0$ 为真时，执行 $y=4x$；为假时，执行 $y=15-2x$。

程序中可设计一个专门用于根据 x 值计算 y 值的自定义方法。单击“计算”按钮时，首先对用户的输入进行验证，若通过验证，则调用计算方法得出 y 值，并将“计算”改为“清除”，否则弹出信息框显示出错提示。

（2）设计 Web 页面

新建一个 ASP. NET 空网站，向网站中添加一个 Web 窗体页 Default. aspx。向 Default. aspx 中添加一个用于布局的 1 行 3 列的 HTML 表格，直接向表格中输入说明文字并添加一个图片框控件 Image1（用于显示函数表达式图片）、两个文本框控件 TextBox1 和 TextBox2，以及一个按钮控件 Button1。

设置 TextBox1 的 ID 属性为 txtX，TextBox2 的 ID 属性为 txtY，Button1 的 ID 属性为 btnOK，Text 属性为“计算”。

在网站文件夹下新建一个名为 images 的子文件夹，将事先准备好的函数表达式图片复制到该文件夹中。

（3）编写事件代码

1）窗体载入时执行的事件代码如下。

```
protected void Page_Load( object sender,EventArgs e)
{
    Image1. ImageUrl = " images/fx. png" ;          //在图片框中显示函数表达式图片
    Image1. Width = 160;                            //设置图片框的宽度值,高度自动调整
```

```
        txtX. Focus( );                        //使变量值输入文本框得到焦点
        txtY. ReadOnly=true;                   //设置函数值文本框为只读
    }
```

2）按钮被单击时执行的事件代码如下。

```
    protected void btnOK_Click( object sender, EventArgs e)
    {
        if (btnOK. Text=="计算")
        {
            try
            {
                //若 txtX 中的值不能成功转换为 float 类型,则触发错误,转去执行 catch 块中的
                //语句
                float val=float. Parse( txtX. Text) ;
                //调用 Cal 方法计算函数值,并向方法传递转换成 float 类型的用户输入值
                Cal( float. Parse( txtX. Text) ) ;
                btnOK. Text="清除" ;                  //将按钮显示为"清除"
            }
            catch
            {
                //向客户端浏览器注册一个 JavaScript 脚本,弹出信息框显示出错提示
                ClientScript. RegisterStartupScript( GetType( ) , "Startup",
                        "<script>alert('x 的值输入有误,请重新输入! ')</script>") ;
            }
        }
        else
        {
            txtX. Text="" ;
            txtY. Text="" ;
            btnOK. Text="计 算" ;
        }
    }
```

3）用于计算函数值的 Cal 方法的代码如下。

```
    //使用 void 声明的方法为无返回值方法(接收到的数据自行处理,计算结果无须返回给调用语句)
    void Cal( float x)//x 为方法的"形式参数",简称为"形参",用于获取调用语句传递过来的值
    {
        if (x>=0)                    //如果 x 的值≥0
        {
            txtY. Text=(x * 4). ToString( ) ;
        }
        else                         //x<0 时执行的计算方法
        {
            txtY. Text=(15-2 * x). ToString( ) ;
        }
    }
```

说明：通过自定义方法可以将程序的核心功能从事件处理程序中分离出来。事件处理程序仅用于设置控件属性、接收用户的输入和验证用户输入等方面。这种分层设计的方式可以使程序结构更加清晰，可读性更高，也有利于代码段的复用。

2. if…else if 语句

使用 if…else if 语句可以进行多条件判断，它适合用于对 3 种或 3 种以上的情况进行判断的选择结构，实际上，if…else if 语句是一种 if 语句嵌套结构。if…else if 语句的语法结构如下。

```
if (条件表达式 1)
    {语句序列 1;}
else if (条件表达式 2)
    {语句序列 2;}
    …
else if (条件表达式 n)
    {语句序列 n;}
else
    {语句序列 n+1;}
```

【演练4-3】 某学校规定，校内职务津贴按教师技术职称发放。发放标准如下。

教授，1200元；副教授，800元；讲师，500元；助教，300元；要求设计程序能根据用户输入的职称，计算出应得的职务津贴。

程序设计步骤如下。

（1）问题分析

这是一个典型的多条件选择问题，程序在用户输入了数据后，首先判断输入是否有效（输入的是“教授”“副教授”“讲师”和“助教”四者之一），若输入有误，则显示提示信息并返回到初始状态。若有效，则按“教授”→“副教授”→“讲师”的顺序进行判断，并显示对应的津贴数额。若所有条件均不成立，则用户输入的职称一定是“助教”，故无须再进行判断。

（2）设计Web界面

向页面中添加一个文本框控件TextBox1，用于接收用户输入的职称数据。添加一个标签控件Label1，用于输出相应的职务津贴值。添加一个按钮控件Button1，用于触发单击事件执行计算程序。

（3）编写事件代码

命令按钮被单击时执行的事件代码如下。

```
protected void Button1_Click(object sender, EventArgs e)
{
    //验证文本框中用户输入的职称数据是否有效
    if (TextBox1.Text=="教授" || TextBox1.Text=="副教授" || TextBox1.Text=="讲师" ||
      TextBox1.Text=="助教")
    {
        //若输入有效,则判断职称等级,并显示对应的津贴数额
        if(TextBox1.Text=="教授")
        {
            Label1.Text="职务津贴:1200元";
        }
        else if(TextBox1.Text=="副教授")
        {
            Label1.Text="职务津贴:800元";
        }
        else if(TextBox1.Text=="讲师")
        {
            Label1.Text="职务津贴:500元";
        }
        else
        {
            Label1.Text="职务津贴:300元";
        }
    }
    else                            //若用户输入的数据无效,则显示提示信息
```

```
        {
            Label1.Text="输入错误,请重新输入";
        }
    }
```

说明：本例使用了 if…else 语句，并在其中嵌套了一个 if…else if 语句，在阅读程序时应首先认真理解程序流程，分清程序的层次结构。

3. switch 语句

在多重分支的情况下，虽然可以使用 if 语句实现，但层次较多，结构比较复杂，而使用专门的多重分支选择语句 switch 语句，则可以使多重分支选择结构的设计更加方便。switch 语句的语法格式如下。

```
switch (控制表达式)
{
    case 常量表达式 1:
        语句序列 1;
        break;
        …
    case 常量表达式 n:
        语句序列 n;
        break;
    default:
        语句序列 n+1;
        break;
}
```

其中，“控制表达式”所允许的数据类型为整数类型（sbyte、byte、short、ushort、uint、long、ulong）、字符类型（char）、字符串类型（string）或者枚举类型。

各个 case 语句后的常量表达式的数据类型与控制表达式的类型相同，或能够隐式转换为控制表达式的类型。

switch 语句基于控制表达式的值选择要执行的语句分支。switch 语句按以下顺序执行。

1）求控制表达式的值。

2）如果 case 标签后的常量表达式的值等于控制表达式的值，则执行其后的语句序列。

3）如果所有常量表达式都不等于控制表达式的值，则执行 default 标签后的语句序列。

4）如果所有表达式的值都不等于控制表达式的值，并且没有 default 标签，则跳出 switch 语句执行后续语句。

需要注意的是，如果 case 标签后含有语句序列，则语句序列最后必须使用 break 语句，以便跳出 switch 结构，缺少 break 语句将会产生编译错误。

将上例用 switch 结构改写后的代码如下。

```
protected void Button1_Click(object sender, EventArgs e)
{
    switch(TextBox1.Text)
    {
        case "教授":
            Label1.Text="职务津贴:1200 元";
            break;
        case "副教授":
            Label1.Text="职务津贴:800 元";
            break;
        case "讲师":
```

```
                Label1.Text="职务津贴:500元";
                break;
            case "助教":
                Label1.Text="职务津贴:300元";
                break;
            default:
                Label1.Text="输入错误,请重新输入";
                break;
        }
    }
```

在 switch 语句中，多个 case 标签可以使用同一处理语句序列。例如，将百分制学生成绩转换为十分制后再评定优良等级，设 9 分以上为“优”，7 分以上为“良”，6 分为“及格”，6 分以下为“不及格”。要求用文本框 TextBox1 接收用户输入的百分值，使用标签 Label1 输出等级值（优、良、及格、不及格）。

实现代码如下。

```
intscore=int.Parse(TextBox1.Text);          //接收用户输入的百分制成绩,并将其转换为整数
switch (score/10)                           //将百分值转换为十分值
{
    case 10:
    case 9:
        Label1.Text="优";                   //成绩值为 10 或 9 时的共享代码
        break;
    case 8:
    case 7:
        Label1.Text="良";                   //成绩值为 8 或 7 时的共享代码
        break;
    case 6:
        Label1.Text="及格";
        break;
    case 5:
    case 4:
    case 3:
    case 2:
    case 1:
    case 0:
        Label1.Text="不及格";               //成绩值为 0～5 时的共享代码
        break;
}
```

4.1.3 循环结构程序设计

循环是在指定的条件下重复执行某些语句的运行方式。例如，计算学生总分时没有必要对每个学生都编写一个计算公式，可以在循环结构中使用不同的数据来简化程序的设计。

C#中提供了 4 种循环语句：for 循环、while 循环、do…while 循环和 foreach 循环。其中，for 和 while 是最常用的循环语句。

1. for 循环

for 循环常常用于已知循环次数的情况（也称为“定次循环”），使用该循环时，测试是否满足某个条件，如果满足条件，则进入下一次循环，否则，退出该循环。for 循环语句的语法格式如下。

```
for (表达式 1; 表达式 2; 表达式 3)
{
    循环语句序列(循环体);
}
```

其中各部分的说明如下。

表达式 1：用于设置循环变量的初始值，该表达式仅初次进入循环时执行一次。

表达式 2：为条件判断表达式，即每次执行循环语句序列前，判断该表达式是否成立。如果成立，则执行循环语句序列（进入循环体）；否则循环结束，执行循环语句的后续语句。

表达式 3：用于改变循环变量值，一般通过递增或递减来实现。循环语句序列是每次循环重复执行的语句（性质相同的操作），当语句序列中仅含有一条语句时，大括号可以省略。

例如，下列代码表示当用户分别在 TextBox1 和 TextBox2 中输入一个整数范围后，单击命令按钮 Button1，将在 Label1 和 Label2 中分别显示范围内所有偶数的和及所有奇数的和。

```
protected void Button1_Click(object sender, EventArgs e)
{
    int num1=int.Parse(TextBox1.Text);
    int num2=int.Parse(TextBox2.Text);
    int sumeven=0, sumodd=0;
    for (i=sum1; i<=sum2; i=i+1)    //开始循环
    {
        if (i % 2==0)               //如果 i/2 的余数为零,则 i 为偶数,%为求余运算符
        {
            sumeven=sumeven+i;      //累加偶数的和
        }
        else
        {
            sumodd=sumodd+i;        //累加奇数的和
        }
    }
    Label1.Text="范围内所有偶数之和为:"+sumeven.ToString();
    Label2.Text="范围内所有奇数之和为:"+sumodd.ToString();
}
```

说明：for 循环的循环变量 i 的值从用户输入的范围起始值（输入在 TextBox1 中的值）开始，到范围结束值（TextBox2 的值）结束，每次循环，i 值加 1。这使得程序能对范围内的所有数据实现遍历。

2. while 循环

在实际应用中经常会遇到一些不定次循环的情况。例如，统计全班学生的成绩时，不同班级的学生人数可能是不同的，这就意味着循环的次数在设计程序时无法确定，能确定的只是某条件被满足（例如，后面不再有任何学生了）。此时，使用 while 循环最为合适。

while 循环在循环的顶部判断某个条件是否满足，当循环的条件判断为真时（满足条件），进入循环，否则退出循环。while 循环语句的语法格式如下。

```
while (条件表达式)
{
    循环语句序列;
}
```

条件表达式是每次进入循环前需要进行判断的条件，当条件表达式的值为 true 时，执行循环，否则退出循环。

在使用 while 循环时应注意以下几个问题。

1）条件表达式为关系表达式或逻辑表达式，其运算结果为 true（真）或 false（假）。在条件表达式中必须包含控制循环的变量，即循环变量。

2）作为循环体的语句序列可以是多条语句，也可以是一条语句。如果是一条语句，大括号可以省略。

3）循环语句序列中至少应包含改变循环条件的语句（即条件表达式的值有可能为 false），以避免陷入永远无法结束的“死循环”。

例如，要求程序产生一系列的随机整数，当产生的随机整数正好为 9 时结束循环，程序设计方法如下。

```
int i=0;
Random rnum=new Random();            //声明一个随机数对象 rnum
while (i !=9)                        //如果 i 的值不等于 9,则执行循环体语句
{
    i=rnum.Next(10);                 //循环体语句,产生一个 0～10 的随机整数
}
```

3. do…while 循环

do…while 循环类似于 while 循环。一般情况下，两者可以相互转换使用。它们之间的差别在于 while 循环的测试条件在每一次循环开始时判断，而 do…while 循环的测试条件在每一次循环体结束时进行判断。do…while 语句的语法格式如下。

```
do
{
    语句序列;
}
while (条件表达式);
```

当程序执行到 do 后，立即执行循环体中的语句序列，然后再对条件表达式进行测试。若条件表达式的值为真（true），则返回 do 语句重复循环，否则退出循环执行 while 语句后面的语句。例如下列代码所示。

```
int i=0;
Random r=new Random();               //声明一个随机数对象 r
do
{
    i=r.Next(10);                    //循环体语句,产生一个 0～10 的随机整数
}
while (i !=9)                        //如果 i 的值不等于 9,则返回 do 语句,否则执行后续语句
…
```

4. foreach 循环

foreach 循环主要应用于遍历数据集（如数组、集合、文件夹中的文件或数据表等）的场景中。其语法格式如下。

```
foreach(类型 变量名 in 数据集名)
{
    循环体语句;
}
```

foreach 语句中的“类型”必须与数组的类型一致，“变量名”是一个循环变量，在循环中，该变量依次获取数据集中各元素的值。这种操作常被称为“遍历”操作，特别是数据

集中不易确定有多少个数据时，使用 foreach 语句就很方便。

例如下列代码所示。

```
int[ ] A=new int[3] {1,2,3};              //声明一个包含 3 个元素的整型数组并赋值
int max=0;
foreach (int i in A)                      //遍历数组 A,逐个取出各数组元素
{
    if (i>max)                            //与当前"最大值"相比较,若大于,则替换
    {
        max=i;                            //保证 max 中保存的是遍历过程中遇到的最大值
    }
}
Label1.Text=max.ToString( );              //将最大值显示到标签控件中,标签中显示 3
```

又如，下列语句定义了一个无返回值的方法 DelTemp，该方法用于删除指定文件夹下的所有文件。

```
void DelTemp( )
{
    //获取 temp 文件夹的目录信息,保存到变量 path 中,path 为 DirectoryInfo 类型变量
    DirectoryInfo path=
            new DirectoryInfo(System.Web.HttpContext.Current.Server.MapPath("~/temp"));
    //从 path 变量中逐个取出包含的文件,保存到循环变量 f 中,f 为 FileInfo 类型的变量
    foreach (System.IO.FileInfo f in path.GetFiles( ))           //GetFiles 方法用于获取文件集
    {
        try
        {
            f.Delete( );          //删除变量 f 中指定的文件
        }
        catch                     //设计一个空 catch 语句块,表示若出错就继续执行后面的语句
        {}
    }
}
```

5. 循环的嵌套

若一个循环结构中包含另一个循环，则称为“循环的嵌套”，这种语法结构也称为“多重循环”结构。循环嵌套的层数理论上无限制，但嵌套层数过多会占用大量的系统资源。

使用多重循环结构时需要注意循环语句所在循环的层次，内循环必须完全包含在外循环中。

【演练 4-4】 使用 for 循环嵌套实现在标签控件中显示如图 4-4 所示的“九九乘法表”。

九 九 乘 法 表

1×1=1	1×2=2	1×3=3	1×4=4	1×5=5	1×6=6	1×7=7	1×8=8	1×9=9
2×1=2	2×2=4	2×3=6	2×4=8	2×5=10	2×6=12	2×7=14	2×8=16	2×9=18
3×1=3	3×2=6	3×3=9	3×4=12	3×5=15	3×6=18	3×7=21	3×8=24	3×9=27
4×1=4	4×2=8	4×3=12	4×4=16	4×5=20	4×6=24	4×7=28	4×8=32	4×9=36
5×1=5	5×2=10	5×3=15	5×4=20	5×5=25	5×6=30	5×7=35	5×8=40	5×9=45
6×1=6	6×2=12	6×3=18	6×4=24	6×5=30	6×6=36	6×7=42	6×8=48	6×9=54
7×1=7	7×2=14	7×3=21	7×4=28	7×5=35	7×6=42	7×7=49	7×8=56	7×9=63
8×1=8	8×2=16	8×3=24	8×4=32	8×5=40	8×6=48	8×7=56	8×8=64	8×9=72
9×1=9	9×2=18	9×3=27	9×4=36	9×5=45	9×6=54	9×7=63	9×8=72	9×9=81

图 4-4　程序运行结果

（1）问题分析

本例可以使用双重循环来完成乘法表输出的问题，外层循环（i 循环）决定第 1 个操作数。内层循环（j 循环）决定第 2 个操作数。当 i=1 时，内循环分别产生 1×1、1×2、1×3…

等。当 i=2 时，内循环分别产生 2×1、2×2、2×3…等，内外循环各 9 次，在屏幕上就能排列出 9 行 9 列的乘法表。

为了使页面美观，本例使用了 HTML 标记语言中的空格（ ）和换行标记
。

（2）设计 Web 页面

新建一个 ASP.NET 网站，切换到设计视图，向 Default.aspx 页面中添加需要的文字和一个标签控件 Label1，适当调整各对象的大小及位置。

（3）编写事件代码

Web 页面载入时执行的事件代码如下。

```
protected void Page_Load(object sender,EventArgs e)
{
    this.Title="for 循环嵌套示例";
    string expression, space;            //声明两个字符串型变量,分别用于存储算式和若干个空格
    int result;                          //声明整型变量,用于存放算式的计算结果
    for (int i=1; i <=9; i++)            //外层循环用于行的控制
    {
        for (int j=1; j <=9; j++)        //内层循环用于列的控制
        {
            result=i * j;
            expression=i.ToString()+"×"+j.ToString()+"="+result.ToString();
            if (i * j < 10)              //根据表达式的长短控制空格的数量
            {
                //插入适当数量的空格,目的在于调整页面的对齐
                space="     ";
            }
            else
            {
                space="   ";
            }
            Label1.Text=Label1.Text+expression+space;
        }
        Label1.Text=Label1.Text+"<br/>";          //每行结束后,使用<br/>标记产生换行
    }
}
```

4.1.4 使用类文件和类库

4-2 使用类文件和类库

类文件是添加到网站中的一种独立的代码集合，通常包含程序所涉及的对象的一些定义（对象的属性、方法和事件等）和对数据库的操作（对数据库的增、删、改、查），也可以包含一些应用程序的业务逻辑实现。程序运行时可在控件的事件处理程序中创建类的实例，以方便保存数据或调用类文件中定义的方法完成数据操作和业务逻辑的实现。

类库中包含的内容与类文件基本相同，只是类库需要单独创建，编译后将生成一个 .dll 文件（动态链接库文件）。类库不隶属于网站项目，只能被网站引用。类库被引用后便可在网站中使用其中定义的类和方法。例如，可以将常用的数据库连接、增、删、改、查等操作设计成一个类库，经编译后生成 .dll 文件。之后，需要操作数据库时只要引用该类库即可，不再需要编写任何代码。

1. 向网站中添加类文件

向网站中添加类项的方法与添加 Web 窗体的方法十分相似。在解决方案资源管理器中

右击网站名称，在弹出的快捷菜单中选择“添加”→“添加新项”命令，在如图 4-5 所示的“添加新项”对话框中选择“类”模板，并为类文件命名后单击“添加”按钮。如果是首次向网站中添加类文件，系统将弹出信息框提示用户是否将类文件存放在 App_Code 专用文件夹中，一般应选择“是”。

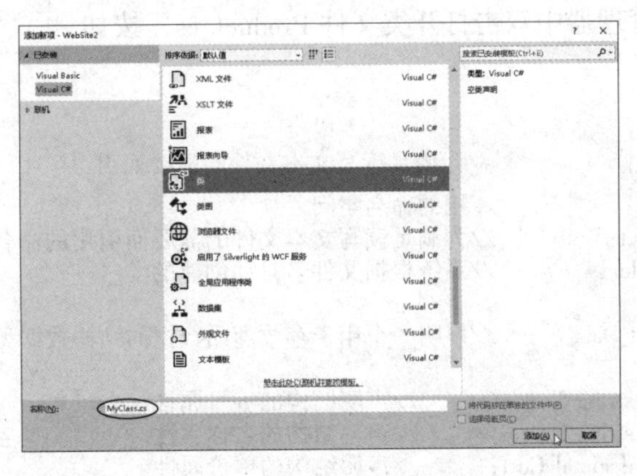

图 4-5　添加类文件

【演练 4-5】设计一个能根据用户输入的商品编号和数量，计算总价并显示清单的程序。

要求程序的核心功能由类文件提供的方法来实现，商品库数据保存在文本文件中，当输入的商品编号不存在或未输入编号、数量时能给出提示，如图 4-6～图 4-8 所示。程序正确运行时的界面如图 4-9 所示。

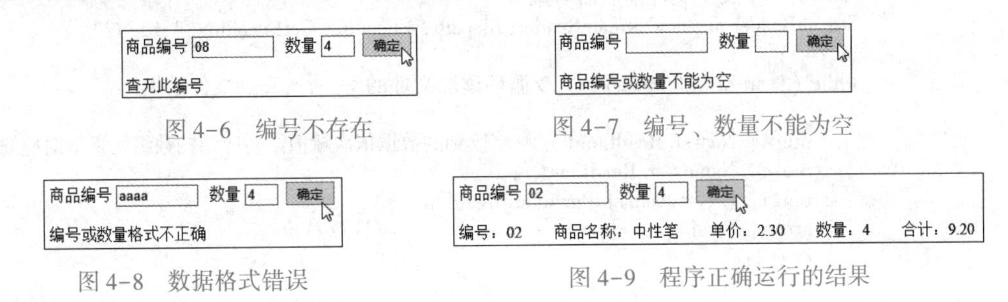

图 4-6　编号不存在　　图 4-7　编号、数量不能为空

图 4-8　数据格式错误　　图 4-9　程序正确运行的结果

程序设计步骤如下。

（1）设计程序界面

新建一个 ASP. NET 空网站，向网站中添加一个 Web 窗体页面 Default. aspx。向页面中添加两个文本框、一个按钮控件和一个用于显示清单或提示信息的标签控件。适当调整各控件的大小及位置。

设置两个文本框的 ID 属性分别为 txtNo（商品编号）和 txtNum（数量）；设置按钮控件的 ID 属性为 btnOK，Text 属性为“确定”；设置标签控件的 ID 属性为 lblResult，Text 属性为空。

（2）创建数据文件和类文件

在解决方案资源管理器中右击网站名称，在弹出的快捷菜单中选择“添加”→“添加新项”命令，在弹出的对话框中选择“类”模板并将类文件命名为 Product. cs，单击“添加”按钮。当系统询问是否要创建 App_Code 文件夹时，选择“是”。

再次右击网站名称，在弹出的快捷菜单中选择“添加”→“添加 ASP. NET 文件夹”→App_Data 命令，向网站中添加一个用于存放数据文件的 App_Data 文件夹。

用 Windows 记事本程序创建一个名为 Data. txt 的文本文件。如图 4-10 所示，按第 1 行为编号，第 2 行为名称，第 3 行为单价的格式逐个输入所有商品的数据。

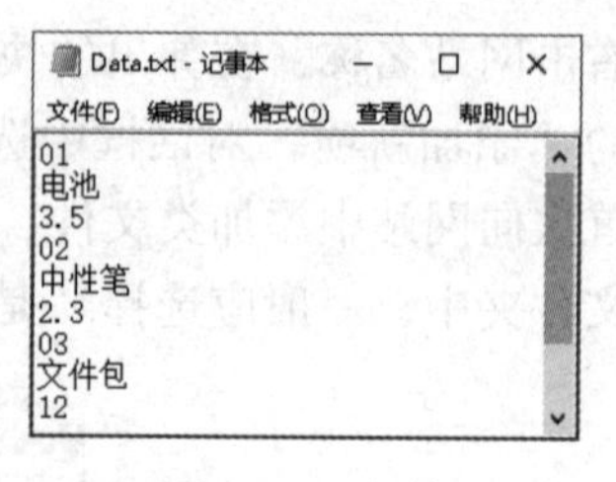

图 4-10　创建商品数据文件

（3）编写类文件代码

在解决方案资源管理器中双击打开类文件 Product. cs，按如下所示编写其代码。

```
...
using System.IO;                //为满足读写文本文件的需要而引
                                //用的命名空间
using System.Text;              //为满足读写文本文件的需要而引用的命名空间
public class Product            //系统根据文件名自动创建的类
{
    public struct Data          //声明一个用于存放商品数据的结构数据类型 data
    {
        public string No;           //声明结构的编号属性
        public string Name;         //声明结构的名称属性
        public decimal Cost;        //声明结构的单价属性
        public decimal Total;       //声明结构的总价属性
    }
    public data GetData(int n, int num)     //创建一个用于获取商品数据的 GetData 方法
    {
        Data[] pro=new Data[100];       //声明一个用于存放所有商品数据的结构数组
        //filepath 指明了存放商品数据的文件保存位置
        string filepath=System.Web.HttpContext.Current.Server.MapPath("App_Data/Data.txt");
        //声明一个文本文件读取器对象 sr
        StreamReader sr=new StreamReader(filepath, Encoding.GetEncoding("gb2312"));
        int i=1;
        while (! sr.EndOfStream)      //循环读取文件的每一行,直到文件结束
        {
            pro[i].No=sr.ReadLine();//将读到的数据依次赋值给对应结构数组元素的对应属性
            pro[i].Name=sr.ReadLine();
            pro[i].Cost=decimal.Parse(sr.ReadLine());
            pro[i].Total=pro[i].cost * num;        //计算总价
            i=i+1;
        }
        sr.Close();          //关闭读取器
        return pro[n];       //按照用户需要的编号值返回对应的结构数组元素
    }
    public bool CheckNo(int n)    //创建一个用于检查用户输入的编号是否存在的 CheckNo 方法
    {
        string FilePath=System.Web.HttpContext.Current.Server.MapPath("App_Data/Data.txt");
        StreamReader sr=new StreamReader(FilePath, Encoding.GetEncoding("gb2312"));
        int i=1;
        bool ispass=false;
        while (! sr.EndOfStream)       //循环读取文件的每一行,直到文件结束
        {
            int no=int.Parse(sr.ReadLine());       //每次从文件中读取一行,并转换为 int 类型
            if (no==n)               //如果读到的内容等于用户输入的内容
            {
                ispass=true;         //检查结果为 true,检查通过
                break;               //退出循环
            }
            sr.ReadLine();           //执行到这里表示上面的 if 语句没有匹配成功
            sr.ReadLine();           //读取 2 行,绕过名称和单价值,使指针指向下一个编号
```

```
            i=i+1;
        }
        return ispass;              //返回检查结果,匹配成功时返回 true,否则返回初始值 false
    }
}
```

(4) 编写事件代码

Default. aspx 中“确定”按钮被单击时执行的事件处理程序代码如下。

```
protected void btnOK_Click(object sender, EventArgs e)
{
    if (txtNum. Text=="" || txtNo. Text=="")
    {
        lblResult. Text="商品编号或数量不能为空";
        return;
    }
    int no=0;                                    //用于存放编号
    int count=0;                                 //用于存放数量
    try
    {
        no=int. Parse(txtNo. Text);              //获取商品编号
        count=int. Parse(txtNum. Text);          //获取商品数量
    }
    catch
    {
        //若 try 语句块中的转换出错,将执行 catch 块中的语句
        lblResult. Text="编号或数量格式不正确";
        return;
    }
    Product p=new Product();                     //实例化 Product 类,创建类对象 p
    if (! p. CheckNo(no))                        //检查输入的编号是否存在
    {
        lblResult. Text="查无此编号";
        return;                                  //后续代码不再执行
    }
    //使用类文件中创建的 Data 结构类型声明一个结构变量用于接收返回值
    Product. Data d=new Product. Data();
    d=p. GetData(no, count);                     //通过 p 对象调用 Product 类中定义的
                                                 //GetData()方法
    //取出返回值中的数据组合显示到标签控件中,ToString("f")表示保留 2 位小数点
    lblResult. Text="编号:"+d. No+"  商品名称:"+d. Name+"  
                  单价:"+d. Cost. ToString("f")+"  数量:"+txtNum. Text+
                  "  合计:"+d. Total. ToString("f");
}
```

说明：本例程序由 Web 页面 Default. aspx 和 Product 类文件两个层次组成。这种分层设计方式可以较好地实现“高内聚、低耦合”的设计指导思想，对程序维护和扩展更加有利。

1）Web 页面负责提供用户输入和结果显示界面，负责验证用户输入的有效性，负责根据用户需要向 Product 类提出数据请求。

2）Product 类提供的 GetData()方法负责从文本文件中（数据库）提取所有数据，并根据 Default. aspx 传递过来的参数返回用户所需数据（包括计算结果）；CheckNo()方法负责检查 Default. aspx 传递过来的“编号”参数是否存在于数据集中。

2. 引用类库

类库是包含了一些特定功能（如数据库操作、某种业务逻辑的实现等）的应用程序的

封装。类库可以由程序员根据实际需要自行编写代码创建，也可以直接引用第三方提供的已编译完成的 .dll 文件。Internet 中存在大量优秀的、由第三方编写并封装的 .dll 格式的类库或组件文件，直接引用这些类库可以非常轻松地完成一些看似非常复杂的工作。

例如，当需要在没有安装 Microsoft Word 软件的 Web 服务器中，对 Word 文档进行读、写、插图、插表和合并文档等操作时，就可以借助由第三方提供的、功能十分强大的 Aspose. Words. dll 来实现。

【演练 4-6】 通过引用 Aspose. Words. dll，实现在没有安装 Microsoft Word 软件的 Web 服务器中合并两个 Word 文档。图 4-11 和图 4-12 所示为合并前的两个 Word 文档，图 4-13 所示为合并后的结果。

图 4-11　文档 1 的内容

图 4-12　文档 2 的内容

图 4-13　合并后的结果

程序设计步骤如下。

（1）设计程序界面

新建一个 ASP. NET 空网站，向网站中添加一个 Web 窗体页 Default. aspx。向 Default. aspx 中添加一个按钮控件。

（2）添加对第三方 .dll 文件的引用

在解决方案资源管理器中右击网站名称，在弹出的快捷菜单中选择“添加”→“引用”命令，在弹出的“引用管理器”对话框中单击最下方的“浏览”按钮，在弹出的如图 4-14 所示的“选择要引用的文件”对话框中选择需要引用的 .dll 文件，然后单击“添加”按钮。返回“引用管理器”对话框，如图 4-15 所示，单击“确定”按钮完成引用操作。引用完成后系统会在网站中自动创建一个名为 Bin 的文件夹，并将 .dll 文件复制到其中。

图 4-14　选择要引用的 .dll 文件

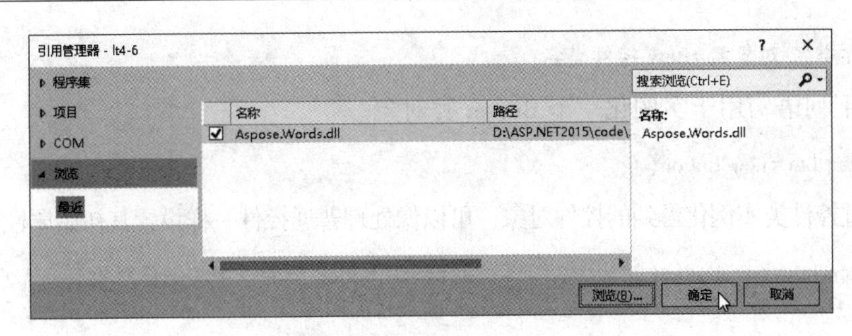

图 4-15　添加引用

（3）编写程序代码

在 Default. aspx 的设计视图中双击已添加到页面中的按钮控件 Button1，进入页面的代码编辑窗口。按照以下所示编写程序代码。

为了编写程序的方便，需要在引用区使用 using 语句添加对 Aspose. Words 命名空间的引用。

```
using Aspose. Words;
```

编写按钮被单击时执行的事件处理程序代码如下。

```
protected void Button1_Click( object sender,EventArgs e)
{
    //将两个待合并的 Word 文档存入 Aspose. Words 的 Document 类型对象 doc1 和 doc2 中
    Document doc1 = new Document( "e:\\1. docx");
    Document doc2 = new Document( "e:\\2. docx");
    //指定 doc2 要合并到 doc1 中的内容范围,这里选择了全部
    doc2. FirstSection. PageSetup. SectionStart = SectionStart. Continuous;
    //按 doc1 的格式设置向 doc1 中追加 doc2(不分页,将 doc2 追加到 doc1 的最后面)
    doc1. AppendDocument( doc2, ImportFormatMode. UseDestinationStyles);
    doc1. Save( "e:\\Out. docx");              //将合并后的文档另存为 Out. docx
    ClientScript. RegisterStartupScript( GetType( ), "Startup", "<script>alert('合并成功！')</script>");
}
```

4. 2　创建和使用动态控件

4-3　创建和使用动态控件

存放在工具箱中的各种控件都是以“类”的形式出现的。例如，工具箱中的按钮控件图标就代表了各种表现形式的所有按钮。也就是说，工具箱中的控件表现的是一种“类型”，将其添加到窗体的操作实际上是完成了“类的实例化”，即将抽象的类型转换成实际的对象。

由于控件是控件类的实例化结果，自然可以在程序运行中使用代码动态地创建、显示和操作控件。通常将由代码根据实际需要动态创建的控件称为“动态控件”。

4. 2. 1　创建动态控件

创建动态控件首先需要实例化一个控件类，得到对应的控件类对象。然后，根据需要通过委托创建该对象的事件。

1. 实例化控件类

控件类的实例化与普通类的实例化步骤完全相同，其语法格式如下。

```
控件类名 对象名=new 控件类名;
```

例如，下列语句用于实例化一个 Button 类对象。

```
Button btn=new Button();
```

对于通过控件类实例化得到的控件对象，可以像处理普通控件一样设置其初始属性。举例如下。

```
Button btn=new Button();                //btn 为 Button 类的一个实例化对象
btn.Text="确定";                        //设置对象的属性
```

2. 创建控件类对象的事件

通过实例化得到控件类对象后，通常需要使用带有两个参数的 EventHandler 委托来定义对象的某个事件。

举例如下。

```
Button btn=new Button();                          //实例化一个 Button 类
btn.Click+=new EventHandler(btn_Click);   //声明 Button 类对象 btn 的单击(Click)事件
```

上述代码声明了 btn 对象的一个 Click 事件，事件处理程序以下列形式表示。

```
private voidbtn_Click(object sender, EventArgs e)
```

参数 sender 表示触发该事件的具体对象，参数 e 用于传递事件的细节。

概括地说，使用 EventHandler 委托声明对象事件的语法格式如下。

```
对象名.事件名+=new EventHandler(事件处理程序名);
```

例如，声明文本框对象 txt 的 TextChanged 事件可使用以下语句。

```
txt.TextChanged+=new EventHandler(txt_TextChanged);
```

4.2.2 使用动态控件

创建动态控件后，需要通过窗体或某个容器控件的 Controls 类的 Add 方法，将其添加到指定位置。若需要访问动态控件的属性，则需要首先使用 Controls 类的 Find 方法找到控件，然后对查找的结果进行操作。

1. 将动态控件添加到 Web 页面

将控件对象添加到窗体或某个容器控件中，需要使用 Controls 类的 Add 方法，其语法格式如下。

```
Controls.Add(对象名称);
```

如果希望将动态控件添加到某容器中，可使用以下所示的语法格式。

```
容器控件 ID.Controls.Add(对象名称);  //省略容器控件 ID 时,表示将控件添加到当前窗体
```

例如，下列代码可将一个按钮对象添加到窗体的指定位置。

```
Button btn=new Button();              //实例化一个按钮类对象 btn
btn.Top=30;                           //按钮距窗体顶端 30px
btn.Left=40;                          //按钮距窗体左侧 40px
Controls.Add(btn);                    //将按钮对象 btn 显示到指定位置
```

2. 访问动态控件的属性

如果希望动态控件的属性能被其他事件处理程序调用，可将实例化语句书写在所有事件

处理程序之外，使之成为一个窗体级对象。例如：

```
public partial class _Default : System. Web. UI. Page          //窗体类声明
{
    Button btn = new Button();                                  //声明窗体级对象 btn
    protected void Page_Load(object sender, EventArgs e)        //窗体的载入事件
    {
        btn. Text = "这是一个动态按钮";
        Panel1. Controls. Add(btn);                 //将动态控件添加到 Panel1 容器控件中
    }
    protected void Button1_Click(object sender, EventArgs e)     //单击 Button1 时
    {
        Label1. Text = btn. Text;                   //直接读取窗体级对象 btn 的 Text 属性
    }
}
```

【演练 4-7】要求程序运行时能根据用户指定的行数和列数动态地创建 HTML 表格，并将单元格所在的行坐标和列坐标自动显示出来。然后在表格的最后追加 4 行，并要求每行生成一个通栏的单元格，要求在单元格中通过代码添加一个超链接控件 HyperLink，该控件的文本、超链接地址和目标框架等属性均通过代码进行设置，当用户单击 HyperLink 控件时，页面能跳转到预设的 URL。若用户未指定表格的行数、列数而直接单击“生成表格”按钮，程序将给出错误提示，运行结果如图 4-16 所示。

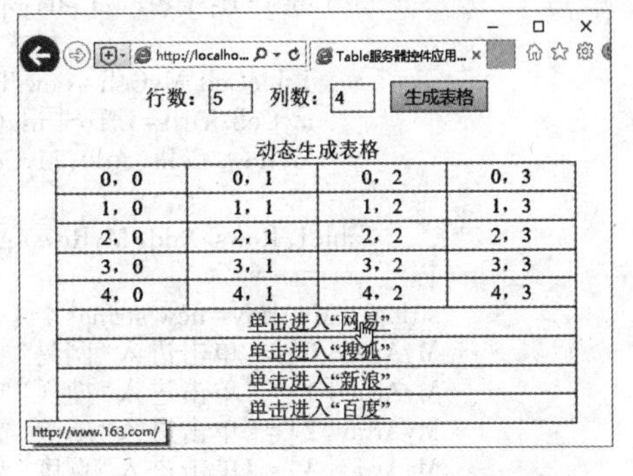

图 4-16　动态生成的表格和超链接控件

程序设计步骤如下。

（1）设计 Web 页面

新建一个 ASP. NET 空网站，向网站中添加 Default. aspx 页面，输入用于表示各控件作用的说明文字；向页面中添加两个文本框控件 TextBox1 和 TextBox2；添加一个按钮控件 Button1 和一个 Web 服务器表格控件 Table1（注意，应从工具箱的“标准”选项卡中添加，不要从 HTML 选项卡中添加），适当调整各控件的大小和位置。

（2）编写事件代码

1）页面载入时执行的事件过程代码如下。

```
protected void Page_Load(object sender,EventArgs e)
{
    //设置控件的初始属性值
    this. Title = "Table 服务器控件应用示例";
    TextBox1. Focus();
    Table1. Width = 400;                                  //设置表格的宽度
    Table1. Caption = "动态生成表格";                      //设置表格的标题
    Table1. GridLines = GridLines. Both;                   //设置单元格的框线
    Table1. HorizontalAlign = HorizontalAlign. Center;     //设置表格相对页面水平居中
    Table1. CellPadding = 1;                               //设置单元格内间距
    Table1. CellSpacing = 3;                               //设置单元格之间的距离
    Table1. Visible = false;                               //页面加载时表格不可见
    Button1. Text = "生成表格";                            //设置按钮控件上显示的文字
}
```

2）“生成表格”按钮被单击时执行的事件过程代码如下。

```
protected void Button1_Click(object sender,EventArgs e)
{
    Table1.Visible=true;                                //表格控件可见
    if (TextBox1.Text=="" || TextBox2.Text=="")  //若用户没有输入行数和列数
    {
        Table1.Caption="必须输入行、列数!";              //显示出错提示信息
        return;                                         //不再执行后续代码
    }
    int NumRows=int.Parse(TextBox1.Text);
    int NumCells=int.Parse(TextBox2.Text);
    for (int i=0; i <NumRows; i++)                      //外层循环控制行数
    {
        TableRow MyRow=new TableRow();                  //声明一个表格行对象
        for (int j=0; j <NumCells; j++)                 //内层循环控制每行的列数(单元格数)
        {
            TableCell MyCell=new TableCell();           //声明一个单元格对象
            myCell.Text=i.ToString()+","+j.ToString();  //将坐标显示到单元格中
            MyRow.Cells.Add(MyCell);                    //添加一个新单元格(列)
        }
        Table1.Rows.Add(MyRow);                         //添加一个新行
    }
    string[] MyArray=new string[4];                    //声明数组,用于存放 HyperLink 控件的文本
    MyArray[0]="单击进入“网易”";                        //为数组赋值
    MyArray[1]="单击进入“搜狐”";
    MyArray[2]="单击进入“新浪”";
    MyArray[3]="单击进入“百度”";
    string[] MyLink=new string[4];              //声明数组用于存放 HyperLink 控件的超链接地址
    MyLink[0]="http://www.163.com";                     //为数组赋值
    MyLink[1]="http://www.sohu.com";
    MyLink[2]="http://www.sina.com.cn";
    MyLink[3]="http://www.baidu.com";
    for (int i=0; i <=3; i++)                           //通过循环再产生4行
    {
        TableRow MyRow=new TableRow();                  //声明一个表格行对象
        TableCell MyCell=new TableCell();               //声明一个单元格对象
        MyCell.ColumnSpan=NumCells;                     //设置单元格的列跨距
        HyperLink lyp=new HyperLink();                  //声明一个 HyperLink 对象
        lyp.Text=MyArray[i];                            //设置 HyperLink 中显示的文本
        lyp.NavigateUrl=MyLink[i];                      //设置 HyperLink 的超链接地址
        lyp.Target="_blank";                  //设置 HyperLink 的目标框架(在新窗口中打开网页)
        MyCell.Controls.Add(lyp);                       //将 HyperLink 对象添加到单元格中
        MyRow.Cells.Add(MyCell);                        //将单元格对象添加到行单元格集合中
        Table1.Rows.Add(MyRow);                         //将行对象添加到表格的行集合中
    }
}
```

说明：本例中涉及的技术在动态网站设计中经常用到，只是产生控件的数量及控件的属性值（如 HyperLink 控件的文本、超链接地址和目标框架等）一般是通过后台管理程序存放在数据库中的，前台程序（用户访问的 Web 页面）读取存放在数据库中的这些数据后，赋值给相应的对象。

4.3 创建和使用自定义控件

在 Visual Studio 中，用户除了可以使用系统提供的各种 HTML 控件和 Web 服务器控件

外，还可以根据自己的实际需要创建具有事件处理能力的 Web 用户控件（也称为“自定义控件”）。创建自定义控件后，可以在设计视图或程序运行时将其添加到页面中。

4.3.1　创建自定义控件

ASP.NET 提供的 HTML 控件和 Web 服务器控件具有十分强大的功能，但它们并不能涵盖每一种情况。使用自定义控件可根据程序的需要方便地定义控件，且在设计自定义控件时所使用的编程技术与设计 Web 页面的技术完全相同，甚至只须对 Web 窗体（.aspx）进行简单的修改即可使之成为自定义控件。自定义控件文件名以 .ascx 为扩展名进行标识。

一个自定义控件与一个完整的 Web 窗体相似，都包含一个用户界面和一个代码文件。在自定义控件上可以使用标准 Web 窗体上相同的 HTML 控件和 Web 服务器控件。例如，希望创建一个网站导航栏自定义控件，则可将若干 ImageButton 控件通过 HTML 表格进行布局，并创建这些 ImageButton 的事件处理程序即可。

自定义控件页与 Web 窗体页主要有以下两点区别。

1）自定义控件页只能以 .ascx 为扩展名。

2）在自定义控件文件中不能包含<html><body>和<form>元素，这些元素应位于宿主页（引用自定义控件的 Web 窗体）中。

创建或打开一个 ASP.NET 网站，在解决方案资源管理器中右击网站名称，在弹出的快捷菜单中选择“添加”→“Web 用户控件”命令，在弹出的对话框中指定自定义控件文件名后单击“确定”按钮。

在解决方案资源管理器中双击自定义控件文件名，可在设计区将其打开，单击设计区下方的“源”或“设计”选项，可在源视图和设计视图两种方式之间切换。也可以直接单击设计区上方的选项卡，在自定义控件、Web 窗体及代码窗口之间直接进行切换。

创建自定义控件后，可以像对待其他 Web 窗体页面一样向自定义控件界面中添加各种 HTML 或 Web 标准控件，双击自定义控件界面中的标准控件可自动切换到代码窗口，在系统自动创建的事件框架中编写事件处理程序。

4.3.2　使用自定义控件

自定义控件的界面设计和事件处理程序编写完毕后，还必须将其放置在一个 Web 窗体页面中才能使用。在设计视图中打开希望添加自定义控件的 Web 窗体页面。

1. 程序设计时使用自定义控件

在解决方案资源管理器中，将设计完毕的自定义控件直接从解决方案资源管理器拖动到页面中适当的位置。窗体设计器能自动向 Web 页面添加@ Register 指示符，使自定义控件成为 Web 窗体的一个组成部分。

此外，当自定义控件被添加到 Web 窗体中后，该控件的公共属性、事件和方法也将向 Web 窗体公开，并可以通过编程的方式来使用。

前面已介绍过，编写自定义控件的方法与设计 Web 窗体页面的方法完全相同，唯一不同的是在自定义控件中不能有<html><body>和<form>元素。因此，只要将一个设计完毕的 Web 窗体页面中所有<html><body>和<form>元素删除，在源视图中将 Web 页面的@ Page 指示符改成@ Control，在解决方案资源管理器中将文件扩展名改成 .ascx 就可以了。同样的道理，也可以方便地将一个设计完毕的自定义控件改成一个独立的 Web 窗体页面。

2. 程序运行时动态添加自定义控件

设计完毕的自定义控件可以像前面介绍的那样，在设计视图中将自定义控件拖动到 Web 页面中即可。自定义控件也可以在程序运行时通过代码动态地加载，这样就能根据实际需要向页面中添加不同的自定义控件，或通过循环向页面中添加若干个相同的自定义控件。

在实际应用中，通常需要在主 Web 页面中添加一个容器控件 PlaceHolder，作为用户自定义控件的“占位”控件。在程序运行时通过代码创建一个自定义控件的实例，然后将自定义控件添加到容器控件中。

举例如下。

```
protected void Page_Load(object sender,EventArgs e)
{
    Control head=LoadControl("header.ascx");        //创建一个自定义控件实例
    PlaceHolder1.Controls.Add(head);                //将自定义控件添加到容器控件中
}
```

4.4 实训——设计一个加法练习程序

4.4.1 实训目的

通过上机操作掌握 C#中结构化程序设计的基本方法；理解顺序结构和选择结构的基本概念；掌握 if…else、switch 语句的使用方法。通过本实训进一步理解使用 C#创建 ASP.NET 网站的一般步骤和常用编程技巧。

4.4.2 实训要求

设计一个用于 100 以内整数的加法练习程序。如图 4-17 所示，程序启动后自动产生两个 100 以内的随机整数显示在屏幕上，用户输入算式的答案后单击“确定”按钮，程序将算式显示出来并通过“√”或“×”给出评判，对出错的算式以醒目形式显示。同时给出下一道题。

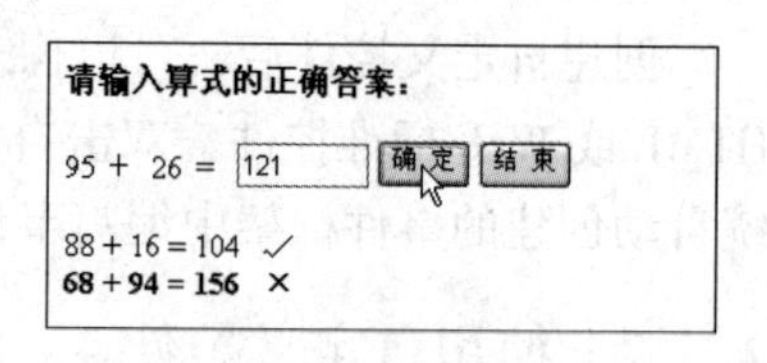

图 4-17　程序运行结果

如果用户没有输入算式答案而直接单击了“确定”按钮，程序将显示如图 4-18 所示的出错提示信息。

当用户单击“结束”按钮时，屏幕上将显示如图 4-19 所示的总出题数、正确数、错误数和得分，其中得分计算方法为：得分=正确数/总数×100。

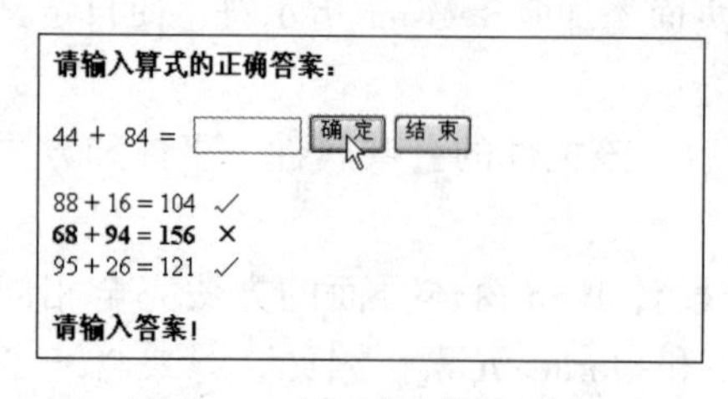

图 4-18　显示出错提示信息

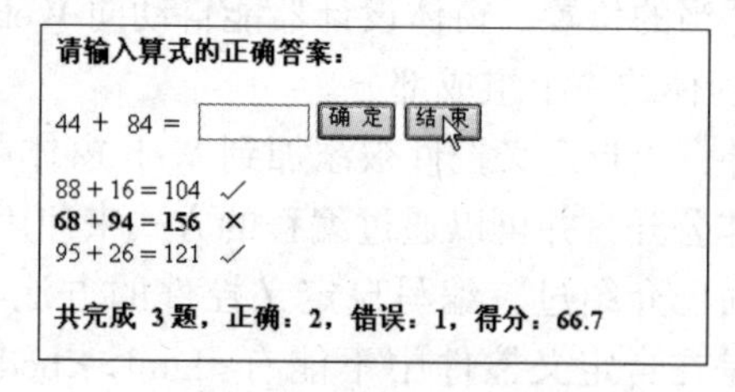

图 4-19　显示统计信息

继续输入算式答案，并单击“确定”按钮，开始新一轮的加法练习。

第5章　ASP. NET 常用对象和状态管理

ASP. NET 中内置了大量用于获得服务器或客户端信息、进行状态管理、实现页面跳转、实现跨页传递数据的对象。这些对象由 . NET Framework 中封装好的类来实现，并且由于这些内置对象是全局的，它们在 ASP. NET 页面初始化请求时自动创建，可在应用程序的任何地方直接调用，而无须对所属类进行实例化操作。

5.1　Page 对象

Page 对象是由 System. Web. UI 命名空间中的 Page 类来实现的。Page 类与 ASP. NET 网页文件（. aspx）相关联，这些文件在运行时被编译成 Page 对象，并缓存在服务器中。

5.1.1　Page 对象的常用属性、方法和事件

1. Page 对象的属性

Page 对象提供的常用属性见表 5-1。

表 5-1　Page 对象的常用属性

属　性　名	说　　明
Controls	获取 ControlCollection 对象，该对象表示用户界面（User Interface，UI）层次结构中指定服务器控件的子控件集
IsPostBack	该属性返回一个逻辑值，表示页面是为响应客户端回发而再次加载的，false 表示首次加载而非回发
IsValid	该属性返回一个逻辑值，表示页面是否通过验证
EnableViewState	获取或设置一个值，用来指示当前页请求结束时是否保持其视图状态
Validators 属性	获取请求的页上包含的全部验证空间的集合

在访问 Page 对象的属性时可以使用 this 关键字。例如，Page. IsValid 可以写成 this. IsValid。在 C#中，this 关键字表示当前在其中执行代码的类的特定实例。

Page 对象的 IsPostBack 属性是最常用的属性之一，用于获取一个逻辑值，该值指示当前页面是否正为响应客户端回发而加载，或者它是否正在被首次加载和访问。其值为 true，表示页面是为响应客户端回发而加载；其值为 false，则表示页面是首次加载。

例如，下列代码用于在窗体载入时向下拉列表框 DropDownList1 中添加 3 个选项。首次打开页面时可以看到程序得到了正确的执行，如图 5-1 所示。但当页面由于用户的其他操作（如单击按钮等）引起回发时，DropDownList1 中就会错误地出现重复选项，如图 5-2所示。

```
protected void Page_Load( object sender,EventArgs e)
{
    DropDownList1. Items. Add(" item1" );
```

```
        DropDownList1.Items.Add("item2");
        DropDownList1.Items.Add("item3");
    }
```

图 5-1　页面初次加载时

图 5-2　页面回发刷新后

这是因为服务器回发引起的页面刷新同样会触发 Page_Load 事件，导致向下拉列表框添加选项的 3 条语句被再次执行，而且是每回发一次，就会多出一组重复的选项。通过对 Page 对象的 IsPostBack 属性的判断，可以有效地解决这一问题。

将 Page_Load 事件代码改为以下所示，使程序只在 Page 对象的 IsPostBack 属性为 false 时（页面初次加载时）才执行向 DropDownList1 中添加选项，当 IsPostBack 为 true（服务器回发）时，不添加选项。

```
protected void Page_Load(object sender,EventArgs e)
{
    if(! IsPostBack)
    {
        DropDownList1.Items.Add("item1");
        DropDownList1.Items.Add("item2");
        DropDownList1.Items.Add("item3");
    }
}
```

2. Page 对象的常用方法和事件

Page 对象的常用方法见表 5-2。

表 5-2　Page 对象的常用方法

方法名	说明
DataBind	将数据源绑定到被调用的服务器控件及所有子控件
FindControl(id)	在页面上搜索标识符为 id 的服务器控件，返回值为找到的控件，若控件不存在，则返回 null
ParseControl(content)	将 content 指定的字符串解释成 Web 窗体页面或用户控件的构成控件，该方法的返回值为生成的控件
RegisterClientScriptBlock	向页面发出客户端脚本块
Validate 方法	指示页面中所有的验证控件进行验证

Page 对象的常用事件见表 5-3。

表 5-3　Page 对象的常用事件

事件名	说明
Init	当服务器控件被初始化时发生，这是控件生存期的第一步
Load	当服务器控件被加载到 Page 对象上时触发的事件
Unload	当服务器控件被从内存中卸载时发生

Page 对象的 Init 事件与 Load 事件主要有以下两点区别。

1）Page 对象的 Init 事件和 Load 事件都发生在页面加载的过程中。Init 事件发生在 Load 事件之前，也就是页面初始化之前。Init 事件中的代码通常用于进行一些客户端检测、控件初始属性设置等操作。

2）在 Page 对象的生存周期中，Init 事件只有在页面初始化时被触发一次，而 Load 事件在初次加载及每次回发中都会被触发。所以，如果希望初始化页面时的事件处理代码只在页面首次加载时被执行，则可将代码放在 Init 事件中。

5.1.2　Web 窗体页面的生命周期

Web 窗体页面的生命周期代表着 Web 窗体页面从生成到消亡所经历的各阶段，以及在各阶段执行的方法、使用的消息、保持的数据和呈现的状态等。掌握这些知识，会对理解和分析程序设计中出现的问题十分有利。Web 页面的生命周期及各阶段执行的内容如下。

1）初始化：该阶段将触发 Page 对象的 Init 事件，并执行 OnInit 方法。该阶段在 Web 窗体的生存周期内仅此一次。

2）加载视图状态：该阶段主要执行 LoadViewState 方法，也就是从 ViewState 属性中获取上一次的状态，并依照页面的控件树结构，用递归来遍历整个控件树，将对应的状态恢复到每个控件上。

3）处理回发数据：该阶段主要执行 LoadPostData 方法，用来检查客户端发回的控件数据的状态是否发生了变化。

4）加载：该阶段将触发 Load 事件，并执行 Page_Load 方法。该阶段在 Web 窗体的生命周期内可能多次出现（每次回发都将触发 Load 事件）。

5）预呈现：该阶段要处理在最终呈现之前所做的各种状态更改。在呈现一个控件之前，必须根据它的属性来产生页面中包含的各种 HTML 标记。例如，根据 Style 属性设置 HTML 页面的外观。在预呈现之前可以更改一个控件的 Style 属性，当执行预呈现时就可以将 Style 值保存下来，作为呈现阶段显示 HTML 页面的样式信息。

6）保存状态：该阶段的任务是将当前状态写入 ViewState 属性。

7）呈现：该阶段将对应的 HTML 代码写入最终响应的流中。

8）处置：该阶段将执行 Dispose 方法，释放占用的系统资源（如变量占用的内存空间、数据库连接）等。

9）卸载：这是 Web 窗体生命周期的最后一个阶段，在这个阶段中将触发 UnLoad 事件，执行 OnUnLoad 方法，以处理 Web 窗体在消亡前的最后处理。在实际应用中，页面占用资源的释放一般都放在 Dispose 方法中完成，所以 OnUnLoad 方法也就变得不那么重要了。

5.2　Response 对象

5-1　Response 对象

Response 对象是从 System.web 命名空间中的 HttpResponse 类中派生出来的。当用户访问应用程序时，系统会根据用户的请求信息创建一个 Response 对象，该对象用于回应客户浏览器，告诉浏览器回应内容的报头、服务器端的状态信息，以及输出指定的内容等。

5.2.1 Response 对象的常用属性和方法

Response 对象的常用属性见表 5-4。

表 5-4 Response 对象的常用属性

属 性 名	说 明
Cache	获取 Web 页的缓存策略（过期时间、保密性和变化子句）
Charset	获取或设置输出流的 HTTP 字符集
ContentEncoding	获取或设置输出流的 HTTP 字符，该属性值是包含有关当前响应的字符集信息的 Encoding 对象
ContentType	获取或设置输出流的 HTTP MIME 类型，默认值为 text/html
Cookies	获取响应 Cookie 集合，通过该属性可将 Cookie 信息写入客户端浏览器
Expires	获取或设置在浏览器上缓存的页面过期之前的分钟数。若用户在页面过期之前返回该页面，则显示缓存版本
ExpiresAbsolute	获取或设置从缓存中移除缓存信息的绝对日期和时间
IsClientConnected	获取一个值，通过该值指示客户端是否仍连接在服务器上

Response 对象的常用方法见表 5-5。

表 5-5 Response 对象的常用方法

方 法 名	说 明
ClearContent	清除缓冲区流中的所有内容输出
End	将当前所有缓冲的输出发送到客户端，停止该页面的执行，并引发 EndRequest 事件
Redirect(URL)	将客户端浏览器重定向到参数 URL 指定的目标位置
Write(string)	将信息写入 HTTP 输出内容流，参数 string 表示要写入的内容
WriteFile(filename)	将 filename 指定的文件写入 HTTP 内容输出流

5.2.2 使用 Response 对象输出信息到客户端

在编写 ASP. NET 应用程序代码时经常会用到 Response 对象，其中最常用的应用之一就是使用 Response 对象的 Write 方法或 WriteFile 方法，将信息写入 HTML 流，并显示到客户端浏览器。

1. 使用 Write 方法

Write 方法的语法格式如下。

```
Response. Write(string);
```

其中，参数 string 表示希望输出到 HTML 流的字符串，string 不但可以是字符串常量或变量，也可以包含用于修饰输出信息的 HTML 标记或脚本。如果希望在字符串常量中包含英文双引号(")，则应使用 C#转义符 “\"”。

下列代码演示了 Response. Write 方法的使用示例。

```
//向浏览器输出带有 HTML 标记的字符串常量,<br>标记表示换行
Response. Write("<font face=黑体 size=5 color=blue>欢迎访问我的站点</font><br><br>");
//向浏览器输出变量的值
Response. Write(DateTime. Now. ToLongTimeString()+"<br><br>");//显示服务器时间
```

```
//向浏览器写入带有超链接的文字信息
Response. Write("<ahref='http://www. 163. com'>访问网易</a><br><br>");
//向浏览器输出带有双引号的文字信息,输出为"Welcome to my home. "
Response. Write("\""+"Welcome to my home. "+"\"<br><br>");
//向浏览器写入脚本,弹出一个信息框
Response. Write("<script language=javascript>alert('操作成功! ');</script>");
//向浏览器写入包含脚本的文字信息(无确认直接关闭当前窗口)
Response. Write("<a href='javascript:window. opener=null;window. close()'>关闭窗口</a>");
```

2. 使用 WriteFile 方法

使用 Response 对象的 WriteFile 方法可以将指定的文件内容直接写入 HTML 输出流。其语法格式如下。

```
Response. WriteFile(filename);
```

其中，filename 参数用于说明文件的名称及路径。

在使用 WriteFile 方法将文件写入 HTML 流之前，应使用 Response 对象的 ContentType 属性说明文件的类型或标准 MIME 类型。该属性值是一个字符串，通常用以下格式表示。

```
类型/子类型
```

常用的类型及子类型包括 text/html（默认值）、image/gif、image/jpg、application/msword、application/vnd. ms-excel 和 application/vnd. ms-powerpoint 等。

例如，希望将一个保存在服务器端根站点下的文本文件 1. txt 的内容输出到客户端浏览器中，可使用以下代码。

```
Response. ContentType="text/html";
Response. ContentEncoding=System. Text. Encoding. GetEncoding("GB2312");
Response. WriteFile("1. txt");
```

说明：代码中使用 Response 对象的 ContentEncoding 属性指定了以 GB2312 为输出内容的编码方案。若没有这一句，输出时可能会在浏览器中出现乱码。

此外，WriteFile 方法常被用于提供文件下载的应用中。例如，下列代码表示当用户单击页面中的按钮控件时弹出“文件下载”对话框，允许用户打开或保存站点根目录下的“1. doc”文件。

```
protected void Button1_Click(object sender,EventArgs e)
{
    Response. ContentType="application/msword";              //设置文件类型
    //设置文件内容编码
    Response. ContentEncoding=System. Text. Encoding. GetEncoding("GB2312");
    Response. WriteFile(Page. MapPath("1. doc"));            //输出 Microsoft Word 文件
}
```

说明：代码中使用 Page 对象的 MapPath 方法指定了输出文件在服务器端的物理路径。从该语句可以看出，希望写入 HTML 流的文件不一定要保存在本站点或其他任何站点内，这一点与 HTML 静态网页中的超链接有很大的不同。

5. 2. 3　使用 Redirect 方法实现页面跳转

Response 对象的 Redirect 方法用于将客户端重定向到新的 URL，实现页面间的跳转。该方法的语法格式如下。

```
Response. Redirect( url [ ,endResponse ] )
```

其中，字符串参数 url 表示新的目标 URL 地址，可选布尔参数 endResponse 表示是否终止当前页面的执行，默认值为 false。

例如，下列语句将使用客户端浏览器重定向到“百度”搜索引擎的主页。

```
Response. Redirect( "http://www. baidu. com" )
```

该方法常被用来根据某条件将用户引向不同页面的情况。例如，如果用户正确回答了口令，则可看到诸如视频点播、软件下载和资料阅读等页面，否则将被跳转到另一个页面，看到拒绝进入的说明信息。

使用 Response 对象的 Redirect 方法时应注意以下几个问题。

1）使用该方法实现跳转时，浏览器地址栏中将显示目标 URL。

2）执行该方法时，重定向操作发生在客户端，涉及两个不同页面或两个 Web 服务器之间的通信，第一阶段是对原页面的请求，第二阶段是对目标 URL 的请求。

3）执行该方法后，内部控件保存的所有信息都将丢失，因此当从 A 页面跳转到 B 页面后，在页面 B 中将无法访问 A 页面提交的数据。若要从 A 页面传递数据到 B 页面，只能通过 url 参数中的“?”来实现。举例如下。

```
string MyName = UserName. Text;          //将文本框中的文本存入变量
//将变量值以 Name 为形参变量(也称为“查询字符串”)传送给目标页面 welcome. aspx
Response. Redirect( " welcome. aspx? Name = " +MyName);
```

目标页面被打开后，可以使用 Request 对象的 QueryString 属性读取上一页传递来的数据。有关 Request 对象及其 QueryString 属性的相关知识将在后面进行详细介绍。

5.3 Request 对象

5-2 Request 对象和 Server 对象

Request 对象是 ASP. NET 中常用的对象之一，主要用于获得客户端浏览器的信息，例如，使用 Request 对象的 UserHostAddress 属性，可以得到用户的 IP 地址；使用 QueryString 属性，可以接收用户通过 URL 地址中的“?”传递给服务器的数据；使用 Browser 属性，集合中的成员可以读取客户端浏览器的各种信息（例如，用户使用的浏览器名称及版本、客户机使用的操作系统、是否支持 HTML 框架，以及是否支持 Cookie 等）；使用 Form 属性，可以处理 HTML 表单。

5.3.1 Request 对象的常用属性和方法

Request 对象是 ASP. NET 中的常用对象之一，它与 Response 对象配合可以实现客户端与服务器端的数据交换。Request 对象可以接收客户端通过 HTML 表单或查询字符串传递过来的数据，也可用于获取客户端其他环境变量（如浏览器版本、客户端 IP 地址及是否支持 VBScript 及是否支持 Cookie 等）。总而言之，所有从前端浏览器通过 HTML 协议送往服务器端的数据，都需要借助 Request 对象来接收。

1. Request 对象的常用属性

Request 对象的常用属性见表 5-6。

表 5-6　Request 对象的常用属性

属 性 名	说　明
Browser	获取或设置有关正在请求的客户端的浏览器功能的信息。该属性实际上是 Request 对象的一个子对象，包含很多用于返回客户端浏览器信息的子属性
ContentLength	指定客户端发送的内容长度（以字节为单位）
FilePath	获取当前请求的虚拟路径
Form	获取窗体变量集合
Headers	获取 HTTP 头集合
HttpMethod	获取客户端使用的 HTTP 数据传输方法（如 GET、POST 或 HEAD）
QueryString	获取 HTTP 查询字符串变量集合
RawUrl	获取当前请求的原始 URL
UserHostAddress	获取远程客户端的 IP 主机地址
UserHostName	获取远程客户端的 DNS 名称

2. Request 对象的常用方法

Request 对象的常用方法有以下两个。

1）MapPath（VirtualPath）：该方法将当前请求的 URL 中的虚拟路径 VirtualPath 映射到服务器上的物理路径。参数 VirtualPath 用于指定当前请求的虚拟路径（可以是绝对路径，也可以是相对路径）。返回值为与 VirtualPath 对应的服务器端物理路径。

2）SaveAs（filename，includeHeaders）：该方法将客户端的 HTTP 请求保存到磁盘。参数 filename 用于指定文件在服务器上保存的位置；布尔型参数 includeHeaders 用于指示是否同时保存 HTTP 头。

例如，下列代码将用户请求页面的服务器端物理路径显示到页面中，将用户的 HTTP 请求信息（包括 HTTP 头数据）保存到服务器磁盘中。

```
//在页面中显示请求文件在服务器中的物理路径
Response. Write( Request. MapPath("default. aspx"));
//将用户的 HTTP 请求保存到 abc. txt 文件中
Request. SaveAs("d:\\abc. txt", true);//在 C#中"\"表示转义符,所以在表示路径时应使用"\\"
```

3. 通过查询字符串实现跨页数据传递

Request 对象的 QueryString 属性用于接收用户请求 URL 地址中“?”后面的数据，通常将这些数据称为“查询字符串”，也称为“URL 附加信息”，常被用来在不同网页中传递数据。

使用 Response 对象的 Redirect 属性可以同时传递多个参数，其语法格式如下。

```
Response. Redirect("目标网页? 要传递的参数 1 & 要传递的参数 2&…& 要传递的参数 n");
```

举例如下。

```
string Var1 = "zhangsan";
string Var2 = "zhangsan@ 163. com";
Response. Redirect("result. aspx?Var=" +Var1);                //传递一个参数
```

或

```
Response. Redirect("result. aspx?VarA="+var1+"&VarB="+var2);            //传递 2 个参数
```

上述语句等效于下列代码。

```
Response. Redirect("result. aspx?VarA=zhangsan&VarB=zhangsan@ 163. com");
```

在目标网页中使用 Request 对象的 QueryString 属性接收参数的语法格式如下。

```
string 接收参数的变量=Request. QueryString["包含参数的变量"];
```

举例如下。

```
string MyVar=Request. QueryString["VarA"];          //提取参数变量 VarA 的值赋给变量 MyVar
```

4. 使用 Browser 属性获取客户浏览器信息

Request 对象的 Browser 属性包含众多子属性，用来返回客户端浏览器的信息和客户端操作系统的信息等。例如，下列语句将返回客户端用户使用的操作系统名称。

```
Response. Write("你使用的操作系统是:"+Request. Browser. Platform);
```

又如，下列语句将返回客户端浏览器是否支持 HTML 框架。

```
Response. Write("是否支持 HTML 框架:"+Request. Browser. Frames);
```

由于客户端使用的浏览器种类或设置不同，对各种 HTML 标记的支持也会有所不同。例如，可能有些浏览器不支持 HTML 框架、不支持 VBScript 脚本等，这导致同一页面在不同浏览器中显示出来的页面效果有所不同，甚至会出现错误。使用 Request 对象的 Browser 属性集可以在执行代码前对客户端浏览器的状况进行判断，以便有选择地执行某些代码，使所有客户端都能得到正确的页面效果。

Request 对象的 Browser 属性集的常用成员见表 5-7。

表 5-7　Request 对象的 Browser 属性集的常用成员

子属性名	说　明	子属性名	说　明
Type	返回客户端浏览器名称版本	Crawler	判断请求是否来自搜索引擎
Browser	返回客户端浏览器的类型	Frames	返回客户端浏览器是否支持 HTML 框架
Version	返回客户端浏览器的版本号	Cookie	返回客户端浏览器是否支持 Cookie
MajorVersion	返回客户端浏览器的主版本号	VBScript	返回客户端浏览器是否支持 VBScript
MinorVersion	返回客户端浏览器的次版本号	JavaApplets	返回客户端浏览器是否支持 Java 小程序
Platform	返回客户端使用的操作系统名称	ActiveXControls	返回客户端浏览器是否支持 ActiveX 控件

5.3.2　处理 HTML 表单

HTML 表单用于向服务器端提交用户输入的数据，而这些数据在 ASP. NET 网站中可以使用 Request 对象的 Form 属性来获取、分析和处理。其语法格式如下。

```
Request. Form[元素标识 | 索引值]
```

其中，“元素标识”可以是 ASP. NET 服务器控件 ID 值或 HTML 元素的 Name 属性值。“索引值”为要检索的元素从 0 开始的索引号。例如，索引值为 3，则表示第 4 个元素。

【演练 5-1】 设计一个用户登录程序。HTML 表单登录页面 Login. html 如图 5-3 所示；

表单处理程序为 Check. aspx，提交的数据由 Request 对象的 Form 属性获取，若用户名为 zhangsan 并且密码为 123456，则跳转到如图 5-4 所示的 Welcome. html 页面，否则跳转到如图 5-5 所示的 Error. html 页面。

图 5-3 HTML 表单登录页面

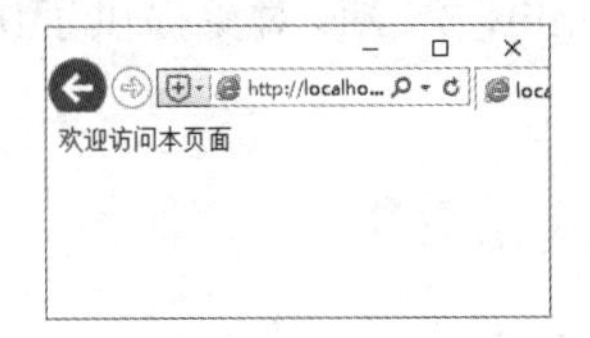

图 5-4 Welcome. html 页面

图 5-5 Error. html 页面

程序设计步骤如下。

新建一个 ASP. NET 空网站，向网站中添加一个名为 Check. aspx 的 Web 窗体和 3 个 HTML 页面 Login. html、Welcome. html 和 Error. html。

Login. html 的代码如下。

```
<! DOCTYPE html>
<html>
<head>
    <meta http-equiv="Content-Type" content="text/html; charset=utf-8"/>
    <title>用户登录</title>
    <meta charset="utf-8" />
</head>
<body>
    <!--action 属性用于指定表单的处理程序为 Check. aspx-->
    <form action="Check. aspx" method="post"><! --form 标记表示一个 HTML 表单-->
        <! --type="text",表示一个文本框-->
        <p>用户名:<input type="text" name="user"></p>
        <! --type="password",表示一个密码框-->
        <p>密  码:<input type="password" name="pw"></p>
        <!--type="submit",表示一个按钮-->
        <p>    <input type="submit" value="提交"></p>
    </form>
</body>
</html>
```

Check. aspx. cs 的代码如下。

```
protected void Page_Load(object sender,EventArgs e)
{
    string u=Request. Form["user"]. ToString();
    string p=Request. Form["pw"]. ToString();
    if(u=="zhangsan"&& p=="123456")
        Response. Redirect("Welcome. html");
    else
        Response. Redirect("Error. html");
}
```

Welcome. html 和 Error. html 的代码只需要在<body>…</body>之间输入“欢迎访问本页面”或“用户名或密码错”即可。

从程序运行过程可以看出，Check. aspx 是一个典型的后台页面，不会显示到浏览器中，它的作用就是在后台对用户提交的数据进行处理，并根据处理结果安排页面跳转方向。

5.4 Server 对象

Server 对象派生自 HttpServerUtility 类，该对象提供了访问服务器的一些属性和方法，帮助程序判断当前服务器的各种状态。

5.4.1 Server 对象的常用属性和方法

Server 对象的常用属性有以下两个。

1）MachineName 属性：该属性用于获取服务器的计算机名称。

2）ScriptTimeout 属性：该属性用于获取或设置请求超时的时间（s）。

Server 对象的常用方法见表 5-8。

表 5-8 Server 对象的常用方法

方法名	说明
Execute(path)	跳转到 path 指定的另一个页面，在另一个页面执行完毕后返回当前页面
Transfer(path)	终止当前页面的执行，并为当前请求开始执行 path 指定的新页面
MapPath(path)	返回与 Web 服务器上的指定虚拟路径（path）相对应的物理文件路径
HtmlEncode(str)	将字符串中包含的 HTML 标记直接显示出来，而不是字符串的格式
HtmlDecode(str)	对为消除无效 HTML 字符而被编码的字符串进行解码（还原 HtmlEncode 的操作）
UrlDecode(str)	对 URL 字符串进行解码，该字符串为了进行 HTTP 传输而进行编码，并在 URL 中发送到服务器
UrlEncode(str)	通过 URL 从 Web 服务器到客户端进行可靠的 HTTP 传输，对 URL 字符串（str）进行编码

5.4.2 Execute、Transfer 和 MapPath 方法

除了前面介绍过的 HTML 超链接、Response 对象的 Redirect 方法和 ASP.NET Web 控件的 PostBackUrl 属性外，在 ASP.NET Web 窗体页面中使用 Server 对象的 Execute 方法和 Transfer 方法，也可以实现从当前页面跳转到另一个页面，而 Server 对象的 MapPath 方法则用于将虚拟路径转换成服务器端的物理路径。

1. Execute 和 Transfer 方法

需要注意的是：Execute 方法在新页面中的程序执行完毕后自动返回到原页面，继续执行后续代码；而 Transfer 方法在执行了跳转后不再返回原页面，后续语句也永远不会被执行，但跳转过程中 Request、Session 等对象中保存的信息不变，也就是说，从 A 页面使用 Transfer 方法跳转到 B 页面后，可以继续使用 A 页面中提交的数据。

此外，由于 Execute 方法和 Transfer 方法都是在服务器端执行的，客户端浏览器并不知道已进行了一次页面跳转，所以其地址栏中的 URL 仍然是原页面的数据。这一点与 Response 对象的 Redirect 方法实现的页面跳转是不同的。

Execute 方法的语法格式如下。

```
Server.Execute(url [,write]);
```

其中，参数 url 表示希望跳转到的页面路径；可选参数 write 是 StringWrite 或 StreamWrite 类型的变量，用于捕获跳转到的页面的输出信息。

Transfer 方法的语法格式如下。

```
Server. Transfer(url [ ,saveval]);
```

其中，参数 url 表示希望跳转到的页面路径；可选参数 saveval 是一个布尔型参数，用于指定在跳转到目标页面后，是否保存当前页面的 QueryString 和 Form 集合中的数据。需要注意的是，写在 Transfer 方法语句之后的任何语句都将永不被执行。

2. MapPath 方法

“虚拟路径”是一种相对路径的表示方法，虚拟路径的起点为站点文件夹。例如，“images/pic. jpg”表示站点根目录下 images 文件夹中的 pic. jpg 文件。

Web 应用程序运行时可能需要访问存放在服务器中的某个文件，此时就需要将文件的虚拟路径转换成服务器端对应的物理路径。而 Server 对象的 MapPath 方法就是用来完成这一任务的。MapPath 方法的语法格式如下。

```
Server. MapPath(虚拟路径);
```

例如，设 D:\ASP. NET\WebSite1 是某站点在服务器上的主目录（物理路径），则下列语句将返回 D:\ASP. NET\WebSite1\admin\page1. aspx。

```
Server. MapPath("admin/page1. aspx");
```

在描述虚拟路径时，通常使用符号“~/”表示网站的根目录（相对虚拟路径）；使用符号“./”表示当前目录（相对虚拟路径），使用符号“../”表示当前目录的上级目录(相对虚拟路径)。可以使用 Request 对象的 FilePath 属性返回当前页面的虚拟路径。

5.5　ASP. NET 的状态管理

5-3　ASP. NET 的状态管理

ASP. NET 是一种无状态的网页连接机制，服务器处理客户端请求的网页后，与该客户端的连接就中断了。此外，到服务器端的每次往返都将被销毁并重新创建网页，因此，如果超出了单个网页的生存周期，网页中的信息将不复存在。也就是说，默认情况下，服务器不会保存客户端再次请求页面和本次请求之间的关系和相关数据。这种无法记忆先前请求的问题，使得程序员在实现某些功能时遇到了困难。例如，经常需要将用户请求本页面时产生的某些变量数据保存下来，并传送给下一个页面。在常见的登录页面中，这个问题就十分突出，用户首先需要访问登录页面，输入用户名和相应的密码后，登录页面根据保存在数据库中的信息判断用户是否为合法用户及用户的级别等。这些判断结果全部需要保存下来，以便跳转到下一个页面时作为判断用户是否登录成功的依据。

在 C/S 架构的应用程序中，使用全局变量即可很好地解决问题，而在 ASP. NET 环境(B/S 架构）中则需要使用与状态管理相关的对象来保存用户数据。所谓“状态管理”，是指使用 ASP. NET 提供的 Cookie、Session 或 PreviousPage 对象保存并获取数据，在不同页面间实现数据共享。

5.5.1　创建和使用 Cookie 对象

Cookie 是由服务器发送给客户机并保存在客户机上的一些记录用户数据的文本文件。当用户访问网站时，Web 服务器会发送一小段资料存放在客户机上，它会把用户在网站上所打开的网页内容、在页面中进行的选择或者操作步骤一一记录下来，当用户再次访问同一网站时（可能并不是相同的网页），Web 服务器会首先查找客户机上是否存在上次访问网站时留下的 Cookie 信息，若有，则会根据具体 Cookie 信息发送特定的网页给用户。

在保存用户信息和维护浏览器状态方面，使用 Cookie 无疑是一种很好的方法。例如，可以将用户的登录状态（是否已成功登录）存放在 Cookie 中，这样就可以判断用户近一段时间内是否访问过该网站。某些网站的“10 天内免登录”功能，就是通过 Cookie 实现的。用户访问网站时系统首先检查是否存在成功登录且在有效期内的 Cookie 信息，若有，则绕过登录界面直接跳转到下一个页面。

当然，为了保护用户的权益，大多数浏览器对 Cookie 的大小进行了限制，一般 Cookie 总量不能超过 4096 B。除此之外，一些浏览器还限制了每个网站在客户机上保存的 Cookie 数量不能超过 20 个，若超过，则最早期的 Cookie 将被自动删除。

更关键的是，用户可以自行设置自己的计算机是否接受由被访问网站发送来的 Cookie 数据。当用户关闭了 Cookie 功能之后，可能导致很多网站的个性化服务就不能使用了，甚至出现打开网页时出现错误的现象。

1. 创建 Cookie

浏览器负责管理客户机上的 Cookie，Cookie 需要通过 Response 对象发送到浏览器，发送前需要将其添加到 Cookie 集合中。

Cookie 有 3 个重要的参数：名称、值和有效期。如果没有设置 Cookie 的有效期，它仍可被创建，但不会被 Response 对象发送到客户端，而是将其作为用户会话的一部分进行维护，当用户关闭浏览器（会话结束）时，该 Cookie 将被释放。这种 Cookie 十分适合用来保存只需要短暂保存或由于安全原因不能保存在客户机上的信息。

创建 Cookie 的语法格式如下。

```
Response.Cookies["名称"].Value=值;
```

例如，下列语句创建了一个名为 MyCookie 的 Cookie 并为其赋值。

```
Response.Cookies["MyCookie"].Value="OK";
```

设置 Cookie 有效期的语法格式如下。

```
Response.Cookies["名称"].Expires=到期时间;
```

例如，下列语句设置名为 MyCookie 的 Cookie 有效期为 1 天。

```
Response.Cookies["MyCookie"].Expires=DateTime.Now.AddDays(1);
```

Cookie 被创建后保存在“C:\Users\用户名\AppData\Local\Microsoft\Windows\INetCookies”文件夹中（Windows 10 环境）。图 5-6 所示为某个 Cookie 文件的内容，其中存放了来自同一服务器 localhost 的 3 条 Cookie 信息。从图中可以看到 Cookie 是以明文的形式保存的，所以 Cookie 不适合用来保存敏感数据。

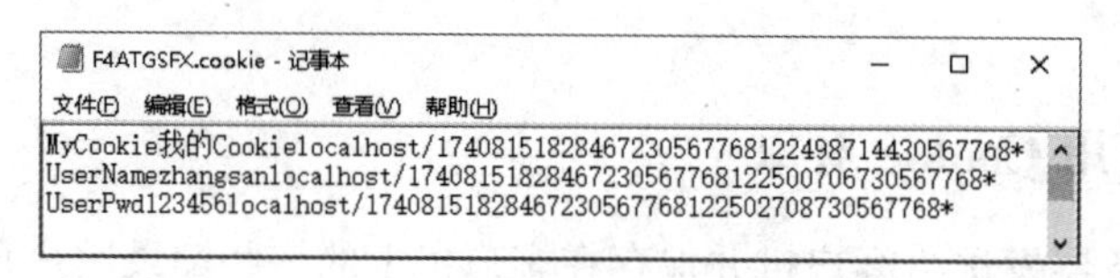

图 5-6 Cookie 文件的内容

2. 读取 Cookie

使用 Request 对象的 Cookies 属性可以读取保存在客户机上指定 Cookie 的值，其语法格式如下。

```
变量=Request. Cookies["名称"]. Value;
```

例如，下列语句可将名为 MyCookie 的 Cookie 值读出，并赋给变量 GetCookie。

```
string GetCookie=""   //声明一个字符串变量
if(Request. Cookies["MyCookie"]!=null)    //判断目标 Cookie 是否存在
{
    GetCookie=Request. Cookies["MyCookie"]. Value;   //读取指定 Cookie 的值,赋给变量
}
```

应当注意的是，任何一个 Cookie 一旦过期或被用户从客户机上删除，读取 Cookie 值的语句将会出错（读取了一个不存在对象的属性值），所以通常在读取前应判断目标 Cookie 是否还存在。

3. 使用多值 Cookie

前面介绍过客户端对同一网站存储的 Cookie 数量不能超过 20 个，若需要存储较多的数据，可考虑使用多值 Cookie。

例如，下列语句创建了一个名为 Person 的 Cookie 集合，其中包含 3 个子属性，对于浏览器来说，它们相当于一条 Cookie。

```
Response. Cookies["Person"]["P_Name"]="zhangsan";
Response. Cookies["Person"]["P_Email"]="zs@163. com";
Response. Cookies["Person"]["P_Home"]="北京";
```

使用下列语句可从上述多值 Cookie 中读取数据。

```
string yr_name=Request. Cookies["Person"]["P_Name"];
string yr_email=Request. Cookies["Person"]["P_Email"];
string yr_home=Request. Cookies["Person"]["P_Home"];
```

或

```
string yr_name=Request. Cookies["Person"]. Values[0];
string yr_name=Request. Cookies["Person"]. Values[1];
string yr_name=Request. Cookies["Person"]. Values[2];
```

【演练 5-2】使用 Cookie 设计一个简单的网上投票管理程序，要求客户机在 10 min 内不能再次投票。

访问网站时首先显示如图 5-7 所示的页面，用户在选择了最喜欢的书后单击“提交”按钮，屏幕弹出如图 5-8 所示的提示信息框。如果用户在 10 min 内再次执行投票操作，屏幕将弹出如图 5-9 所示的信息框，提醒用户在 10 min 之内不允许再次投票。单击“查看结果”按钮，屏幕将弹出如图 5-10 所示的信息框，显示总投票人次、各书的得票数及百分比。

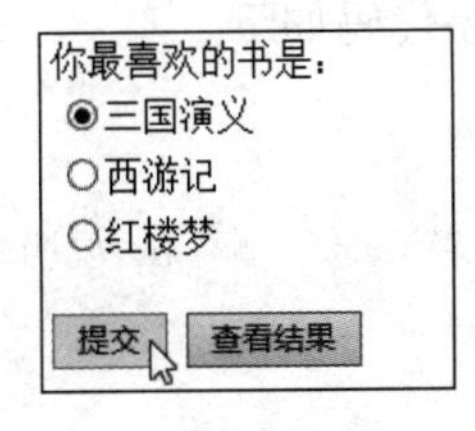

图 5-7　投票页面

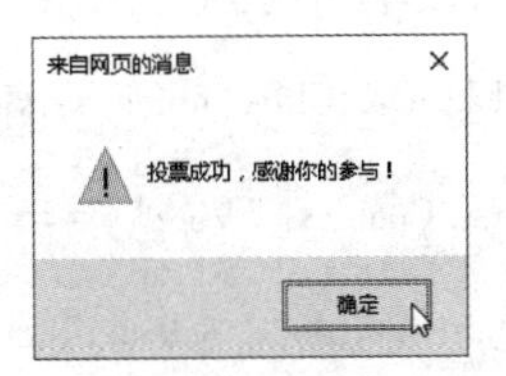

图 5-8　投票成功

如果用户在无任何人投票前单击了“查看结果”按钮，将弹出如图 5-11 所示的无数据提示信息框。注意，若没有进行此种情况的判断，单击按钮时可能会因计算百分比时分母为零而导致整个程序运行出错。

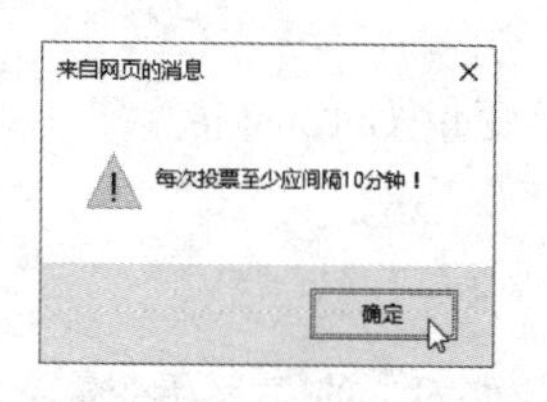

图 5-9　10 分钟内禁止再次投票

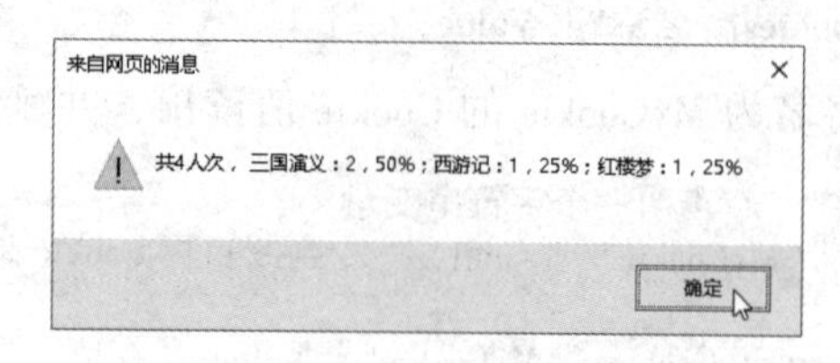

图 5-10　显示统计数据

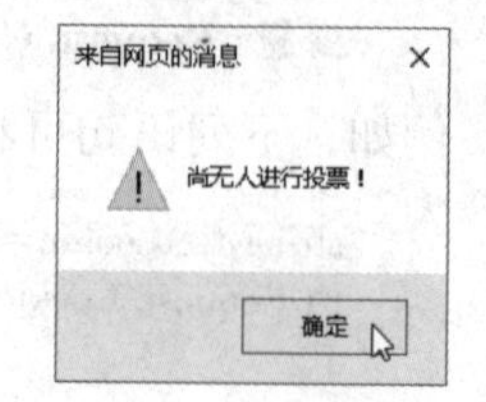

图 5-11　无数据提示

程序设计步骤如下。

（1）设计指导思想

用户首次访问网站并投票成功后，系统创建一个有效期为 10 min 的 Cookie 保存在客户机上。如果用户再次执行投票操作，系统会判断是否存在前面创建的有效 Cookie，若有，则表明距上次投票操作没有超过 10 min，用户的投票操作无效，并给出提示信息。否则投票有效，进行票数累加。

（2）设计 Web 页面

新建一个 ASP. NET 网站，向页面中添加一个单选按钮组控件 RadioButtonList1 和两个按钮控件 Button1、Button2，并向页面中添加必要的文字信息。

（3）设置对象属性

设置 RadioButtonList1 的 ID 属性为 rbtnlBook，并通过其 Items 属性添加 3 本书的名称；设置 Button1 的 ID 属性为 btnOK，Text 属性为“提交”；设置 Button2 的 ID 属性为 btnResult，Text 属性为“查看结果”。各控件的其他初始属性将在页面载入事件中通过代码进行设置。

（4）编写事件代码

在所有事件过程之外声明静态变量。

```
//声明双精度静态变量,使之在所有事件过程中均可使用
//num1、num2、num3 分别用于存放各书得票数,sum 用于存放总投票数
static double num1, =num2, num3, sum;
```

1）页面载入时执行的事件处理程序代码如下。

```
protected void Page_Load(object sender,EventArgs e)
{
    this.Title="Cookie 使用示例";
    if(!IsPostBack)                 //如果页面是首次加载
        rbtnlBook.SelectedIndex=0;  //设置单选按钮组中第 1 个选项处于选中状态
}
```

2）“提交”按钮被单击时执行的事件处理程序代码如下。

```
protected void btnOK_Click(object sender, EventArgs e)
{
    if(Request.Cookies["Vote"]==null)  //如果 Cookie 不存在,说明用户在 10 min 内没有投票
    {
        switch(rbtnlBook.SelectedIndex)
        {
            case 0:         //如果被选中的是第 1 个单选按钮
```

```
                num1 = num1+1;
                break;
            case 1:          //如果被选中的是第 2 个单选按钮
                num2 = num2+1;
                break;
            case 2:          //如果被选中的是第 3 个单选按钮
                num3 = num3+1;
                break;
        }
        sum = sum+1;
        Response. Cookies[ "Vote" ]. Value = "yes";//向客户端写入 Cookie
        //设置 Cookie 的有效期为 10 min,演练时可以设置得再短一些
        Response. Cookies[ "Vote" ]. Expires = DateTime. Now. AddMinutes(10);
        ClientScript. RegisterStartupScript( GetType( ), "Startup",
                        "<script>alert('投票成功,感谢你的参与!')</script>");
    }
    else                     //如果 Cookie 已存在,说明用户在 10 min 内已进行过投票
    {
        ClientScript. RegisterStartupScript( GetType( ), "Startup",
                        "<script>alert('每次投票至少应间隔 10 分钟!')</script>");
    }
}
```

3）“查看结果”按钮被单击时执行的事件代码如下。

```
protected void btnResult_Click( object sender, EventArgs e)
{
    if( sum! = 0)
    {
        double pecent1 = ( num1 / sum) * 100;          //计算百分比
        pecent1 = Math. Round( pecent1, 2);             //计算结果保留 2 位小数
        double pecent2 = ( num2 / sum) * 100;
        pecent2 = Math. Round( pecent2, 2);
        double pecent3 = ( num3 / sum) * 100;
        pecent3 = Math. Round( pecent3, 2);
        //输出统计数据
        string result = "共" +( num1+num2+num3). ToString( ) +"人次, 三国演义:" +
                        num1+" ," +pecent1. ToString( ) +"%;" +
                        "西游记:" +num2+" ," +pecent2. ToString( ) +"%;" +
                        "红楼梦:" +num3+" ," +pecent3. ToString( ) +"%";
        ClientScript. RegisterStartupScript( GetType( ), "Startup",
                        "<script>alert('" +result+"')</script>");
    }
    else
    {
        ClientScript. RegisterStartupScript( GetType( ), "Startup",
                        "<script>alert('尚无人进行投票!')</script>");
    }
}
```

有以下两点需要说明。

1）声明在所有事件处理程序之外的变量（Web 窗体级变量）可以被所有事件访问，只有当 Web 窗体页面关闭或刷新时变量才被销毁。static 静态变量中的数据能保持到页面关闭，不会因页面刷新而被销毁。需要注意的是，如果有多个用户同时访问页面，static 变量对所有用户均有效。例如，A、B 用户分别从不同的计算机上访问页面，每人投“三国演义”1 票，则所有用户单击“查看结果”按钮时，都可以看到“三国演义”得到了 2 票。

也就是说，static 静态变量是一种共享型数据，可以被所有用户查看和修改。显然，static 静态变量不适合保存个性化的数据（如用户名、用户级别和登录状态等），否则就会出现“串值”现象。在实际应用中各项的得票数应保存到数据库中。

2）演练本例前应确保使用的浏览器支持 Cookie。IE 的 Cookie 设置可在“Internet 选项”下的“高级隐私”中进行。

5.5.2 创建和使用 Session 对象

使用 Cookie 的种种限制使其只能应用在一些简单的、数据量较小的场合。与 Cookie 不同，Session 对象对存储数据量没有限制，也可以在其中保存更为复杂的数据类型。例如，可以在 Session 中保存数组、类对象和数据集等。

与 Cookie 对象一样，保存在 Session 中的数据可以跨网页使用，因此它可以用来在不同的网页中传递数据。此外，Session 是一个存储在服务器端的对象集合，避免了 Cookie 信息保存在客户端的不安全因素，非常适合用户保存用户名、密码等敏感信息。

在 ASP. NET 中使用 Session 对象时，必须保证页面的@ Page 指令中 EnableSessionState 属性的值被设置为 True（默认）或 ReadOnly，并且在 Web. config 文件中对 Session 进行了正确的设置（默认设置为开启 Session）。

1. Session 的工作原理

当用户请求一个 ASP. NET 页面时，系统将自动创建一个 Session（会话），退出应用程序或关闭服务器时该会话将被撤销。系统在创建会话时将为其分配一个长长的字符串（SessionID）标识，以实现对会话进行管理和跟踪。该字符串中只包含 URL 中所允许的 ASCII 字符。SessionID 具有的随机性和唯一性保证了会话不会冲突，也不能利用新 SessionID 推算出现有会话的 SessionID。

通常情况下，SessionID 会存放在客户端的 Cookies 内，当用户访问 ASP. NET 网站中的任何一个页面时，SessionID 将通过 Cookie 传递到服务器端，服务器根据 SessionID 的值对用户进行识别，以返回对应该用户的 Session 信息。通过配置应用程序，可以在客户端不支持 Cookies 时将 SessionID 嵌套在 URL 中，服务器可以通过请求的 URL 获得 SessionID 值。

Session 信息可以存放在 ASP. NET 进程、状态服务器或 SQL Server 数据库中。默认情况下 Session 的生存周期为 20 min，可以通过 Session 的 Timeout 属性更改这一设置。在 Session 的生存周期内 Session 是有效的，超过了这个时间 Session 就会过期，Session 对象将被释放，其中存储的信息也将丢失。

2. Session 对象的常用属性及方法

Session 对象的常用属性见表 5-9。

表 5-9 Session 对象的常用属性

属性名	说明
Count	获取 Session 对象集合中子对象的数量
IsCookieless	获取一个布尔值，表示 SessionID 存放在 Cookies 中还是嵌套在 URL 中，True 表示嵌套在 URL 中
IsNewSession	获取一个布尔值，该值表示 Session 是否与当前请求一起创建的，若是一起创建的，则表示是一个新会话
IsReadOnly	获取一个布尔值，该值表示 Session 是否为只读
SessionID	获取唯一标识 Session 的 ID 值
Timeout	获取或设置 Session 对象的超时时间（以分钟为单位）

Session 对象的常用方法见表 5-10。

表 5-10　Session 对象的常用方法

方 法 名	说　明
Abandon()	取消当前会话
Clear()	从会话状态集合中移除所有的键和值
Remove()	删除会话状态集合中的项
RemoveAll()	删除会话状态集合中所有的项
RemoveAt(index)	删除会话状态集合中指定索引处的项

Session 对象有以下两个事件。

1）Start 事件：在创建会话时发生。

2）End 事件：在会话结束时发生。需要说明的是，当用户在客户端直接关闭浏览器退出 Web 应用程序时，并不会触发 Session_End 事件，因为关闭浏览器的行为是一种典型的客户端行为，是不会被通知到服务器端的。Session_End 事件只有在服务器重新启动、用户调用了 Session_Abandon 方法或未执行任何操作达到了 Session. Timeout 设置的值（超时）时才会被触发。

3. 使用 Session 对象

（1）将数据保存到 Session 对象中

向 Session 对象中存入数据的方法十分简单，下列语句可使用户单击按钮时将两个字符串分别存入两个 Session 对象中。

```
protected void Button1_Click(object sender,EventArgs e)
{
    Session["MyVal1"]="这是 Session 中保存的数据 1";
    string Val2="这是 Session 中保存的数据 2";
    Session["MyVal2"]=Val2;
}
```

由于 Session 对象中可以同时存放多个数据，因此需要用一个标识加以区分，如本例使用的 MyVal1 和 MyVal2。需要注意的是，如果在此之前已存在 MyVal1 或 MyVal2，则再次执行赋值语句将更改原有数据，而不会创建新的 Session 对象。

（2）从 Session 对象中取出数据

下列语句表示了当目标页面载入时从 Session 对象中取出数据的方法。

```
protected void Page_Load(object sender,EventArgs e)
{
    Label1.Text=(string)(Session["MyVal1"]);
    Label2.Text=Session["MyVal2"].ToString();
}
```

【演练 5-3】设计一个包含 Default. aspx 和 Main. aspx 两个页面的网站。具体要求如下。

1）如图 5-12 所示，Default. aspx 具有用户登录和新用户注册两个功能。

2）新用户注册时不能使用已存在的用户名，且自行注册的用户只能是“用户”级别。

3）登录或注册失败要给出出错提示信息。

4）如图 5-13 所示，Main. aspx 页面能根据用户级别显示不同的内容，且页面只能通过成功登录后跳转，不能通过直接输入 URL 的方法访问。单击“注销”链接，可清除已登录的用户名和用户级别记录，返回到 Default. aspx。

5）要求使用文本文件保存用户数据（用户名、密码和级别）。要求程序的主要功能通过类文件中的方法来实现。

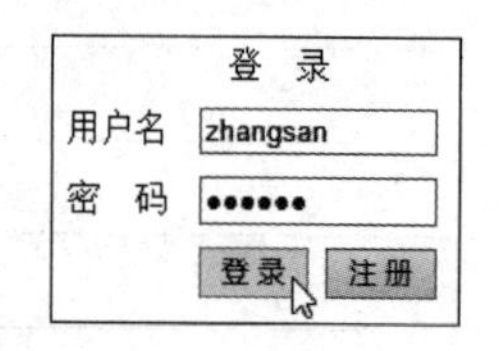

图 5-12 Default. aspx 页面

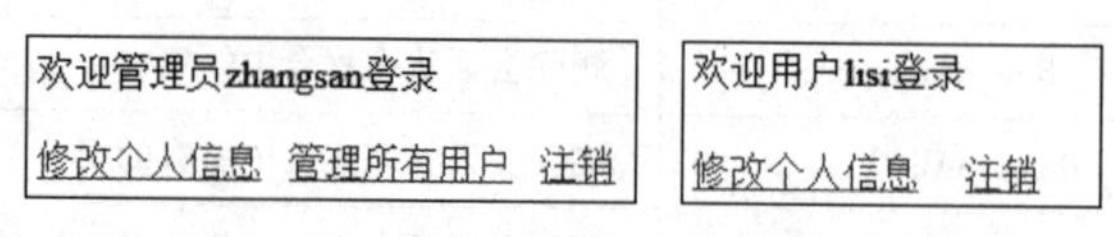

图 5-13 Main. aspx 页面（管理员和用户）

程序设计步骤如下。

（1）创建 ASP. NET 网站

新建一个 ASP. NET 空网站，向页面中添加两个 Web 窗体 Default. aspx 和 Main. aspx；添加一个类文件 Manage. cs（添加类文件时系统将自动创建 App_Code 文件夹）；添加一个用于存放数据文件的 App_Data 文件夹，在该文件夹中创建一个 Data. txt 文件。由于程序规定所有自行注册的用户级别均为普通“用户”，因此要按用户名、密码和级别顺序每行一个参数的格式手动添加一组管理员数据，如图 5-14 所示。注意要在文件的结尾留一个空行（最后一行处按〈Enter〉键）。

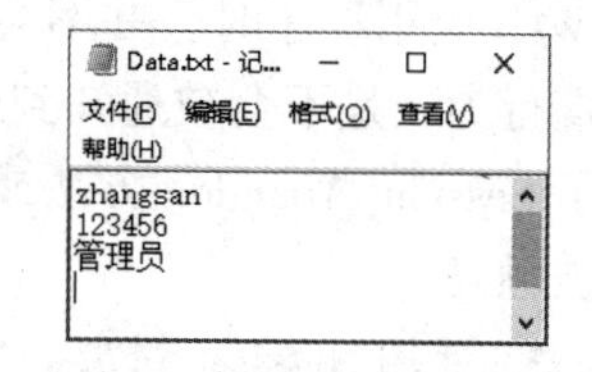

图 5-14 添加管理员数据

（2）设计程序界面

向 Default. aspx 中添加一个用于布局的 HTML 表格，适当调整表格的行列数。向表格中添加需要的说明文字；添加两个文本框控件 TextBox1、TextBox2 和两个按钮控件 Button1、Button2；添加一个用于显示提示信息的标签控件 Label1。Default. aspx 界面设计如图 5-15 所示。

向 Main. aspx 中添加一个用于显示欢迎信息的标签控件 Label1；添加 3 个链接按钮控件 LinkButton1、LinkButton2 和 LinkButton3。Main. aspx 界面设计如图 5-16 所示。

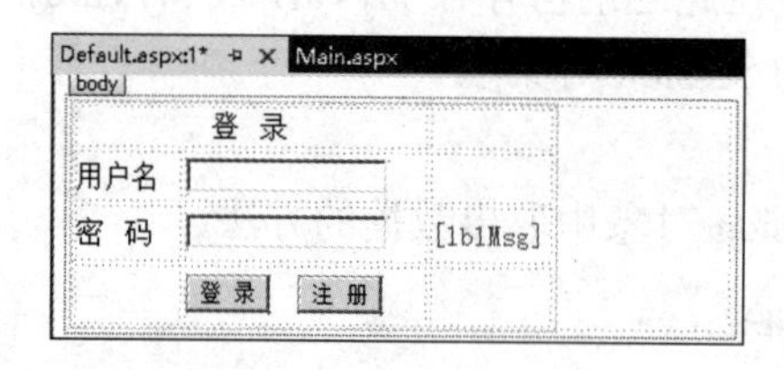

图 5-15 Default. aspx 界面设计

图 5-16 Main. aspx 界面设计

（3）设置对象属性

1）Default. aspx 页面中各控件的属性设置：TextBox1 的 ID 属性为 txtName；TextBox2 的 ID 属性为 txtPwd，TextMode 属性为 Password；Button1 的 ID 属性为 btnLogin，Text 属性为“登录”；Button2 的 ID 属性为 btnReg，Text 属性为“注册”。

2）Main. aspx 页面中各控件的属性设置：Label1 的 ID 属性为 lblWelcome；LinkButton1、LinkButton2 和 LinkButton3 的 ID 属性分别为 lbtnNormal、lbtnAdmin 和 lbtnCancel，Text 属性

分别为“修改个人信息”“管理所有用户”和“注销”。

（4）编写程序代码

1）Manage.cs 的代码如下。

```
using System.IO;                         //为读写文本文件添加必要的命名空间引用
using System.Text;
public class Manage                      //声明 Manage 类
{
    //创建用户检查用户名和密码的 CheckUser 方法
    public string CheckUser(string uname, string upwd)
    {
        string ulevel="NoExist";         //设置默认返回值,表示用户不存在
        //打开数据文件
        string path=System.Web.HttpContext.Current.Server.MapPath("App_Data/Data.txt");
        StreamReader sr=new StreamReader(path, Encoding.GetEncoding("gb2312"));
        //循环读取用户数据(每次读取 3 行,对应用户名、密码和级别)
        while(! sr.EndOfStream)
        {
            string name=sr.ReadLine();
            string pwd=sr.ReadLine();
            string level=sr.ReadLine();
            //如果读到的用户名、密码与调用语句传递来的数据相同,说明匹配成功
            if(uname==name && upwd==pwd)
            {
                ulevel=level;            //保存用户的级别
            }
        }
        sr.Close();
        return ulevel;                   //返回用户级别值或初始值 NoExist
    }
    //相同名称、不同参数、不同返回值类型的方法称为原方法的重载形式
    //private 关键字表示该方法为“私有的”,在其他类中不能访问
    private bool CheckUser(string uname)     //创建 CheckUser 方法的重载,用于检查用户名
    {
        bool exist=false;                //设置默认返回值,表示用户名不存在
        string path=System.Web.HttpContext.Current.Server.MapPath("App_Data/Data.txt");
        StreamReader sr=new StreamReader(path, Encoding.GetEncoding("gb2312"));
        while(! sr.EndOfStream)
        {
            string name=sr.ReadLine();
            sr.ReadLine();               //读取两个空行,绕过密码和级别,仅保存用户名
            sr.ReadLine();
            if(uname==name)              //如果读到的用户名与调用语句传递来的值相同
            {
                exist=true;              //设置返回值为 true,表示用户名已存在
            }
        }
        sr.Close();
        return exist;
    }
    public string AddUser(string uname, string upwd)   //创建用于添加新用户的 AddUser 方法
    {
        if(CheckUser(uname))     //调用 CheckUser 方法的私有重载,判断用户名是否已存在
        {
            return"用户名已存在";    //若用户名已存在
        }
        try     //语句块中的代码用于向文本文件写入 3 行(用户名、密码和级别)
```

```
            {      //如果出错将转去执行catch语句块中的代码
                string path=System.Web.HttpContext.Current.Server.MapPath("App_Data/Data.txt");
                FileStream fs=new FileStream(path, FileMode.Append, FileAccess.Write);
                StreamWriter sw=new StreamWriter(fs, Encoding.GetEncoding("gb2312"));
                sw.WriteLine(uname);
                sw.WriteLine(upwd);
                sw.WriteLine("用户");          //自行注册的用户级别只能是"用户"
                sw.Close();
                fs.Close();
                return"注册成功,请登录";
            }
            catch
            {
                return"注册失败";              //注册失败时的返回值
            }
        }
    }
```

2）Default.aspx页面中“登录”按钮被单击时执行的事件处理代码如下。

```
protected void btnLogin_Click(object sender, EventArgs e)
{
    if(txtName.Text.Trim()=="" || txtPwd.Text.Trim()=="")
    {
        lblMsg.Text="用户名、密码不能为空";
        return;
    }
    Manage m=new Manage();                    //实例化Manage类,得到类的对象m
    //调用Manage类的CheckUser方法,检查用户名和密码是否匹配
    string l=m.CheckUser(txtName.Text, txtPwd.Text);
    if(l=="NoExist")                          //返回值为NoExist表示匹配失败
    {
        lblMsg.Text="用户名或密码错";          //显示提示信息
        return;                               //不再执行后续代码
    }
    Session["name"]=txtName.Text;             //能执行到这里表示匹配成功
    Session["level"]=l;                       //保存用户名和级别到Session对象中
    Response.Redirect("Main.aspx");           //跳转到Main.aspx页面
}
```

3）Default.aspx页面中“注册”按钮被单击时执行的事件处理代码如下。

```
protected void btnReg_Click(object sender, EventArgs e)
{
    if(txtName.Text.Trim()=="" || txtPwd.Text.Trim()=="")
    {
        lblMsg.Text="用户名、密码不能为空";
        return;
    }
    Manage m=new Manage();
    //调用AddUser方法添加用户,并将返回信息保存到变量msg中
    string msg=m.AddUser(txtName.Text, txtPwd.Text);
    lblMsg.Text=msg;                         //将是否添加成功的信息显示到标签控件中
}
```

4）Main.aspx页面载入时执行的事件处理代码如下。

```
protected void Page_Load(object sender,EventArgs e)
```

```
{
    if(Session["level"]==null)        //Session["level"]值为 null 表示访问未经过登录页面
    {
        Response.Redirect("Default.aspx");        //调转回登录页面
    }
    if(Session["level"].ToString()!="管理员")    //若用户级别不是"管理员"
    {
        lbtnAdmin.Visible=false;                  //"管理所有用户"链接不可用
    }
    //显示欢迎信息
    lblWelcome.Text="欢迎"+Session["level"].ToString()+Session["name"].ToString()+"登录";
}
```

5）Main. aspx 页面中"注销"链接被单击时执行的事件处理代码如下。

```
protected void lbtnCancel_Click(object sender, EventArgs e)
{
    Session.Clear();                          //清除 Session 中保存的所有数据
    Response.Redirect("Default.aspx");        //调转到登录页面
}
```

说明：本例中将保存有用户名、密码和级别的 Data. txt 文件保存在 ASP. NET 专用的 App_Data 文件夹中，可以保证无法使用直接调用 URL 的方法下载数据文件。也就是说，用户直接在浏览器中输入"http://网站地址/App_Data/Data. txt"是无法下载和显示文件内容的。

如果 Data. txt 文件没有放在 App_Data 中，情况会如何？读者可以测试一下。

5.5.3　使用 PreviousPage 属性

PreviousPage 是 Page 类的一个公开属性。当页面通过 Server. Transfer 方法或控件的 PostBackUrl 属性从 A 页面跳转到同一 ASP. NET 应用程序的 B 页面时，可以在 B 中使用 PreviousPage 获取 A 中控件的属性值。也就是说，在同一应用程序中目标页中的 PreviousPage 属性包含对源页面的引用。与 Session 对象相似，通过 PreviousPage 可以实现跨页面的数据传递。

1. PreviousPage 与 Session 的比较

PreviousPage 与 Session 相似，都可以实现跨页数据传递。两者的主要区别有以下两点。

1）PreviousPage 主要用来传递控件的属性值。Session 不仅可以传递控件属性值，也可以方便地传递变量值。

2）与 Session 相比，PreviousPage 不需要一直占用服务器内存资源，特别适合跨页面传递较多数据的情况。

2. PreviousPage 使用示例

【演练 5-4】如图 5-17 所示，在 Default. aspx 中有一个包含 10 个复选框的 CheckBoxList 控件，用户进行选择后单击"确定"链接（LinkButton）跳转到 Result. aspx 页面。在 Result. aspx 中可以通过 PreviousPage 属性获取用户的选择，并显示到标签控件中，如图 5-18 所示。

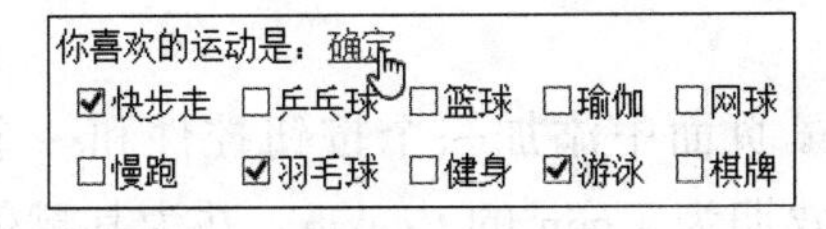

图 5-17　Default. aspx 页面

你的选择是：快步走 羽毛球 游泳

图 5-18　Result. aspx 页面

程序设计步骤如下。

（1）设计程序界面

新建一个 ASP. NET 空网站，向其中添加 Default. aspx 和 Result. aspx 两个 Web 窗体。向 Default. aspx 中添加一个复选框组控件 CheckBoxList1 和一个链接按钮控件 LinkButton1。向 Result. aspx 中添加一个标签控件 Label。

（2）设置对象属性

如图 5-17 所示，向 CheckBoxList1 中添加 10 个运动项目作为选项，设置 CheckBoxList1 的 CellPadding 和 CellSpacing 属性并调整各项的间距；设置 LinkButton1 的 Text 属性为“确定”，PostBackUrl 属性指向 Result. aspx。

（3）编写程序代码

Default. aspx 中无须编写任何事件处理代码。

Result. aspx 页面载入时执行的事件处理代码如下。

```
protected void Page_Load(object sender,EventArgs e)
{
    Label1. Text=" 你的选择是:";
    if(PreviousPage! =null)                          //如果 PreviousPage 属性不为空值
    {
        //获取上一页面中的 CheckBoxList1 控件,保存在 CheckBoxList 类型变量 chk 中
        CheckBoxList chk=(CheckBoxList)PreviousPage. FindControl("CheckBoxList1");
        for(int i=0; i <chk. Items. Count; i++)     //循环读取各选项的选择状态
        {
            if(chk. Items[i]. Selected)              //若选项被选中,则将其名称添加到标签控件
            {
                //尾部加一个 HTML 空格标记,用于各项的分隔
                Label1. Text=Label1. Text+chk. Items[i]. Text+" ";
            }
        }
    }
}
```

需要强调的是，使用 Server. Transfer 方法或控件的 PostBackUrl 属性实现页面跳转时，才可以使用 PreviousPage 属性来获取源页面中控件的属性值。源页面中的控件可以是常规可见控件，也可以是专门用于保存数据的隐含字段控件 HiddenField。HiddenField 控件的 Value 属性可以保存一个 string 类型的字符串数据。

5.6 实训——使用 Cookie

5.6.1 实训目的

通过实训进一步理解 Cookie 的概念及使用方法。

5.6.2 实训要求

设计一个 ASP. NET 网站，向 Default. aspx 页面中添加一个按钮控件和一个标签控件。页面首次加载时创建一个名为 MyCookie、有效期为 1 min 的 Cookie，并为其赋值 OK，标签中显示 Cookie 的到期时间和值。在 Cookie 有效期内单击按钮，标签中显示“Cookie 有效”

和 Cookie 值，过期后单击该按钮，标签中显示“Cookie 已过期!”。

5.6.3　实训步骤

新建一个 ASP. NET 空网站，向网站中添加一个 Web 窗体页面 Default. aspx，向页面中添加一个按钮控件 Button1 和一个标签控件 Label1。设置按钮控件的 ID 属性为 btnOK，标签控件的 ID 属性为 lblCookie。

1）页面载入时执行的事件代码如下。

```
protected void Page_Load(object sender,EventArgs e)
{
    this.Title="Cookie 使用示例";
    if(! IsPostBack)          //如果页面是首次加载
    {
        Response.Cookies["MyCookie"].Value="OK";    //为 Cookie 赋值
        //设置 Cookie 的有效期为当前时间后的 1 min
        Response.Cookies["MyCookie"].Expires=DateTime.Now.AddMinutes(1);
        //显示 Cookie 信息
        lblCookie.Text="Cookie 已创建,有效期为:"+DateTime.Now.AddMinutes(1)+
                    ",其值为:"+Request.Cookies["MyCookie"].Value;
    }
}
```

2）“确定”按钮被单击时执行的事件代码如下。

```
protected void btnOK_Click(object sender, EventArgs e)
{
    if(Request.Cookies["MyCookie"]==null)
    {
        lblCookie.Text="Cookie 已过期!";
    }
    else
    {
        lblCookie.Text="Cookie 有效,其值为:"+Request.Cookies["MyCookie"].Value;
    }
}
```

第6章 使用ASP.NET AJAX

ASP.NET AJAX是从ASP.NET 2.0开始推出的一种新技术。它是一种基于Ajax技术的ASP.NET编程模式，使用ASP.NET AJAX创建的Web应用程序能解决ASP.NET编程模式带来的页面刷新问题。

除此之外，使用ASP.NET AJAX编程模型，既可以继续使用服务器端代码实现程序的功能，又可以实现类似Windows应用程序的“胖客户端”效果，给用户以更好的感受和更强的人机交互能力，同时还可以提升浏览器的独立性。

6.1 AJAX和ASP.NET AJAX概述

AJAX（Asynchronous JavaScript And XML，异步JavaScript和XML）是一种综合异步通信、JavaScript和XML等多种技术的编程方式。如果从用户看到的实际效果来看，也可以形象地将其称为“无页面刷新”。

ASP.NET AJAX是微软公司将AJAX技术与ASP.NET编程模式相结合的产物，是一种具有AJAX风格的异步编程模型。

6.1.1 AJAX的概念

AJAX的核心是使客户端的JavaScript脚本程序能实现异步执行。所谓“异步执行”是相对于“同步执行”而言的，在同步执行方式中代码必须按顺序逐一执行，如果前面的代码需要10 min的操作时间，那么后面的代码只能等待10 min后才能执行。

例如，在ASP.NET环境中，当用户单击一个按钮时，浏览器会将单击事件传递给服务器，并等待服务器的响应，在此期间，应用程序与用户间的交互暂时被停止，在收到服务器返回的请求结果后，客户端要根据返回结果刷新整个页面，与用户的交互才能继续进行。

在异步执行方式中，一旦前面的代码开始执行，后面的代码随之进入执行状态，而不必等待前面代码执行结束。

AJAX主要包括以下一些内容。

1）使用HTML+CSS来表示页面信息。

2）使用JavaScript操作文档对象模型（Document Object Model，DOM）。

3）使用XML和扩展样式表语言转换（eXtensible Stylesheet Language Transformation，XS-LT）进行数据交换及相关操作。

4）使用XmlHttpRequest对象与Web服务器进行异步数据交换。

5）使用JavaScript将各部分内容绑定在一起。

AJAX实现的基本原理是，当用户与浏览器中的页面进行交互时，将触发页面元素对象的相应事件，客户端捕获这些事件后，如果需要将交互动作引起的逻辑实现提交给服务器进行处理，则将要处理的数据（包括状态描述）转换为XML格式的字符串，并使用异步传输方式提交给服务器。服务器处理结束后，同样使用 XML 格式和异步传输方式将处理结果送回。客户端从返回结果中提取需要的部分，交由 JavaScript 对网页进行“局部更新”，而不是刷新整个页面。

对于一些不需要提交给服务器的数据或行为，客户端可直接使用 JavaScript 代码处理。这就免去了重新从服务器端加载页面而导致的延迟，缩短了客户端用户的等待时间。由于 JavaScript 是在客户端直接执行的，因此能方便地完成一些特殊功能，如动态控制元素的外观、及时响应某些键盘和鼠标动作等。

由于 AJAX 采用了“按需要取数据”的基本理念，减少了数据的实际读取量，从而减轻了对服务器和网络的压力。此外，AJAX 使用 XmlHttpRequest 发送请求来得到服务器应答数据，在不重载整个页面的情况下通过 JavaScript 操作 DOM，所以即使需要从服务器得到大量数据，也不会让用户面对一个“白屏”。只有当所有数据接收完毕，才由 JavaScript 更新部分页面，而且这个更新也是瞬间的，用户几乎感觉不到。

6.1.2　ASP.NET AJAX

在异步编程模型尚未完全成熟之前，微软公司就开始了对早期 ASP.NET 的改进，希望借助 AJAX 技术使用户有更好的体验。从 ASP.NET 2.0 开始，一方面继续使用同步编程模型处理服务器和客户端的通信，另一方面引入了更加灵活的异步编程机制。

直到 2007 年微软公司才真正推出了具有 AJAX 风格的、方便的异步编程模型，这就是 ASP.NET AJAX（注意，为了与其他 AJAX 技术区分，微软在前面加上了“ASP.NET”）。ASP.NET AJAX 的正式命名为“ASP.NET AJAX Extensions”（ASP.NET AJAX 扩展）和“Microsoft AJAX Library”（微软 AJAX 库）。

在 Visual Studio 2005 环境中，ASP.NET AJAX Extensions 还需要单独安装，而在 Visual Studio 2008 之后的版本中，ASP.NET AJAX Extensions 已被整合到了控件工具箱中。

Microsoft AJAX Library 是客户端 JavaScript 库，它对核心 JavaScript 类型系统、基于 JSON（JavaScript Object Notation）的网络层、JavaScript 组件/控件模型及常用的客户端 JavaScript 辅助类等提供了跨平台的支持。

本章主要从 ASP.NET AJAX 基本控件和 ASP.NET AJAX 控件工具包两个方面介绍 AJAX 技术在 ASP.NET 开发中的应用。

6.2　ASP.NET AJAX 的基本控件

在 Visual Studio 的控件工具箱中，包含 ScriptManager、ScriptManagerProxy、UpdatePanel、UpdateProgress 和 Timer 等 ASP.NET AJAX 控件，使用这些控件可以实现无须编写代码即可在应用程序中使用 AJAX 功能。

6.2.1　ScriptManager 和 ScriptManagerProxy 控件

6-1　ASP.NET AJAX 的基本控件

脚本管理器（ScriptManager）控件是 ASP.NET AJAX 的最底层支持，它提供了对客户端脚本的各种管理功能。该控件包含在 Visual Studio 工具箱的 AJAX Extensions 标签中。与其他标准控件一样，使用时直接将其拖动到页面中即可。ScriptManager 虽然以控件的形式出现，但由于它是用来提供底层支持的，在程序运行期间不可见，故在页面设计时可将其放置在任何位置。

ScriptManagerProxy 控件的作用与 ScriptManager 基本一致，但由于在一个页面中只能有一个 ScriptManager（包含了所有脚本资源），如果把它放到母版页，而内容页又需要不同配置的话，则应在内容页中使用 ScriptManagerProxy 控件。

1. ScriptManager 的常用属性和方法

要使用 ASP.NET AJAX 提供的各种功能，在页面中必须包含一个 ScriptManager 控件，通过该控件提供的各种属性、方法和事件可实现对客户端脚本进行各种复杂的管理。

ScriptManager 控件的常用属性见表 6-1。

表 6-1 ScriptManager 控件的常用属性

属性名	说明
AsyncPostBackErrorMessage	获取或设置异步回发期间发生错误时发送到客户端的提示信息
AsyncPostBackTimeout	获取或设置超时时间，默认为 90（以秒为单位）
EnablePageMethods	获取或设置一个 bool 值，指示能否从客户端脚本调用网页中的公共静态页方法，默认为 false
EnablePartialRendering	获取或设置一个 bool 值，指示是否支持页面局部更新，默认为 true
ScriptMode	设置控件发送到客户端的脚本模式，可选项有 Auto、Inherit、Debug 和 Release
ScriptPath	获取或设置位置的根路径，该位置用来建立指向 ASP.NET AJAX 和自定义脚本文件的路径
Scripts	获取一个包含 ScriptReference 对象（每个 ScriptReference 对象代表一个呈现给客户端的脚本文件）的 ScriptReferenceCollection 对象

ScriptManager 控件的常用方法见表 6-2。

表 6-2 ScriptManager 控件的常用方法

属性名	说明
OnAsyncPostBackError	引发 AsyncPostBackError 事件
OnResolveScriptReference	为 ScriptManager 控件所管理的每个脚本引用引发 ResolveScriptReference 事件
RegisterAsyncPostBackControl	注册用于异步回发的控件，即将控件注册为异步回发的触发器
RegisterClientScriptBlock	注册一个客户端脚本块，以便和 UpdatePanel 控件中的某个控件一起使用，然后将该脚本块添加到页面中
RegisterClientScriptInclude	注册一个客户端脚本文件，以便和 UpdatePanel 控件中的某个控件一起使用，然后将脚本文件引用添加到页面中
RegisterClientScriptResource	注册嵌入程序集中的客户端脚本，以便和正在参与部分页面更新的控件一起使用
RegisterDataItem	在部分页面更新期间将自定义数据发送到控件
RegisterOnSubmitStatement	注册在提交窗体时执行的 ECMAScript（JavaScript）代码
RegisterStartupScript	向 ScriptManager 控件注册一个启动脚本块，并将该脚本块添加到页面中
SetFocus	使指定控件获得焦点

2. 使用 ScriptManager 控件注册客户端脚本

ScriptManager 控件提供了注册客户端脚本的多种方法，主要应用于需要动态生成脚本的场合。所谓注册脚本，实际上就是通过在服务器端编写代码的方式编写客户端脚本，只不过这些脚本在将网页发送到客户端时，是通过 ScriptManager 控件将其添加到网页中的，其效果与直接在页面中编写脚本的效果完全相同。不同的是，写在页面中的脚本是静态的、不能变化的，而使用注册脚本的方法则可根据实际需要将不同的脚本动态地发送到客户端。

（1）使用 RegisterClientScriptBlock 方法

RegisterClientScriptBlock 方法是一个静态方法，用于动态地向网页中添加客户端脚本块。该方法的重载方式有以下两种。

```
public static void ScriptManager.RegisterClientScriptBlock(Control control, Type type,
                                string key, string script, bool addScriptTags)
```

或

```
public static void ScriptManager.RegisterClientScriptBlock(Page page, Type type,
                                string key, string script, bool addScriptTags)
```

各参数的含义说明如下。

control：注册客户端脚本的控件名称。

page：注册客户端脚本的网页。

type：注册客户端脚本的控件类型，一般常用 typeof()方法获取控件的类型名。

key：标识该脚本块的字符串，相当于普通控件的 ID 属性。

script：要注册的脚本块字符串，即脚本的内容。

addScriptTags：表示是否在脚本块中添加<script>和</script>标记。

例如，下列语句为使用第一种重载方式为命令按钮控件 Button1 注册的一段名为 myscript1 的脚本命令，该脚本使用户在单击按钮时弹出一个信息框。

```
ScriptManager.RegisterClientScriptBlock(Button1, typeof(Button),"myscript1",
                "<script language='javascript'>alert('this is a test.');</script>", false);
```

本例中由于脚本块已经包含了<script>和</script>标记，故将 addScriptTags 参数设置为 false。

下列语句可以实现同样的效果。

```
ScriptManager.RegisterClientScriptBlock(Button1, typeof(Button),"myscript1",
                "alert('this is a test.');", true);
```

测试上述脚本时可在网页中添加一个按钮控件，并将上述语句添加到按钮的单击事件中，当用户单击按钮时即可弹出提示信息框。

（2）使用 RegisterStartupScript 方法

RegisterStartupScript()方法用于在 UpdatePanel 控件中注册启动时立即执行的 JavaScript 脚本块，是一种 AutoRun 类型的自启动脚本。类似于常用的<body onload="f()">中的 f()函数。

该方法的重载方式有以下两种。

```
public static void ScriptManager.RegisterStartupScript(Control control, Type type,
                                string key, string script, bool addScriptTags)
```

或

```
public static void ScriptManager.RegisterStartupScript(Page page, Type type,
                                string key, string script, bool addScriptTags)
```

6.2.2 UpdatePanel 控件

UpdatePanel 控件是一个容器控件，它规定了 ScriptManager 控件的管理范围，同样是 ASP. NET AJAX 中非常重要的一个服务器控件。配合使用 ScriptManager 控件和 UpdatePanel 控件，程序员几乎无须编写任何 JavaScript 代码即可实现网页中 UpdatePanel 控件内各对象的局部更新。

1. UpdatePanel 控件的常用属性

UpdatePanel 控件的常用属性主要有以下几个。

(1) Triggers 属性

Triggers 属性表示可以导致 UpdatePanel 控件更新的触发器集合。在 UpdatePanel 控件的“属性”窗口中单击 Trigger 属性值设置栏中的“浏览”按钮...，弹出如图 6-1 所示的对话框，单击“添加”按钮右侧的“▼”标记，可以看到触发器成员有 AsyncPostBackTrigger 和 PostBack-Trigger 两种。

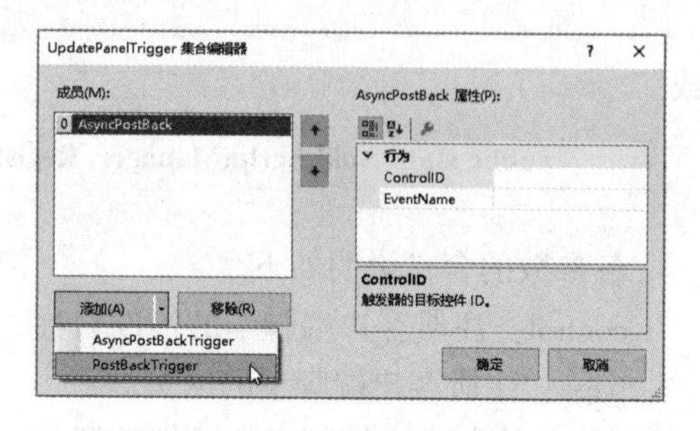

图 6-1 设置 UpdatePanel 控件的 Trigger 属性

AsyncPostBackTrigger 用来指定某个服务器控件，并将该控件触发的服务器事件作为 UpdatePanel 控件的异步更新触发器。

PostBackTrigger 用来指定在 UpdatePanel 控件中的某个服务器控件，该控件引发的回传将不采用异步回传方式，而是采用传统的整页回传。

在属性栏中单击 ControlID 栏，其右侧会出现一个⌄按钮，单击该按钮，在弹出的下拉列表中列出了当前页面中所有可选控件的 ID 值。

AsyncPostBackTrigger 属性栏中的 EventName 属性表示与触发器挂钩的事件，若未指定事件，则只有在目标控件引起了回发时才引起 UpdatePanel 控件的更新。

(2) ChildrenAsTrigger 属性

ChildrenAsTrigger 属性为一个 bool 值，用来说明 UpdatePanel 控件的子控件引起的回发是否能导致 UpdatePanel 控件的更新。

(3) UpdateMode 属性

UpdateMode 属性表示 UpdatePanel 控件的更新模式，有 Always 和 Conditional 两个。其中 Always 表示无论有没有 Trigger（触发器），任何控件引起的回发都将更新该 UpdatePanel 控件；Conditional 表示只有当前 UpdatePanel 的 Trigger 或 ChildrenAsTrigger 属性为 True 时，当前 UpdatePanel 中控件引发的异步回传、整页回传或服务器端调用了 Update( )方法才会更新该 UpdatePanel 控件。

(4) ContentTemplate 属性

ContentTemplate 属性用来定义 UpdatePanel 包含的内容，在其内部可以声明其他服务器控件或 HTML 元素。需要说明的是，该属性只能在页面的“源”视图下使用，不能在“属性”窗口中进行设置。在可视化页面编辑环境中，只要将其他控件添加（拖动）到 UpdatePanel 控件中，系统将自动在源代码中添加必要的<ContentTemplate>和</ContentTemplate>标记。

例如，下列在“源”视图中书写的代码，可将一个按钮控件 Button1 和一个标签控件 Label1 放置在 UpdatePanel1 控件中。

```
…
<aps:UpdatePanel ID="UpdatePanel1" runat="server">
    <ContentTemplate>
        <asp:Button ID="Button1" runat="server" onclick="Button1_Click" Text="确 定"/>
        <asp:Label ID="Label1" runat="serverText="Label"/>
    </ContentTemplate>
…
```

2. 页面的局部更新和有条件更新

ScriptManager 控件与 UpdatePanel 控件配合，可以在不编写任何 JavaScript 代码的情况下实现页面的局部更新和有条件更新。

(1) 页面的局部更新

在页面中添加一个 UpdatePanel 控件，在其中添加一个下拉列表框控件 DropDownList1 和一个标签控件 Label1。为 DropDownList1 添加若干个选项，并设置其 AutoPostBack 属性为 true，使之在选项改变时引起服务器回发。在 UpdatePanel 控件的外部添加一个文本框控件，并将其 TextMode 属性设置为 Password。

编写 DropDownList1 的选项改变事件代码如下。

```
protected void DropDownList1_SelectedIndexChanged(object sender,EventArgs e)
{
    Label1.Text=DropDownList1.SelectedValue; //将下拉列表框的选项值显示到标签中
}
```

程序运行后在密码框中输入一组任意字符，然后改变 DropDownList1 的选项。可以看到选项值显示在标签中，页面没有闪烁，而且密码框中输入的字符串也没有丢失。这就说明只有 UpdatePanel1 内的控件（DropDownList1 和 Label1）更新了，但整个页面并未随之刷新。如果将 DropDownList1 和 Label1 移出 UpdatePanel1，再次运行程序时会发现 DropDownList1 的选项变化将导致整个页面的更新，密码框中已输入的字符串将丢失。

(2) 有条件更新

UpdatePanel 控件的 UpdateMode 属性的默认值为 Always，表示页面中任何一个控件引发的回发事件都将引起 UpdatePanel 内部区域所有控件的更新，无论该控件是否位于 UpdatePanel 区域内。这种方式称为“无条件更新”。

如果希望只有页面中某个或某几个控件的某个事件才能引起 UpdatePanel 区域更新，可设置 UpdateMode 属性值为 Conditional，ChildrenAsTrigger 属性为 false，而后利用控件的 Trigger 属性来实现。也就是为 UpdatePanel 控件指定一个或多个“触发器”，这种方式称为“有条件更新”。

【演练 6-1】 通过 UpdatePanel 控件的属性设置实现局部更新和有条件更新。

程序设计步骤如下。

(1) 设计 Web 页面

新建一个 ASP. NET 网站，向页面中添加一个 ScriptManager 控件和一个 UpdatePanel 控件。在 UpdatePanel 内部添加一个标签控件 Label1 和 3 个按钮控件 Button1、Button2、Button3。在 UpdatePanel 外部添加一个标签控件 Label2。

（2）设置对象属性

设置 UpdatePanel 控件的 UpdateMode 属性为 Conditional，ChildrenAsTrigger 属性为 False，使 UpdatePanel 中子控件引起的回发不能导致 UpdatePanel 控件的更新。

单击 Trigger 属性设置栏右侧的“浏览”按钮[...]，在弹出的对话框中单击“添加”按钮，向 UpdatePanelTrigger 集合中添加两个 AsyncPostBack 成员，并设置它们的 ControlID 分别为 Button1 和 Button2，EventName 为 Click，即指定 Button1 和 Button2 的 Click 事件为 UpdatePanel 的触发器，如图 6-2 所示。设置完毕后单击“确定”按钮。

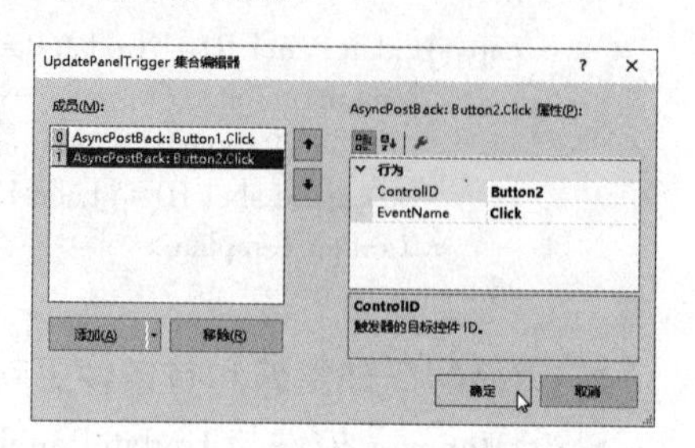

图 6-2　设置 UpdatePanel 控件的 Trigger 属性

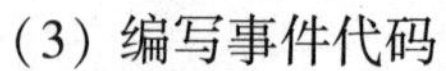

（3）编写事件代码

1）页面载入时执行的事件代码如下。

```
protected void Page_Load(object sender,EventArgs e)
{
    if(! IsPostBack)
    {
        this.Title="Trigger 属性使用示例";
        Button1.Text="按钮 1";
        Button2.Text="按钮 2";
        Button3.Text="按钮 3";
        Label1.Text="页面加载时间:"+DateTime.Now;
        Label2.Text="页面加载时间:"+DateTime.Now;
    }
}
```

2）按钮 1 被单击时执行的事件代码如下。

```
protected void Button1_Click(object sender,EventArgs e)
{
    Label1.Text="更新时间:"+DateTime.Now;
    Label2.Text="更新时间:"+DateTime.Now;
}
```

3）按钮 2 被单击时执行的事件代码如下。

```
protected void Button2_Click(object sender,EventArgs e)
{
    Label1.Text="更新时间:"+DateTime.Now;
    Label2.Text="更新时间:"+DateTime.Now;
}
```

4）按钮 3 被单击时执行的事件代码如下。

```
protected void Button3_Click(object sender,EventArgs e)
{
    //如果按钮处于 UpdatePanel 内,以下代码将被阻断,不被执行
    Label1.Text="更新时间:"+DateTime.Now;
    Label2.Text="更新时间:"+DateTime.Now;
}
```

按〈F5〉键运行程序，分别单击 3 个按钮，可以看到“按钮 1”和“按钮 2”被单击时引起 UpdatePanel 的更新，而“按钮 3”被单击时却没有任何反应。说明触发器的设置阻断了“按钮 3”的 Click 事件，实现了 UpdatePanel 的有条件更新。

此外，可以看到无论单击哪个按钮，位于 UpdatePanel 外部的标签 Label2 的内容始终没有变化，也就是说更新是局部的，仅限于 UpdatePanel 控件内部。

如果将 3 个按钮控件移动到 UpdatePanel 控件之外，再次分别单击它们，可以看到“按钮 1”和“按钮 2”的效果不变，但单击“按钮 3”时却引起了整个页面的刷新，两个标签的内容也被更新。这是因为位于 UpdatePanel 控件之外的“按钮 3”已不再是其子控件了，单击时自然就引起了整个页面的回发。

从前面的例子中可以看到，无论是有条件更新还是无条件更新，都会更新整个 UpdatePanel 中的内容。如果页面中的所有元素全部放在同一个 UpdatePanel 控件中，就失去了局部更新的意义。因此，在实际应用中，在一个页面中通常包含多个 UpdatePanel 控件，将页面划分为若干个不同的更新区域，每个区域设置专门的触发器，并将不需要更新的内容放置在 UpdatePanel 之外。这样每次需要更新的范围即可大大缩减，使网页的反应速度更快。

6. 2. 3　UpdateProgress 控件

UpdateProgress 控件可以与 UpdatePanel 控件配合使用，在 UpdatePanel 内容进行更新时通过该控件显示一些提示信息，这些信息可以是一段文字、传统的进度条或一段动画等。当更新结束后，提示信息自动消失。UpdateProgress 控件主要用在更新数据量较大，需要等待一段时间的场合。更新时显示提示信息或动画，可以避免用户操作后页面较长时间无反应的尴尬，如经常在计算机屏幕上看到的不停翻转的“沙漏”或手机屏幕上“旋转的小圆圈”等。

UpdateProgress 控件的常用属性有 AssociatedUpdatePanel、DisplayAfter、DynamicLayout 和 ProgressTemplate 等。

1. AssociatedUpdatePanel 属性

AssociatedUpdatePanel 属性用于确定 UpdateProgress 控件与哪个 UpdatePanel 控件关联，如果设置了该属性值，则只有在被关联的 UpdatePanel 中发生更新时才会显示预设的提示信息。AssociatedUpdatePanel 属性的默认值为空，表示页面中所有的 UpdatePanel 发生更新时都会显示提示信息。

2. DisplayAfter 属性

DisplayAfter 属性主要用于设定 UpdateProgress 控件的延迟时间（以毫秒为单位的时间间隔）。

在实际应用中，客户机的配置高低、UpdatePanel 更新数据量的多少都会影响更新速度。如果更新速度较快，会出现 UpdateProgress 提示信息一闪而过的现象，起不到提示作用。这时可以考虑使用 DisplayAfter 属性设置一个等待时间，使提示信息的出现有一个用户尚能接受的延时。如果在这段时间内已经完成更新，则不再显示提示信息。

3. DynamicLayout 属性

DynamicLayout 属性用来决定在加载页面时是否为 UpdateProgress 控件的提示信息动态分配页面空间。默认值为 true，表示设计时无须为提示信息预留显示位置，需要显示提示信息时由系统动态分配其显示位置。如果将该属性设置为 false，在没有显示提示信息时 UpdateProgress 的预留位置处会出现一个空白块，设计时应特别注意。一般情况下，推荐使用该属性的默认值 true，由系统动态地分配提示信息显示位置。

4. ProgressTemplate 属性

ProgressTemplate 属性主要用来显示 UpdateProgress 控件所定义的提示信息。在初始化 UpdateProgress 控件时必须设置该属性，否则应用程序将出现错误。

将 UpdateProgress 控件添加到页面后，可以直接在设计视图中将提示文字信息书写在 UpdateProgress 控件内，如图 6-3 所示。

图 6-3　在设计视图中添加提示信息

如果希望用动画、图片等显示提示信息，可在源视图中按照以下代码所示，将适当的标记语言语句添加到<ProgressTemplate>和</ProgressTemplate>标记之间，或在设计视图中向 UpdateProgress 控件中添加其他控件。

```
<asp:UpdateProgress ID="UpdateProgress1" runat="server">
    <ProgressTemplate>
        在这里书写显示提示信息的代码(文字或动画等)
    </ProgressTemplate>
</asp:UpdateProgress>
```

6.2.4　Timer 控件

Timer 控件，也称为“定时器”控件，用于周期性地自动触发 Tick 事件，也就是说，用 Timer 控件可以实现周期性执行某段代码的功能。例如，页面的定时刷新、图片自动播放和在线考试等需要计时的应用场合。

1. Timer 控件的常用属性和事件

Timer 控件的常用属性有 Interval 和 Enable，常用的事件为 Tick。

（1）Interval 属性

Interval 属性用于设置页面向服务器发送回传的、以 ms（毫秒）为单位的时间间隔，默认值为 60 000 ms。

使用 Timer 控件执行页面自动更新操作时应注意，不能将 Interval 值设置得太小。如果设置不当，可能出现上一个更新尚未结束，一个新的更新又被启动，这将导致未完成的更新自动取消。此外，Interval 值设置得过小将导致更新频繁发生，这无疑将增加服务器的负担。一般应根据需要将其设置为能满足需要的最大值。

（2）Enable 属性

Enable 属性与其他标准控件的 Enable 属性相同，用来决定 Timer 控件是否可用，若将该属性设置为 false，则表示 Timer 控件被禁用，默认值为 true。

（3）Tick 事件

Tick 事件是 Timer 控件周期性触发的事件，写在该事件过程中的代码能被应用程序周期性地自动执行。

Timer 控件可以放置在 UpdatePanel 控件的内部或外部。如果放在内部，Interval 属性设定的时间间隔是从回传页面后开始计算的。例如，将 Interval 属性设置为 60 000，而回传需要的时间为 3 s，那么两次回传的时间间隔就是 63 s。如果 Timer 控件放置在 UpdatePanel 控件之外，将导致整个页面周期性刷新，而且时间间隔是从回传到服务器时就开始计算的。例如，将 Interval 属性设置为 60 000，回传需要的时间为 3 s，则两次回传发生的间隔为 60 s，用户看到的刷新间隔则是 57 s。

2. 使用 Timer 控件

【演练 6-2】在一些网站的用户注册页面中常看到这样的设置，用户填写了注册数据后，必须选择接受网站的一些规定，并观看该规定一段时间（如 10 s）后才能提交数据，完成注册操作。使用 ScriptManager 控件、UpdatePanel 控件和 Timer 控件设计一个具有上述功能的网页。

具体要求如下。

1）网站包括 Default. aspx 和 Welcome. aspx 两个页面，Default. aspx 页面加载时显示一些文字和一个不可用的按钮（Enable 属性为 false），如图 6-4 所示。经过 10 s 后，按钮可用，单击该按钮可跳转到 Welcome. aspx 页面，如图 6-5 所示。

2）程序能限制用户绕过 Default. aspx 页面，通过 URL 直接调用 Welcome. aspx 页面。

3）为增加程序的界面友好性，在用户等待过程中，按钮上显示一个倒计时的数字进度提示。

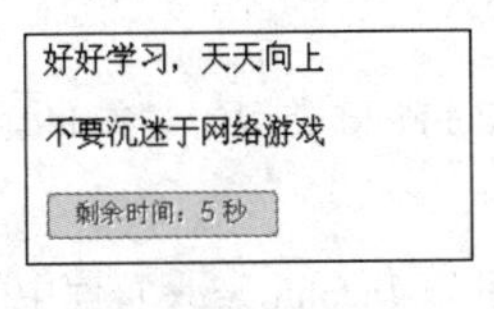

图 6-4　等待 10 s

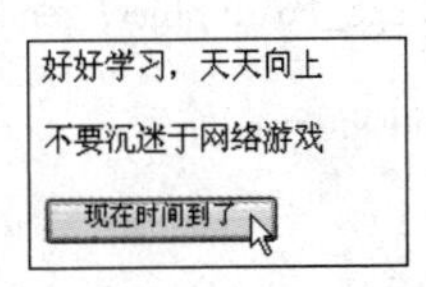

图 6-5　等待期结束

程序设计步骤如下。

（1）设计 Web 页面

新建一个 ASP. NET 空网站，向网站中添加一个 Web 窗体页面 Default. aspx。向页面中添加一个 ScriptManager 控件和一个 UpdatePanel 控件。向 UpdatePanel 控件中添加一些文字、一个按钮控件 Button1、一个定时器控件 Timer1 和一个隐含字段控件 HiddenField1。适当调整各控件的大小及位置。设置 Timer1 的 Interval 属性值为 1000（即 1 s）。

（2）编写程序代码

1）Default. aspx 页面载入时执行的事件代码如下。

```
protected void Page_Load( object sender,EventArgs e)
{
if( !IsPostBack)                          //如果页面是初次加载
    {
        Button1. Enabled=false;           //按钮不可用
        Button1. Text="剩余时间:10 秒";
        Button1. Width=120;               //设置按钮控件的宽度
        //为了在 Welcome. aspx 页面中继续使用 HiddenField1 控件的值,应通过 PostBackUrl
        //跳转
        Button1. PostBackUrl="Welcome. aspx";  //单击按钮时跳转到 Welcome. aspx 页面
        Timer1. Enabled=true;             //启动计时器
        HiddenField1. Value="10";         //使用隐含字段控件保存剩余时间数据
    }
}
```

2）计时器被激活时执行的事件代码如下。

```
protected void Timer1_Tick( object sender,EventArgs e)
{
    if( HiddenField1. Value ! = "0" )
    {
        //计算隐含字段控件中保存的剩余时间
        HiddenField1. Value = ( int. Parse( HiddenField1. Value) -1). ToString( );
        Button1. Text = "剩余时间:" +HiddenField1. Value+"秒";  //显示倒计时进度信息
    }
    else
    {
        Button1. Text = "现在时间到了";              //更改显示在按钮上的文字
        Button1. Enabled = true;                    //使命令按钮可用
        Timer1. Enabled = false;                    //计时器停止工作
        //设置隐含字段控件的值,供 Welcome. aspx 页面使用
    HiddenField1. Value = "ispass";
    }
}
```

3）Welcome. aspx 页面载入时执行的事件代码如下。

```
protected void Page_Load( object sender,EventArgs e)
{
    HiddenField hfd = null;     //声明一个 HiddenField 类型的对象 hfd,并初始化为 null
    try
    {
        //使用 PreviousPage 的 FindControl 方法获取 Default. aspx 页面中的隐含控件,
        //并赋值给 hfd 对象,若获取失败,则转去执行 catch 语句块
        hfd = ( HiddenField) PreviousPage. FindControl( "HiddenField1" );
    }
    catch
    {
        Response. Redirect( "default. aspx" );     //跳转到 Default. aspx 页面
    }
    if( hfd. Value! = "ispass" )                  //若隐含字段的值不等于 ispass
    {
        Response. Redirect( "default. aspx" );     //跳转到 Default. aspx 页面
    }
    else
    {
        Response. Write( "欢迎访问本网站!" );
    }
}
```

需要说明的是，本例中使用 HiddenField 控件保存了用户是否通过的敏感信息，这在实际应用中并不可取（这里仅仅是为了说明控件的使用方法）。因为保存在 HiddenField 控件中的数据是以 Base64 编码保存在页面中的（可以在浏览器中查看源代码得到），Base64 编码的字符串可以保证没有任何非法的 HTML 字符。但是，Base64 位编码可以被转换回明码字符串。也就是说，用户可以借助 Base64 编辑器看到保存在 HiddenField 控件中的内容。

6.3 ASP. NET AJAX 控件工具包

6-2 ASP. NET AJAX 控件工具包

ASP. NET AJAX 是一种开源的网页设计技术。它以控件的形式出现，几乎无须编写任何 JavaScript 代码就可以实现 Web 窗体与服务器间的异步传递。除

了微软公司在Visual Studio中提供的ASP.NET AJAX扩展基本控件外，其他开发人员也可以在此基础上开发新的控件。ASP.NET AJAX控件工具包（ASP.NET AJAX Control Tookit）就是由微软公司和其他开发人员共同推出的又一组应用于ASP.NET AJAX环境的AJAX控件。该工具包包含几十个功能强大的控件，开发人员可以像使用ASP.NET标准控件那样使用这些AJAX控件。

6.3.1　安装ASP.NET AJAX控件工具包

ASP.NET AJAX Control Toolkit并没有包含在Visual Studio 2015中，使用前需要从Internet中下载并安装整合到Visual Studio中。下载安装包后，双击运行安装程序AjaxControlToolkit.Installer.20.1.0.exe，在图6-6所示的界面中单击“Install”按钮，按屏幕提示完成安装。

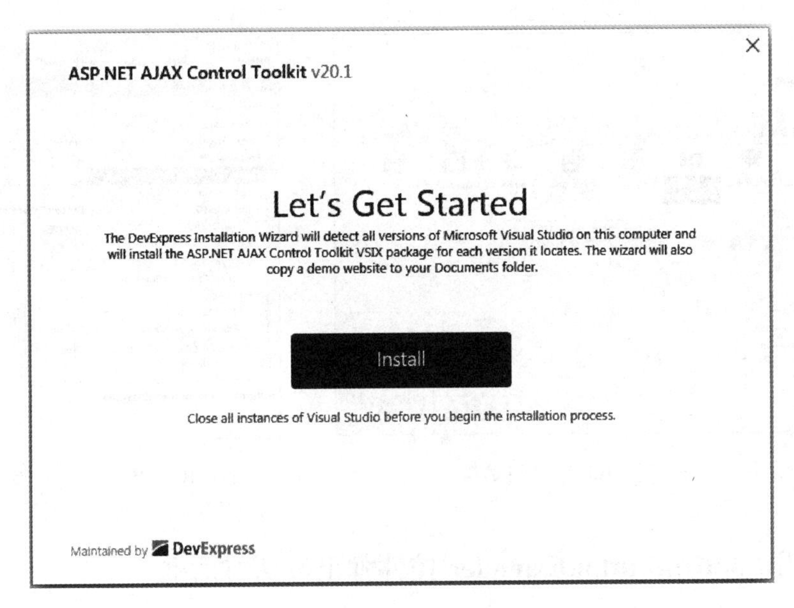

图6-6　下载ASP.NET AJAX Control Toolkit

安装进程结束后，再次启动Visual Studio可以看到工具箱中多出了一个名为AJAX Control Toolkit v20.1的选项卡，其中包含51个ASP.NET AJAX扩展控件，如图6-7所示。

需要说明的是，ASP.NET AJAX Control Toolkit中包含的控件分为“AJAX控件”和“扩展控件”两类。前者与标准控件相似，可以单独使用；而后者则需要附加在其他标准控件上，不能单独使用。顾名思义，扩展控件的作用就是给Web标准控件添加一些新的扩展功能，所以扩展控件的名称均以Extender（扩展器）结尾。

安装ASP.NET AJAX Control Toolkit后，Visual Studio会自动监控添加到Web窗体页面中的标准控件，并为其添加一个“任务”菜单。选中一个标准控件后，控件的右上角会出现一个▶标记，单击该标记，打开如图6-8所示的“任务”菜单。选择“添加扩展程序”选项，弹出如图6-9所示的“扩展程序向导”对话框，其中列出了当前控件可用的所有扩展功能。选择完毕后单击“确定”按钮。为标准控件添加了扩展之后，Visual Studio会将扩展控件的相关属性与控件原有属性整合到“属性”窗口中，如图6-10所示。

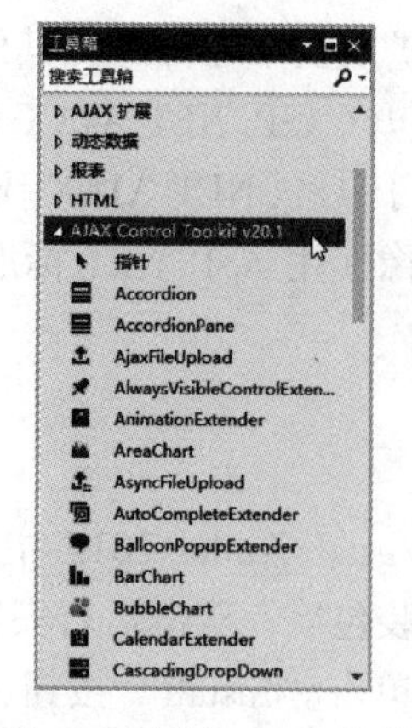

图 6-7　新增 AJAX 控件

图 6-8　任务菜单

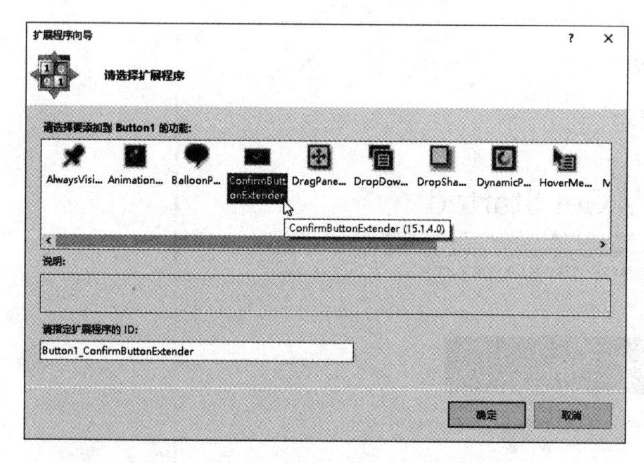

图 6-9　“扩展程序向导”对话框

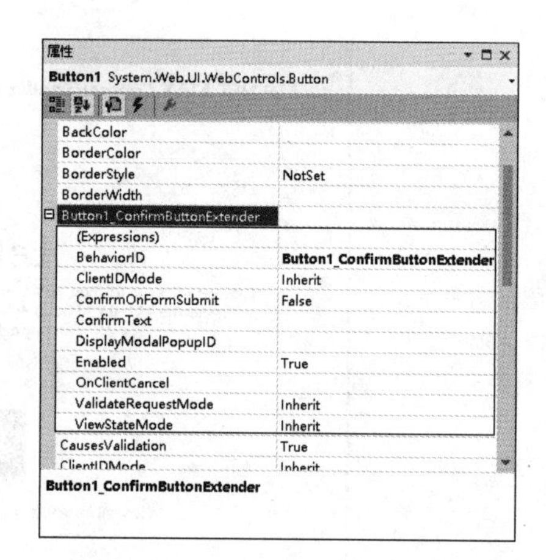

图 6-10　整合后的“属性”窗口

6.3.2　使用 ConfirmButtonExtender 控件弹出确认对话框

在许多应用程序中，经常需要执行删除数据的操作，为了保证操作不是因用户误操作引起的，通常在删除重要数据前会要求用户进行确认。ASP.NET AJAX 控件工具包中的 ConfirmButtonExtender 控件是一个扩展控件，可以为 Button、LinkButton 和 ImageButton 等控件添加弹出确认对话框的功能。

需要强调的是，使用任何 ASP.NET AJAX 控件时都必须在 Web 窗体页面中添加一个 ScriptManager 控件，作为 JavaScript 脚本的底层管理。

1. ConfirmButtonExtender 控件的常用属性

ConfirmButtonExtender 控件是一个不能单独使用的扩展控件，需要附加在 Button、LinkButton 和 ImageButton 等标准控件之上，为其提供弹出确认对话框的功能。其常用的属性有以下几个。

（1）ConfirmText 属性

该属性用于设置弹出确认对话框时，对话框中显示的确认信息文本。

（2）OnClientCancel 属性

该属性用于设置当用户单击对话框中的“取消”按钮时执行的代码。默认值为空，表示不执行任何操作。

（3）TargetControlID

该属性用于指定 ConfirmButtonExtender 控件为哪个标准控件提供弹出确认对话框的扩展功能。

上述属性的值既可以在“属性”窗口中设置，也可以在源视图中编写代码设置，但不能在事件过程中通过代码进行设置或修改，这一点与标准控件的属性设置方法有所不同。

2. ConfirmButtonExtender 控件使用示例

【演练 6-3】 程序启动后显示如图 6-11 所示的页面，当用户单击“删除数据”按钮时弹出如图 6-12 所示的确认删除对话框。如果用户单击“确定”按钮，将清除显示在标签中的文字；单击“取消”按钮，则不执行删除操作。

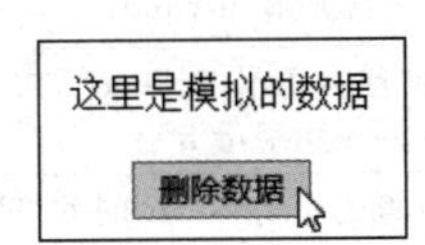

图 6-11　单击“删除数据”按钮

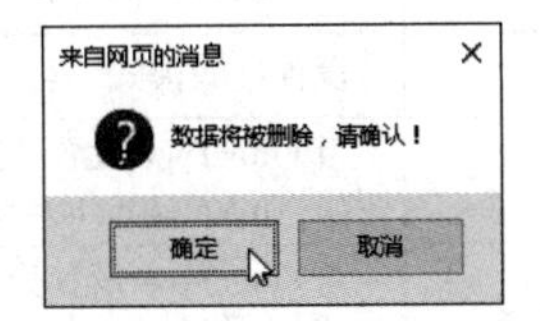

图 6-12　确认删除对话框

程序设计步骤如下。

（1）设计 Web 页面

新建一个 ASP. NET 空网站，向网站中添加 Web 窗体页面 Default. aspx。向窗体中添加一个脚本管理控件 ScriptManager1、一个标签控件 Label1 和一个按钮控件 Button1。

（2）设置对象属性

参照前面介绍的方法，为按钮控件 Button1 添加了 ConfirmButtonExtender 扩展功能后，其“属性”窗口中多出了一个名为 Button1_ConfirmButtonExtender 的属性集合，设置其中的 ConfirmText 属性为希望显示到对话框中的提示信息文本，如本例的“数据将被删除，请确认!”。

（3）编写事件代码

1）Default. aspx 窗体载入时执行的事件代码如下。

```
protected void Page_Load(object sender,EventArgs e)
{
    this. Title = "ConfirmButtonExtender 使用示例";
    Label1. Text = "这里是模拟的数据";
    Button1. Text = "删除数据";
}
```

2）“删除数据”按钮被单击时执行的事件代码如下。

```
protected void Button1_Click(object sender,EventArgs e)
{
    Label1. Text = "";
}
```

6. 3. 3　使用 FilteredTextExtender 和 TextBoxWatermarkExtender 扩展控件

FilteredTextExtender 和 TextBoxWatermarkExtender 都是 TextBox 控件的扩展，前者可对用户通过 TextBox 控件输入的文本内容进行过滤，后者可在 TextBox 控件内容为空时显示输入提示。

1. FilteredTextExtender 扩展控件的常用属性

FilteredTextExtender 扩展控件的常用属性见表 6-3。

表 6-3 FilteredTextExtender 扩展控件的常用属性

属 性 名	说 明
TargetControlID	该属性用于指定进行过滤的目标文本框 ID
FilterInterval	该属性用于设置检查用户输入的时间间隔，默认值为 250 ms
FilterType	设置字符过滤类型。可选值有 Numbers（数字）、LowercaseLetters（小写字母）、UppercaseLetters（大写字母）和 Custom（自定义字符串）。若设置为多个类型，则类型间应使用“,”分隔。例如，FilterType="LowercaseLetters, Numbers"；（表示允许小写字母和数字）
FilterMode	设置过滤模式。可选值有 ValidChars（只包含）和 InValidChars（不能包含）
InValidChars	当 FilterType 设置为 Custom，FilterMode 设置为 InValidChars 时，指定不允许输入的字符。例如，InValidChars="ab"；表示不能输入字母 a 和字母 b
ValidChars	当 FilterType 设置为 Custom，FilterMode 设置为 ValidChars 时允许输入的字符。例如，ValidChars="1234567890."；表示只能输入数字和小数点

2. TextBoxWatermarkExtender 扩展控件的常用属性

TextBoxWatermarkExtender 扩展控件的常用属性有 WatermarkText 和 WatermarkCssClass。

WatermarkText 属性用于设置文本框内容为空时文本框内显示的文本内容，通常用于显示输入指导信息。

WatermarkCssClass 属性用于指定文本框内容为空时的外观样式类，如文字的样式、文本框的边框颜色和样式、背景色等。

3. FilteredTextExtender 和 TextBoxWatermarkExtender 扩展控件使用示例

【演练 6-4】使用 FilteredTextExtender 限制用户只能在文本框中输入数字。

新建一个 ASP. NET 空网站，向网站中添加一个 Web 窗体页面 Default. aspx。向页面中添加一个脚本管理控件 ScriptManager1 和一个文本框控件 TextBox1。为 TextBox1 添加 FilteredTextExtender 扩展控件和 TextBoxWatermarkExtender 扩展控件。

在“属性”窗口中设置 FilteredTextExtender 下的 FilterType 属性为 Custom，FilterMode 属性为 ValidChars，ValidChars 属性为“1234567890.”；设置 TextBoxWatermarkExtender 的 WatermarkText 属性为“只能输入数字和小数点”，设置 WatermarkCssClass 属性值为“style1”。

切换到 Default. aspx 的源视图，在<head>…</head>之间为 style1 编写以下代码。

```
<style type="text/css">
    .style1
    {
        background-color:lightgray;      /* 设置文本框的背景色为浅灰色 */
        color:cornflowerblue;            /* 设置文本框的文字颜色为浅蓝色 */
        border:1px solid Gray;           /* 设置文本框的边框为 1px 的灰色实线 */
    }
</style>
```

运行程序，可以看到文本框内容为空时显示出了预设的提示文本。当单击文本框时，提示自动消失。在文本框中输入任何非数字字母或符号时，系统会自动将其屏蔽。只有数字和小数点才能被正常输入。

需要说明以下两点。

1）一个 Web 标准控件可以附加多个 ASP.NET AJAX 扩展控件。如本例就为 TextBox1 附加了 FilteredTextExtender 和 TextBoxWatermarkExtender 两个扩展控件。

2）FilterTextExtender 只能作为 TextBox 输入验证的补充，通常用于防范用户无意间输入了错误的数据。在重要环境中（如 SQL 注入防范）不能用它取代输入验证。因为恶意的用户可以篡改下载到本地的 Web 页面，甚至可以采用禁用 JavaScript 的方法使字符过滤失效。

测试和思考：

执行 IE 主菜单中的“Internet 选项”命令，在弹出的对话框中选择“安全”选项卡，单击“自定义级别”按钮，在“脚本”栏中将“活动脚本”设置为“禁用”。设置完毕后，再次运行本程序会有怎样的结果？

将 IE 恢复为初始状态后再次运行本例，在 IE 窗口空白处右击，在弹出的快捷菜单中选择“查看源”命令，打开“F12 开发人员工具”窗口。认真阅读其中的 HTML 代码，能看到设置的字符过滤器源代码吗？能修改吗？修改后能运行吗？修改后字符过滤还有效吗？

6.3.4 使用 AsyncFileUpload 控件实现文件上传

AsyncFileUpload 是一个独立的 ASP.NET AJAX 控件，用于实现文件的异步上传。用户可以在文件上传期间继续和页面交互，但是继续的操作不能引起服务器端回发或跳转到其他页面，否则会中断文件上传。

1. AsyncFileUpload 控件的常用属性、事件和方法

AsyncFileUpload 控件的常用属性见表 6-4，常用事件见表 6-5。

表 6-4 AsyncFileUpload 控件的常用属性

属性名	说明
CompleteBackColor	上传成功后显示的颜色（默认为淡黄绿色 lime）
ErrorBackColor	上传出错后显示的颜色（默认为红 red）
UploadingBackColor	正在上传时显示的颜色（默认为白）
UploaderStyle	设置控件的外观，可选值有 Traditional 和 Modern，默认为 Traditional
ThrobberID	在上传文件时显示的控件 ID，一般是用 gif 图片，上传结束后图片自动隐藏
HasFile	返回一个布尔值，用于判定是否存在文件。该属性是一个只读属性，不能在“属性”窗口中设置

表 6-5 AsyncFileUpload 控件的常用事件

事件名	说明
OnClientUploadError	客户端事件，当上传出错时触发
OnClientUploadStarted	客户端事件，当上传开始时触发
OnClientUploadComplete	客户端事件，当上传完成时触发
UploadedComplete	服务器端事件，当上传完成时触发
UploadedFileError	服务器端事件，当上传出错时触发

在实际应用中，经常使用 AsyncFileUpload 控件的 PostedFile 对象提供的 ContentType 和 ContentLength 两个只读属性来获取文件的类型和大小。

AsyncFileUpload 控件最常用的方法是 SaveAs，用于将添加到控件的文件上传到服务器指定的文件夹中。

2. AsyncFileUpload 控件使用示例

【演练 6-5】使用 AsyncFileUpload 控件实现图片上传。要求只能上传 jpg 格式的文件，文件大小不能超过 2 MB。运行时的初始界面如图 6-13 所示；正在上传时显示如图 6-14 所示的界面；图片成功上传后能立即在图片框中显示出来，如图 6-15 所示。

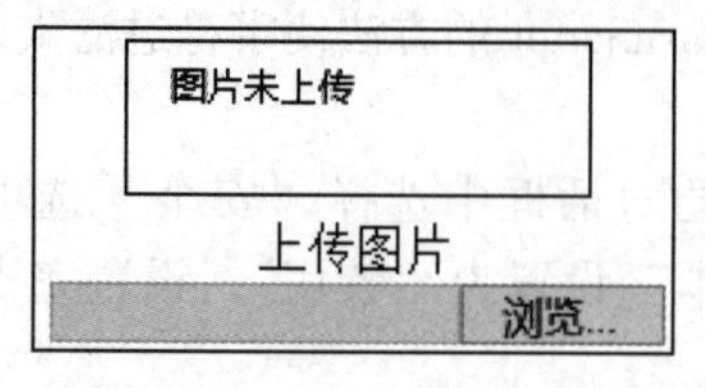

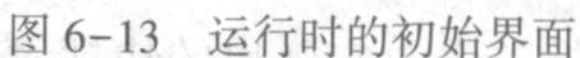
图 6-13 运行时的初始界面

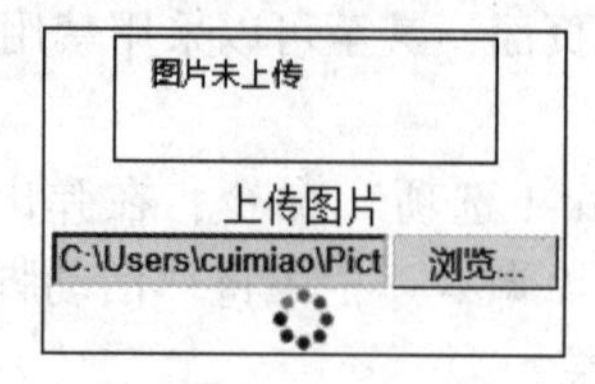

图 6-14 正在上传

图 6-15 上传结束

程序设计步骤如下。

新建一个 ASP.NET 空网站，向网站中添加 Web 窗体页面 Default.aspx。向窗体中添加一个脚本管理控件 ScriptManager1、两个图片框控件 Image1（用于显示上传后的图片）和 Image2（用于呈现正在上传的动画图片），以及一个异步上传控件 AsyncFileUpload1。程序界面设计如图 6-16 所示。文件类型错误或超过规定大小将弹出如图 6-17 所示的信息框。在网站文件夹下新建一个 upload 文件夹，用于保存上传的图片文件。新建一个 images 文件夹，并将准备好的动画图片复制到其中。

设置 AsyncFileUpload1 的 OnClientUploadComplete 属性为 C_UploadComplete，指定上传完成时执行的客户端 JavaScript 脚本函数。

图 6-16 程序界面设计

图 6-17 文件类型或大小超出限制

1）Default.aspx 页面载入时执行的事件代码如下。

```
protected void Page_Load(object sender,EventArgs e)
{
    Image1.Width=150;                    //指定图片宽度,高度值按原图比例自动设置
    Image1.BorderWidth=1;                //为图片框设置 1px 的边框线
    Image1.AlternateText="图片未上传";
    Image2.ImageUrl="images/wait.gif";   //Image2 用于显示等待动画,表示上传正在进行
    if(Session["fname"]!=null)           //页面刷新时在 Image1 中显示上传完成的图片
    {
        Image1.ImageUrl="upload/"+Session["fname"].ToString();
    }
}
```

2）AsyncFileUpload1 控件上传完成时执行的事件代码如下。

```
protected void AsyncFileUpload1_UploadedComplete(object sender,
                        AjaxControlToolkit.AsyncFileUploadEventArgs e)
{
    //判断用户选择文件的类型
    if(AsyncFileUpload1.PostedFile.ContentType !="image/jpeg")
```

```
    {
        ClientScript. RegisterStartupScript( GetType( ),
                                  "Startup","<script>alert('文件类型错！')</script>");
        return;
    }
//ContentLength 返回文件大小,以字节为单位。2 097 152=2 * 1024 * 1024,表示 2 MB 的字节数
    if( AsyncFileUpload1. PostedFile. ContentLength > 2097152)
    {
        ClientScript. RegisterStartupScript( GetType( ),
                      "Startup","<script>alert('文件大小不能超过 2 MB,当前文件为:"+
                          AsyncFileUpload1. PostedFile. ContentLength+"字节')</script>");
        return;
    }
    // 获取用户选择图片的文件名
    string filename=System. IO. Path. GetFileName( AsyncFileUpload1. FileName);
    Session[ "fname" ]=filename;              //保存文件名到 Session 对象中
    System. Threading. Thread. Sleep(2000);  //为了看清动画效果,设置延时 2 s
    //将上传的文件保存到指定位置
  AsyncFileUpload1. SaveAs( Server. MapPath( "upload/" +filename) );
  }
```

3）切换到 Default. aspx 的源视图，在<body>…</body>之间编写下列 JavaScript 客户端脚本函数代码，供 AsyncFileUpload1 控件上传结束后自动调用。

```
<script type="text/javascript">
    function C_UploadComplete( sender)
    {
        location. reload( );          //上传结束后刷新页面,使图片显示到图片框
    }
</script>
```

说明：上述 JavaScript 脚本函数以刷新页面的方式，配合 Page_Load 事件中显示图片的代码，实现了上传后的图片立即显示。这种方法虽然简单，但引发页面刷新还是略显不足。实际应用中应通过该函数操作 Image1，使之显示上传完成的图片，而不引发页面刷新，从而给用户以最佳的体验。

6.3.5　使用 CalendarExtender 和 AutoCompleteExtender 扩展控件

CalendarExtender 扩展控件用于为 TextBox 控件提供一个格式化日期输入扩展，单击文本框时将弹出一个日期（年、月、日）选择框，用户选择后 TextBox 中自动显示格式化后的日期值。AutoCompleteExtender 扩展控件用于为 TextBox 提供一个类似百度搜索栏的自动匹配选择列表，使用户可以用选择的方式替代全文输入。与所有扩展控件一样，这两个控件也需要在页面中添加 ScriptManager 控件以提供底层支持。

1. 使用 CalendarExtender 扩展控件

计算机中不同的设置会导致日期格式的不同，在 Web 页面中输入日期值时常会导致格式错误。CalendarExtender 扩展控件附加在 TextBox 控件之后，可以为用户提供一个标准化的日期输入方式。

在添加了 ScriptManager 控件的 Web 页面的设计视图中选中 TextBox 控件，通过“任务”菜单为其添加 CalendarExtender 扩展控件。为了使 CalendarExtender 以中文方式显示日期，需要在页面源视图 ScriptManager 控件的声明代码中，添加如下所示的属性设置代码。

```
<asp:ScriptManager ID="ScriptManager1" runat="server" EnableScriptGlobalization=true
    EnableScriptLocalization=true > </asp:ScriptManager>
```

CalendarExtender 扩展控件的常用属性有 Format（用于设置最后显示到文本框中的日期格式）、DaysModeTitleFormat（用于设置显示到最上方标题中的日期格式）和 ToDaysDateFormat（用于设置最下方 Today 的日期格式）。

本例设置 DaysModeTitleFormat 属性为“yyyy 年 M 月”，设置 ToDaysDateFormat 属性为“yyyy-M-d”，设置 Format 属性为“yyyy-M-d”。

如果希望月、日以两位数显示，可使用类似“yyyy-MM-dd”的格式符进行设置。

程序运行后，单击文本框，将打开如图 6-18 所示的日期选择器。用户选择完毕后，系统能自动将对应的日期标准格式显示到文本框中。

图 6-18 日期选择器

2. 使用 AutoCompleteExtender 扩展控件

AutoCompleteExtender 扩展控件需要 Web 服务（WCF 或 Web Service）的支持才能实现。Web 服务在程序运行过程中为 AutoCompleteExtender 提供所需的数据集和匹配筛选，数据集的来源可以是数据库、数据文件或数组对象等。

AutoCompleteExtender 扩展控件的常用属性见表 6-6。

表 6-6 AutoCompleteExtender 扩展控件的常用属性

属 性 名	说 明
CompletionInterval	用户输入数据后间隔多少毫秒开始匹配
MinimumPrefixLength	用户最少输入几个字符后开始匹配
ServiceMethod	使用 Web 服务的方法名称
ServicePath	使用的 Web 服务文件（.svc 或 .asmx）路径

【演练 6-6】使用 AutoCompleteExtender 扩展控件，配合 Windows 通信基础（Windows Communication Foundation，WCF）服务，为文本框添加自动完成功能。如图 6-19 所示，程序运行后页面中显示一个文本框，用户在其中输入部分文字后，系统能自动从预设的数据集中匹配出前几个字符相同的数据，并以列表的方式呈现。用户可以使用键盘或鼠标选择完成输入。

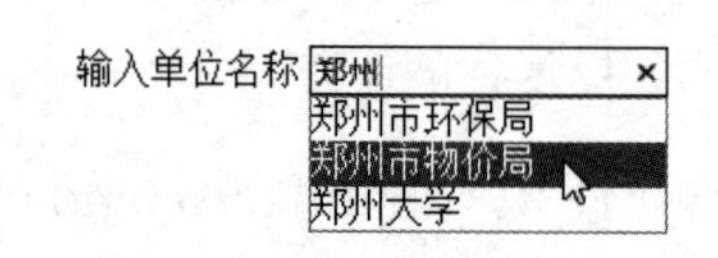

图 6-19 文本框的自动完成功能

程序设计步骤如下。

1）新建一个 ASP. NET 空网站，向网站中添加一个 Web 窗体页面 Default. aspx。向窗体中添加一个脚本管理控件 ScriptManager1，添加说明文字和一个文本框控件 TextBox1。通过文本框的“任务”菜单为其添加 AutoCompleteExtender 扩展控件。

2）在解决方案资源管理器中右击网站名称，在弹出的快捷菜单中选择“添加”→“添加新项”命令，在弹出的如图 6-20 所示的“添加新项”对话框中选择“WCF 服务（支持 Ajax）”选项，指定服务文件名后单击“添加”按钮，系统将自动创建一个空白的服务代码文件，并将其保存到 App_Code 文件夹中。

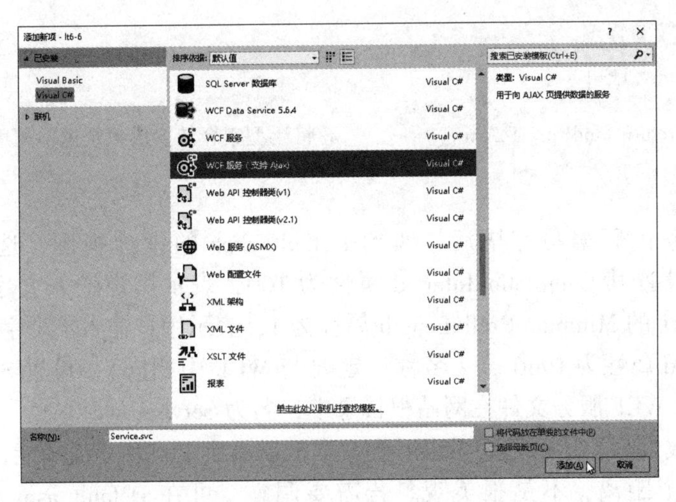

图 6-20　添加支持 AJAX 的 WCF 服务

3）编写 WCF 服务代码如下（App_Code 文件夹下的 Service. cs）。

```
public class Service
{
    private static string[ ] UnitArray;          //将数据值缓存在静态字段中
    //GetUnitList 方法用于获取数据集,不作为服务,故不使用[ OperationContract]
    public string[ ] GetUnitList( )              //在实际应用中此处数据一般都来自数据库
    {
        //如果数组中已有数据,则直接返回,不再重复赋值
        if( UnitArray ! = null && UnitArray. Length > 0)
        {
            return UnitArray;
        }
        //声明一个数组,并赋初始值(通常是从数据库中获取)
        UnitArray = new string[ ]
        {
                "郑州市环保局","郑州市物价局","河南大学",
                "河南工业大学","成都城建学院","武汉工业大学","郑州大学",
                "武汉大学","南京大学","南京邮电大学","成都科技大学"
        };
        return UnitArray;
    }
    //WCF 中将标记有[ OperationContract]特性的成员(类、方法等)作为服务,供调用
    [ OperationContract]
    //UnitList 方法用于匹配用户输入的前几个字符,将前几个字符相同的数据挑选出来
    public string[ ] UnitList( string prefixText, int count)
    {
        string[ ] unit = GetUnitList( );                         //调用 GetUnitList 方法得到数据集
        List<string>FindUnit = new List<string>( count);         //声明一个泛型集合
        int i = 0; int j = 0;                                    //设置循环变量
        while( i < unit. Length && j < count)
        {
          //从数据集中逐项取出与用户输入等长的前几个字符
          string pre = unit[ i]. Substring( 0, prefixText. Length);
            if( pre. Equals( prefixText) )//如果所取出的等于用户的输入
            {
                //添加到泛型集合中,循环结束后泛型集合中存放的就是所有匹配的项
                FindUnit. Add( unit[ i] );
                j++;
```

```
            }
            i++;
        }
        return FindUnit.ToArray( );          //将泛型集合转换成数组返回调用语句
    }
}
```

4）WCF 服务代码编写完毕后，回到 Default. aspx 的设计视图，选中 TextBox1，在“属性”窗口中设置其 CompletionInterval 属性为 100，表示用户输入文字 0.1 s 后开始匹配；设置 TextBox1 的 MinimumPrefixLength 属性为 1，表示用户输入 1 个字符后就开始匹配；设置 ServiceMethod 属性为 UnitList（名称一定要与 WCF 中相同）；设置 ServicePath 属性为 Service. svc，表示 WCF 服务文件在网站根目录中，名为 Service. svc。

设置完上述属性后，运行程序可以看到文本框已具有了自动完成功能，但出现的列表与文本框之间有一个距离，不是很美观。若需要调整，可在 Default. aspx 的源视图中，在 <head>…</head>标记之间添加下列样式设置代码。

```
<style type="text/css">
    ul,li
    {
        margin:0;            /* 设置 ul 和 li 标记的内外边距均为 0 */
        padding:0
    }
</style>
```

请思考以下两个问题。

1）一个 WCF 服务能否为多个不同的文本框提供自动完成功能？

2）一个 WCF 服务能否根据实际需要，为同一文本框提供内容不同的自动完成功能？

6.4 实训——设计一个限时在线考试系统

6.4.1 实训目的

1）掌握 ASP. NET AJAX 基本控件的属性设置及使用方法。进一步理解页面局部更新的重要性。了解 ASP. NET AJAX 扩展控件的使用方法。

2）掌握 Timer 控件的主要属性、方法和事件，能设计出具有定时功能的应用程序。

6.4.2 实训要求

设计一个能限制时间的在线考试系统，该系统具有以下几个功能。

1）系统支持最多 100 道的单选题（4 选 1）。

2）考试题目存储在单独的文本文件内（App_Data/test. txt）。如图 6-21 所示，每题以题目内容、正确答案、4 个选项为顺序逐行书写。

3）自动生成如图 6-22 所示的考试成绩表，存放在 App_Data/result. txt 文件中。

4）考生访问网站时首先看到的是如图 6-23 所示的登录界面，在输入“姓名”和“准考证号”后单击“开始考试”按钮，系统首先对用户输入的“姓名”及“准考证号”的合法性进行检测，要求“姓名”和“准考证号”不为空；准考证号必须由 6 位数字组成，且考生不是重复考试（成绩表中没有该准考证号的记录）。若未通过检测，将显示相应的出错提示信息。

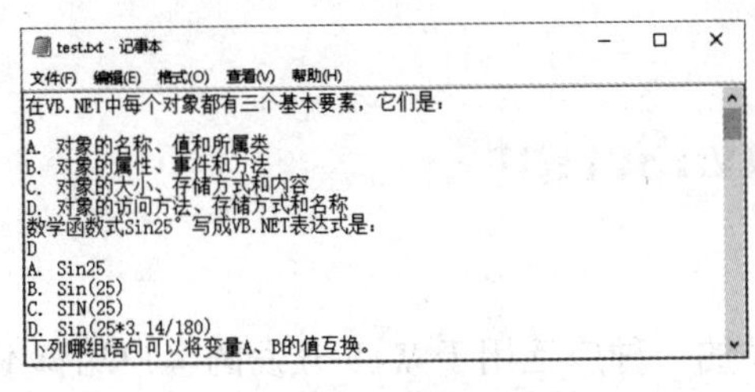

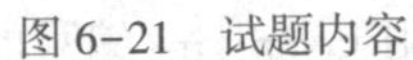
图 6-21　试题内容

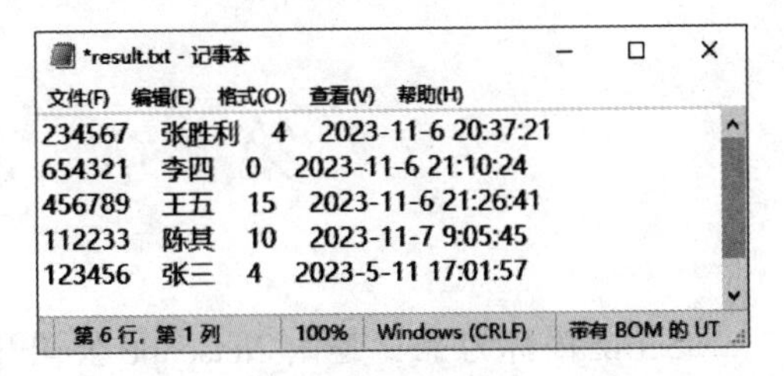

图 6-22　自动生成的考试成绩表

通过检测后即可进入如图 6-24 所示的答题界面。在答题界面的右上角始终显示一个倒计时的“剩余时间”指示。

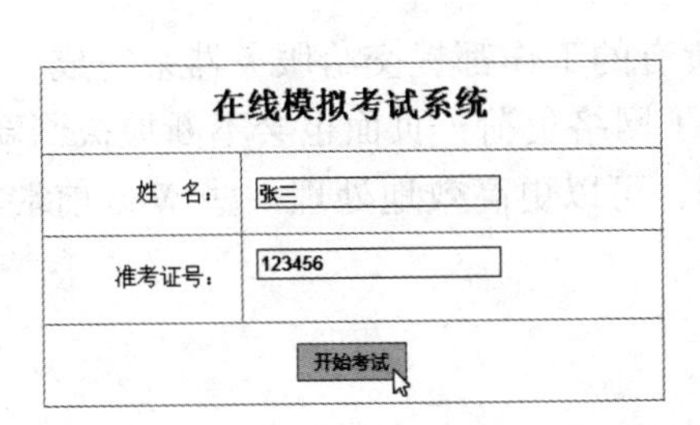

图 6-23　登录界面

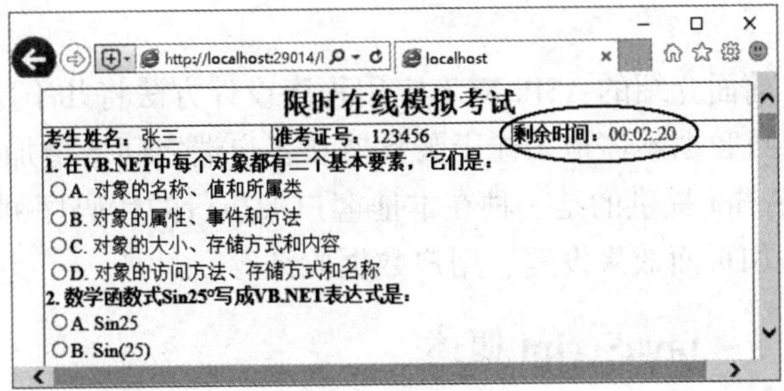

图 6-24　答题界面

5）考生答题结束后，单击答题页面下方的“提交试卷”按钮，屏幕上将显示如图 6-25 所示的本次考试的成绩，并将该成绩保存到 App_Data/result. txt 文件中。

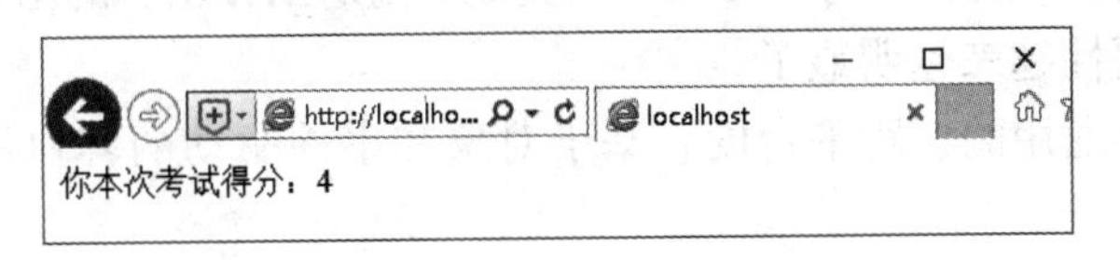

图 6-25　显示考试成绩

页面 HTML 代码及服务器端事件代码请读者自行完成。

第 7 章　JavaScript

JavaScript 简称为 JS，是由 Netscape 公司开发的一种广泛用于 Web 开发的客户端脚本语言，常用来给 HTML 网页或 ASP. NET 网页添加动态功能。用 JavaScript 编写的程序可以被嵌入或包含到 HTML 页面中，并直接在浏览器中被高效地解释和执行。

7.1　JavaScript 的基本概念

前面介绍的 ASP. NET 应用程序设计方法将几乎所有的工作都提交给服务器来完成，这就导致数据不停地来往于服务器和客户端之间，增加了网络负荷，页面也会不断地被刷新。JavaScript 提供的是一种在本地客户端执行的代码序列，可以更高效地处理一些 Web 前端需求（如页面效果设置、用户数据验证等）。

7.1.1　JavaScript 概述

JavaScript 是一种面向对象的客户端脚本语言。与前面介绍过的 C#不同的是，它是一种非编译的、以解释方式执行的程序设计语言。JavaScript 可以直接嵌入或包含在 HTML 页面文件中。使用 JavaScript 可以实现 HTML 页面的显示特效、用户输入合法性验证等，使页面更加丰富多彩，且大幅度减少了与服务器端的交互。随着 HTML 5 的出现及移动端应用的普及，JavaScript 的重要性越来越明显了。

JavaScript 是一种通用的、跨平台的、基于对象和事件驱动的客户端脚本语言，其主要特点有以下几个。

1. 弱数据类型

在 JavaScript 中，定义变量时无须指定变量的类型，浏览器会根据变量提取值的情况自行确定变量的类型。一个变量可以被赋予不同类型的数据，变量的类型会随其值的改变而改变。这点与前面介绍过的 C#截然不同，C#是一种强类型编程语言。

2. 跨平台

JavaScript 与操作系统无关，只要提供了支持 JavaScript 的浏览器，在 Windows、Linux、UNIX、Android、iOS 和 MAC 等环境中均能正常运行。

3. 基于对象

JavaScript 是一种基于对象的程序设计语言（还不能把 JavaScript 归为完全面向对象的程序设计方法），它提供了一系列的内置对象，并允许用户创建自定义对象。程序能通过调用对象的方法和属性来实现各种预期效果。

4. 基于事件驱动

与前面介绍过的 C#一样，JavaScript 采用事件驱动方式控制程序流程。事件的类型也分为系统事件和用户事件两种。

JavaScript 代码格式不够严谨，使用比较灵活，但过于随意将会导致代码的可读性降低，不易于后期维护和升级。因此，在编写 JavaScript 程序时应遵守以下几点规范。

1）书写代码时应注意，浏览器解析 JavaScript 代码时会忽略标识符与运算符之间多余的空格。

2）书写代码时每条语句一般应独占一行，并以英文分号“;”为结束符。

3）代码要使用缩进格式编写，以增强其层次感和可读性。

4）代码中可以使用“//”表示单行注释，使用“/ * …… * /”表示多行注释。

7.1.2　JavaScript 的代码编写规范

Visual Studio 为书写 JavaScript 代码提供了智能提示和自动完成功能，程序员可以像书写 C#和 HTML 代码一样通过智能提示减轻代码输入工作量。

JavaScript 脚本能以语句的方式书写在 HTML 元素标记中；能以语句块的形式嵌入到 HTML 文档中；还能以独立的 .js 文件保存，并在 HTML 文件中被调用。

1. 行内 JavaScript 语句

这种编写方式将 JavaScript 语句直接书写在 HTML 元素的开始标记中。例如，下列代码使用 HTML 标记在页面中显示了一个按钮控件，value 属性用于设置按钮上显示的文本内容；onclick 是单击按钮时触发的单击事件；alert（'你单击了按钮 '）是一条 JavaScript 语句，作为单击事件触发时执行的程序代码，表示弹出一个信息框“你单击了按钮”。

```
<div>
    <input type="button" value="这是一个按钮" onclick="alert('你单击了按钮')"/>
</div>
```

2. 嵌入式 JavaScript 语句块

在实际应用中往往需要多条 JavaScript 语句配合，才能实现某种功能。这种情况下，一般需要使用将代码书写成 JavaScript 语句块的形式，其语法格式如下。

```
<script type="text/javascript">//<script>标记可以出现在<head>标记或<body>标记中
    JavaScript 语句 1;
    JavaScript 语句 2;
    …;
</script>
```

例如，下列语句在 .aspx 页面的<body>标记中定义了一个名为 myf( )的函数（类似于 C#中的方法），函数被调用时在浏览器中输入一段文字“这是一个测试”，并弹出一个“你单击了按钮”信息框。在页面中使用<input>标记创建了一个按钮，当按钮被单击时调用 myf( )函数。

```
<body>
    <script type="text/javascript">
        function myf( )                              //定义 myf( )函数
        {
            document.write("这是一个测试");          //向浏览器中书写文字
            alert("你单击了按钮");                    //弹出信息框
        }
    </script>
    <form id="form1" runat="server">
    <div>
        <! --定义一个按钮,在按钮的单击事件中调用 myf( )函数-->
```

```
        <input type="button" value="这是一个按钮" onclick="myf()"/>
    </div>
    </form>
</body>
```

3. 使用独立的 .js 文件

在 Visual Studio 中右击网站名称，在弹出的快捷菜单中选择“添加”→“新建文件夹”命令，为文件夹指定一个名称，如本例的“js”。右击新建的文件夹，在弹出的快捷菜单中选择“添加”→“添加新项”命令，在弹出的如图 7-1 所示的对话框中选择“JavaScript 文件”选项，并指定文件名后单击“添加”按钮。

添加操作完成后，系统会自动在代码编辑区打开新建的空白 JavaScript 文件。需要说明的是，将网站中所有的 JavaScript 文件存放在一个文件夹内并不是必需的，这样做只是为了网站文件管理的方便，是一种严谨的好习惯。

如图 7-2 所示，JavaScript 文件的编辑方法与一般 JavaScript 代码块的编写方法相似，每行一条语句，语句行以“;”结束，只是不必再书写<script>和</script>标记。

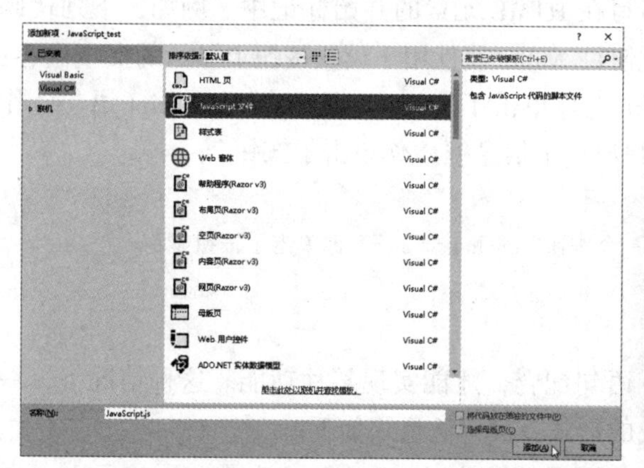

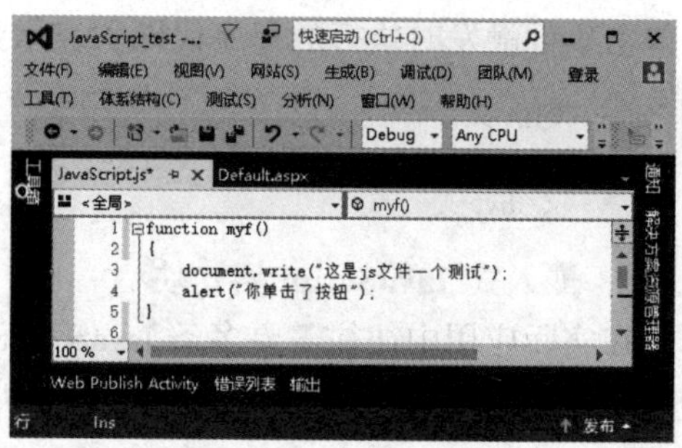

图 7-1 向 ASP. NET 中添加 JavaScript 文件 图 7-2 编写 JavaScript 文件

JavaScript 文件编辑完毕后，需要在 HTML 或 *.aspx 页面的<head></head>或<body></body>标记之间加以引用方可起作用，其语法格式如下。

```
<script type="text/javascript" src="JavaScript 文件的 URL"></script>
```

7.2 JavaScript 程序设计基础

要使用 JavaScript 编写程序，首先要掌握其关于数据类型、流程控制语句、内置对象和函数等方面的知识。这里需要注意的是 JavaScript 与 Java 程序设计语言是完全不同的，前者只是借用了后者的语法风格，是一种弱数据类型的、在客户端解释执行的非编译脚本语言；后者则是强数据类型的、完全面向对象的、在服务器端编译执行的程序设计语言。

7.2.1 数据类型和变量

在使用 JavaScript 编写程序代码前，首先要理解关于数据类型和如何用变量声明这些数据类型的法则。

1. 数据类型

概括地讲，JavaScript 的数据类型可分为基本类型和引用类型两大类。这与 C#中的值类型和引用类型非常相似。基本类型主要指整型、浮点型、字符型和布尔型等，引用类型主要指数组、函数和对象等。JavaScript 中常用的数据类型及其说明见表 7-1。

表 7-1　JavaScript 中常用的数据类型及其说明

数据类型	说　明
String	字符串型，表示由 0～N 个 Unicode 字符组成的字符序列，字符串数据可以用英文单引号或双引号表示
Number	数值型，可以是 32 位的整数或 64 位的浮点数，整数可以是十进制、八进制或十六进制的形式
Boolean	布尔型，只包括 true 和 false 两个值，表示表达式的“真”或“假”
Null	Null 是一种特殊类型，用来表示不存在的对象，或者说，它表示一个空对象引用
Undefined	未定义类型，通常用 Undefined 表示变量不包含任何有效值
Array	数组类型，表示一系列变量或对象的集合，这些变量或对象的类型可以是不相同的
Function	函数类型，它是由事件驱动的或者被调用时执行的、可重复使用的代码块
Object	对象类型，在 JavaScript 中，对象是指拥有属性和方法的数据

在 JavaScript 中，可以使用 typeof 运算符获取变量的数据类型。typeof 有 6 种用于说明数据类型的返回值：number、string、boolean、object、function 和 undefined。例如，下列语句执行后将弹出信息框显示 number，表示变量 x 的数据类型为 number。

```
<script type="text/javascript">
    var x=30;                    //为变量 x 赋值
    alert(typeof(x));            //获取当前 x 的数据类型,并显示到信息框中
</script>
```

2. 变量和运算符

变量是程序存储数据的基本单位，用来保存程序运行中产生的数据。JavaScript 中变量的使用比较灵活。变量可以不用事先定义而直接使用。定义变量时可以不声明其数据类型，变量被赋予什么值，以及其数据类型就是什么。

JavaScript 中的运算符与 C#的运算符相似，也分为赋值运算符、数值运算符、比较运算符和逻辑运算符等。

（1）声明变量和为变量赋值

JavaScript 允许使用未声明的变量，但在使用前声明变量无疑是一种好的编程习惯。JavaScript 中的所有变量无论是何种数据类型，都使用 var 关键字进行声明。

```
var username,userpwd;            //声明两个变量
username="zhangsan";             //为变量赋值
userpwd="123456";
var age=21;                      //声明变量的同时为变量赋值
```

（2）运算符

JavaScript 使用的运算符与 C#语言的运算符大部分相同，如算术运算符（+、-、*、/）、比较运算符（<、>、==、>=、<=、!=）和布尔运算符（&&、||、!）等。需要特别说明的是，JavaScript 中的比较运算符“===”（完全等于）出现在关系表达式中时，只有当被比较的两个变量值相等且数据类型相同时才返回 true。举例如下。

```
var x="123";                //字符型变量
var y=123;                  //数值型变量
alert(x===y);               //弹出信息框显示 false,表示 x 与 y 并不完全相等
```

3. 变量的作用域

变量的作用范围是指可以访问该变量的代码区域。JavaScript 中按变量的作用范围分为全局变量和局部变量。

全局变量：可以在整个 HTML 文档范围中使用的变量，这种变量通常都是在函数体外定义的变量。

局部变量：只能在局部范围内使用的变量，这种变量通常都是在函数体内定义的变量，所以只在函数体内部有效。

需要注意的是，省略关键字 var 声明的变量（未定义就直接使用的变量），无论在函数体内部还是外部，都是全局变量。例如，下列代码执行后，首先由函数 test( )中的 alert 语句弹出信息框，显示“这是局部变量”；而后，由函数外的 alert 语句弹出信息框，显示“这是全局变量”。

```
<script type="text/javascript">
    var x="这是全局变量";
    function test()                 //创建函数 test
    {
        var x="这是局部变量";       //函数体内声明的局部变量
        alert(x);
    }
    test();                         //调用函数,显示“这是局部变量”
    alert(x);                       //弹出信息框,显示“这是全局变量”
</script>
```

这两个 alert 语句都是输出变量 x 的值，但显示的内容却不同。说明函数内部定义并赋值的变量 x 覆盖了第一行定义并赋值的全局变量 x。

7.2.2 流程控制语句

在 JavaScript 中也是通过语句的顺序执行、使用分支结构或循环结构语句来控制程序流程的。其语法及使用方法与 C#基本相同。

1. 分支结构

JavaScript 的分支结构主要由 if 语句和 switch 语句构成。if 语句的语法格式如下。

```
if(条件表达式)
{语句序列 1; }
else if
{ 语句序列 2; }
else
{ 语句序列 3; }
```

switch 语句的语法格式如下。

```
switch(控制表达式)
{
    case 常量表达式 1:
        语句序列 1;
    break;
    …
```

```
        case 常量表达式 n:
            语句序列 n;
            break;
        default:
            语句序列 n+1;
            break;
    }
```

2. 循环结构

JavaScript 的循环结构主要由 for 语句、while 语句和 for in 语句构成。其中，for 语句和 while 语句与 C#中的语法格式及使用方法完全相同，这里不再赘述。C#中的 foreach 语句在 JavaScript 中稍有变化，其语法格式如下。

```
for(循环变量 in 数据集)
{
    循环体语句;
}
```

其中，数据集表示带有下标变量（索引值）的数据集合（如数组、对象和字符串等），程序执行时，依次从数据集中取出每一个值存放到循环变量中并交由循环体语句进行处理。

7.2.3　JavaScript 函数

7-1　JavaScript 函数

JavaScript 函数与 C#中的方法十分相似，也分为内置函数和自定义函数两种。内置函数的代码被编译封装到了浏览器中，可以直接使用（如前面经常使用的 alert 函数）。自定义函数由一系列程序员根据实际需要编写的语句组成，用于实现某种特定功能，如用户数据处理、输入数据检测等。自定义函数只能在其他语句或事件中被调用，一般不会自动执行。

1. JavaScript 内置函数

JavaScript 常用内置函数（也称为全局函数）及其说明见表 7-2。

表 7-2　JavaScript 常用内置函数及其说明

函数名	说　明
alert	用于显示一个弹出信息框
confirm	用于显示一个确认对话框，包括“确定”和“取消”两个按钮。语法格式为“confirm("提示文本");”
prompt	用于显示一个输入对话框，提示等待用户输入。语法格式为“prompt("提示文本","默认值");”
eval	用于计算表达式的结果
isNaN	表示“is Not a Number”，用于测试变量是否为一个数字，返回值为 true 表示不是一个数字

例如，下列函数被调用时，弹出如图 7-3 所示的对话框，并将用户响应保存到变量 isok 中，而后通过 if 语句判断用户的响应，并采取不同的处理方法。

```
function conf()
{
    var isok=confirm("数据将被删除,请确认");
    //用户单击了对话框中的“确定”按钮,isok 的值为 true
    if(isok)
        document.write("删除");
    else
```

```
        document.write("取消");
    }
```

下列语句执行时将弹出如图 7-4 所示的输入对话框。

```
var xm=prompt("请输入姓名:","");  //将用户的输入值保存到变量 xm 中
if(xm!=null && xm!="")          //单击"取消"按钮或未输入内容,函数返回 null 或空字符串
{
    alert("你的姓名是:"+xm);
}
```

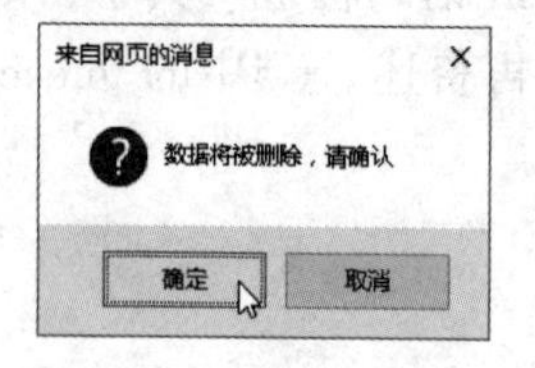

图 7-3　confirm 对话框

图 7-4　输入对话框

下列语句演示了 eval 函数的使用方法。

```
var result=eval("2+3*6");          //调用 eval 函数计算表达式的值
alert("计算结果为:"+result);       //显示"计算结果为:20"
```

下列语句演示了 isNaN 函数的使用方法。

```
var tel="a12345678";   //为变量 tel 赋值
if(isNaN(tel))         //调用 isNaN 函数判断变量的值,函数值为 true 表示不是一个数字
{
    alert("不是一个数字");
}
```

2. 自定义函数

JavaScript 除了可以使用预定义函数外，还可以根据需要自定义用于实现特定功能的函数。由于 JavaScript 是弱类型脚本程序设计语言，因此在定义函数时无须声明函数的参数类型和返回值类型。JavaScript 的自定义函数分为命名函数、匿名函数、对象函数和自调用函数 4 种。

自定义函数代码可以写在<script></script>标记之间，也可以写在 *. js 文件中。在同一个<script></script>标记中，函数定义可以书写在调用语句之前或之后；但在不同的<script></script>标记中，函数定义语句只能写在调用语句之前。

（1）命名函数

语法格式如下。

```
function 函数名([形参列表])     //存在多个参数时应使用英文逗号分隔
{
    函数体语句;
    [return 返回值;]            //可选项,函数可以有返回值,也可以没有
}
```

（2）匿名函数

语法格式如下。

```
function([形参列表])
{
    函数体语句;
```

```
    [return 返回值;]            //可选项
}
```

可以看出匿名函数与命名函数的区别只是匿名函数省略了函数名。由于没有函数名，在使用时需要用变量存放函数，而后再通过变量进行调用。举例如下。

```
<script type="text/javascript">
    //声明匿名函数并赋值给变量 f,从调用语句接收两个参数
    var f=function(uname, ulevel)   //uname 用于接收用户名数据,ulevel 用于接收用户级别数据
    {
        if(ulevel==0)               //ulevel 为 0 表示用户为管理员
            var role="欢迎管理员"+uname+"登录";
        if(ulevel==1)               //ulevel 为 1 表示用户为普通用户
            var role="欢迎用户"+uname+"登录";
    return role;                    //返回函数值
    }
    //通过变量 f 调用匿名函数并传递两个参数,用户名为张三,用户级别为 0
    alert(f("张三", 0));            //弹出信息框显示函数返回值
</script>
```

匿名函数除了可以通过变量调用外，还可以在网页事件中被直接调用。举例如下。

```
window.onload=function(){           //window.onload 是网页加载时触发的事件
    alert("事件调用匿名函数");       //函数体语句
}
```

（3）自调用函数

JavaScript 函数除了可以被其他语句或事件调用外，也允许将函数的定义与调用一并实现，这种函数称为“自调用函数”。其语法格式如下。

```
(function([形参列表])
{
    函数体语句;
    [return 返回值;]
})([实参列表]);
```

自调用函数需要使用小括号“()”括起来，表示此部分是一个函数表达式。函数表达式后面又紧跟一个小括号“()”，其中内容为需要传递给函数的实参值。举例如下。

```
var user="张三";
(function(u){
    alert("欢迎"+u+"访问本网站");           //函数体语句
})(user);                                    //将变量 user 作为实参传递给函数
```

7.3　JavaScript 对象

JavaScript 对象是一种特殊的数据类型，由变量和函数两部分组成。其中变量称为对象的属性，函数称为对象的方法。JavaScript 对象分为内置对象和自定义对象两种形式。

7.3.1　JavaScript 内置对象

JavaScript 常用的内置对象有 Array（数组对象）、String（字符串对象）、Date（日期对象）和 Math（数学对象）等。

1. Array 对象

JavaScript 的 Array 数组对象与 C#不同的是，它在声明时无须指定数据类型，而且可以将不同类型的数据存放到同一数组中。

可以使用以下 3 种方法声明 Array 对象。

```
var 数组对象名=new Array();                    //空数组,长度为 0
var 数组对象名=new Array(数组元素个数);          //定长数组
var 数组对象名=new Array(值 1, 值 2,…, 值 n);   //创建数组的同时为数组赋值
```

Array 对象的常用属性是 length，用于获取数组中元素的个数。Array 对象的常用方法有 concat、join、push、slice、sort 和 reverse。

（1）concat 方法

concat 方法用于连接两个或多个数组。其语法格式如下。

```
数组对象名.concat(数组 1, 数组 2, …, 数组 n);
```

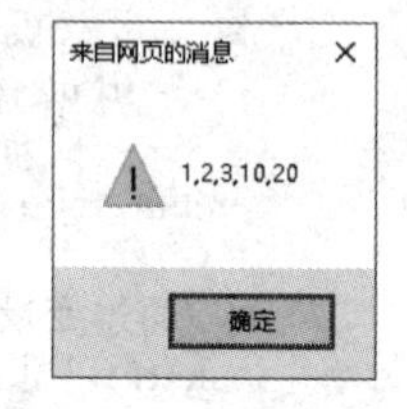

图 7-5　连接数组对象

例如，下列语句执行后显示如图 7-5 所示的结果。

```
<script type="text/javascript">
    var a=new Array(3);              //声明一个数组 a 对象
    a[0]=1; a[1]=2; a[2]=3;          //为数组各元素赋值
    var b=new Array(2);              //声明一个数组 b 对象
    b[0]=10; b[1]=20;
    alert(a.concat(b));              //将数组 b 连接到数组 a,并显示连接结果
</script>
```

（2）join 方法

join 方法用于将数组中所有的元素转换成一个字符串，并使用指定的分隔符分隔。其语法格式如下。

```
数组对象.join(分隔符);
```

举例如下。

```
var a=new Array(1, 2, 3)        //声明数组对象 a 并为各元素赋值
var str=a.join("-");            //将数组各元素转换为字符串存入变量 str,并使用"-"分隔
alert(str);                     //显示结果为"1-2-3"
```

（3）push 方法

push 方法用于向当前数组对象中添加一个或多个新元素，其返回值为添加元素后的数组长度。其语法格式如下。

```
数组对象.push(值 1, 值 2, …, 值 n);
```

举例如下。

```
var a=new Array(1, 2, 3);
a.push(4, 5);          //向 a 数组中添加两个元素,并赋值
alert("元素列表:"+a);  //显示结果为"元素列表:1,2,3,4,5",此时数组包含 5 个元素
```

（4）slice 方法

slice 方法用于从数组中返回指定的一个或多个元素值。其语法格式如下。

```
数组对象.slice(开始位置[, 结束位置]);
```

省略结束位置参数时，表示选区从开始位置（索引值从 0 开始）到最后一个元素。开始位置和结束位置允许取负值，-1 表示倒数第 1 个元素，-2 表示倒数第 2 个元素，以此类推。需要注意的是，结束位置所在的元素总是不会被取出。

举例如下。

```
var a=new Array(1, 2, 3, 4, 5);                  //声明数组对象 a,并赋值
document.write(a.slice(3)+"<br/>");//取出从索引值为 3 的元素开始到最后的所有元素,得到 4,5
document.write(a.slice(2, 4)+"<br/>");           //得到 3,4(不包括索引值为 4 的第 5 个元素)
document.write(a.slice(-1)+"<br/>");             //取出倒数第 1 个元素,得到 5
document.write(a.slice(-3,-1)+"<br/>");          //得到 3,4(不包括倒数第 1 个元素)
```

（5）sort 和 reverse 方法

sort 方法用于实现数组的排序，其语法格式如下。

```
数组对象名.sort([排序方式函数]);
```

sort 方法在不使用排序方式函数时，按照数组元素的字符编码进行排序。此时会将“1，2，10，21”排序为“1，10，2，21”。若希望按数值的升序或降序排列，可使用下面的排序函数。为何这样处理这里不再过多介绍，有兴趣的读者可自行查阅相关资料。

```
function sortby(a, b)      //函数名可任意,只要前后对应即可
{
    return a-b;            //按升序排序,若希望降序排序可改写成“return b-a”
}
```

reverse 方法用于对数组对象执行一个反序操作。例如，原数组为“1，2，3，4，5”，调用 reverse 方法后得到结果“5，4，3，2，1”。

2. String 对象

可以使用以下两种方法创建 String 对象。

```
var 字符串变量名="字符串常量或表达式";
var 字符串变量名=new String("字符串常量或表达式");
```

String 对象的常用方法见表 7-3。

表 7-3　String 对象的常用方法

方　法	说　明	示　例
anchor()	为字符串添加锚点标记	var str="String 对象常用方法"; str.anchor("方法");
link()	为字符串添加超链接标记	var str="百度"; document.write("单击进入"+str.link("http://www.baidu.com"));为“百度”添加超链接
big()、small()	使用大字体或小字体显示字符串	var str="abc"; document.write(str.big());
italics()、bold()	使用斜体或粗体显示字符串	var str="abc"; document.write(str.italics());
blink()、fixed()	使用闪烁或高亮方式显示字符串	var str="abc"; document.write(str.blink());
fontsize()、fontcolor()	设置字符串的字号或颜色	var str="abc"; document.write(str.fontsize(7)); 参数只能是数字 1～7(1 最小,7 最大)
toUpperCase()、toLowCase()	将字符串转换为大写或小写	var str="abc"; document.write(str.toUpperCase());
indexOf(字符, 索引)	从“索引”处向右查找“字符”出现的位置,索引值从 0 开始。若未找到,则返回-1	var str="abcdef"; alert(str.indexOf("bc", 0));　显示 1

（续）

方　法	说　明	示　例
charAt(n)	返回字符串中索引为 n 的字符	var str="abc"; alert(str. charAt(2)); 显示 c
substring(start, end)	返回字符串中索引为 start 到 end 之间的字符(不含 end 处的字符)	var str="abcdefg"; alert(str. substring(3, 5)); 显示 de
sup()、sub()	以上标或下标方式显示字符串	var x="2"; document. write("23"+x. sup()); 显示 23^2

3. Date 对象

Date 对象用于表示日期和时间。通过 Date 对象的方法可以进行一系列与日期、时间有关的操作和控制。

(1) 创建 Date 对象

可以使用以下几种方法创建 Date 对象。

```
var 对象名=new Date();                  //返回当前系统时间
var 对象名=new Date(milliseconds);      //参数表示距离起始时间 1970 年 1 月 1 日的毫秒数
var 对象名=new Date(时间字符串);        //使用表示日期时间的字符串为 Date 对象赋值
//使用年、月、日、时、分、秒数值创建 Date 对象并赋值
var 对象名=new Date(yyyy, MM, dd, hh, mm, ss);
```

需要说明的是，起点时间“1970 年 1 月 1 日零时”指 GMT（格林尼治时间），精确计算时间时起点的时分秒还要加上当前所在的时区。北京时间的时区为东 8 区，起点时间实际为：“1970/01/01 08:00:00”。

下列代码演示了创建 Date 对象并为其赋值的几种情况。

```
var t=new Date();                    //获取当前系统时间并为 Date 对象 t 赋值
document. write(t);                  //显示“Mon Nov 27 2023 08:43:54 GMT+0800(中国标准时间)”
var t=new Date(1234567890);          //获取距 1970 年 1 月 1 日 0 时 1 234 567 890 ms 后的时间
document. write(t);                  //显示 Thu Jan 15 1970 14:56:07 GMT+0800(中国标准时间)
var t=new Date("2023/11/27 11:46:17");  //使用字符串描述的时间创建 Date 对象
document. write(t);                  //显示 Mon Nov 27 2023 11:46:17 GMT+0800(中国标准时间)
var t=new Date(2024,9,28);           //月份表示方法为 0～11,9 表示 10 月
document. write(t);                  //显示 Mon Oct 28 2024 00:00:00 GMT+0800(中国标准时间)
```

(2) Date 对象的常用方法

Date 对象的常用方法见表 7-4。

表 7-4　Date 对象的常用方法

方　法	说　明	示　例
getFullYear()、getMonth()、getDate()	获取 Date 对象的年、月、日的值	var t=new Date("2023/11/2"); alert(t. getFullYear()); 显示 2023
getDay()	获取 Date 对象的星期值	var t=new Date("2023/11/2"); alert(t. getDay()); 显示 3
getHours()、getMinutes()、getSeconds()	获取 Date 对象的时、分、秒的值	var t = new Date ("2023/11/2 14:27:48"); alert (t. getHours()); 显示 14
getTime	获取 1970 年 1 月 1 日零时至今的毫秒数	var t=new Date("2023/11/2"); alert(t. getTime()); 显示 1701187200000
setFullYear()	设置 Date 对象的年、月、日的值	var t=new Date(); t. setFullYear(2023, 11, 29); alert(t); 显示 1703812188381(2023 年 11 月 29 日零点距起点时间的毫秒数)

（续）

方　法	说　明	示　例
setHours()	设置 Date 对象的时、分、秒、毫秒的值	var t=new Date("2023/11/29"); alert(t.setHours(13,57,28,10)); 显示 1701237448010,表示 2023 年 11 月 29 日 13 点 57 分 28 秒 10 毫秒距起点时间的毫秒数
setTime	以距起点时间毫秒数的方式设置 Date 对象	var t=new Date(); t.setTime(1786569600000); alert(t.toLocaleDateString()); 显示 2026 年 8 月 13 日
toDateString()	把 Date 对象的日期部分转换为字符串	var t = new Date (" 2023/11/29 20: 17: 45 "); alert (t.toDateString()); 显示 Wed Nov 29 2023
toLocaleString()	根据本地时间格式,把 Date 对象转换为字符串	var t=new Date("2023/11/29 20:17:45"); alert(t.toLocaleString()); 显示 2023/11/29 20:17:45
toLocaleDateString()	根据本地时间格式,把 Date 对象的日期部分转换为字符串	var t=new Date("2023/11/29 20:17:45"); alert(t.toLocaleDateString()); 显示 2023/11/29
toLocaleTimeString()	根据本地时间格式,把 Date 对象的时间部分转换为字符串	var t=new Date("2023/11/29 20:17:45"); alert(t.toLocaleTimeString()); 显示 20:17:45

从上述示例中可以看出，Date 对象是以距起点时间的毫秒数来保存日期时间数据的，所以 Date 对象支持加减运算。

例如，下列代码用于计算当前日期 3 天后是哪一天。

```
var now=new Date();                      //获取当前日期并存放到 Date 对象 now 中
var newdate=now.getTime();  //获取当前日期距起点时间的毫秒数并存放到变量 newdate 中
newdate=newdate+3*24*60*60*1000;         //加上 3 天的毫秒数
now.setTime(newdate);                    //使用加上 3 天后的毫秒数重新设置 Date 对象 now
document.write(now.toLocaleDateString()); //显示加上 3 天后的日期值
```

4. Math 对象

Math 对象中包含一些数学常量（称为 Math 对象的属性）和一些数学函数方法。与前面介绍的 String、Date 对象不同，Math 对象是静态对象，不能使用 new 关键字实例化 Math 对象。Math 对象的调用语法格式如下。

```
Math.属性或方法名([参数]);
```

Math 对象的常用属性见表 7-5。

表 7-5　Math 对象的常用属性

属 性 名	说　明
E	返回算术常量 e，即自然对数的底（约等于 2.718）
LN2	返回 2 的自然对数（约等于 0.693）
LN10	返回 10 的自然对数（约等于 2.303）
LOG2E	返回以 2 为底 e 的自然对数（约等于 1.442）
LOG10E	返回以 10 为底 e 的自然对数（约等于 0.434）
PI	返回圆周率（约等于 3.14159）
SQRT2	返回 2 的平方根值（约等于 1.414）
SQRT1_2	返回 2 的平方根的倒数（约等于 0.7071）

常用 Math 对象的方法见表 7-6。

表 7-6 常用 Math 对象的方法

方 法	说 明	示 例
Math.abs(x)	返回 x 的绝对值	document.write(Math.abs(-2));//显示 2
Math.ceil(x)	对 x 进行上取整	document.write(Math.ceil(3.6));//显示 4
Math.floor(x)	对 x 进行下取整	document.write(Math.floor(3.6));//显示 3
Math.round(x)	对 x 进行四舍五入	document.write(Math.round(3.6));//显示 4
Math.max(x, y)	返回 x,y 中较大的一个	document.write(Math.max(4, 12));//显示 12
Math.min(x, y)	返回 x,y 中较小的一个	document.write(Math.min(4, 12));//显示 4
Math.pow(x, y)	返回 x 的 y 次幂	document.write(Math.pow(4, 2));//显示 16
Math.sqrt(x)	返回 x 的平方根	document.write(Math.sqrt(3));//显示 1.732
Math.random()	返回一个[0, 1)之间的随机数	document.write(Math.random());//显示大于等于 0 且小于 1 的随机数
Math.sin(x)、Math.cos(x)、Math.tan(x)	返回弧度值 x 的三角函数值	document.write(Math.sin(Math.PI/2)//显示 1

7.3.2 自定义对象

在 JavaScript 中可以使用内置对象，也可以根据实际需要通过 JSON 方式或构造函数方式创建用户自定义对象。JavaScript 对象符号（JavaScript Object Notation，JSON）是一种基于 JavaScript 的轻量级数据交换格式，具有简洁易读、数据体积小、传输速度快的特点。

1. 使用 JSON 方式创建自定义对象

使用 JSON 方式创建自定义对象时无须使用 new 关键字。其语法格式如下。

```
var 对象名=
{
    属性 1:属性值 1, 属性 2:属性值 2, …属性 n:属性值 n,
    方法名 1:function(){ 方法体语句; },
    方法名 2:function(){ 方法体语句; },
    …
    方法名 n:function(){ 方法体语句; }
};
```

【演练 7-1】使用 JSON 方式创建一个名为 goods 的自定义对象，该对象有两个属性（商品名称和单价）和一个用于显示购物清单的 showinfo 方法。代码运行结果如图 7-6 所示。

程序设计步骤如下。

新建一个 ASP.NET 空网站，向网站中添加一个 Web 窗体页面 Default.aspx，切换到源视图，在<head></head>之间添加如下所示的 JavaScript 代码。

```
<script type="text/javascript">
    var goods=
    {
        name:"电池", price: 12.5,        //定义对象的属性(商品名称和单价)
        //定义对象的方法,形参 num 用于接收从调用语句传递来的购买数量
        showinfo:function(num)           //showinfo 方法用于显示购物清单
        {
```

```
            //调用本对象的属性时可使用 this 关键字
            alert("商品名称:"+this.name+",单价:"+this.price+
            ",数量:"+num+",应付款:"+num * this.price)
        }
    };
    goods.showinfo(3);    //调用 goods 对象的 showinfo 方法(无须使用 new 关键字创建实例)
</script>
```

来自网页的消息

商品名称：电池，单价：12.5，数量：3，应付款：37.5

确定

图 7-6　代码运行结果

2. 使用构造函数方式创建自定义对象

使用构造函数方式创建 JavaScript 对象前，首先需要创建一个类，而后使用 new 关键字实例化该类得到自定义对象。其语法格式如下。

```
function 类名(属性 1,属性 2,…,属性 n)//创建对象的类
{
    this.属性 1=属性值 1;
    this.属性 2=属性值 2;
    …
    this.属性 n=属性值 n;
    this.方法 1=函数名 1 | function(){…};
    this.方法 2=函数名 2 | function(){…};
    …
    this.方法 2=函数名 n | function(){…};
}
//实例化类得到自定义对象,然后可通过对象调用其属性或方法
var 对象名=new 类名;
```

【演练 7-2】使用构造函数方式重新创建【演练 7-1】的 goods 自定义对象。程序设计步骤如下。

新建一个 ASP.NET 空网站并添加一个 Web 窗体页面 Default.aspx，在<head></head>之间添加以下代码。

```
<script type="text/javascript">
    function Goods(name,price)          //声明自定义类 Goods 及其 name、price 属性
    {
        this.name="电池";               //name 属性
        this.price=12.5;               //price 属性
        this.showinfo=show;            //showinfo 方法对应的函数为 show
    }
    function show(num)                 //showinfo 方法的具体实现(显示购物清单)
    {
        alert("商品名称:"+this.name+",单价:"+this.price+",数量:"+
            num+",应付款:"+num * this.price);
    }
    var g=new Goods();                 //实例化 Goods 类,得到 g 对象
    g.showinfo(3);                     //通过 g 对象调用 showinfo 方法
</script>
```

关于类的方法也可以写成以下形式（斜体字部分）。

```
function Goods(name,price)
{
    this.name="电池";
    this.price=12.5;
```

```
        this.showinfo=function(num)    //使用自调用函数定义类的方法
        {
            alert("商品名称:"+this.name+",单价:"+this.price+",数量:"+
                num+",应付款:"+num * this.price);
        };
    }
    var g=new Goods();
    g.showinfo(3);
```

7.4 BOM 和 DOM 对象

7-2 BOM 和 DOM 对象

无论是 JavaScript、jQuery 还是任何一种客户端脚本语言，它们编程的对象无非是浏览器、网页，以及网页中的各种 HTML 元素等，通常可以将上述这些都看成一个个"对象"，而这些对象之间的关系结构就称为浏览器对象模型（BOM）。

BOM 的最顶层是 window 对象，表示一个完整的浏览器窗口。第二层包含 document、location、event 和 history 等对象。网页中的各 HTML 元素则隶属于 document 对象。BOM 的主要层次关系如图 7-7 所示。

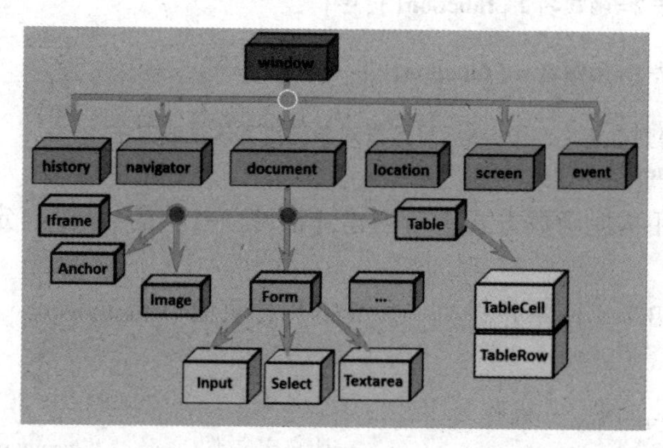

图 7-7 BOM 对象的主要层次关系

BOM 中最主要的是 document 所属部分，通常将该部分称为文档对象模型（DOM），这也是 JavaScript 和 jQuery 的核心对象。由于 DOM 中的所有 HTML 元素都以 document 对象的形式被表示出来，因此开发人员可以利用客户端脚本语言对其进行增、删、改、查操作。

7.4.1 window 对象

window 对象是 BOM 模型的最顶层，每个 window 对象都代表一个浏览器窗口。当页面中包含 frame 或 iframe 元素时，JavaScript 会为整个浏览器窗口创建一个 window 对象，而后为每个框架对应的页面创建一个 window 对象。

window 对象包含了若干用于操作浏览器窗口的属性和方法。前面介绍过的 JavaScript 内置函数 alert()、confirm()和 prompt()实际上就是 window 对象的方法。通过这些属性和方法可以在客户端方便地实现与用户的互动。

1. window 对象的常用属性

window 对象的常用属性见表 7-7。

表 7-7　window 对象的常用属性

属 性 名	说　明
closed	只读属性，返回值为 true 表示窗口已被关闭
opener	返回当前窗口的父窗口对象，该属性对表示框架的 window 对象无效
defaultStatus	返回或设置浏览器状态栏中的默认内容
status	可返回或设置浏览器状态栏中显示的内容
innerWidth、innerHeight	只读属性，返回窗口文档显示区（不包括菜单栏、工具栏及滚动条等）的宽度和高度

2. window 对象的常用方法

window 对象的常用方法见表 7-8。

表 7-8　window 对象的常用方法

方　法	说　明
open(url,target,features,replace)	用于打开一个子窗口。参数中的 url 表示希望显示在新窗口中的页面，target 表示新窗口的目标框架，features 表示新窗口的特征（详见表 7-9），replace 为 true 表示创建新的历史记录，否则替换原有历史记录
close()	用于关闭浏览器窗口
setTimeout(code,millisec)、clearTimeout()	设置或清除延时执行。code 表示代码或函数，millisec 表示延时多少毫秒后执行 code
setInterval(code,millisec)、clearInterval()	设置或清除周期性重复执行，表示每过多少毫秒执行一次指定的代码或函数

open()方法的 features 参数的常用设置及说明见表 7-9。

表 7-9　open()方法的 features 参数常用设置及说明

特　征	说　明
channelmode	是否使用剧院模式，默认值为 no
fullscreen	是否使用全屏模式，默认值为 no（处于全屏模式的窗口必须同时处于剧院模式）
location	是否显示地址字段，默认值为 yes（IE 7 以上版本无法隐藏地址栏和标题栏）
menubar	是否显示菜单栏，默认值为 yes
resizable	是否可调整窗口大小，默认值为 yes
scrollbars	是否显示滚动条，默认值为 yes
status	是否显示状态栏，默认值为 yes
titlebar	是否显示标题栏，默认值为 yes
toolbar	是否显示浏览器的工具栏，默认值为 yes
top	窗口的上边距，以像素计
left	窗口的左边距，以像素计
height	窗口文档显示区的高度，以像素计
width	窗口文档显示区的宽度，以像素计

【演练 7-3】设计一个 ASP. NET 网站，网站中包含 Default. aspx 和 Like. aspx 两个 Web 页面。如图 7-8 和图 7-9 所示，单击 Default. aspx 页面中的“请选择”按钮时，以子窗口的方式打开 Like. aspx（没有菜单栏、工具栏和状态栏等）。用户在 Like. aspx 中选择了自己的爱好后，单击“确定”按钮子窗口自动关闭，并将用户的选择自动更新到 Default. aspx 中。

图 7-8 在子窗口中选择爱好项目

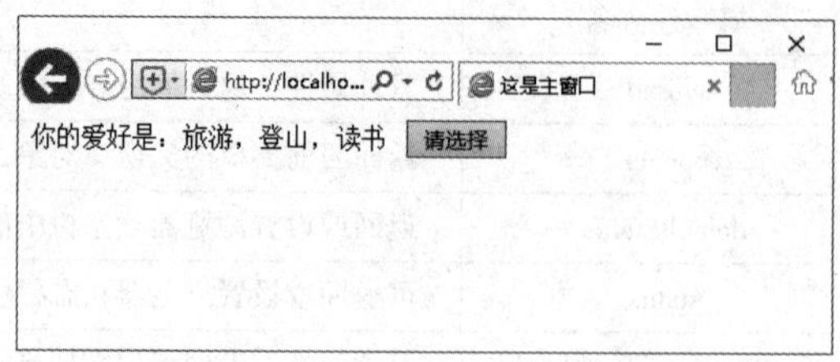

图 7-9 将用户选择内容更新到主窗口中

程序设计步骤如下。

1）新建一个 ASP.NET 空网站，向网站中添加两个 Web 窗体页面 Default.aspx 和 Like.aspx。

2）设置 Default.aspx 的 Title 属性为“这是主窗口”，向页面中添加说明文字，添加一个标签控件 Label1 和一个按钮控件 Button1。设置 Label1 的 ID 属性为 lblMsg，Text 属性为空；设置 Button1 的 ID 属性为 btnGoLike，Text 属性为“请选择”。

3）设置 Like.aspx 的 Title 属性为“这是子窗口”，向页面中添加一个用于布局的 HTML 表格，向表格中添加说明文字，添加一个复选框组控件 CheckBoxList1 和一个按钮控件 Button1。设置 CheckBoxList1 的 ID 属性为 chkMyLike，为其 Items 属性添加若干供选项；设置 Button1 的 ID 属性为 btnLike，Text 属性为“确定”。

4）切换到 Default.aspx 的源视图中，在<head></head>标记之间添加下列 JavaScript 代码。

```
<script type="text/javascript">
    function openwin(url,w,h)          //定义用于打开子窗口的 openwin 函数
    {
        //参数 url 表示转向网页的地址,w 表示弹出窗口的宽度,h 表示弹出窗口的高度
        //window.screen.height 用于获得屏幕的高,window.screen.width 用于获得屏幕的宽
        var itop=(window.screen.height-h)/2;      //确定子窗口的垂直位置(使弹窗居中)
        var ileft=(window.screen.width-w)/2;      //确定子窗口的水平位置
        window.open(url,'_blank','height='+h+',width='+w+',top='+itop+',left='+ileft+
                  ',toolbar=no,menubar=no,resizeable=no,location=no,status=no');
    }
</script>
```

5）切换到 Default.aspx 的设计视图，双击窗口空白处打开代码编辑窗口。编写 Web 窗体载入时执行的事件处理代码如下。

```
protected void Page_Load(object sender,EventArgs e)
{
    //页面加载时显示用户的选项
    if(Session["mylike"]!=null)   //Session["mylike"]中存放了用户在子窗口中的选择
    {
        lblMsg.Text=Session["mylike"].ToString();   //将用户的选择显示到标签控件中
    }
    if(!IsPostBack)                       //只有页面初次加载时才执行下列代码
    {
        //按钮的 OnClientClick 属性表示按钮被单击时执行的客户端脚本代码或 JavaScript 函数
        //调用 JavaScript 函数 openwin,按宽 500px,高 80px 的窗口大小打开 Like.aspx
        btnGoLike.OnClientClick="openwin('Like.aspx',500,80)";
    }
}
```

6）在 Like. aspx 的设计视图中，双击按钮控件进入代码编辑窗口。编写“确定”按钮被单击时执行的事件处理代码如下。

```
protected void btnLike_Click(object sender,EventArgs e)
{
    string mylike="";
    for(int i=0;i<chkMyLike.Items.Count;i++)   //通过循环将用户的选项保存到变量
                                               //mylike 中
    {
        if(chkMyLike.Items[i].Selected)
        {
            mylike=mylike+chkMyLike.Items[i].Text+",";   //选项间用","分隔
        }
    }
    if(mylike !="")   //mylike 为空表示用户没有做任何选择
    {
        Session["mylike"]=mylike.Substring(0,mylike.Length-1);   //移除最后一个","
    }
    //向页面中写入 JavaScript 客户端代码,表示刷新主窗口并关闭本窗口)
    Response.Write("<script>window.opener.location.href=window.opener.location.href;
                window.close();</script>");
}
```

说明：语句“window. opener. location. href=window. opener. location. href;”表示让当前窗口（子窗口）的 opener（主窗口）使用其原有的 URL 再次加载，也就是让主窗口刷新一次。

7.4.2　document 对象

document 对象及所属下级对象构成了 DOM 对象，它也是使用 JavaScript 操作网页的最常用部分。

1. document 对象的常用属性

document 对象的常用属性见表 7-10。

表 7-10　document 对象的常用属性

属 性 名	说　明
body	提供对 body 元素的直接访问，对于定义了框架集的文档，该属性引用最外层的 frameset 元素
alinkColor	设置或返回被激活的超链接的颜色
linkColor	设置或返回未访问过的超链接的颜色
vlinkColor	设置或返回访问过的超链接的颜色
cookie	设置或返回与当前文档相关的所有 Cookie
referrer	返回当前文档的 URL
title	返回当前文档的标题
forms[ ]	返回文档中所有表单对象的集合
images[ ]	返回文档中所有图像对象的集合

【演练 7-4】在页面中添加一个 img 元素，要求显示在其中的图片能每秒从事先准备的 6 张图片中随机自动更换一张，要求将当前显示图片的编号显示到标题栏中，如图 7-10 所示。当鼠标进入图片区后停止更换，鼠标离开时恢复更换，如图 7-11 所示。

图 7-10 循环显示随机图片

图 7-11 鼠标进入/离开，停止/恢复循环

程序设计步骤如下。

1）新建一个 ASP. NET 空网站，在网站中新建一个名为 images 的文件夹，将事先准备好的 6 个图片文件（1. jpg、2. jpg、…、6. jpg）复制到该文件夹中。向网站中添加一个 Web 窗体 Default. aspx。向窗体中添加一个 HTML 控件 Image（注意：是 HTML 控件，不是 ASP. NET 标准控件）。

2）切换到 Default. aspx 的源视图中，在<head></head>之间编写相关 JavaScript 函数代码如下。

```
<script type="text/javascript">
    function showpic()            //在图片框中显示随机图片的函数
    {
        var r=Math.random();
        r=Math.ceil(r*6);   //产生一个 1～6 的随机整数,用来表示图片文件名
        //通过 document 对象的 images[]属性获取 img 元素对象
        var picurl=document.images[0].src;     //返回当前 img 中的图片 url
        //下面的语句用来保证图片框中每次都能显示不同的图片
        if(picurl.indexOf(r+".jpg",0)!=-1)    //如果随机图片文件名与当前图片名相同
        {
            if(r==6)      //随机图片与当前图片相同,且当前图片为 6.jpg,则显示 1.jpg
                r=1;
            else          //随机图片与当前图片相同,且当前不是 6.jpg,则显示下一张
                r=r+1;
        }
        document.images[0].src="images/"+r+".jpg";  //将随机图片显示到图片框中
        document.title=r;  //将当前图片编号显示到标题栏中
    }
    var timer=setInterval("showpic()",1000);  //每隔 1 s 调用一次 showpic()函数
</script>
```

3）在<body></body>之间修改 img 元素的代码如下。

```
<!--onmouseover 事件触发时停止循环执行,onmouseout 事件触发时重新开始循环执行-->
<img alt="" src="images/1.jpg" onmouseover="clearInterval(timer);"
                    onmouseout="timer=setInterval('showpic()',1000);" />
```

2. document 对象的常用方法

document 对象的方法可分为两种类型：对文档流的操作方法和对文档元素的操作方法。document 对象的常用方法见表 7-11。

表 7-11 document 对象的常用方法

方 法	说 明
write()、writeln()	write()方法用于向当前文档中附加文本；writeln()方法用于向当前文档中附加独占一行的文本

（续）

方　法	说　明
getElementById( )	根据元素的 id 属性值返回元素对象，若存在多个相同的 id 值，则返回第一个元素对象
getElementByName( )	根据元素的 name 属性值返回元素对象
getElementByTagName( )	返回带有指定标签名的元素对象的集合，返回值为一个数组
getElementByClassName( )	根据元素的 class 属性值返回元素对象集合，该方法属于 HTML 5 DOM
querySelector( )	返回满足指定条件的单个元素，若有多个元素满足条件，则返回第一个
querySelectorAll( )	返回满足指定条件的所有元素集合

【演练 7-5】使用 document 对象的方法对用户注册数据进行合法性检测。

具体要求如下。

1）数据要求：用户名只能由 5～10 位大小写字母或数字组成；密码只能由 6～10 位大小写字母、数字、减号“-”或下画线“_”组成；确认密码必须与密码相同。

2）要求通过文本框的 onblur（失去焦点）事件对用户输入的数据进行实时检测，并能对不合格数据给出相应的提示。如图 7-12 所示，用户输入了用户名后单击下一个文本框或页面其他位置，就会触发当前文本框的 onblur 事件，事件处理程序调用相应函数对数据进行检测，对不合格数据给出提示。

3）页面中有两个下拉列表框，通过 onchange（选项改变）事件进行联动。如图 7-13 所示，如果用户身份选择“行政”，则后面“院系”自动变更为“单位”，且第 2 个下拉列表框中的选项也变成“教务处”“学生处”等。若选择身份“学生”或“教师”，第 2 个下拉列表框恢复初始状态。

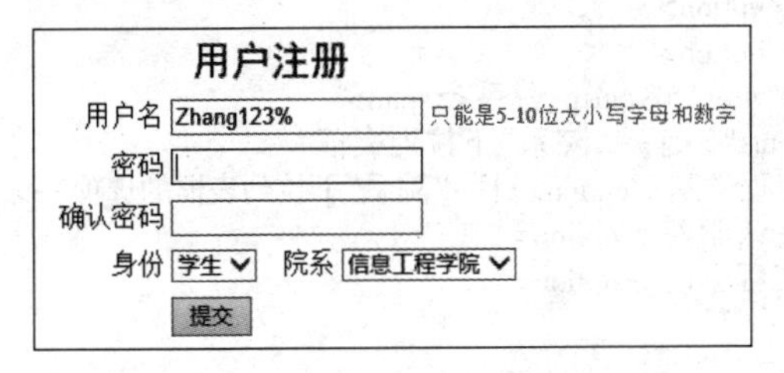

图 7-12　实时检测用户输入

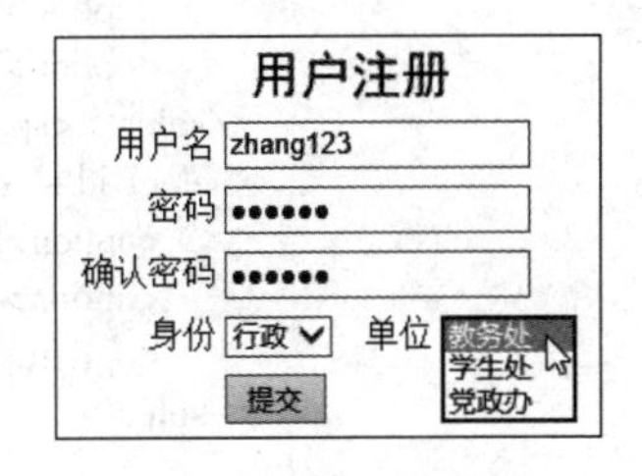

图 7-13　下拉列表框联动

4）所有数据通过检测后，单击“提交”按钮可跳转到 Result. aspx 页面。本例中该页面仅显示了“注册成功”几个字，而在实际应用中该页面在后台运行，负责将注册页面提交的数据保存到数据库并跳转到后续页面。

程序设计步骤如下。

1）新建一个 ASP. NET 空网站，向页面中添加一个 HTML 页面 index. html（启动页）、一个 js 文件 CheckData. js 和一个 Web 窗体 Result. aspx。

2）编写如下所示的 index. html 代码。

在<head></head>之间添加以下代码。

```
<script type="text/javascript" src="CheckData.js"></script>/*引用 CheckData.js 文件*/
<style type="text/css">
    .msg {color: red;font-size:small;}          /*设置控件说明文本的样式*/
    .txt {text-align: right;width:100px;}      /*设置控件说明文本(用户名、密码等)的样式*/
</style>
```

在<body></body>之间添加以下代码。

```
<form name="frmreg" method="post"><!--表单设置-->
    <table style="height:150px;width:600px"><!--用于布局的表格-->
        <!--表格的标题-->
        <caption style="font-size:x-large;font-family:黑体;text-align:left;">
                  用户注册</caption>
        <tr>
            <td class="txt">用户名</td><!--统一使用 class="txt"便于集中设置样式-->
            <!--用户名文本框-->
            <td><input type="text" id="uname" onblur="chkname()" style="width:143px;" />
            <!--提示信息<span>标记统一使用 class="msg"便于集中设置样式-->
            <span class="msg" id="msg_name"></span></td><!--标记中的文本动态设置-->
        </tr>
        <tr>
            <td class="txt">密码</td>
            <td><input type="password" id="upwd" onblur="chkpwd()"/>
            <span class="msg" id="msg_pwd"></span></td>
        </tr>
        <tr>
            <td class="txt">确认密码</td>
            <td><input type="password" id="reupwd" onblur="chkrepwd()"/>
            <span class="msg" id="msg_repwd"></span></td>
        </tr>
        <tr>
            <td class="txt">身份</td>
            <td>
                <select id="role" onchange="selectchange()"><!--"身份"下拉列表框-->
                    <option>学生</option><!--"身份"下拉列表框的选项-->
                    <option>教师</option>
                    <option>行政</option>
                </select><span id="unit"> 院系</span>
                <select id="unit_items"><!--"院系"下拉列表框-->
                    <option>信息工程学院</option><!--"院系"下拉列表框的选项-->
                    <option>土木建筑学院</option>
                    <option>机电工程学院</option>
                </select>
            </td>
        </tr>
        <tr>
            <td> </td>
            <td><input type="button" value="提交" id="btn" onclick="chkform()" />
            <span class="msg" id="msg_btn"></span></td>
        </tr>
    </table>
</form>
```

3）编写 CheckData. js 文件的代码如下。

```
function chkname()       //检查用户名的合法性,用户名文本框失去焦点时调用
{
    var name=document.getElementById("uname").value;      //获取用户输入的用户名值
    if(name.length==0)
    {
        //在用户名文本框后面的<span>标记中显示出错提示
        document.getElementById("msg_name").innerHTML="用户名不能为空";
```

```
            return false;
        }
        else
        {
            document.getElementById("msg_name").innerHTML="";  //清除出错提示
        }
        var namereg=/^[0-9a-zA-Z]{5,10}$/g;//正则表达式,表示只能输入 5～10 位字母和数字
        if(!namereg.test(name))//使用正则表达式对用户名进行检测,返回 false 表示匹配不成功
        {
            document.getElementById("msg_name").innerHTML="只能是 5-10 位大小写字母和数字";
            return false;
        }
        else
        {
            document.getElementById("msg_name").innerHTML="";
        }
        return true;
    }
    function chkpwd()        //检查密码的合法性,"密码"文本框失去焦点时调用
    {
        var pwd=document.getElementById("upwd").value;  //获取用户输入的密码值
        if(pwd.length==0)
        {
            document.getElementById("msg_pwd").innerHTML="密码不能为空";
            return false;
        }
        else
        {
            document.getElementById("msg_pwd").innerHTML="";

        }
        //正则表达式,表示只能输入 6～10 位字母、数字、下画线和减号
        var pwdreg=/^[0-9a-zA-Z_-]{6,10}$/g;
        if(!pwdreg.test(pwd))
        {
            document.getElementById("msg_pwd").innerHTML=
                                    "只能是 6-10 位字母、数字、下画线、减号";
            return false;
        }
        else
        {
            document.getElementById("msg_pwd").innerHTML="";
        }
        return true;
    }
    function chkrepwd()       //检查确认密码,"确认密码"文本框失去焦点时调用
    {
        var pwd=document.getElementById("upwd").value;      //获取密码值
        var repwd=document.getElementById("reupwd").value; //获取确认密码值
        if(pwd !=repwd)
        {
            document.getElementById("msg_repwd").innerHTML="两次输入的密码不相同";
            return false;
        }
        else
        {
            document.getElementById("msg_repwd").innerHTML="";
        }
```

```
            return true;
        }
        function selectchange()      //"身份"下拉列表框选项改变时调用
        {
            var role=document.getElementById("role").value;  //获取当前用户选择的身份值
            if(role=="行政")     //若选择了"行政"
            {
                //将<span>标记中的"院系"改为"单位"
                document.getElementById("unit").innerHTML=" 单位";
                //清除"院系"下拉列表框中的所有选项
                document.getElementById("unit_items").options.length=0;
                //添加"单位"选项
                document.getElementById("unit_items").options.add(new Option("教务处"));
                document.getElementById("unit_items").options.add(new Option("学生处"));
                document.getElementById("unit_items").options.add(new Option("党政办"));
            }
            else
            {
                //将<span>标记中的"单位"改为"院系"
                document.getElementById("unit").innerHTML=" 院系";
                document.getElementById("unit_items").options.length=0;  //清除所有选项
                //添加院系选项
                document.getElementById("unit_items").options.add(new Option("信息工程学院"));
                document.getElementById("unit_items").options.add(new Option("土木建筑学院"));
                document.getElementById("unit_items").options.add(new Option("机电工程学院"));
            }
        }
        function chkform()     //单击"提交"按钮时调用
        {
            //若用户名、密码和确认密码都通过了检测
            if(chkname()&& chkpwd()&& chkrepwd())
            {
                document.frmreg.action="Result.aspx";      //动态设置表单的处理程序
                document.frmreg.submit();                   //调用表单的 submit()方法
            }
            else
            {
                //显示出错提示
                document.getElementById("msg_btn").innerHTML="数据填写有误,请更正";
            }
        }
```

说明：本例中使用到了“正则表达式”的概念，正则表达式是一种规范用户输入的手段，常用于输入数据的检测。由于篇幅所限，这里不再展开介绍，请读者自行查阅相关资料。

7.5 实训——设计浮动图片效果

在网页中经常看到广告或重要通知以图片链接的方式在页面中自由漂浮，碰到浏览器边缘又会自动反弹，图片可以在整个浏览器范围内自由移动，如图 7-14 所示。本实训将综合运用 HTML、CSS 和 JavaScript 来实现上述效果。

7.5.1 实训目的

1）通过上机操作熟练掌握通过 document 对象操作 HTML 元素的基本方法，熟练掌握通过样式设置控制 HTML 元素外观的基本方法。

图 7-14　页面中的图片浮动效果

2）通过阅读、录入代码，试运行程序，加深理解本实训功能实现的编程思路。通过按要求独立完成对程序功能的扩展，掌握通过 Internet 解决学习中遇到的问题的方法，进一步提高代码阅读能力。

7.5.2　实训要求

1）参照实训步骤指导实现基本的程序功能要求。

2）实训中要认真阅读所有代码，理解整个程序的设计思路，理解每行代码的作用，进一步提高代码阅读能力。

3）实现本程序要求的基本功能后，通过阅读相关资料并查询 Internet 中的示例代码对程序进行以下功能扩展。

① 用户单击图片时能跳转到指定的 URL 地址（如 www. baidu. com）。

② 当鼠标移动到图片区域时图片停止移动，鼠标离开时恢复移动。提示：鼠标进入或离开图片时将触发 onmouseover 和 onmouseout 事件。

7.5.3　实训步骤

1. 创建网站

新建一个 ASP. NET 空网站，向网站中添加一个 Web 窗体页面 Default. aspx 和一个 JavaScript 脚本文件 JavaScript. js。

2. 编写代码

切换到 Default. aspx 页面的源视图，编写下列用于显示图片和控制样式的代码。

1）在<head></head>之间编写用于控制图片所在 div 样式的代码如下。

```
<style type="text/css">
    div {
        position:absolute;
        width: 150px;
        height: 160px;
        border-radius:50%;  //将图片显示为圆形外观
        overflow: hidden;
        z-index:100; //这一行在本例中无意义,但在实际应用中往往是必要的,为什么?
    }
</style>
```

2）修改<body>标记代码如下。

```
<body onload="floatdiv()">    //页面打开后自动调用 floatdiv 函数
```

3）在<form></form>之间添加一个 div 元素和一个 img 元素，添加对脚本文件 JavaScript. js 的引用。代码如下。

```
<div id="floatdiv"><!--将 img 放在 div 中,移动 div 就等于移动 img-->
    <img src="images/pj. jpg" style="width:200px;height:213px">
</div>
<!--思考一下,下面一行代码为何要书写在这里? 放在<head>标记中或前面不行吗? -->
<script type="text/javascript" src="JavaScript. js"></script>
```

4）编写 JavaScript. js 的代码如下。

```
var imgdiv=document. getElementById("floatdiv");  //获取图片所在的 div 对象
var x=0;              //设置 div 的起始点坐标
var y=0;
var xspeed=2;         //设置 div 的移动速度(坐标的增量)
var yspeed=1;
//获取当前窗口的宽和高,计算出图层移动的边界
var w=document. documentElement. clientWidth-200;
var h=document. documentElement. clientHeight-200;
function floatdiv()   //用于实现图层移动效果的函数(图层的移动就等于图像的移动)
{
    //判断图层是否到达边界,若到达边界,则改变方向,否则继续移动
    if(x>w || x<0)
        xspeed=-xspeed;
    if(y>h || y<0)
        yspeed=-yspeed;
    x=x+xspeed;
    y=y+yspeed;
    imgdiv. style. top=y+"px";       //设置图层的新坐标值
    imgdiv. style. left=x+"px";
    setTimeout("floatdiv()",10); //延时 10 ms 后再次调用本函数,实现周期性执行的效果
}
```

第8章　使用 jQuery

jQuery 是一个快速的、简洁的 JavaScript 库，它使用户能更方便地处理文档对象模型（Document Object Model，DOM）、事件（Events），以及实现动画效果等，并且能方便地为网站提供 AJAX 交互。概括地说，jQuery 基于 JavaScript 语言，它根据实际应用中的常见需求对 JavaScript 的功能进行了封装，提供了函数接口，简化了 JavaScript 的操作，提倡“以更少的代码做更多的事情”（Write Less，Do More）。

8.1　jQuery 概述

JavaScript 代码可以在客户端执行，减少了页面与服务器端的交互次数，对提高程序的运行效率起到了积极的作用。但并不是所有主流浏览器都能以完全相同的方式解释 JavaScript，从而导致 JavaScript 代码在不同的浏览器中表现出的行为往往会有一些细微的差别。为了解决这一问题，人们一直在致力于开发一种在后台运行的 JavaScript 库，它是一种对 JavaScript 功能的封装，既能扩展 JavaScript 的功能，同时也能提供更加丰富的功能集。用户在调用时只须向库中输入必要的参数，即可得到希望的结果，不必考虑这样的结果是如何实现的。

jQuery 最早由 John Resig 在 2006 年发布，现在已成长为一个备受欢迎的客户端开发工具。Microsoft 在 2009 年推出 ASP. NET MVC 框架时一并提供了对 jQuery 的支持，现在 jQuery 已包含在 Visual Studio 2012 以上的各版本中。

8.1.1　使用 NuGet

NuGet 是 Visual Studio 中默认的添加第三方库的途径，使用 NuGet 不但可以向项目中添加 jQuery，也可以添加其他第三方库。需要注意的是，使用 NuGet 添加第三方库需要提供可用的 Internet 连接。

通过 Visual Studio 新建一个 ASP. NET 网站后，在解决方案资源管理器中右击网站名称，在弹出的快捷菜单中选择“管理 NuGet 程序包”命令，打开如图 8-1 所示的窗口。

窗口的左上方显示有“浏览”“已安装”和“更新”3 个选项卡。

1）浏览：该窗口中列出了可以添加到网站中的可用第三方库（也称为“程序包”）。选择某项后在右侧窗格中将显示出该程序包的版本选项、安装选项和说明，单击“安装”按钮，可将选定的程序包添加到网站中。

2）已安装：该窗格中列出当前网站中已安装的第三方库。选择某项后可在右侧窗格中对其进行更新或卸载操作。

3）更新：该窗格中列出了所有已安装的且能够更新的程序包。用户可选择对所有或部分程序包执行更新操作。

如果希望向网站中添加 jQuery，则可在“浏览”窗格中选择 jQuery，然后在右侧窗格中单击“安装”按钮即可。

图 8-1 管理 NuGet 程序包

安装完毕后，系统会在网站中新建一个名为 Scripts 的文件夹，并将下载的 jQuery 相关文件复制到其中（从解决方案资源管理器中可以看到该文件夹和其中的文件）。

对于无法连接 Internet 的计算机，将已下载的包含 jQuery 文件的 Scripts 文件夹复制到网站中即可。

8.1.2 在 .aspx 和 .html 页面中引用 jQuery

通过 NuGet 将 jQuery 添加到网站后，还需要在希望使用 jQuery 功能的 .aspx 或 .html 页面中添加相关引用语句。其语法格式与向页面中添加普通 .js 文件引用完全相同。举例如下。

```
<head>
    …
    <script type="text/javascript" src="Scripts/jquery-3.1.1.min.js"></script>
    …
</head>
```

需要注意的是，只有正确添加了对 jQuery 的引用后，才能在源视图中使用 jQuery 代码编写的智能提示功能。此外，从 jQuery 3.0 版本开始 jQuery 停止了对 IE 8 及以下版本的支持。

jQuery 的主要文件类型及其说明见表 8-1。

表 8-1 jQuery 的主要文件类型及其说明

文件类型	说明
jQuery-版本号 .js	表示未经压缩的 jQuery 核心文件
jQuery-版本号 .min. js	表示 jQuery 的压缩版，由于它的体积较小，通常用在网站中
jQuery-版本号 .slim. js	表示 jQuery 去掉了 ajax 和 effects 模块的精简版
jQuery-版本号 .slim. min. js	表示 jQuery 去掉了 ajax 和 effects 模块的精简压缩版（体积最小）

除了可以将 jQuery 文件下载到本地计算机后加以引用外，还可以通过 Microsoft CDN（Content Delivery Network，内容分发网络）或 jQuery 官方网站引用 jQuery 库的在线版本。

例如（Microsoft CDN）

```
<script type="text/javascript" src="http://ajax.aspnetcdn.com/ajax/jQuery/jquery-3.1.1.min.js">
</script>
```

或（jQuery 官方网站）

```
<script type="text/javascript" src="https://code.jquery.com/jQuery-3.1.1.min.js"></script>
```

8.2　jQuery 语法基础

jQuery 库是对 JavaScript 脚本程序的“封装”，它由众多事先编写好的 JavaScript 函数组成。与 C#的类库不同，jQuery 使用 JavaScript 脚本语言编写，是一种解释执行的、非编译的程序。使用 Windows 记事本打开 jQuery 库文件，就可以直接看到其中的内容。正是由于 jQuery 与 JavaScript 存在着这种关系，因此 jQuery 与 JavaScript 语法格式十分相似，有了 JavaScript 编程基础就可以快速上手 jQuery。

8.2.1　jQuery 代码的书写位置要求

jQuery 代码的主要用途是针对 DOM 对象的各种操作，显然这些操作通常需要在浏览器中完成了整个页面的加载后才能被正确执行。因此，在 HTML 或 .aspx 页面中添加 jQuery 代码时应注意代码书写位置的合理性。

1. 使用 ready()函数

为了避免在 DOM 对象完全加载之前过早地执行代码，jQuery 提供了一个名为 ready()的函数，使用该函数可以将包括在其中的代码推迟至 DOM 对象加载完毕后再执行。ready()函数的语法格式如下（方括号部分可以省略）。

```
$[(document).ready](function(){
    //jQuery 代码的书写位置
});
```

例如，ASP.NET Web 窗体中有一个文本框 TextBox1 和一个按钮 Button1 服务器控件，下列语句用于实现在用户单击按钮时检查文本框是否为空，若为空，则弹出提示信息框。若返回 false，则可阻止按钮控件的服务器端事件 Button1_Click()的触发。

```
<head>
    …
    //引用 jQuery 库文件
    <script type="text/javascript" src="Scripts/jquery-3.1.1.min.js"></script>
    <script type="text/javascript">
        $(function(){    //ready()函数的简化写法
            $("#Button1").click(function(){    //定义 Button1 的客户端单击事件响应函数
                if($("#TextBox1").val()==""){    //若 TextBox1 的内容为空
                    alert("文本框的内容不能为空");
                    return false;
                }
            })
        });
    </script>
    …
</head>
```

如果不希望使用 ready()函数，则可将 jQuery 代码书写在页面 HTML 代码的最下边，例如，将代码书写在</html>之后。

2. 在引用了母版页的内容中书写 jQuery 代码

如果 ASP. NET 页面引用了母版页，则页面中就不会存在<html>、<head>等 HTML 标记。这种情况下可按以下方式书写 jQuery 代码。

1）如果使用该母版页的所有或绝大多数内容页都需要使用 jQuery，则可将 jQuery 引用语句书写在母版页的<head>和</head>之间。将 jQuery 功能实现代码书写在内容页的<asp:Content ID="Content2" …>和</asp:Content>标记区域的最下方。

2）使用该母版页的内容页中只有个别内容页需要使用 jQuery 时，则可将引用语句书写在内容页的<asp:Content ID="Content1" …>和</asp:Content>标记之间。将 jQuery 功能实现代码书写在内容页的<asp:Content ID="Content2" …>和</asp:Content>标记区域的最下方。

8.2.2 jQuery 选择器

8-1 jQuery 选择器

关于选择器的概念在本书第 2 章介绍 CSS 3 时已经介绍过。其作用就是为后续代码指明操作的 DOM 对象具体是哪一个或哪一批。显然，只有明确了操作对象，才能正确地实现程序预期的功能，所以熟练使用 jQuery 选择器是 jQuery 编程的一个重要组成部分。

1. 基本选择器

基本选择器是 jQuery 中最常用的查找元素对象的方法，其语法格式及使用方法与前面介绍过的 CSS 选择器十分相似。在 jQuery 中使用 $() 函数在页面中查找元素，其语法格式如下。

```
$("选择器")
```

（1）通用选择器

通用选择器 $(*) 用于返回页面中的所有元素。例如，下列语句调用 css() 方法将页面中所有元素的字体设置为 Arial。

```
$("*").css("font-family","Arial");//css()方法的语法格式为:css("属性名","属性值");
```

（2）元素选择器

元素选择器“$("元素名")”用于返回指定类型的所有元素。例如，下列语句调用 css() 方法将页面中所有<h1>标记的字体颜色设置为蓝色。

```
$("h1").css("color","blue");
```

（3）ID 选择器

ID 选择器“$("#元素 ID")”用于返回指定元素 ID 值代表的单一元素。例如，下列语句设置服务器控件 TextBox1 的 Text 属性为“张三”（将“张三”写入文本框）。

```
$("#TextBox1").attr("value","张三");//attr()方法的语法格式为:attr("属性名","属性值");
```

（4）类选择器

类选择器“$(".类名称")”用于返回使用指定类名称的所有元素。例如，下列语句将第一个层和第三个层的背景色设置为红色。

HTML 代码如下。

```
<div class="c1" id="d1">这是第一个层</div>
<div class="c2" id="d2">这是第二个层</div>
<div class="c1" id="d3">这是第三个层</div>
```

jQuery 代码如下。

```
$(".c1").css("background-color","red");
```

（5）组合选择器

组合选择器可以将多种选择器组合在一起，返回所有符合条件的元素。例如，将上述 jQuery 代码改为以下形式。

```
$(".c1,#d2").css("background-color","red");
```

表示选择类名为 c1 和 id 值为 d2 的元素，将其背景色设置为红色（3 个层的背景色均为红色）。又如：

```
$("h1,h2").css("color","green");      //设置页面中所有 h1 和 h2 元素为绿色字体
```

2. 层次选择器

层次选择器通过 DOM 对象的层次关系来获取特定元素，如同辈元素、子元素和相邻元素等。层次选择器也是使用 $() 函数来实现的，返回结果均为 jQuery 对象数组。常用的层次选择器及其说明见表 8-2。

表 8-2　常用的层次选择器及其说明

选择器	说明	示例
$("ancestor descendant")	选取 ancestor 元素里的所有 descendant（后代）元素	$("div span");选取 div 元素里的所有 span 元素
$("parent>child")	选取 parent 元素下的 child（子）元素	$("div>span");选取 div 元素下元素名是span的子元素，不包括“孙”辈 span 元素
$("prev+next")	选取紧接在 prev 元素后的 next 元素	$(".one+div");选取 class 为 one 的下一个div兄弟元素
$("prev ~ siblings")	选取 prev 元素之后的所有 siblings 元素	$("#two ~ div");选取 id 为 two 的元素后面所有的 div 兄弟元素

表 8-2 所示的层次选择器中，第 1 个和第 2 个比较常用，而后面两个由于在 jQuery 中可以用更加简单的方法代替，所以使用的概率相对较少。

可以用 next() 函数来代替 $("prev+next") 选择器，即

```
$(".one+div");
$(".one").next("div");          //与上一语句等效
```

可以用 nextAll() 函数来代替 $("prev ~ siblings") 选择器，即

```
$(".one ~ div");
$(".one").nextAll("div");          //与上一语句等效
```

【演练 8-1】层次选择器使用示例。

新建一个 ASP.NET 空网站，并向网站中添加一个 Web 窗体页面 Default.aspx。切换到 Web 窗体的源视图，按照以下所示编写 HTML 和 jQuery 代码，通过层次选择器设置处在不同位置的 HTML 元素的外观样式。程序运行效果如图 8-2 所示。

搜索条件：
用户名：
密码：
身份证号：
联系电话：

图 8-2　层次选择器使用示例

（1）向网站中添加 jQuery 引用

通过 NuGet 或直接复制的方法，将包含 jQuery 文件的 Script 文件夹添加到网站中。在<head>和</head>标记之间添加 jQuery 引用代码如下。

```
<head>
    …
    <script type="text/javascript" src="Scripts/jquery-3.1.1.min.js"></script>
    …
</head>
```

（2）编写 HTML 和 jQuery 代码

```
<%@ Page Language="C#" AutoEventWireup="true" CodeFile="Default.aspx.cs"
               Inherits="_Default" %>
<!DOCTYPE html>
<html xmlns="http://www.w3.org/1999/xhtml">
<head runat="server">
<meta http-equiv="Content-Type" content="text/html;charset=utf-8"/>
    <title>层次选择器使用示例</title>
    <script type="text/javascript" src="Scripts/jquery-3.1.1.min.js"></script>
</head>
<body>
    <div>
        搜索条件:<input name="search" />
        <form id="form1" runat="server">
            <label>用户名:</label><input name="usrename" />
            <fieldset>
                <label>密码:</label><input name="password" type="password" />
            </fieldset>
        </form>
    <br />
        身份证号:<input name="none" /><br /><br />
        联系电话:<input name="none" />
    </div>
</body>
</html>
<script type="text/javascript">        //以下为 jQuery 代码
    $(function(){
        //设置 form 元素中所有 input 元素的宽度为 200px,对"用户名"和"密码"起作用
        $("form input").css("width","200px");
        //设置 form 中所有直接子元素 input 的背景色为 pink,只对"用户名"起作用
        $("form>input").css("background","pink");
        //设置 label 元素之后的所有 input 元素的边框为蓝色,对"用户名"和"密码"起作用
        $("label+input").css("border-color","blue");
        //设置 form 元素之后的所有 input 兄弟元素的底部边框宽度为 4px
        //对"身份证号"和"电话号码"起作用
        $("form").nextAll("input").css("border-bottom-width","4px");
        $("*").css("padding-top","3px");//设置所有元素的上边距为 3px
    });
</script>
```

3. 过滤选择器

使用过滤选择器可以按照预设过滤规则（条件）筛选出所需要的页面元素。jQuery 过滤选择器分为简单过滤选择器、内容过滤选择器、可见性过滤选择器和属性过滤选择器等，这里仅介绍最为常用的简单过滤选择器，见表 8-3。

表 8-3　常用的简单过滤选择器

过滤选择器	说　明
:first、:last	选取第一个或最后一个元素
:even、:odd	选取索引值（从 0 开始）为偶数或奇数的元素
:root	选取文档的根元素
:foucs	选取当前得到焦点的元素
:eq(index)	选取索引值等于 index 的元素
:lt(index)	选取索引值小于 index 的元素
:gt(index)	选取索引值大于 index 的元素
:not(selector)	选取除 selector 指定的元素以外的所有元素

【演练 8-2】使用简单过滤选择器为 HTML 表格设置外观样式。

新建一个 ASP.NET 空网站并向网站中添加一个 Web 窗体页面 Default.aspx，切换到 Web 窗体的源视图，按照以下所示编写 HTML 和 jQuery 代码，通过简单过滤选择器设置 HTML 表格元素的外观样式。程序运行效果如图 8-3 所示。

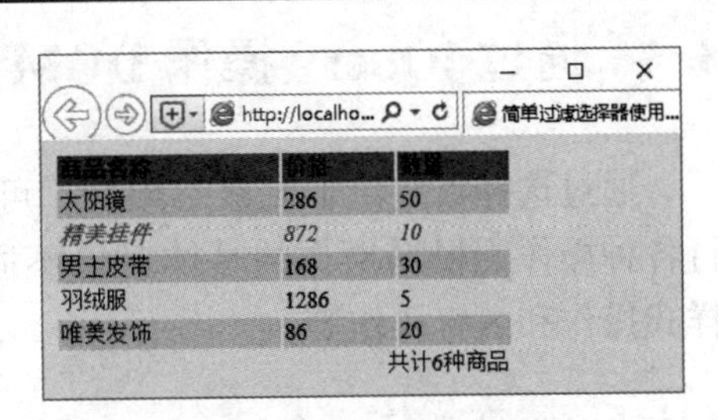

图 8-3　简单过滤选择器使用示例

（1）添加 jQuery 引用

通过 NuGet 或直接复制的方法，将包含 jQuery 文件的 Script 文件夹添加到网站中。在<head>和</head>标记之间添加 jQuery 引用代码如下。

```
<head>
    …
    <script type="text/javascript" src="Scripts/jquery-3.1.1.min.js"></script>
    …
</head>
```

（2）编写 HTML 和 jQuery 代码

在<form>和</form>标记之间编写如下代码。

```
<form id="form1" runat="server">
    <div>
        <table style="width:300px">//创建一个宽度为 300px 的 HTML 表格
            <tr><td>商品名称</td><td>价格</td><td>数量</td></tr>
            <tr><td>太阳镜</td><td>286</td><td>50</td></tr>
            <tr><td>精美挂件</td><td>872</td><td>10</td></tr>
            <tr><td>男士皮带</td><td>168</td><td>30</td></tr>
            <tr><td>羽绒服</td><td>1286</td><td>5</td></tr>
            <tr><td>唯美发饰</td><td>86</td><td>20</td></tr>
            <tr><tdcolspan="3">共计 6 种商品</td></tr>
        </table>
    </div>
    <script type="text/javascript">//以下为 jQuery 代码
        $(function(){
            //设置表格第 1 行的背景色为灰色
            $("table tr:first").css("background-color","gray");
            //设置表格最后 1 行文本右对齐
            $("table tr:last").css("text-align","right");
```

```
                //设置表格正文第 2 行(表格第 3 行)文本为斜体、红色(这里同时设置了多个属性)
                $("table tr:eq(2)").css({"font-style":"italic","color":"red"});
                //设置表格索引值小于 1 的 tr 元素字体加粗(第 1 个 tr 元素)
                $("table tr:lt(1)").css("font-weight","bold");
                //设置表格所有索引值为奇数的 tr 元素(偶数行)背景色为"#DDDDDD"
                $("table tr:odd").css("background-color","#DDDDDD");
                //设置表格除第 1 行外的所有行字号为 11 pt
                $("table tr:not(first)").css("font-size","11pt");
                //获取文档的根元素并设置其背景色为"#EFEFEF"(整个文档的背景色)
                $(":root").css("background-color","#EFEFEF");
            });
        </script>
    </form>
```

8.3 通过 jQuery 操作 DOM

8-2 通过 jQuery 操作 DOM

通过选择器定位了元素对象后，可使用 jQuery 提供的一些方法对元素进行各种操作。根据操作的具体对象不同，可将对元素的操作分为属性操作、样式操作和内容操作等。

8.3.1 属性操作

jQuery 提供的用于操作元素对象属性的常用方法有 attr( )、removeAttr( )、prop( )和 removeProp( )。

1. attr( )和 removeAttr( )方法

(1) attr( )方法

attr( )方法用于获取所匹配元素集合中第一个元素的属性，也可以用来设置所匹配元素的一个或多个属性值。attr( )方法的语法格式有以下 4 种。

```
attr(name);                                    //获取元素的属性值
attr(name,value);                              //设置元素的某个属性的值
attr({name1: value1,name2: value2,…});         //设置元素的多个属性值
attr(name,function([index,oldArrt]));          //用函数返回值设置元素的属性
```

各参数含义说明如下。

1) name 表示元素的属性名。

2) value 表示需要属性值。

3) function([index,oldArrt])表示使用函数的返回值作为属性的值。函数的参数为可选项，index 表示被设置元素在当前选择器返回集合中的索引值，oldArrt 表示被设置元素的原有属性值。这两个参数在需要根据原有状态进行计算时很有必要。

举例如下。

```
alert($("img").attr("src"));                    //获取并显示第一个 img 元素的 src 属性值
alert($("#Image1").attr("src"));                //获取并显示 id 为 Image1 的元素的 src 属性值
$("#Image1").attr("src","images/1.jpg");        //设置 id 为 Image1 的元素的 src 属性值为指定
                                                //图片
$("#Image1").attr({src:"images/1.jpg",title:"My Flower"});  //同时设置元素的多个属性值
```

下面再举一个例子。

```
//使用函数 fun()的返回值设置 id 为 Image1 的元素的 title 属性值
$("#Image1").attr("title",fun());
//fun()函数的定义如下
function fun(){
    if($("#Image1").attr("src")=="images/1.jpg")   //如果显示的是图片 1.jpg
        return "玫瑰花";            //返回"玫瑰花"
    else
        return "牡丹花";            //否则,返回"牡丹花"
}
```

(2) removeAttr()方法

removeAttr()方法用于删除匹配元素的指定属性，其语法格式如下。

```
removeAttr(name);
```

举例如下。

```
$("img").removeAttr("title");    //移除所有 img 元素的 title 属性值
```

2. prop()和 removeProp()方法

与 attr()方法相似，prop()方法用于获取所匹配元素集合中第一个元素的属性，也可以用来设置所匹配元素的一个或多个属性值。但该属性多用于 boolean 类型的属性操作，如 checked、selected 和 disabled 等。其语法格式与 attr()方法完全一致，这里不再赘述。

下列代码演示了 prop()方法的使用过程。

```
alert( $("input[type='checkbox']").prop("checked"));  //返回并显示第一个复选框的状态
$("input[type='checkbox']").prop("checked",true);     //使所有复选框都处于选中状态
//将所有复选框置于不可用和被选中状态(同时设置多个属性)
$("input[type='checkbox']").prop({ disabled: true,checked: true });
//使用函数将所有复选框的状态倒置(选中的改为未选中,未选中的改为选中)
$("input[type='checkbox']").prop("checked",function(index,oldAttr){ return !oldAttr });
```

removeProp()方法与 removeAttr()方法相似，用于移除由 prop()方法设置的属性集。其语法格式如下。

```
removeProp(name);
```

【演练 8-3】attr()方法和 prop()方法使用示例。程序运行后，分别单击页面中的 4 个按钮，可得到相应的效果。图 8-4 所示为单击“交换图片”按钮后得到的效果。

图 8-4　交换图片的效果

新建一个 ASP.NET 空网站，并按照下列步骤进行操作。

1) 在网站中新建一个 images 文件夹，将用于演示的图片文件 1.jpg 和 2.jpg 复制到该文件夹中。

2）向网站中添加一个 Web 窗体页面 Default.aspx。

3）将包含 jQuery 文件的 Script 文件夹复制到网站中。切换到页面的源视图，在<head>和</head>标记之间添加对 jQuery 的引用代码如下。

```
<head>
    …
    <script type="text/javascript" src="Scripts/jquery-3.1.1.min.js"></script>
    …
</head>
```

4）在 Default.aspx 的<body>和</body>之间添加如下所示的 HTML 和 jQuery 代码。

```
<body>
    <form id="form1" runat="server">
        <div>
            <img id="pic1" src="images/1.jpg" /> 
            <img id="pic2" src="images/2.jpg" /><br/>
            <hr />
            <input type="checkbox" name="goods" value="商品 1" />商品 1
            <input type="checkbox" name="goods" value="商品 2" />商品 2
            <input type="checkbox" name="goods" value="商品 3" />商品 3
            <input type="checkbox" name="goods" value="商品 4" />商品 4<br />
            <hr />
            //"交换图片"按钮被单击时调用 changepic()函数
            <input type="button" value="交换图片" onclick="changepic()" />
            //"全选"按钮被单击时调用 selectall()函数
            <input type="button" value="全选" onclick="selectall()" />
            //"反选"按钮被单击时调用 reselect()函数
            <input type="button" value="反选" onclick="reselect()" />
            //"全部禁用"按钮被单击时调用 disselect()函数
            <input type="button" value="全选并禁用" onclick="disselect()" />
            //"取消禁用"按钮被单击时调用 enable()函数
            <input type="button" value="取消禁用" onclick="enable()" />
        </div>
    </form>
    <script type="text/javascript">
        //交换图片
        function changepic() {
            var picsrc = $("#pic1").attr("src");      //获取 id 为 pic1 的元素的 src 属性值
            //如果 pic1 的图片路径中包含 1.jpg
            if(picsrc.indexOf("1.jpg")!=-1) {
                $("#pic1").attr("src","images/2.jpg");
                $("#pic2").attr("src","images/1.jpg");
            }
            else {
                $("#pic1").attr("src","images/1.jpg");
                $("#pic2").attr("src","images/2.jpg");
            }
        }
        //选择全部
        function selectall() {
            $("input[type='checkbox']").prop("checked",true);
        }
        //反选
        function reselect() {
            $("input[type='checkbox']").prop("checked",
```

```
                function(index,oldval){ return ! oldval;});
        }
        //全选并禁用
        function disselect(){
            $("input[type='checkbox']").prop({ checked: true,disabled: true });
        }
        //解除禁用
        function enable(){
            $("input[type='checkbox']").attr("disabled",false);
        }
    </script>
</body>
```

8.3.2　样式操作

jQuery 提供了一些用于控制和修改页面元素外观样式的方法，如 addClass()、removeClass()、toggleClass()和前面使用过的 css()方法。此外，使用上节介绍的 attr()方法，也可以实现对元素外观的控制和修改。

举例如下。

```
$("#mydiv").attr("class");              //获取 id 为 mydiv 的元素的 class 设置
$("#mydiv").attr("class","newclass");   //将 id 为 mydiv 的元素的 class 更改为 newclass
```

1. addClass()和 removeClass()方法

(1) addClass()方法

addClass()方法用于向一个或多个匹配元素追加新样式。其语法格式如下。

```
addClass(classname1[ classname2 … classnameN]);
addClass( function([index,oldClass]));
```

各参数的含义如下。

classname1、classname2、… classnameN 为新样式名称。

function([index,oldClass])表示使用函数返回值向匹配元素添加的新样式名。可选项 index 和 oldClass 分别为当前元素在匹配集合中的索引值和当前元素的原有样式名。

举例如下。

```
//为 title 属性为 desc 的 p 元素添加样式 normal
$("p[title='desc']").addClass("normal");
//为 title 属性为 desc 的 p 元素添加样式 normal 和 fontcolor
$("p[title='desc']").addClass("normal fontcolor");
```

(2) removeClass()方法

removeClass()方法用于移除匹配元素的一个或多个样式。其语法格式如下。

```
removeClass();       //移除匹配元素的所有样式
removeClass(classname1 [classname2 … classnameN])     //移除列表中指定的样式
```

2. toggleClass()方法

toggleClass()方法用于实现元素样式的添加或移除。当元素指定的样式存在时，移除该样式，否则添加该样式。其语法格式如下。

```
toggleClass(classname);
```

其中，classname 表示 css 类名，toggleClass( )方法被调用时首先判断指定的 CSS 类是否已被应用，若是，则移除，否则应用该 CSS 类。

举例如下。

```
//判断 id 为 username 的元素是否存在名为 newuser 的 CSS 类样式,有则移除,没有则添加
$("#username").toggleClass("newuser");
```

如果希望根据具体情况有选择地添加或移除 CSS 类，则可使用函数的返回值替代 toggleClass( )方法的参数。

3. css( )方法

css( )方法是 jQuery 1.9 以上版本新增的内容，用于获取或设置匹配元素的 CSS 样式，其语法格式有以下 4 种。

```
css(attrname);
css(attrname,value);
css({ attrname1: value1,attrname2: value2,…,attrnameN: valueN });
css(attrname,function(index,oldvalue));
```

各参数的含义如下。

attrname、attrname1、… attrnameN 表示要访问的属性名；value、value1 … valueN 表示对应的属性值；function([index,oldvalue])表示使用函数的返回值作为当前元素的属性值，可选项 index 和 oldvalue 分别表示元素在当前集合中的索引和原有的属性值。

举例如下。

```
$("#pic1").css("width");              //返回 id 为 pic1 的元素的 width 属性值
$("#pic1").css("width","200");        //设置 id 为 pic1 的元素的 width 值为 200px
$("img").css({width : "200px",height : "420px"});  //设置所有 img 元素的宽和高
//设置 id 为 pic1 的元素的 width 属性为原有值加 10
//parseFloat()函数用于将字符串转换为浮点数值
$("#pic1").css(width,function(index,val){ return parseFloat(val)+10});
```

【演练 8-4】使用 toggleClass( )和 css( )方法控制元素的外观。程序运行时的页面显示效果如图 8-5 所示。

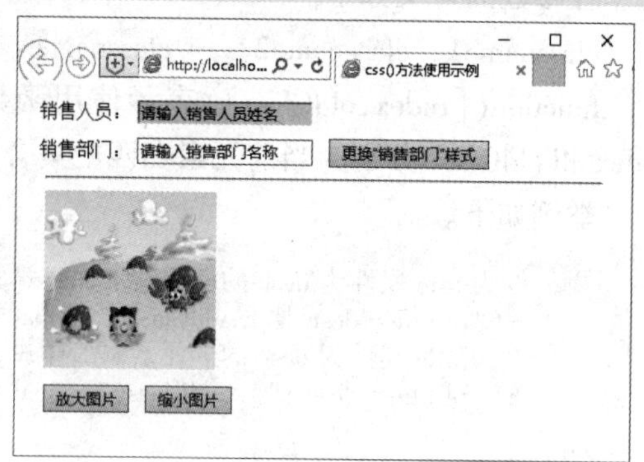

图 8-5　页面显示效果

（1）程序设计要求

1）当“销售人员”文本框得到焦点时，其中的提示文本自动清除并更换样式为白色背景色。失去焦点时，若文本框内容为空，则重新显示提示文本“请输入销售人员姓名”。

2）单击“更换‘销售部门’样式”按钮时，“销售部门”文本框变成“黑底白字”样式，再次单击恢复原状。

3）单击“放大图片”或“缩小图片”按钮时，可按每次 10%放大或缩小图片。

（2）程序设计步骤

1）新建一个 ASP. NET 空网站，向网站中添加一个 Web 窗体页面 Default. aspx；将包含 jQuery 文件的 Script 文件复制到网站文件夹中；在网站文件夹中新建一个名为 images 的文件夹，并将需要的图片文件 1. png 复制到其中。

2）切换到 Default. aspx 的源视图，在<head>和</head>标记之间添加对 jQuery 的引用和各样式的描述，相关代码如下。

```
<head>
    …
    <script type="text/javascript" src="Scripts/jquery-3. 1. 1. min. js"></script>
    <style type="text/css">
        . base { background-color:#DDD;}                      /*设置为灰色背景*/
        . focus { background-color:#FFF;}                     /*设置为白色背景*/
        . inverse { color:#FFF;background-color:#000;}        /*设置为黑底白字*/
    </style>
</head>
```

3）在<body>和</body>标记之间添加下列 HTML 和 jQuery 代码。

```
<body>
    <form id="form1" runat="server">
        <div>
            <%--“销售人员”文本框的 id 为 username,初始样式为 base 类,
                得到焦点时调用 usrfocus()函数,失去焦点时调用 usrblur()函数--%>
            销售人员:<input type="text" value="请输入销售人员姓名" id="username"
                        class="base" onfocus="usrfocus()" onblur="usrblur()"/><br />
            <%--“销售部门”文本框的 id 为 unitname--%>
            销售部门:<input type="text" value="请输入销售部门名称" id="unitname" />
            <%--“更换‘销售部门’样式”按钮被单击时调用 changestyle()函数--%>
            <input type="button" value="更换"销售部门"样式" onclick="changestyle()" />
            <hr /><%--显示一个水平分隔线--%>
            <img src="images/1. png" width:"300px" /><br />
            <%--单击“放大图片”或“缩小图片”按钮时分别调用 zoomin()或 zoomout()
方法--%>
            <input type="button" value="放大图片" onclick="zoomin()" />
            <input type="button" value="缩小图片" onclick="zoomout()" />
        </div>
    </form>
    <script type="text/javascript">            //以下为 jQuery 代码
        $("*").css("margin","5px"); //设置所有元素的外边距为 5px
        //“销售人员”文本框得到焦点
        function usrfocus() {
            $("#username").toggleClass("focus");     //替换样式为 focus 类
            //如果“销售人员”文本框中显示的是初始提示文本,则清空
            if( $("#username").val()=="请输入销售人员姓名")
                $("#username").val("");  //关于 val()方法在后面将进行详细介绍
        }
        //“销售人员”文本框失去焦点
        function usrblur() {
            //如果“销售人员”文本框为空,则重新显示提示文本
            if( $("#username").val()=="")
                $("#username").val("请输入销售人员姓名");
        }
        //单击“更换‘销售部门’样式”按钮时调用的函数
        function changestyle() {
            $("#unitname").toggleClass("inverse");
        }
        //放大图片,连续单击按钮可连续放大(每次放大 10%)
        function zoomin() {
            $("img").css({
                width: function(index,val) {
                    return parseFloat(val) * 1. 1;
```

```
                },
                height: function(index,val){
                    return parseFloat(val) * 1.1;
                }
            });
        }
        //缩小图片,连续单击按钮可连续缩小(每次缩小 10%)
        function zoomout(){
            $("img").css({
                width: function(index,val){
                    return parseFloat(val) * 0.9;
                },
                height: function(index,val){
                    return parseFloat(val) * 0.9;
                }
            });
        }
    </script>
</body>
```

8.3.3 内容操作

内容操作是指使用 jQuery 提供的方法获取或修改元素或表单的内容。jQuery 常用的内容操作方法有 html()、text()和 val()方法。

1. html()方法

html()方法用于获取或设置第一个匹配元素的 HTML 内容，该方法仅对 XHTML 文档有效，不能用于 XML 文档。其语法格式有以下 3 种。

```
html();                //获取匹配元素的 HTML 内容
html(htmlcode);        //使用 htmlcode 表示的内容替换原有内容
html(function([index,oldhtmlcode]));
```

其中，htmlcode 表示用于替换匹配内容的新内容；function([index,oldhtmlcode])表示使用函数返回值作为匹配元素 HTML 内容的新内容，可选参数 index 表示当前元素在匹配集合中的索引值，oldhtmlcode 表示当前元素原有的 HTML 内容。

例如，下列代码执行后，首先匹配 id 为 d1 的 div 元素，再通过不带参数的 html()方法获取该元素的 HTML 内容，如果其内容为“这是第一个层”，则将该内容替换为红色“this is first div”。

```
<div id="d1">这是第一个层</div>
<script type="text/javascript">
    if( $("#d1").html()=="这是第一个层")
        $("#d1").html("this is first div");
</script>
```

2. text()方法

text()方法用于读取或设置匹配元素的文本内容，其语法格式及使用方法与 html()方法相同。它与 html()方法的区别在于，text()方法只能返回或设置匹配元素的纯文本内容，不能包含 HTML 标记。

例如，下列代码分别使用 html()和 text()方法替换匹配元素的内容（内容中包含了将字体设置为斜体的 HTML 代码），得到的结果如图 8-6 和图 8-7 所示。可以看出 html()方法将内容中包含的 HTML 标记解释为显示效果，而 text( ) 方法则将这些标记按文本进行输出。

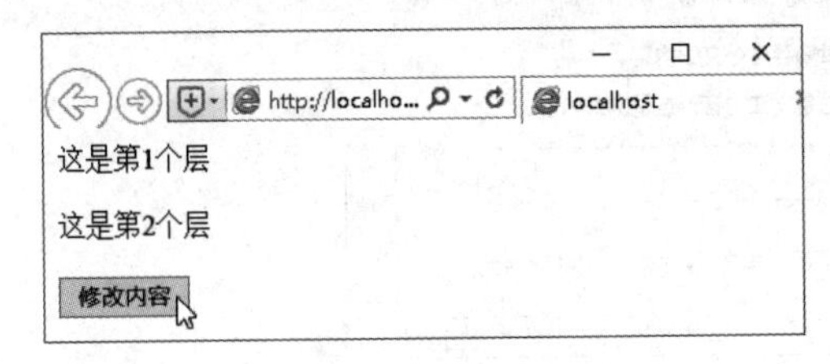

图 8-6　页面初始效果

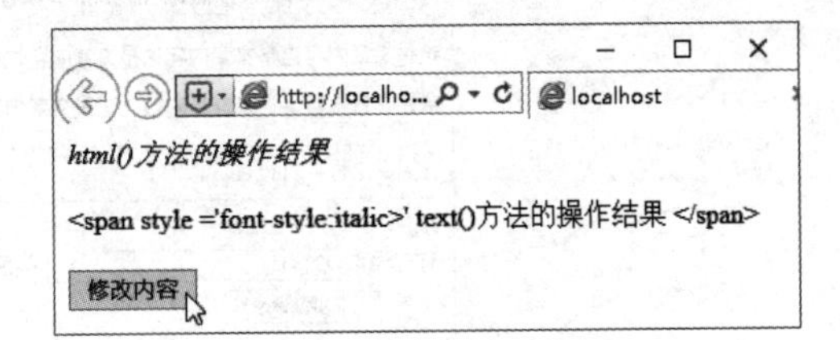

图 8-7　调用 html( ) 和 text( ) 方法后的效果比较

HTML 代码如下。

```
<div id="d1">这是第一个层</div><br />
<div id="d2">这是第二个层</div><br />
<!--单击按钮时调用 myedit( ) 函数-->
<input type="button"  value="修改内容"  onclick="myedit( )" />
```

jQuery 代码如下。

```
<script type="text/javascript">
    function myedit( ) {
        $("#d1").html("<span style='font-style:italic'>html( )方法的操作结果</span>");
        $("#d2").text("<span style='font-style:italic'>text( )方法的操作结果</span>");
    }
</script>
```

3. val( ) 方法

val( ) 方法用于获取或设置表单元素的值，包括文本框、下拉列表框、单选按钮和复选框等元素。当元素允许多选时，返回一个包含被选项的数组。其语法格式有以下 4 种。

```
val( );                        //无参数时用于返回匹配表单元素的 value 值
val(newval);                   //使用 newval 表示的值替换匹配表单元素的 value 值
val(arrayval);                 //用于设置多选表单元素的选中状态
val(function(index,oldval));   //使用函数返回值设置匹配表单元素的 value 值
```

【演练 8-5】使用 html( ) 和 val( ) 方法修改页面元素和表单元素。程序运行后显示如图 8-8 所示的初始页面，用户在填写了评论内容、选择了文本样式后单击“提交评论”按钮，可将评论按指定样式显示到页面中（评论内容可多次提交），如图 8-9 所示。

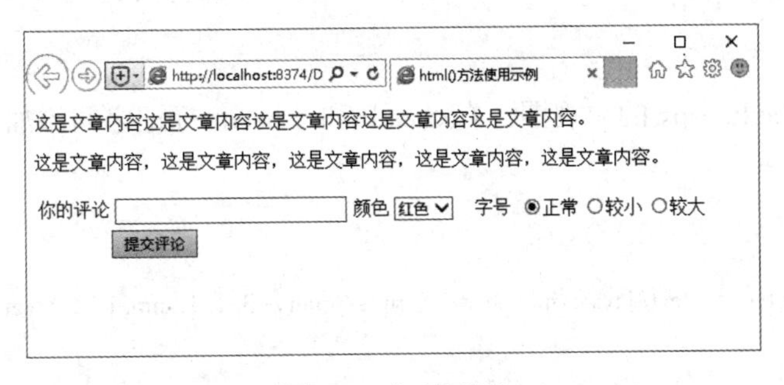

图 8-8　初始页面

程序设计步骤如下。

(1) 设计 Web 页面及控件属性

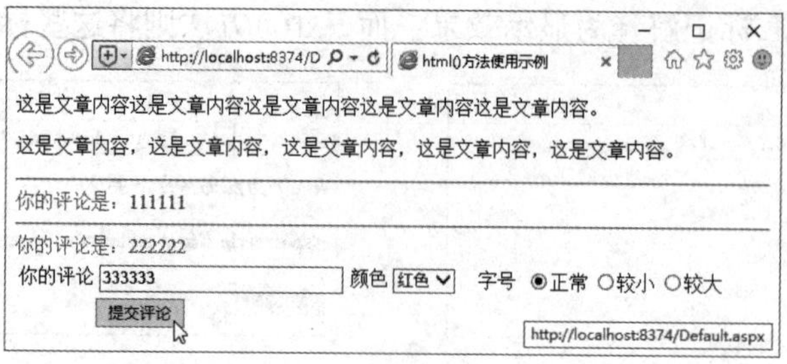

图 8-9 程序运行结果

1）新建一个 ASP. NET 空网站，向网站中添加一个 Web 窗体页面 Default. aspx。将包含 jQuery 文件的 Script 文件复制到网站文件夹中。

2）向页面中添加若干表示文章内容的文本。添加一个文本框服务器控件 TextBox1，添加一个下拉列表框服务器控件 DropDownList1，添加一个单选按钮组服务器控件 RadioButton-List1，再添加一个按钮服务器控件 Button1 及相应的说明文字。

3）设置 TextBox1 的 ID 属性为 txtContent。

设置 DropDownList1 的 ID 属性为 dropColor，为其添加 3 个选项“红色”“黑色”和“绿色”，相应的 Value 属性分别为 red、black 和 green。

设置 RadioButtonList1 的 ID 属性为 rbtnFontSize，RepeatDirection 属性为 Horizontal（使各选项水平排列），为其添加 3 个选项“正常”“较小”和“较大”，相应的 Value 属性分别为 12pt、9pt 和 16pt。

设置 Button1 的 ID 属性为 btnOK。

4）适当调整各控件的位置及大小。

（2）编写程序代码

1）在 Default. aspx 的设计视图中，双击页面空白处进入代码编辑状态，编写页面载入时执行的代码如下。

```
protected void Page_Load( object sender,EventArgs e)
{
    if( !IsPostBack)    //如果页面是初次加载
    {
        //为“提交评论”按钮添加属性,表示被单击时调用 mysubmit( )客户端脚本函数
        btnOK. Attributes. Add( " OnClick" ," return mysubmit( ) " ) ;
    }
}
```

2）切换到 Default. aspx 的源视图，在<head>和</head>标记之间添加 jQuery 的引用代码如下。

```
<head>
    …
    <script type = " text/javascript"  src = " Scripts/jquery-3. 1. 1. min. js" ></script>
    …
</head>
```

3）在 Default. aspx 页面的源视图中，向<form>和</form>标记之间按如下所示修改其 HTML 代码（斜体字部分由系统自动生成，无须修改）。

```
<form id="form1" runat="server">
    <div>
        <p>这是文章内容这是文章内容这是文章内容这是文章内容这是文章内容。</p>
        <p>这是文章内容,这是文章内容,这是文章内容,这是文章内容,这是文章内容。</p>
    </div>
    <div id="content"></div><%--预留的,用于显示评论内容的位置--%>
    <div>
        <table id="tab" style="width:600px">
            <tr>
                <td>你的评论
                    <asp:TextBox ID="txtContent" runat="server" Width="200px"></asp:
TextBox>
                </td>
                <td>颜色
                    <asp:DropDownList ID="dropColor" runat="server">
                        <asp:ListItem Selected="True" Value="red">红色</asp:ListItem>
                        <asp:ListItem Value="black">黑色</asp:ListItem>
                        <asp:ListItem Value="green">绿色</asp:ListItem>
                    </asp:DropDownList>
                </td>
                <td> 字号</td>
                <td>
                    <asp:RadioButtonList ID="rbtnFontSize" runat="server"
                        RepeatDirection="Horizontal" ClientIDMode="Static">
                        <asp:ListItem Selected="True" Value="12pt">正常</asp:ListItem>
                        <asp:ListItem Value="9pt">较小</asp:ListItem>
                        <asp:ListItem Value="16pt">较大</asp:ListItem>
                    </asp:RadioButtonList>
                </td>
            </tr>
        </table>
        <asp:Button ID="btnOK" runat="server" Text="提交评论" />
    </div>
    <script type="text/javascript">
        function mysubmit() {
            var txt= $("#txtContent").val();            //获取文本框中用户输入的文本
            var c= $("#dropColor").val();               //获取下拉列表框中用户选择的颜色
            var s= $("input[name='rbtnFontSize']:checked").val();  //获取用户选择的字号
            var oldcontent= $("#content").html();      //获取显示评论区现有的内容
            //如果用户提交的评论内容不为空
            if(txt !="") {
                //将原有内容加上本次提交的内容显示到显示区
                $("#content").html(oldcontent+"<hr />你的评论是:"+txt+"<br />");
                $("#txtContent").val("");//清除文本框中已提交的内容
                //按用户选定的颜色和字号修改显示区文本样式
                $("#content").css({ "color": c,"font-size": s });
            }
            return false;    //返回 false 可以避免因单击按钮引起的服务器端回发
        }
    </script>
</form>
```

8.3.4　jQuery 常用的特效方法

jQuery 为用户提供了大量用于快速、简便地设计 Web 页特效的方法，如元素显示、隐藏动画效果和改变元素的透明度等。其中最基本也是最常用的方法有 show( )、hide( )、 toggle( )、slideDown( )、slideUp( )、slideToggle( )、fadeIn( )、fadeOut( )、fadeTo( )和animate( )等。

1. **show( )和 hide( )方法**

show( )方法和 hide( )方法可以通过递增或递减元素的 width、height 和 opacity（透明度）属性值实现元素的显示和隐藏，其语法格式如下。

```
$("元素选择器").show(speed[,fn]);
$("元素选择器").hide(speed[,fn]);
```

其中，speed 表示动画效果的速度，可选值为毫秒值（如 1500）、slow（慢速）、normal（中速）和 fast（快速）；fn 表示显示或隐藏执行完毕后调用的其他函数。

例如，下列代码实现了单击“隐藏”或“显示”按钮时，对<p>标记中的文本执行相应的隐藏或显示操作。

```
…
<body>
    <p>这是一个测试段落</p>
    <button class="btn1">隐藏</button>
    <button class="btn2">显示</button>
</body>
<script type="text/javascript">
    $(".btn1").click(function(){
        $("p").hide(1000);//以 1000ms 的速度隐藏<p>标记
    });
    $(".btn2").click(function(){
        //以 1000ms 的速度显示<p>标记,完成后执行 showcolor 函数
        $("p").show(1000,showcolor);
        $("p").css("background-color","red");
    });
    //showcolor 函数用于设置<p>标记的背景色为绿色
    function showcolor(){
        $("p").css("background-color","green");
    }
</script>
…
```

2. **slideDown( )、slideUp( )和 slideToggle( )方法**

slideDown( )和 slideUp( )方法以向下或向上滑动的动画效果隐藏或显示匹配的元素。这样的动画效果实际上是通过改变匹配元素的 height 属性值来实现的。slideToggle( )方法可将匹配元素隐藏的内容显示出来，将显示的内容隐藏起来。

举例如下。

```
…
<script type="text/javascript">
    $(document).ready(function(){
        $("#main").slideUp(1000);        //向上滑动隐藏 id 为 main 的 div
    });
    //按钮被单击时执行的 jQuery 代码
    $("#btn").click(function(){
        $("#main").slideToggle(1000);    //改变 id 为 main 的元素的隐藏、显示状态
        //如果 id 为 btn 的按钮的文本为“隐藏内容”,则将其改为“显示内容”
        if( $("#btn").val()=="隐藏内容"){
            $("#btn").val("显示内容");
```

```
            }
            else {
                $("#btn").val("隐藏内容");  //反之则相反
            }
        });
    </script>
    <body>
        <div id="main">
            <div class="c1" id="d1">这是第 1 个层</div><br />
            <div class="c2" id="d2">这是第 2 个层</div><br />
        </div>
        <input type="button" value="显示内容" id="btn" />
    </body>
    …
```

3. fadeIn()、fadeOut()和 fadeTo()方法

fadeIn()、fadeOut()和 fadeTo()方法通过修改匹配元素的不透明度来显示或隐藏它们。fadeOut()方法将不透明度设置为 0，使元素完全透明，然后将 CSS display 属性设置为 none 来实现完全隐藏元素；fadeTo()方法允许指定一个 0～1 的不透明度值，用于控制元素的透明程度；fadeIn()与 fadeOut()相反，它将匹配元素的不透明度设置为 1，使元素完全不透明（正常显示）。

举例如下。

```
$("h1").fadeOut(1000);      //使<h1>元素完全透明,速度为 1000 ms
$("h1").fadeIn(1000);       //使<h1>元素完全不透明,速度为 1000 ms
$("h1").fadeTo(1000,0.5);   //在 1000 ms 内将<h1>元素的不透明度设置为 0.5(半透明
                            //状态)
```

4. animate()方法

animate()方法是一个功能强大的动画效果设计方法，它可以在动画实现过程中指定众多完善动画效果的属性。

例如，下列代码将<h1>元素的不透明度设置为 0.4，将其左边距设置为 50px，将字体大小设置为 40px，在 1500 ms 内平滑地完成上述设置，从而实现了较为复杂的动画效果。

```
…
<script type="text/javascript'>
    $(document).ready(function(){
        $("h1").animate({
            opacity:0.4,
            marginLeft: "50px",
            fontSize:"40px"
        },1500);
    });
</script>
<body>
    <h1>animate()方法使用示例</h1>
</body>
…
```

8.3.5　jQuery 事件处理和事件绑定

事件处理是指某一时刻页面元素对某种由系统或用户引发的操作的响应及处理，是系统

与用户进行交换的主要途径。例如，前面已经使用过的页面加载、按钮被单击、文本框得到或失去焦点等事件发生时，自动调用对应的函数。jQuery 中的事件处理是在 JavaScript 的基础上扩充并完善而形成的，功能更加强大，使用更加便利。

所谓“事件绑定”，是指将页面元素的事件类型与事件处理函数关联起来。当事件触发时调用事先绑定的函数进行处理。在 JavaScript 中，通常采用在元素标记中添加属性的方式绑定事件处理函数，举例如下。

```
<input type="button" value="确定" onclick="myfunction()" />
```

其中，onclick="myfunction()"属性就指明当按钮被单击时调用 myfunction()函数进行处理。

除了上述方式外，jQuery 还提供了一些功能更强大的应用程序接口（Application Program Interface，API）来执行事件的绑定操作。常用的有 on()、one()和 hover()方法等。

1. on()方法

on()方法用于将事件处理函数绑定到元素的某个事件。其语法格式如下。

```
$("元素类").on("事件名"[,"触发事件的元素"][,传递给事件处理函数的数据],事件处理函数);
```

例如，下列代码将 HTML 按钮的单击事件绑定到了事件处理函数上。

```
...
<body>
    <form id="form1" runat="server">
    <div>
        <input type="button" value="确定" id="btn" />
    </div>
    </form>
    <script type="text/javascript">
        //将所有<div>标记中 class 属性为 btn 的元素的 click 事件绑定处理函数
        $("div").on("click",".btn",{msg:"这是传递的数据"},function(e){
            //单击按钮时弹出信息框
            alert(e.data.msg);//e 用于接收触发事件的元素传递过来的所有信息
        });
    </script>
</body>
...
```

对于常用事件（如 click、mouseover 和 mouseout 等），jQuery 允许省略 on 关键字，将事件绑定代码简化为类似如下的形式。

```
$("#btn").click(function(){
    …//事件处理代码
});
```

2. one()方法

one()方法用于将元素的某个事件绑定到一个一次性（只被执行一次）的事件处理函数。例如，下列代码为页面中所有的<p>标记绑定了一个 mouseover 事件处理函数。当第一次将鼠标指向<p>标记的文本时，会弹出信息框显示“这是一个测试”，再次单击时则不再响应。

```
…
<p>这是一个测试</p>
<script type="text/javascript">
    $("p").one("mouseover",function(){
        alert($(this).text());      //显示<p>标记的文本
    });
</script>
…
```

代码中的 this 用于指明触发事件的对象本身（类似于 C#事件中的 sender 对象），$(this)是 jQuery 对 this 对象的封装，用于在事件处理中获取触发者的信息。

3. hover()方法

hover()方法用于处理鼠标指向事件。当鼠标指针进入元素区域时触发第一个函数，离开时触发第二个函数，第二个函数为可选项，省略时表示鼠标离开时不执行任何操作。hover()方法的语法格式如下。

```
$("元素选择器").hover(fn1[,fn2]);
```

例如，下列代码用于在页面中显示一个文本框（<span>元素中的提示信息处于隐藏状态），当鼠标指向文本框时，显示数据输入提示“只能输入数字和字母”，当鼠标离开时，提示自动隐藏。

```
…
<input id="txt" type="text" />
<span id="msg" hidden>只能输入数字和字母</span>
<script type="text/javascript">
    $("#txt").hover(
        function(){
            $("#msg").show();
        },
        function(){
            $("#msg").hide();
        });
</script>
```

8.4　实训——使用 jQuery 特效

8.4.1　实训目的

通过实训进一步理解使用 jQuery 实现页面效果的常用方法和手段；掌握通过 jQuery 处理客户端事件的代码编写方法。

8.4.2　实训要求

在.aspx 页面中设计一个用于显示职工信息的 HTML 表格，初次打开页面时显示如图 8-10 所示的奇偶行背景色不同的效果。当用户通过单击行首单选按钮选择某行时，单选按钮呈选中状态，选中行的文本和背景色也呈高亮色显示，如图 8-11 所示。如果用户单击了表格中某行而未单击单选按钮，则只会使该行文本和背景色呈高亮色显示，不改变该行单选按钮的状态。

	姓名	性别	单位
○	张三	男	教务处
○	李四	男	教务处
○	王五	女	财务处
○	赵六	男	财务处
○	陈七	女	学生处

图 8-10　页面初始效果

	姓名	性别	单位
○	张三	男	教务处
⊙	李四	男	教务处
○	王五	女	财务处
○	赵六	男	财务处
○	陈七	女	学生处

图 8-11　选中行呈高亮显示

8.4.3　实训步骤

1）新建一个 ASP.NET 空网站，向网站中添加一个 Web 窗体页面 Default.aspx。将包含 jQuery 文件的 Script 文件夹复制到网站中。

2）切换到 Default.aspx 页面的源视图，按照以下所示添加 HTML 代码。

```
…
<body>
    <form id="form1" runat="server">
    <div>
        <table>
            <thead>
                <tr><th></th><th>姓名</th><th>性别</th><th>单位</th></tr>
            </thead>
            <tbody>
                <tr>
                    <td><input type="radio" name="choic"/></td>
                    <td>张三</td><td>男</td><td>教务处</td>
                </tr>
                <tr>
                    <td><input type="radio" name="choic"/></td>
                    <td>李四</td><td>男</td><td>教务处</td>
                </tr>
                <tr>
                    <td><input type="radio" name="choic"/></td>
                    <td>王五</td><td>女</td><td>财务处</td>
                </tr>
                <tr>
                    <td><input type="radio" name="choic"/></td>
                    <td>赵六</td><td>男</td><td>财务处</td>
                </tr>
                <tr>
                    <td><input type="radio" name="choic"/></td>
                    <td>陈七</td><td>女</td><td>学生处</td>
                </tr>
            </tbody>
        </table>
    </div>
    </form>
</body>
…
```

3）在解决方案资源管理器中右击网站名称，在弹出的快捷菜单中选择“添加”→“样式表”命令，向网站中添加一个名为“StyleSheet.css”的样式表文件，并按如下所示编写 CSS 文件代码。

```
table
{
    border:0;border-collapse:collapse;
}
td
{
    font:nomal 12px/17px Arial;padding:2px;width:100px;   /*字体大小为 12px,行高为 17px*/
}
th
{
    font:bold 12px/17px Arial;text-align:left;padding:4px;border-bottom:1px solid #333;
}
.even
{
    background:#FFF38F;
}
.odd
{
    background:#FFFFEE;
}
.selected
{
    background:#FF6500;color:#FFF
}
```

4）切换到 Default.aspx 的源视图，在<head>和</head>标记之间添加对 jQuery 和样式表文件的引用代码如下。

```
<head>
    <script type="text/javascript" src="Scripts/jquery-3.1.1.min.js"></script>
    <link href="StyleSheet.css" rel="stylesheet" type="text/css" />
</head>
```

5）在 Default.aspx 的源视图中添加 jQuery 代码如下。

```
<body>
…
<form id="form1" runat="server">
…
</form>
    <script type="text/javascript">
        $("tbody>tr:odd").addClass("odd");
        $("tbody>tr:even").addClass("even");
        //表格行被单击时执行的事件处理代码
        $("tbody>tr").click(function(){
            $(this)
                .addClass("selected")
                .siblings().removeClass("selected")
        });
    </script>
</body>
```

第 9 章　数据库基础与数据访问控件

随着计算机软硬件技术的提高，数据管理技术也从原来的文件系统阶段发展到了现在的数据库系统阶段。提供数据库访问方法已成为所有应用程序开发平台的一种事实标准。

任何一个应用程序对数据库的操作无非是数据的增、删、改、查和操作结果的展示。Visual Studio 提供了一些功能强大的、专门用于数据库操作结果展示的控件，如 GridView、DataList、FormView、Repeater 和 DetailsView 等。使用这些控件可以将数据表或查询结果关联到显示界面。通常将这种关联操作称为“数据绑定”，用于数据绑定的控件称为“数据绑定控件”。

9.1　使用数据库系统

数据库系统是由计算机硬件、操作系统、数据库管理系统，以及在其他对象支持下建立起来的数据库、数据库应用程序、用户和维护人员等组成的一个整体。

数据库是存放各类数据的文件，而数据库应用程序则是管理和使用这些数据的用户接口。也就是说，用户是通过数据库应用程序来查询、添加、删除和修改保存在数据库中的数据的。

数据库的种类有很多，但最常用的是关系型数据库。在关系型数据库中是根据表、记录和字段之间的关系进行数据组织和访问的。它通过若干个表（Table）来存储数据，并通过关系（Relation）将这些表联系在一起。

一个关系型数据库中可以包含若干张表，每张表又由若干条记录（行）组成，记录由若干个字段（列）组成。表与表之间通过关系连接。这种结构与 Excel 工作簿十分相似。

9.1.1　创建 Microsoft SQL Sever 数据库

Microsoft SQL Server（以下简称为 SQL Server）是微软公司推出的一款数据库软件，在中小应用环境中有较高的市场占有率。为了方便开发人员和小型桌面应用程序设计，Microsoft 提供了对应于各个版本的、免费的、体积较小且具有 SQL Server 主要功能的 SQL Server Express 版，它可以运行在 Windows 7、Windows 10 等非服务器版的 Windows 操作系统中。

Visual Studio 中内置了 SQL Server Express LocalDB 版，LocalDB 是 SQL Server Express 的一种运行模式，也可以理解为超轻量级的 SQL Server，特别适合在开发环境中使用。本书所有涉及 SQL Server 的内容和示例均以 LocalDB 版为背景。

1. 新建数据库和数据表

在解决方案资源管理器窗口中右击网站名称，在弹出的快捷菜单中选择“添加”→“添加新项”命令，在弹出的如图 9-1 所示的对话框中选择“SQL Server 数据库”，并在下方的“名称”文本框中为数据库命名，如本例的“mydb. mdf”（mdf 为 SQL Server 数据库的固定扩展名，不能更改）。设置完毕后单击“添加”按钮，系统将弹出信息框询问是否需要将数据库文件存放在专用于存放数据文件的 App_Data 文件夹中，一般应选择“是”。系统将按照用户的选择，在网站中创建一个 App_Data 文件夹，并将新建的空数据库文件存放到其中。

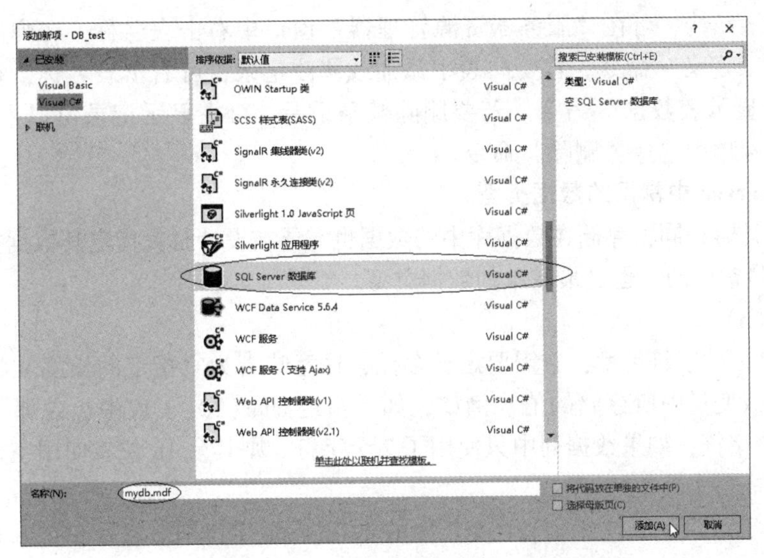

图 9-1　向网站中添加 SQL Server 数据库

为方便数据库管理，Visual Studio 提供了一个简单的、可操作本地或远程 SQL Server 数据库的“服务器资源管理器”。在 Visual Studio 中选择“视图”→“服务器资源管理器”命令，可切换到该窗口，如图 9-2 所示。

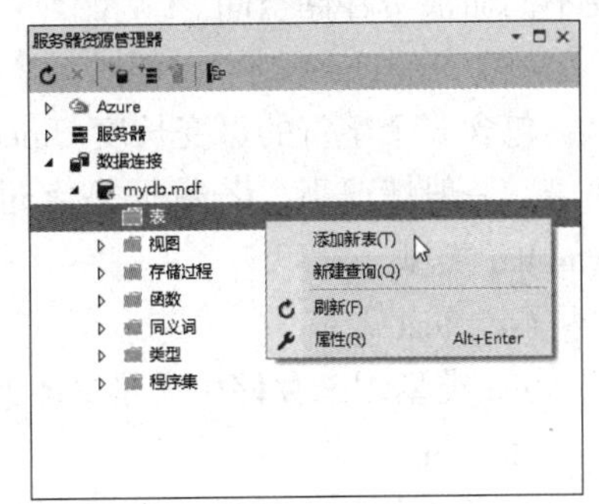

图 9-2　添加新表

在“服务器资源管理器”窗口中右击数据库名称下的“表”，在弹出的快捷菜单中选择“添加新表”命令，打开如图 9-3 所示的“表设计器”窗口。在该窗口中使用可视化或 T-SQL 语句的方式创建表结构（指定各字段的名称、数据类型及是否允许为空等）。表结构设计完毕后，需要在 T-SQL 窗格中指定表名称（如本例的 users，系统默认值为 Table）。

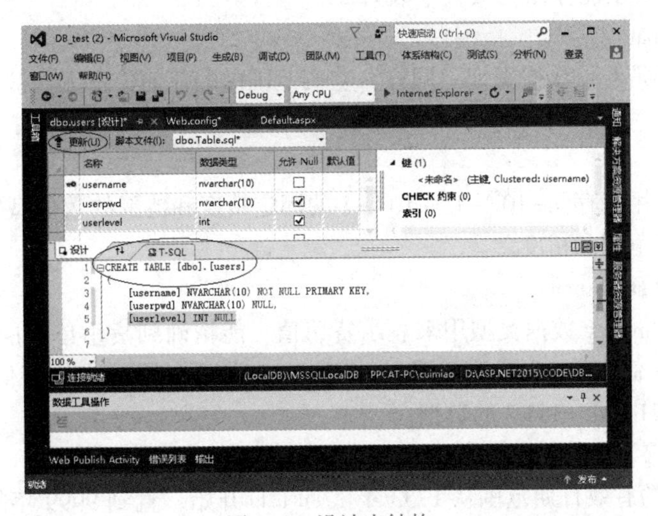

图 9-3　设计表结构

最后单击“更新”按钮，在弹出的对话框中单击“更新数据库”按钮，将新表按指定名称保存到数据库中。

若要修改表结构，可在“服务器资源管理器”窗口中右击表名称，在弹出的快捷菜单中选择“打开表定义”命令。若要向表中添加或修改记录，可右击表名称，在弹出的快捷菜单中选择“显示表数据”命令。若要删除某条记录，可在显示记录窗口中右击该记录，在弹出的快捷菜单中选择“删除”命令。

2. SQL Server 中常用的数据类型

与程序设计时相同，存储在数据库中的数据也需要在设计时就指定其数据类型，以下是 SQL Server 中最常用的，也是最基本的数据类型。

（1） char(n)

char(n)是一种字符类型，它需要定长存储，这意味着为它指定的长度 n 将用于所有存储该类型的列或变量中所存储的值。例如，如果指定 char(20)，表中包含那一列的每一行都将使用 20 个字符，如果数据列中只使用了 2 个字符，则其余 18 位将使用空格填充。

（2） varchar(n)

varchar 用于声明一个包含 n 个可变长度的非 Unicode 字符列。它是 SQL Server 中最有用的字符类型之一，因为它所存储的字符数据可以表示大多数数据，同时它也不会因字段值长度不同而浪费存储空间。

（3） nvarchar(n)

包含 n 个字符的可变长度 Unicode 字符列，占用存储空间的字节数是所输入字符个数的两倍。一般情况下，若数据是字母或符号，可使用 varchar 类型，数据是汉字时最好使用 nvarchar 类型。

（4） text

text 类型用来存储由大量文本组成的文本块的、最多可以存放 2 GB 的字符数据。

（5） int

int 类型用于存储整型数字，占 4 字节的存储空间，允许的数据范围为 $-2^{31} \sim 2^{31}-1$。对于更大或更小的数据，可以使用 bigint （8 B）、smallint （2 B） 或 tinyint （1 B） 类型。需要注意的是，tinyint 类型能存储的最大整数为 255。

（6） real 和 float

real 和 float 都是浮点数据类型。同样，它们范围内的任何值都无法被精确地表示，因此被称为近似数字。

（7） decimal

精确数值型，用来存储 $-10^{38}-1 \sim 10^{38}-1$ 的固定精度和范围的数值型数据。使用这种数据类型时必须指定范围和精度。

（8） money 和 smallmoney

money 和 smallmoney 数据类型用来表示货币值，能精确到货币单位的万分之一。money 类型能存储 -9220 亿～9220 亿的数据，smallmoney 类型占用较小的存储空间，只能存储 -214 748. 364 8～214 748. 364 7 的数据。

（9） datetime

datetime 类型的有效日期范围从 1753 年 1 月 1 日开始，直到 9999 年的最后一天，并且它对毫秒的记录为它提供了 3. 33 ms 的精确度。关于日期时间类型数据，SQL Server 还提供有 date、datetime2、datetimeoffset、smalldatetime 和 time 等类型。

9.1.2　常用的 SQL 语句

结构化查询语言（Structured Query Language，SQL）是专为数据库而建立的操作命令集，它是一种功能齐全的数据库语言，并且现在几乎所有的数据库均支持 SQL。SQL 语句书写时不区分大小写。

使用 SQL 语句可以从数据库中返回一个或多个表中的部分或全部记录，返回的记录中可以包含全部或部分字段，并且可以按指定的方式进行记录排序。通常将使用 SQL 语句返回的数据集合称为“数据集”，它是大多数数据库应用程序的操作对象。

1. 查询语句（SELECT）

SELECT 语句主要用于从数据库中返回需要的数据集，其语法格式如下。

```
SELECT select_list
  [INTO new_table_name]
  FROM table_list
  [WHERE search_conditions]
  [GROUP BY group_by_list]
  [HAVING search_conditions]
  [ORDER BY order_list [ASC | DESC]]
```

各参数的说明如下。

1）select_list：选择列表，用来描述数据集的列，它是一个用逗号分隔的表达式列表。每个表达式定义了数据类型、大小及数据集列的数据来源。在选择列表中可以使用“*”号指定返回源表中所有的列（字段）。

2）INTO new_table_name：使用该子句可以通过数据集创建新表，new_table_name 表示新建表的名称。

3）FROM table_list：在每条要从表或视图中检索数据的 SELECT 语句中，都必须包含一个 FROM 子句。使用该语句指定要包含在查询中的所有列以及 WHERE 所引用的列所在的表或视图。用户可以使用 As 子句为表和视图指定别名。

4）WHERE：这是一个筛选子句，它定义了源表中的行要满足 SELECT 语句的要求所必须达到的条件。只有符合条件的行才会被包含在数据集中。WHERE 子句还用在 DELETE 和 UPDATE 语句中，指定需要删除或更新记录的条件。

5）GROUP BY：该语句根据 group_by_list 中的定义，将返回的记录集结果分成若干组。

6）HAVING：该语句是应用于数据集的附加筛选。HAVING 子句从中间数据集对行进行筛选，这些中间数据集是用 SELECT 语句中的 FROM、WHERE 或 GROUP BY 子句创建的。该语句通常与 GROUP BY 语句一起使用。

7）ORDER BY：该语句定义了数据集中的行排列顺序（排序）。order_list 指定了列排列的顺序。可以使用 ASC 或 DESC 指定排序是按升序还是降序。

下列列举几个实例。

返回“学生信息”表中的所有记录的语句如下。

```
SELECT * FROM 学生信息        //通配符“*”表示包括记录中的所有字段
```

从“学生信息”表中查询“姓名”字段值为“张三”的记录，但仅返回记录的“姓名”字段，代码如下。

```
SELECT 姓名 FROM 学生信息 WHERE 姓名='张三'
```

从“学生信息”表中返回“姓名”“班级”和“总分”字段，条件为“性别”是“女”，并且“总分”大于360，代码如下。

```
SELECT 姓名,班级,总分 FROM 学生信息 WHERE 性别='女' AND 总分>360
```

从“学生信息”表中返回姓名字段中含有“张”的所有记录。这是在实现“模糊”查询时常用的手段。语句中的“%”为通配符，表示任意字符串。

```
SELECT * FROM 学生信息 WHERE 姓名 LIKE %张%
```

将表 9-1 和表 9-2 通过“课程名称”字段进行关联，返回一个多表查询数据集。要求其中包括“学号”“姓名”“课程名称”和“主讲教师”4 个字段。

表 9-1　学生选课

学号	姓名	课程名称
0001	张三	高等数学
0002	李四	外语
0003	王五	高等数学
0004	赵六	高等数学

表 9-2　任课教师

课程名称	主讲教师
高等数学	张胜利
外语	李开心
计算机	王希望
电子线路	刘成功

```
SELECT 学生选课.学号,学生选课.姓名,学生选课.课程名称,任课教师.主讲教师
FROM 任课教师 INNER JOIN 学生选课 ON 任课教师.课程名称=学生选课.课程名称
```

2. 插入记录语句（INSERT）

使用 INSERT 语句可以向表中插入一条记录，该语句的语法格式如下。

```
INSERT INTO 表名称(字段名)VALUE(字段值)
```

例如，下列语句用于向“学生成绩”表中插入一条记录，并填写“编号”字段值为 0009，“数学”“语文”和“英语”字段（成绩）的值依次为 89、76 和 92。

```
INSERT INTO 学生成绩(编号,数学,语文,英语)VALUES('0009',89,76,92)
```

3. 修改记录语句（UPDATE）

使用 UPDATE 语句可更新（修改）表中的数据，该语句的语法格式如下。

```
UPDATE 表名称 SET 字段名=值 WHERE 条件
```

举例如下。

将“学生成绩”表中“总分”大于 300 的所有记录的“等级”字段值更改为“优秀”，代码如下。

```
UPDATE 学生成绩 SET 等级='优秀' WHERE 总分>300
```

修改 grade 表中“学号”为 0006 的学生的“数学”字段值为 86，“语文”字段值为 87，“英语”字段值为 88，代码如下。

```
UPDATE grade SET 数学=86,语文=87,英语=88 WHERE 学号='0006'
```

4. 删除记录语句（DELETE）

使用 DELETE 语句可以删除数据表中指定的行，该语句的语法格式如下。

```
DELETE FROM 表名称 WHERE 条件
```

例如，下列语句用于删除“学生信息”表中“班级”字段值为“网络 0001”的所有记录(行)。

```
DELETE FROM 学生信息 WHERE 班级='网络 0001'
```

在实际应用中，SQL 语句是作为字符串被引用的，所以其中的关键字不区分大小写，但数据表名称和字段名不要使用中文来定义，上例中仅是为了使读者更容易理解 SQL 语句的含义才以中文表示表名称和字段名。由于篇幅所限，不能尽述 SQL 的使用方法和技巧，读者可参阅有关参考资料。

9.1.3　Microsoft SQL Server 常用操作

在简单的应用范围中，使用前面介绍的 SQL 语句就能很好地完成对数据库的查询、修改、添加或删除操作，但在一些较大应用中，可能因数据库中记录条数众多而影响操作的速度，此时就需要使用“存储过程”等技术来提高应用程序的运行效率。此外，在将数据库文件从一台计算机迁移到另一台计算机时，还需要使用数据库的“分离”或“附加”功能。

1. 创建存储过程

存储过程可以使得对数据库的管理，以及显示关于数据库及其用户信息的工作容易得多。存储过程是 SQL 语句和可选控制流语句的预编译集合，以一个名称存储并作为一个单元处理。存储过程存储在数据库内，可由应用程序通过一个调用执行，而且允许用户声明变量、有条件执行，以及提供其他强大的编程功能。

存储过程可包含程序流、逻辑，以及对数据库的查询。它们可以接收参数、输出参数，以及返回单个或多个结果集和返回值。

使用存储过程具有以下优点。

1）可以在单个存储过程中执行一系列 SQL 语句。

2）可以在自己的存储过程中引用其他存储过程，这可以简化一系列复杂的 SQL 语句，提高语句的利用率。

3）存储过程在创建时即在服务器上进行编译，所以执行起来比单个 SQL 语句要快许多。

一般情况下，数据库应用程序中需要经常反复使用的 SQL 查询或其他操作，应在设计数据库时就创建相应的存储过程。

在 Visual Studio 的“服务器资源管理器”中创建存储过程的操作步骤如下。

在“服务器资源管理器”窗口中连接某数据库，并展开其内容列表。右击内容列表中的“存储过程”选项，在弹出的快捷菜单中选择“添加新存储过程”命令，在弹出的对话框中选择数据来源（表、视图或函数等，一般可选择某数据表）后单击“添加”按钮，在 Visual Studio 中打开如图 9-4 所示的存储过程代码编辑窗口。

可以看到系统已自动创建了存储过程的框架代码，程序员只要在框架中填入相应的代码即可。例如，下列代码创建了一个名为 SelectUser 的存储过程，当该存储过程执行时能从 users 表中返回指定 username 字段值的记录。

```
CREATE PROCEDURE SelectUser
    (
```

```
        @username nvarchar(10)
        )
AS
        SELECT * FROM users
        WHERE username=@username
RETURN
```

图 9-4 存储过程代码编辑窗口

其中，@username 表示需要从外界接收的参数（用户名）；AS 关键词后面是存储过程需要执行的 SQL 语句；RETURN 表示终止执行，无条件退出（该语句如果在最后一行，则可省略）。

存储过程创建完毕后，可在“服务器资源管理器”窗口中右击“存储过程”文件夹下的存储过程名称，在弹出的快捷菜单中选择“执行”命令，在弹出的如图 9-5 所示的对话框中输入需要传递的参数值后（如本例的 zhangsan），单击“确定”按钮，在输出窗口中即可看到如图 9-6 所示的执行结果。

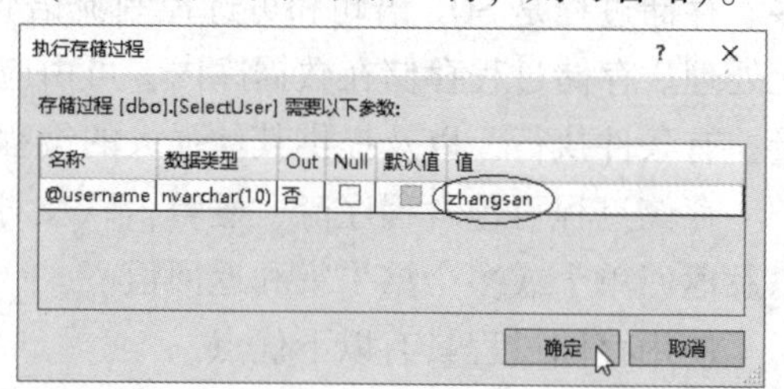

图 9-5 输入存储过程需要的参数

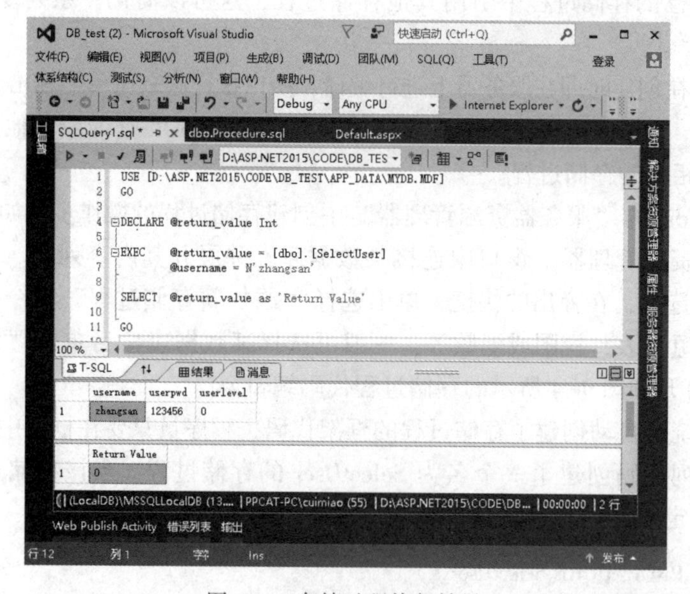

图 9-6 存储过程执行结果

又如，下列代码创建的存储过程 editstu，可从外界接收两个数据：@ stuno（学号）和@ result（成绩），并将 Exam（考试）表中的 stuno 字段值为@ stuno 的记录的 result 字段值改为@ result 接收的数据。

```
CREATE PROCEDURE dbo. editstu
    (
    @ stuno nchar(6)
    @ result int
    )
AS
    UPDATE Exam SET result = @ result
    WHERE stuno = @ stuno
RETURN
```

2. 分离和附加数据库

开发人员经常会遇到需要将某 SQL Server 数据库平台中的数据库安全地迁移到另一个服务器中使用的问题，SQL Server 提供的“分离”和“附加”数据库功能可以帮助用户方便地完成数据库迁移工作。

SQL Server 允许“分离”数据库的数据和事务日志文件，然后将其重新“附加”到另一台服务器上。分离数据库操作将使数据库脱离 SQL Server 的管理成为独立的数据库文件（一个数据库文件 . mdf 和一个事务日志文件 . ldf）。只有完成了分离操作，数据库和事务日志文件才可以复制或移动到其他位置。

（1）分离数据库

如图 9-7 所示，在服务器资源管理器的“数据连接”选项下，右击需要分离的数据库名称，在弹出的快捷菜单中选择“分离数据库”命令即可完成分离操作。数据库分离后若需要重新连接，可选择快捷菜单中的“修改连接”命令。

（2）附加数据库

首先需要将从其他计算机分离复制过来的或从 Internet 中下载的数据库文件复制到安装有 SQL Server Express LocalDB 的计算机中，启动 Visual Studio，在服务器资源管理器中右击“数据连接”选项，在弹出的快捷菜单中选择“新建连接”命令，弹出如图 9-8 所示的“添加连接”对话框。

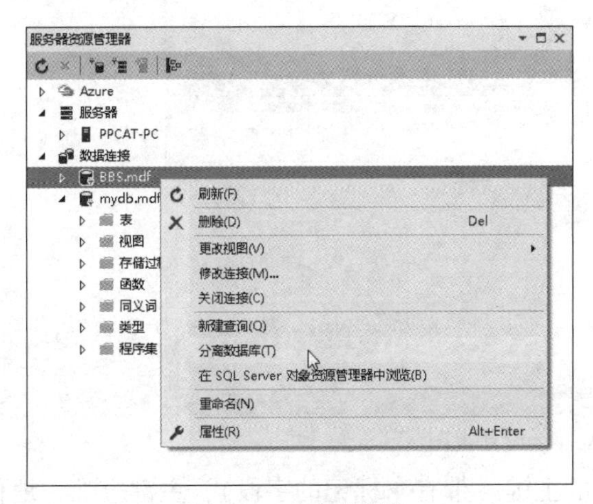

图 9-7　分离数据库

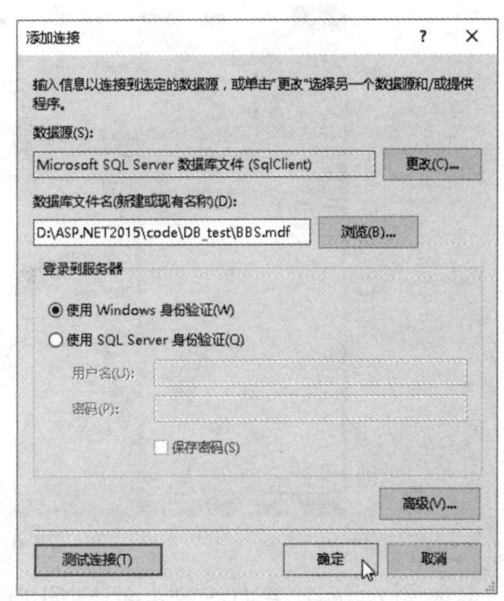

图 9-8　“添加连接”对话框

1）单击“更改”按钮，选择“数据源”类型为“Microsoft SQL Server 数据库文件(SqlClient)”。

2）单击“浏览”按钮，选择需要附加的数据库文件（日志文件必须与数据库文件保存在同一文件夹中）。

3）若为本地 SQL Server 数据库系统，则可选择登录方式“使用 Windows 身份验证”；若为远程数据库系统，则一般应选择“使用 SQL Server 身份验证”方式。

4）单击对话框下方的“测试连接”按钮，可在执行附加前进行检测，检测无误后可单击“确定”按钮执行附加操作。

“附加”完成后，新数据库即成为服务器所管辖的数据库之一，可以按照服务器定义的相关设置对其进行管理，或在 ASP.NET 网站中使用该数据库。

9.1.4 创建 Microsoft Access 数据库

Access 数据库管理系统是 Microsoft Office 的一个组件，是最常用的本地数据库之一，在 Visual Studio 中可以方便地使用各种数据库对象操作 Access 数据库。Access 特别适合小型网站或单机版 Windows 应用程序开发。

1. 创建数据库

在 Windows 的“开始”菜单中选择 Microsoft Office→Microsoft Access 2010 命令。在打开的 Access 程序窗口中选择“空数据库”模板，输入数据库文件名并选择保存位置，然后单击“创建”按钮。至此一个空 Access 数据库创建完毕，并以指定的文件名（*.accdb）保存在指定的文件夹中。用户可以继续创建需要的表，也可以退出 Access，待以后需要时再将其打开完成后续工作。

2. 创建数据表

新建或打开数据库后，单击工具栏中的“设计”按钮，在指定了表名称后，系统将打开如图 9-9 所示的创建表结构窗口，在此可以依次输入各字段的名称、选择数据类型，在“字段属性”栏中输入字段的大小、格式等属性值。表结构设计完毕后，单击设计视图窗格右上角的“关闭”按钮×退出设计视图（注意是关闭设计视图窗格，而不是关闭 Access 窗口）。

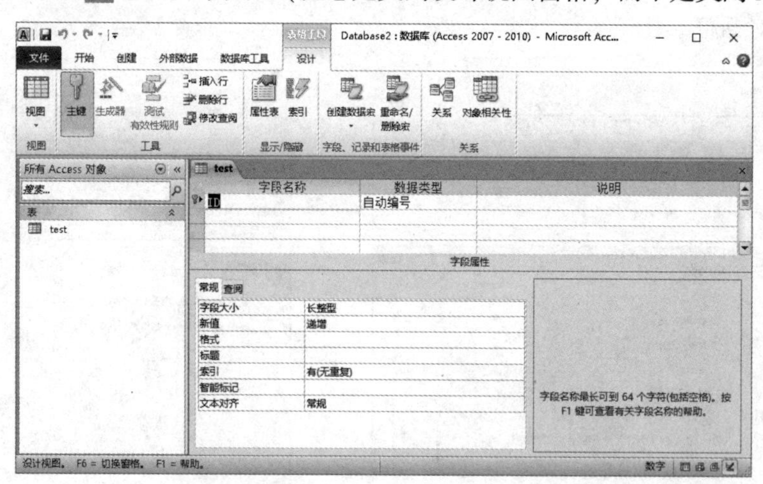

图 9-9 Access 设计视图

一般应在每个表中指定一个字段为该表的主键（带有标记的字段），主键应唯一地代表一条记录，即所有记录中该字段没有重复的值。有了主键后，可以方便地与数据库中的其他表进行关联，并利用主键值相等的规则结合多个表中的数据创建查询。

如果需要修改表结构，可以在Access窗口左侧的“所有Access对象”窗格中选择表名称，然后单击工具栏中的“设计”按钮，重新进入创建表结构窗口进行必要的修改。

双击“所有Access对象”窗格中的表名称，可以将其打开到表数据输入窗格。需要注意的是，输入数据记录时，表中的主键字段值不允许空缺。输入完毕后关闭输入窗格，将数据保存在数据库文件中。

需要说明的是，在ASP.NET网站中使用扩展名为accdb的Access 2007格式的数据库时需要安装Access 2007数据组件“AccessDatabaseEngine.exe”，否则会出现“未在本地计算机上注册Microsoft.ACE.Oledb.12.0提供程序”的出错提示。若无特殊需要，可在完成了Access数据库设计后，选择“文件”→“保存并发布”命令，将数据库保存成Access 2003格式（扩展名为.mdb）。

9.2　使用数据控件访问数据库

9-1　使用数据控件访问数据库

对数据库的基本操作无非就是增、删、改、查4项内容，但为了在程序中实现这些基本操作经常需要编写大量的重复代码。Visual Studio为了减轻开发人员的工作量，提供了一种自动将数据按照指定格式显示到程序界面上的技术，通常将这种技术称为“数据绑定”，将用于显示数据和操作数据库的控件称为“数据访问控件”。

9.2.1　使用数据源控件

ASP.NET在ADO.NET的数据模型基础上进行了进一步的封装和抽象，提出了一个新的概念“数据源控件”（DataSource Control），这些控件被放置在Visual Studio工具箱的“数据”选项卡中，分别以×××DataSource命名（如SqlDataSource、LinqDataSource等）。在数据源控件中隐含了大量常用的数据库操作基层代码，使用数据源控件配合数据绑定控件（如GridView、FormView等）可以方便地实现对数据库的常规操作，而且几乎不需要编写任何代码。在程序运行时数据源控件是不会被显示到屏幕上的，但它却能在后台完成许多重要的工作。数据源控件的类型主要有以下几种。

1. SqlDataSource

SqlDataSource数据源控件主要为连接Microsoft SQL Server数据库而设计，在中等以上规模的ASP.NET网站中建议使用这种数据库来存放需要的数据。使用SqlDataSource控件还能建立与Access、Oracle、ODBC及OLE DB等数据库的连接，并对这些数据库执行查询、插入、编辑或删除操作。

2. ObjectDataSource

当应用系统较为复杂，需要使用三层分布式架构时，可以将中间层的逻辑功能封装到这个控件中，以便在应用程序中共享。通过ObjectDataSource控件可以连接和处理数据库、数据集、DataReader或其他任意对象。

3. XmlDataSource

XML文件通常用来描述层次型数据，通过XmlDataSource数据源控件可以将一个XML文件绑定到一个用于显示层次结构的TreeView控件上，使用户可以方便、明了地访问XML文件中的数据。

4. SiteMapDataSource

SiteMapDataSource 数据源控件可用来按层次浏览网站上的所有内容，该控件需要与一个 XML 格式的网站地图文件 *. sitemap 和一个 TreeView 控件与之配合，站点地图文件用来设置网页之间的逻辑关系，TreeView 控件用于显示这些逻辑关系。

5. LinqDataSource

使用该控件可以在 DataContext 类的基础上，配合 GridView、DataList 等数据访问控件可以非常简单地实现 LINQ to SQL 对数据库的增、删、改、查等操作，而且程序员几乎不用编写任何代码。

9. 2. 2 使用 GridView 控件

GridView 控件是 ASP. NET 中最为常用的数据访问控件，配合用于连接 SQL Server 数据库的 SqlDataSource 数据源控件，可对数据库进行浏览、编辑和删除等操作。

【演练 9-1】本例以创建一个能操作 SQL Server 数据库的 ASP. NET 应用程序为例，介绍 SqlDataSource 数据源控件配合 GridView 控件实现数据浏览、编辑和删除操作的设计方法。

程序运行后在浏览器中显示如图 9-10 所示的表格，其中显示有当前数据源中的所有记录。单击某列标题（字段名），可使数据按此列进行排序（连续单击可在升序或降序之间切换）。

员工基本情况表

	编号	姓名	性别	年龄	单位	职务
编辑 删除	0001	张三	男	32	办公室	主任
编辑 删除	0002	李四	女	28	办公室	副主任
编辑 删除	0003	王五	男	24	财务处	科员
编辑 删除	0004	赵六	男	32	教务处	科员

图 9-10 浏览数据库

如果用户单击页面中的“删除”链接，则所在行的数据记录将直接从数据库中删除。如果用户单击页面中的“编辑”链接，则页面切换为如图 9-11 所示的编辑模式，用户在修改了数据后可单击“更新”链接将现有数据保存到数据库中，单击“取消”链接则放弃对数据的修改。

员工基本情况表

	编号	姓名	性别	年龄	单位	职务
更新 取消	0001	张三	男	32	办公室	主任
编辑 删除	0002	李四	女	28	办公室	副主任
编辑 删除	0003	王五	男	24	财务处	科员
编辑 删除	0004	赵六	男	32	教务处	科员

图 9-11 编辑模式

（1）添加数据表和数据源控件

新建一个 ASP. NET 空网站，向网站中添加一个 Web 窗体页面 Default. aspx。切换到 Default. aspx 的设计视图，向窗体中添加一个数据表格控件 GridView1 和一个数据源控件 SqlDataSource1，如图 9-12 所示。

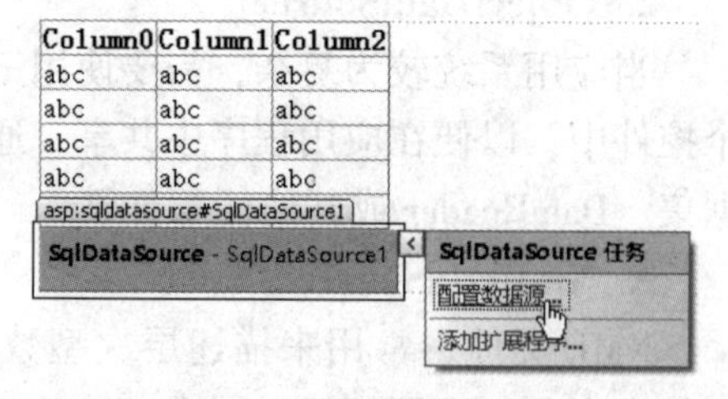

图 9-12 添加到页面的 GridView1 和 SqlDataSource1 控件

SqlDataSource 控件用于建立与 SQL Server 数据库的连接，负责向数据访问控件（如 GridView、DataList、

DatailsView 和 FormView 等）提供数据绑定。由于该控件在程序运行时是不可见的，故可以放置在页面的任何位置。

（2）创建数据库

在解决方案资源管理器中右击网站名称，在弹出的快捷菜单中选择“添加”→“添加新项”命令，在弹出的对话框中选择“SQL Server 数据库”选项后单击“添加”按钮，向网站中添加一个 App_Data 文件夹和保存在其中的、名为 employee. mdf 的 SQL Server 数据库文件。参照本章前面介绍过的方法，在数据库中创建一个名为 emp 的数据表，按图 9-13 所示设计表结构并录入一些用于测试的数据。

eid	ename	esex	eage	eunit	eduty
0001	张三	男	32	办公室	主任
0002	李四	女	28	办公室	副主任
0003	王五	男	24	财务处	科员
0004	赵六	男	32	教务处	科员
NULL	NULL	NULL	NULL	NULL	NULL

图 9-13　emp 表中的数据

（3）配置数据源

选中 SqlDataSource 控件后，其右上角会出现一个下拉按钮，单击该按钮将显示控件的任务菜单，选择“配置数据源”命令，在弹出的“配置数据源”对话框中单击“新建连接”按钮。在弹出的如图 9-14 所示的“添加连接”对话框中选择“数据源”类型为“Microsoft SQL Server 数据库文件（SqlClient）”。单击“浏览”按钮，选择网站 App_Data 文件夹下的“employee. mdf”数据库文件后单击“确定”按钮，系统将返回到如图 9-15 所示的“配置数据源”对话框。此时，单击对话框中“连接字符串”前面的“+”标记，可以看到由系统自动生成的数据库连接字符串内容。关于连接字符串将在后续章节中详细介绍。

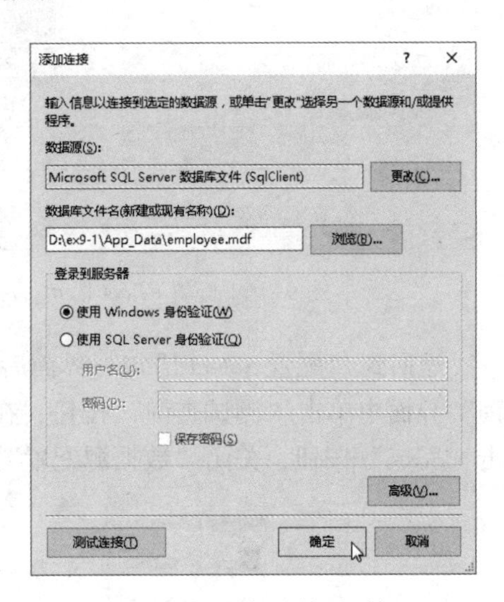

图 9-14　添加连接对话框

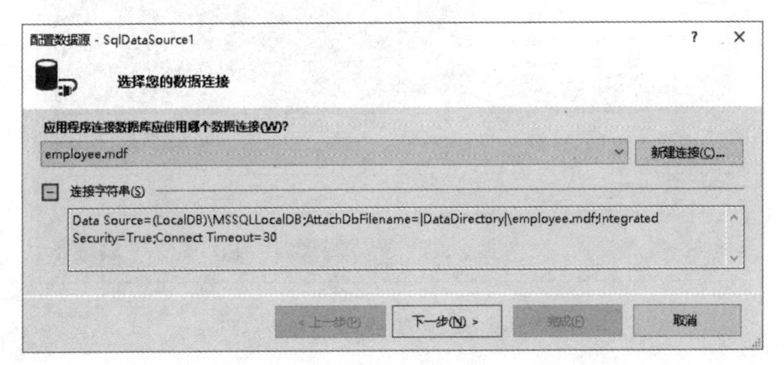

图 9-15　由系统自动生成的连接字符串

创建了数据连接后，在“配置数据源”对话框中单击“下一步”按钮，在弹出的对话框中直接单击“下一步”按钮，接受系统推荐将连接字符串保存到配置文件 web. config 中。

在如图 9-16 所示的“配置 Select 语句”界面中可选择或自行书写适当的 Select 语句，以指定从数据库中返回哪些数据。本例选择了“ * ”表示返回数据库中所有记录的所有字段。

单击对话框中的 WHERE 按钮可设置返回记录的条件，单击 ORDER BY 按钮可设置返回记录的排序方法。

若单击对话框中的“高级”按钮，将弹出如图 9-17 所示的对话框，用户可选择是否自动生成用于添加记录（INSERT）、更新记录（UPDATE）和删除记录（DELETE）的 SQL 语句，同时也可选择是否使用“开放式并发”，设置完毕后单击“确定”按钮。

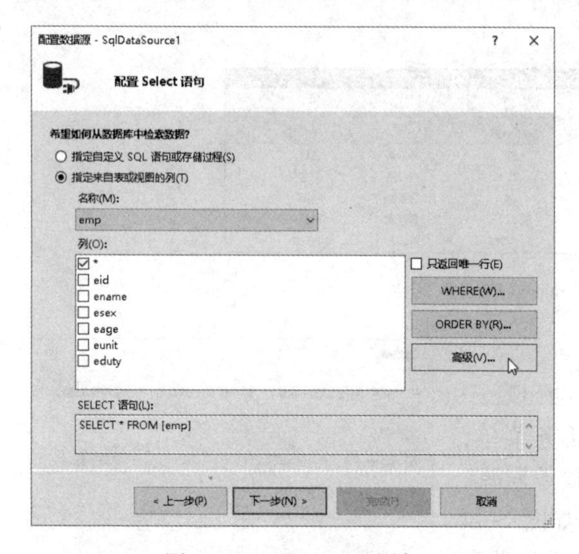

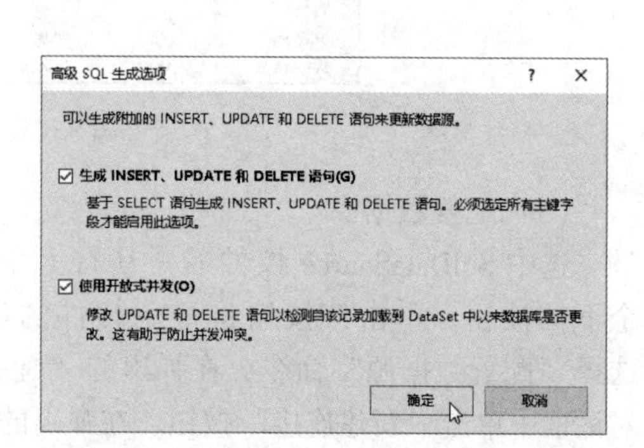

图 9-16 配置 Select 语句　　　图 9-17 高级 SQL 生成选项

返回到“配置 Select 语句”界面后单击“下一步”按钮，在如图 9-18 所示的“测试查询”界面中单击“测试查询”按钮，在数据区应能显示出正确的返回结果。测试完毕后单击“完成”按钮，关闭“数据源配置”向导。

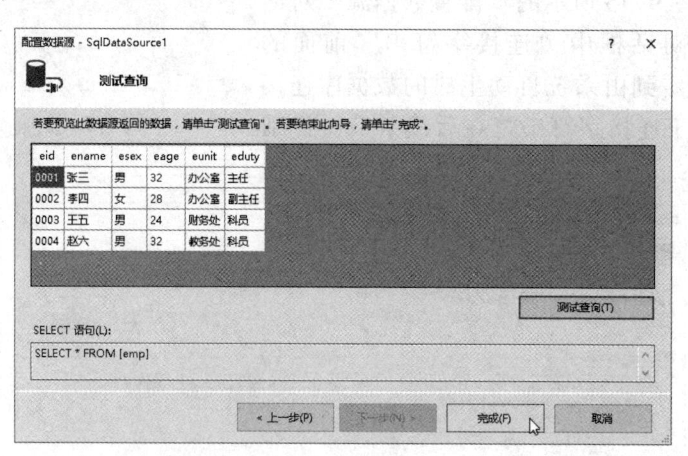

图 9-18 测试生成的 Select 查询

（4）绑定数据源

数据源配置结束后，需要配置用于显示和操作数据库的 GridView 控件，将数据源与 GridView 控件绑定。在如图 9-19 所示的 GridView 任务菜单中单击“选择数据源”下拉按钮，并选择前面创建的数据源 SqlDataSource1，将数据源绑定到 GridView 控件。

如图 9-20 所示，选择了数据源后，GridView 任务菜单中将多出若干选项。若希望程序具有“分页”“排序”“编辑”或“删除”等数据库操作功能，可选择相应的复选框。选择“启用排序”复选框后，用户可通过单击某列的标题实现按该列排序，连续单击可在升序和降序之间切换。

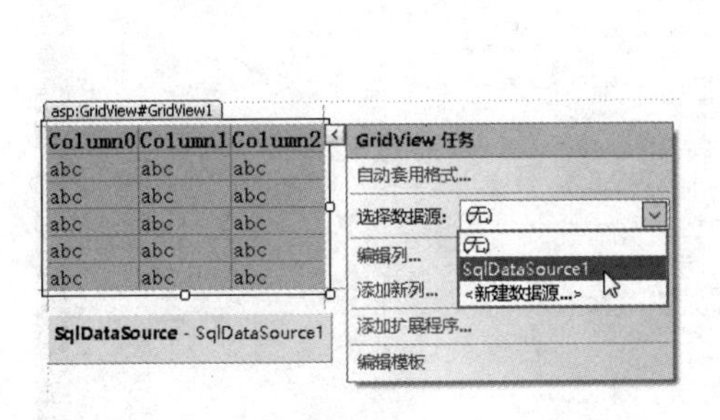

图 9-19　将数据源绑定到 GridView

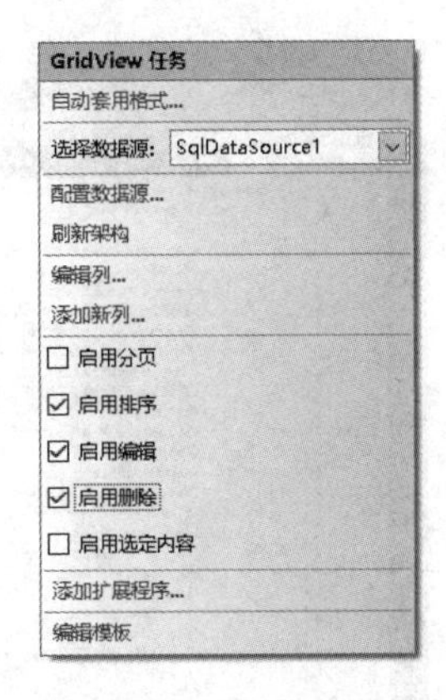

图 9-20　选择程序功能

(5) 设置 GridView 控件的属性

选择 GridView 任务菜单中的“编辑列”命令，弹出如图 9-21 所示的对话框。为了在 GridView 控件中显示中文的列标题，可在“选定的字段”列表框中逐一选择各字段，并将其 HeaderText 属性设置为相应的中文名称（如编号、姓名等）。

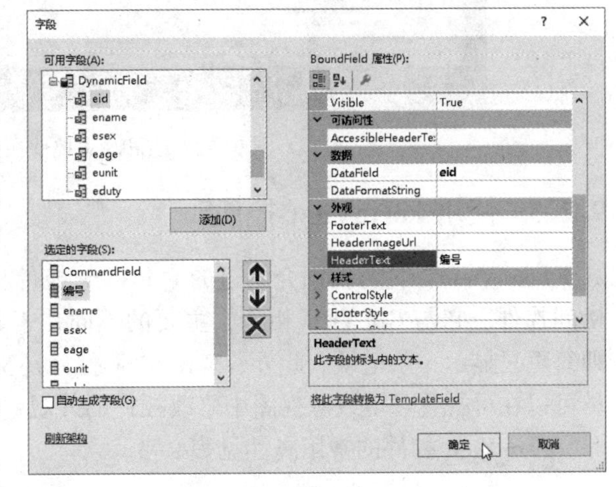

图 9-21　设置列属性

在“选定的字段”列表框中选择 CommandField（命令字段），设置 ItemStyle（行样式）属性集 Font（字体）子集中的 Size（大小）属性为 Smaller（较小），Wrap（是否允许换行）为 False，Width 属性为 60px（列宽为 60px）。

依次选择编号、姓名、性别等字段，将 HeaderStyle（标题样式）属性集 Font 子集中的 Size 属性设置为 Smaller，将 HorizontalAlign（水平对齐）属性设置为 Center（居中），Warp 属性设置为 False。

依次选择编号、姓名、性别等字段，将 ItemStyle（行样式）属性集 Font 子集中的 Size 属性设置为 Smaller，将 HorizontalAlign（水平对齐）属性设置为 Center，Warp 属性设置为 False。

在设计视图中选择 GridView 控件，在“属性”窗口中设置其 Caption 属性为“<h2>员工基本情况表</h2>”（使用“h2”样式为数据表添加标题）；设置 RowStyle 属性集下的 Height 属性为 27px（设置 GridView 控件的行高为 27px）；设置 GridView 控件的 Width 属性为 500px（控件的宽度）。

GridView 控件的外观样式除了可以如上所述在编辑列属性和 GridView 的“属性”窗口中进行设置外，也可以通过直接在 Web 窗体的源视图中编写样式设置代码的方式进行设置。若网站中存在多个需要设置成统一风格的 GridView 控件，就需要使用主题和外观文件配合进行统一的设置。图 9-22 所示为经过上述设置后，在 Web 窗体的源视图窗口中看到的由系统自动生成的代码。

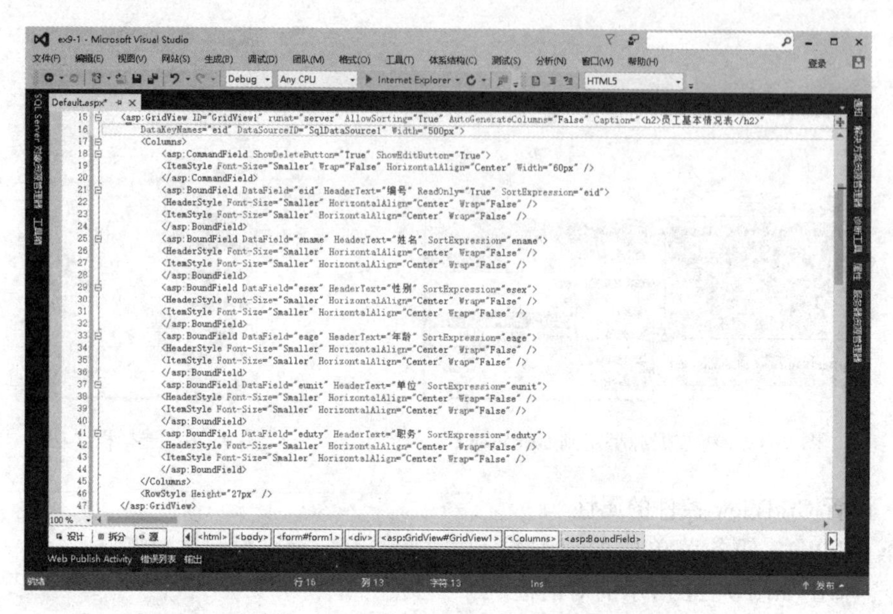

图 9-22　GridView 控件在源视图中的代码

9.2.3　使用 FormView 控件

FormView 控件与前面介绍过的 GridView 控件相似，也是用于浏览或操作数据库的数据访问控件。它与 GridView 相比，主要的不同在于显示在 FormView 中的数据记录是分页的，即每页只显示一条记录。此外，FormView 控件还提供了较为完整的模板编辑手段，开发人员可以在可视化环境或源视图中修改控件的外观。

FormView 控件的常用属性见表 9-3。

表 9-3　FormView 控件的常用属性

属 性 名	说　明
Caption	用于设置控件的标题
DefaultMode	表示控件的默认模式，即控件载入时或执行了更新、插入记录的操作后返回到的页面外观。可取 ReadOnly（浏览）、Edit（编辑）或 Insert（新建）3 种状态
AllowPaging	用于设置控件是否允许分页
DataSourceID	用于指定 FormView 控件的数据源，如 SqlDataSource、AccessDataSource 等

FormView 控件的常用事件见表 9-4。

表 9-4　FormView 控件的常用事件

事 件 名	说　明
ItemCommand	在单击 FormView 控件中的按钮时发生。此事件通常用于在控件中单击按钮时执行某项任务

（续）

事 件 名	说　明
ItemDeleted	在单击“删除”按钮（CommandName 属性设置为 Delete 的按钮）时，但在 FormView 控件从数据源中删除该记录之后发生。此事件通常用于检查删除操作的结果
ItemDeleting	在单击“删除”按钮时，但在 FormView 控件从数据源中删除该记录之前发生。此事件通常用于取消删除操作
ItemInserted	在单击“插入”按钮（CommandName 属性设置为 Insert 的按钮）时，但在 FormView 控件插入记录之后发生。此事件通常用于检查插入操作的结果
ItemInserting	在单击“插入”按钮时，但在 FormView 控件插入记录之前发生。此事件常用于取消插入操作
ItemUpdated	在单击“更新”按钮（CommandName 属性设置为 Update 的按钮）时，但在 FormView 控件更新行之后发生。此事件通常用于检查更新操作的结果
ItemUpdating	在单击“更新”按钮时，但在 FormView 控件更新记录之前发生。此事件通常用于取消更新操作

【演练 9-2】使用 FormView 数据控件配合 SqlDataSource 控件创建一个用于浏览和操作 SQL Server 数据库的应用程序。

程序运行后屏幕上显示如图 9-23 所示的数据浏览界面，单击页面下方的数字可跳转到相应的记录页面。单击“删除”链接将从数据库中删除当前记录。

单击“编辑”链接显示如图 9-24 所示的页面，用户可编辑修改数据。修改完毕后单击“更新”链接保存结果，单击“取消”链接放弃修改。

单击“新建”链接将显示如图 9-25 所示的页面，用户可输入新记录的各字段值。单击“插入”链接可将数据保存到数据库，单击“取消”链接将返回浏览页面。

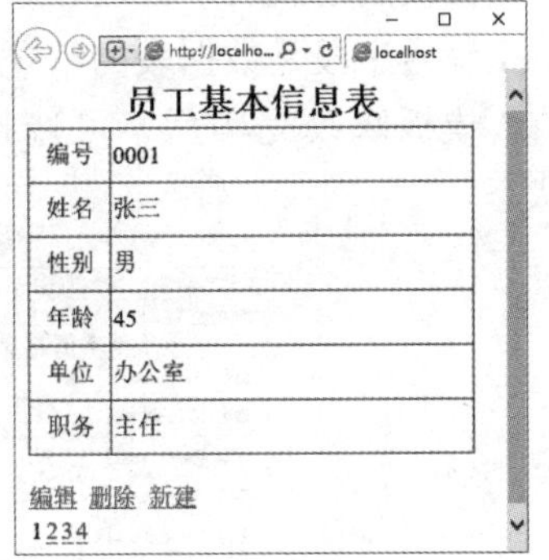

图 9-23　浏览数据

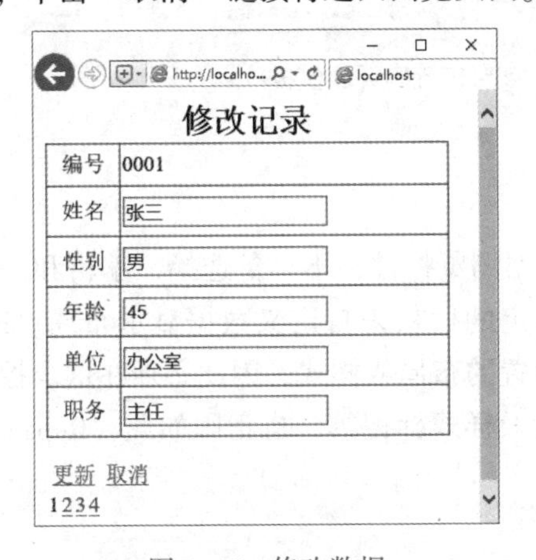

图 9-24　修改数据

图 9-25　添加新记录

（1）添加数据源控件

新建一个 ASP. NET 空网站，向网站中添加一个 Web 窗体页面 Default. aspx。双击工具箱“数据”选项卡中的 SqlDataSource 控件图标将其添加到页面中。将【演练 9-1】中创建的 App_Data 文件夹及其中的 SQL Server 数据库文件复制到网站中，在解决方案资源管理器中右击网站名称，在弹出的快捷菜单中选择“刷新文件夹”命令。通过 SqlDataSource1 控件的任务菜单启动数据源配置向导，在“选择您的数据连接”对话框中通过下拉列表框选择连接对象为 employee.mdf。参照【演练 9-1】中介绍的方法配置 SqlDataSource1，使之与前面创建的 employee 数据库中的 emp 表关联。

（2）添加和设置 FormView 控件

双击工具箱“数据”选项卡中的 FormView 控件图标，将其添加到页面中，并通过 FormView 任务菜单选择前面配置完毕的 SqlDataSource1 为控件的数据源。

一般情况下，FormView 默认样式可能符合用户的需求，若要修改其样式，可选择“FormView 任务”→“编辑模板”命令，在打开的模板编辑器中可通过“显示”下拉列表框分别对 ItemTemplate（浏览模板）、EditItemTemplate（编辑模板）和 InsertItemTemplate（插入模板）进行修改，也可以切换到页面的源视图直接编辑修改控件的 HTML 代码。

为了使页面整齐美观，可向模板中添加一个 HTML 表格用于页面定位。此外，页面中所有的字段说明文字默认为英文的字段名，在模板编辑器窗口中应注意将其改为中文（可切换到源视图直接编辑 HTML 代码或配合主题、外观文件、CSS 样式表修改页面）。

修改后的查看、修改和新建页面模板如图 9-26 所示。在修改记录模板中可以看到由于员工编号字段是数据表的“主键”，故在修改记录时该字段值使用标签控件显示，不允许修改。模板修改完毕后，可选择 FormView 任务菜单中的“结束模板编辑”命令退出编辑状态。

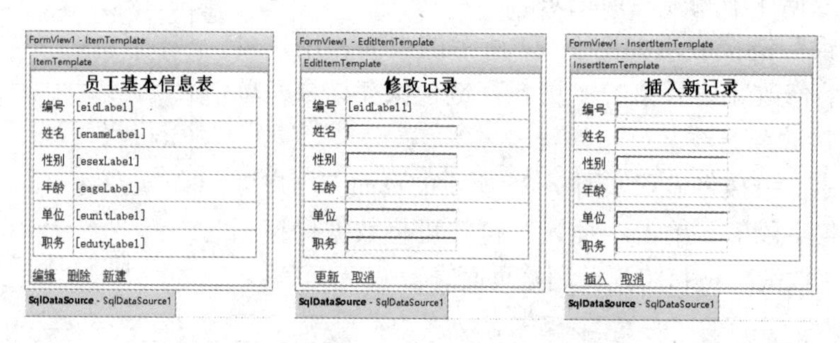

图 9-26 修改后的查看、修改和新建页面模板

9.2.4 使用 Repeater 控件

Repeater 控件是一个数据绑定列表控件（数据浏览控件，不具备选择、编辑和添加等功能），它允许通过为列表中显示的每一项重复指定的模板来自定义数据显示布局。Repeater 控件是一个基本模板数据绑定列表，它并没有内置的布局或样式，因此必须在这个控件的模板内显式声明所有的 HTML 布局标记、格式设置及样式标记等。也正因如此，Repeater 控件具有更好的灵活性。

1. Repeater 控件的模板

Repeater 控件与其他数据列表控件的不同之处在于，它可以将 HTML 段落放置在自己的模板中，这样就可以创建更为灵活的 HTML 结构。

使用 Repeater 控件时，若要通过 HTML 表格显示数据，应在 HeaderTemplate 模板中放置<table>标记来表示表格的开始，然后在 ItemTemplate 模板中放置<tr>、<td>标记和数据绑定项来创建该表的行和列。

若要使表格中的交替项呈现不同的外观，可使用与 ItemTemplate 相同的内容创建 AlternatingItemTemplate 模板，并为其指定一个不同的样式。最后在 FooterTemplate 模板中放置

</table>标记完成表格的设置。

Repeater 控件支持的模板及其说明见表 9-5。

表 9-5　Repeater 控件支持的模板及其说明

模　板	说　明
HeaderTemplate（头模板）	在所有数据绑定行呈现之前呈现一次的元素，如标题、列标头等
ItemTemplate（项目模板）	定义列表中项目的内容和布局，定义了数据源中每行都呈现一次的元素。该模板是必需的
AlternatingTemplate（交替模板）	使用该模板可以使数据表的相邻行交替出现不同样式。如第 1、3、5 行为浅色背景，第 2、4、6 行为深色背景等。
FooterTemplate（脚模板）	存放在所有数据绑定行呈现之后呈现一次的元素，如脚注的内容及布局

使用 Repeater 控件时，可以将 ItemTemplate 模板和 AlternatingItemTemplate 模板绑定到其 DataSource 属性中引用的数据表或数据集，但不能将其他模板绑定到数据源。

2. 使用 Repeater 控件

使用 Repeater 控件时，首先需要向页面中添加一个数据源控件（如 SqlDataSource），在对数据源控件进行设置后，将其绑定到 Repeater 控件。Repeater 控件的所有代码必须在 Web 页面的源视图中手动添加，这需要有一定的 HTML 代码编写能力。

所有数据绑定表达式都必须包含在“<%#”和“%>”标记之间。为了计算数据绑定表达式并将计算结果格式化为字符串，应调用 DataBinder 对象的 Eval 方法来分析和计算对象的数据绑定表达式。举例如下。

```
//语句将返回当前数据源中当前记录的“编号”字段值
<%#DataBinder.Eval(Container.DataItem,"编号" %>
//语句以长日期格式显示“出生日期”字段的值
<%#DataBinder.Eval(Container.DataItem,"出生日期",{0:D} %>
//语句以保留两位小数的格式显示“基本工资”字段的值
<%#DataBinder.Eval(Container.DataItem,"基本工资","{0:f}" %>
```

【演练 9-3】使用 Repeater 控件浏览【演练 9-1】中创建的 employee 数据库中 emp 表的信息。程序运行时能直接将数据库中的所有记录显示到 HTML 表格中，如图 9-27 所示。

图 9-27　程序运行结果

程序设计步骤如下。

（1）添加数据源控件

新建一个 ASP.NET 空网站，向网站中添加一个 Web 窗体页面 Default.aspx。双击工具箱“数据”选项卡中的 SqlDataSource 控件图标，将其添加到页面中。将【演练 9-1】中创建的 App_Data 文件夹及其中的 SQL Server 数据库文件 employee.mdf 和 employee_log.ldf 复制到网站中，在解决方案资源管理器中右击网站名称，在弹出的快捷菜单中选择“刷新文件夹”命令。通过 SqlDataSource1 控件的任务菜单启动数据源配置向导，在“选择您的数据连接”对话框中通过下拉列表框选择连接对象为 employee.mdf。参照【演练 9-1】中介绍的方法配置 SqlDataSource1，使之与前面创建的 employee 数据库中的 emp 表关联。由于 Repeater 控件不支持插入、新建和编辑记录，因此在配置数据源时无须为其生成 Insert（插入）、Update（更新）和 Delete（删除）语句。

（2）添加 Repeater 控件

在设计视图环境中，向 Web 窗体页面中添加一个 Repeater 控件。选中 Repeater 控件，单击在其右上角出现的下拉按钮，在弹出的菜单中选择数据源为前面配置完毕的 SqlDataSource1，如图 9-28 所示。

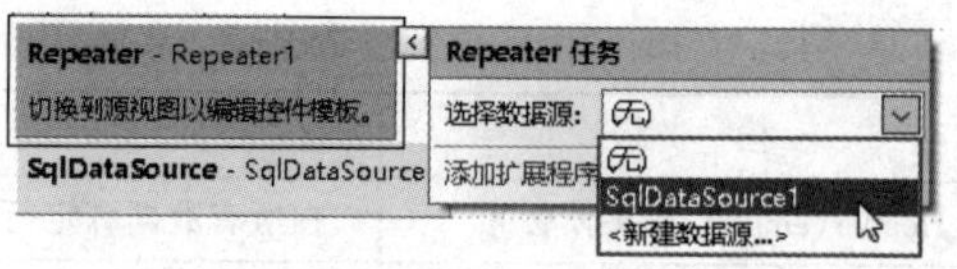

图 9-28　为 Repeater 控件选择数据源

（3）在源视图中编写模板代码

在配置了 Repeater 控件的数据源后，按控件上的文字提示切换到页面的源视图，编写或修改如下代码（<%--　…　--%>之间的文字为注释内容）。

注意：经过前面的操作和设置，系统已在源视图中添加了 Web 控件的声明和设置语句，对这些内容不要进行手工修改。需要用户自己编写的只有 HeaderTemplate 模板、ItemTemplate 模板、AlternatingItemTemplate 模板和 FooterTemplate 部分。而且模板代码只能添加在 Repeater 控件的声明语句中，即<asp:Repeater>和</asp:Repeater>标记之间。

```
<%@ Page Language="C#" AutoEventWireup="true" CodeFile="Default.aspx.cs"
            Inherits="_Default" %>
<!DOCTYPE html>
<html xmlns="http://www.w3.org/1999/xhtml">
<head runat="server">
<meta http-equiv="Content-Type" content="text/html;charset=utf-8"/>
    <title>Repeater 控件使用示例</title>
</head>
<body>
    <form id="form1" runat="server">
    <div style="text-align:center">
        <asp:Repeater ID="Repeater1" runat="server" DataSourceID="SqlDataSource1">
            <%--设置 HeaderTemplate 模板--%>
            <HeaderTemplate>
                <!-- 设置 Repeater 控件的标题文字及格式-->
                <b><span style="font-size:xx-large;font-family:隶书";>
                职工基本情况表</span></b>
                <hr style="width:400px"><%--添加标题与表格间的分隔线--%>
                <%--添加一个 HTML 表格--%>
                <table style="border:1px;width:400px;margin:auto;">
                <tr>
                    <td><b>编号</b></td>      <%--设置表格的标题栏--%>
                    <td><b>姓名</b></td>
                    <td><b>性别</b></td>
                    <td><b>年龄</b></td>
                    <td><b>部门</b></td>
                    <td><b>职务</b></td>
                </tr>
            </HeaderTemplate>
            <%--设置 ItemTemplate 模板--%>
            <ItemTemplate>
                <%--设置表格行背景颜色为浅灰色--%>
                <tr style="background-color:#CCCCCC">
                    <td><%#DataBinder.Eval(Container.DataItem,"eid") %></td>
                    <td><%#DataBinder.Eval(Container.DataItem,"ename") %></td>
                    <td><%#DataBinder.Eval(Container.DataItem,"esex") %></td>
                    <td><%#DataBinder.Eval(Container.DataItem,"eage") %></td>
                    <td><%#DataBinder.Eval(Container.DataItem,"eunit") %></td>
```

```
                <td><%#DataBinder. Eval(Container. DataItem,"eduty") %></td>
            </tr>
        </ItemTemplate>
        <%--设置 AlternatingItemTemplate 模板--%>
        <AlternatingItemTemplate>
            <tr><%--不设置交替行的背景色,表示取默认的白色--%>
                <td><%#DataBinder. Eval(Container. DataItem,"eid") %></td>
                <td><%#DataBinder. Eval(Container. DataItem,"ename") %></td>
                <td><%#DataBinder. Eval(Container. DataItem,"esex") %></td>
                <td><%#DataBinder. Eval(Container. DataItem,"eage") %></td>
                <td><%#DataBinder. Eval(Container. DataItem,"eunit") %></td>
                <td><%#DataBinder. Eval(Container. DataItem,"eduty") %></td>
            </tr>
        </AlternatingItemTemplate>
        <%--设置 FootTemplate 模板--%>
        <FooterTemplate>
            </table>
            <hr style="width:400px">
            曙光学校人事处
        </FooterTemplate>
    </asp:Repeater>
</div>
    <%--由系统自动生成的 SqlDataSource1 的代码--%>
    <asp:SqlDataSource ID="SqlDataSource1" runat="server"
        ConnectionString="<%$ ConnectionStrings:ConnectionString %>"
        OldValuesParameterFormatString="original_{0}"
        SelectCommand="SELECT * FROM [emp]">
    </asp:SqlDataSource>
</form>
</body>
</html>
```

9.2.5　使用 DetailsView 控件

DetailsView 控件，顾名思义，就是用于查看细节信息的控件，其作用主要是根据用户在父表中的选择，在 DetailsView 控件中显示子表的信息。

例如，在某数据库中有存放学校班级信息的 class 表和存放学生信息的 students 表。利用 class 表中的班级编号字段 class_no 与 students 表中同名字段值相同的关系（class. class_no =students. class_no），两个表之间建立了一对多的关系，即 class 表中的一条记录对应 students 表中的多条记录。对于这种关系通常将 class 称为父表，而将 students 称为子表。

DetailsView 控件与 GridView 控件一样都继承自 CompositeDataBoundControl 类，因此它们具有很多共同的属性。DetailsView 控件不但可以通过数据源控件连接到数据库，而且可以对数据表执行插入、编辑或删除等操作。

DetailsView 控件与 GridView 控件的最大不同点是，GridView 控件是面向整个记录集合的，而 DetailsView 控件则是面向单条记录的。在 DetailsView 控件的界面中每次只能显示一条记录，而且内容按照垂直方向排列。在查询中当出现有多条符合条件的记录（例如，对应同一班级名称，可能有几十个不同的学生）时，DetailsView 控件将以分页显示的方法处理。

在实际应用中，DetailsView 控件通常与 GridView 控件或 DropDownList 控件配合使用，在 GridView 控件或 DropDownList 控件中显示父表数据，在 DetailsView 控件中显示子表数据。

【演练 9-4】 使用 DetailsView 控件配合 GridView 控件设计一个父表（GridView 控件）与

子表（DetailsView 控件）同步的 Web 应用程序。

要求使用 Microsoft Access 自带的示例数据库文件 Northwind. mdb 中的“类别”表作为父表，使用“产品”表作为子表。程序运行时显示如图 9-29 所示的界面，用户在左侧父表（“类别”表）中单击某项前面的“选择”链接时，可以改变子表数据集中的“类别 ID”，并在右侧子表（“产品”表）中显示出相同“类别 ID”的数据记录集合。

在 DetailsView 控件中单击下方分页标记 1、2、3…可以查看同类别不同记录的信息。程序设计原理如图 9-30 所示。

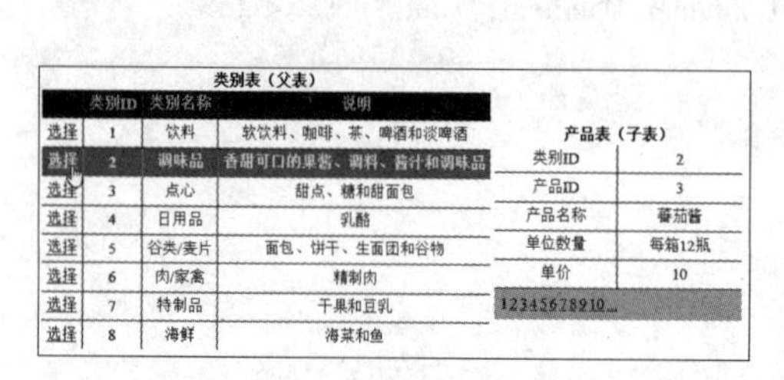

图 9-29 程序运行界面

GridView1	DetailsView1
SqlDataSource1	SqlDataSource2
Northwind 数据库—类别表	Northwind 数据库—产品表

（GridView1 → 选择 → SqlDataSource2）

图 9-30 程序设计原理

程序设计步骤如下。

（1）设计 Web 页面

新建一个 ASP.NET 空网站，向网站中添加一个 App_Data 文件夹并将需要的数据库文件 Northwind. mdb 复制到站点 App_Data 文件夹中。

切换到 Default. aspx 的设计视图，向页面中添加一个用于布局的 HTML 表格，向表格中添加一个 GridView 控件和一个 DetailsView 控件，适当调整各控件的大小及位置。向页面中添加两个数据源控件 SqlDataSource1 和 SqlDataSource2，Web 页面设计如图 9-31 所示。

（2）配置数据源控件

选择 SqlDataSource1 控件，单击控件右上角出现的下拉按钮，在弹出的菜单中选择“配置数据源”命令，在弹出的“选择您的数据连接”对话框中单击“新建连接”按钮。在如图 9-32 所示的“更改数据源”对话框中选择“Microsoft Access 数据库文件”选项，然后单击“确定”按钮。在如图 9-33 所示的“添加连接”对话框中单击“数据库文件名”后的“浏览”按钮，在弹出的对话框中选择网站 App_Data 文件夹下的 Northwind. mdb 数据库文件，单击“确定”按钮。

	类别ID	类别名称	说明
选择	0	abc	abc
选择	1	abc	abc
选择	2	abc	abc
选择	3	abc	abc
选择	4	abc	abc

类别ID	0
产品ID	0
产品名称	abc
单位数量	abc
单价	0
12	

SqlDataSource - SqlDataSource1

SqlDataSource - SqlDataSource2

图 9-31 Web 页面设计

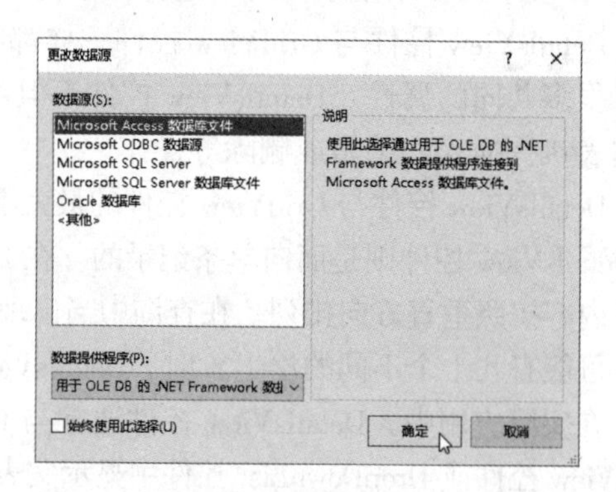

图 9-32 选择数据源类型为 Access 文件

返回“选择您的数据连接”对话框后，单击“下一步”按钮，在如图 9-34 所示的“配置 Select 语句”界面中，设置数据表名称为“类别”，选择需要显示到 GridView 控件中的字段“类别 ID”“类别名称”和“说明”。以后所有的选项均取默认值即可。

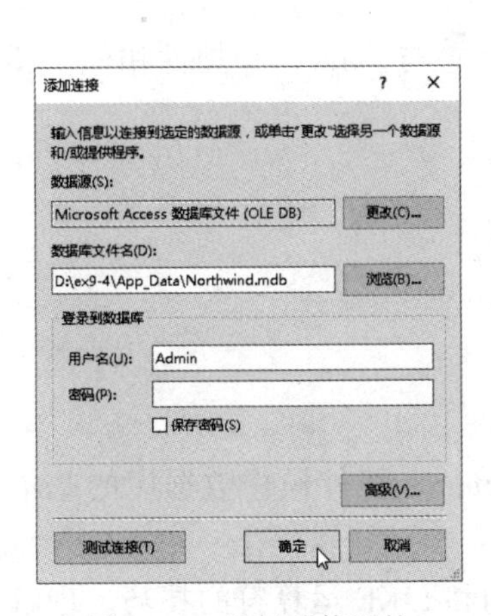

图 9-33 选择要使用的数据库文件

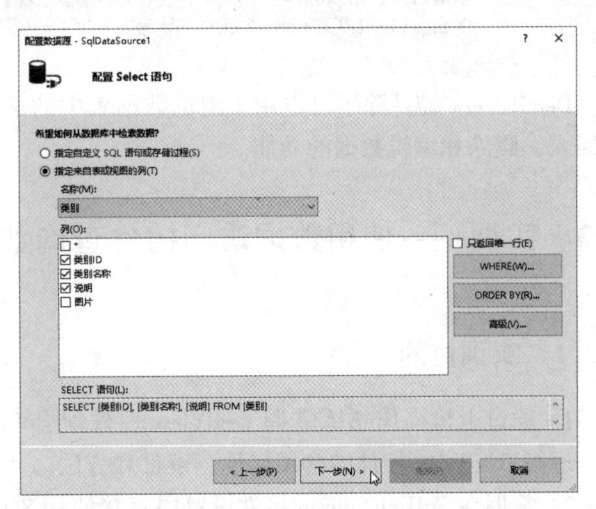

图 9-34 配置 SqlDataSource1 的 Select 语句

SqlDataSource2 也需要配置到 Northwind. mdb 数据库，在“配置 Select 语句”界面中，设置数据表为“产品”，选择需要显示到 DetailsView 控件中的字段“产品 ID”“产品名称”“类别 ID”“单位数量”和“单价”。

单击“配置 Select 语句”界面中的“WHERE”按钮，在如图 9-35 所示的对话框中设置条件列为“类别 ID”，运算符为“=”，源为 Control（控件），控件 ID 为 GridView1，设置完毕后单击“添加”按钮。这个设置表示数据源控件 AccessDataSource2 返回的数据以 GridView1 控件中用户选择的“类别 ID”数据为筛选条件，仅返回“产品”表中“类别 ID”字段值等于 GridView1 中用户选择值的数据记录。页面初次加载，用户没有进行任何选择时，默认“类别 ID”为 1，即显示类别编号为“1”的子表数据。以后所有的选项均取默认值即可。

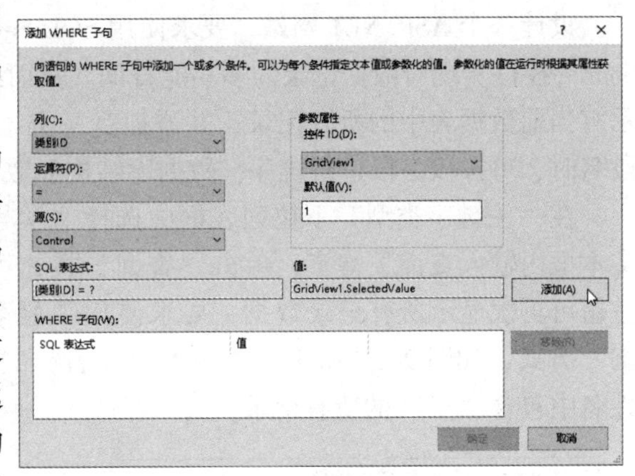

图 9-35 为 SqlDataSource2 添加 WHERE 子句

（3）设置 GridView1 和 DetailsView1 控件的属性

在 GridView1 控件的任务菜单中选择数据源为 SqlDataSource1，选择“启用选定内容”复选框，并在自动套用格式中选择一个外观样式。

在 DetailsView1 控件的任务菜单中选择数据源为 SqlDataSource2，选择“启用分页”复选框，并在自动套用格式中选择一个外观样式。

（4）编写事件代码

Web 页面载入时执行的事件过程代码如下。

```
protected void Page_Load(object sender,EventArgs e)
{
    this.Title="DetailsView 控件使用示例";
    GridView1.Caption="<b>类别表(父表)</b>";        //设置 GridView1 控件的标题
    DetailsView1.Caption="<b>产品表(子表)</b>)";    //设置 DetailsView1 控件的标题
}
```

DetailsView 控件除了可以用于浏览数据表中的信息外，它与 FormView 控件相似，还具有插入、删除和编辑数据的功能。

9.3 实训——使用数据访问控件查询数据库

9.3.1 实训目的

1）通过上机操作熟练掌握 GridView 控件配合 SqlDataSource 控件操作数据库的基本方法。理解 GridView 控件的常用属性、事件和方法。

2）掌握在 SqlDataSource 控件设置中直接使用 SQL 语句和 LIKE 运算符的技巧。理解设置 GridView 控件外观的基本技巧。

9.3.2 实训要求

设计一个 ASP.NET 网站，要求使用 SQL Server 数据库，配合 GridView 控件和 SqlDataSource 控件实现对数据记录的多功能查询。页面载入时显示如图 9-36 所示的界面，其中显示有当前数据表中的所有记录，并添加有一个“总分”计算字段。用户单击标题栏中的字段名时，可按该字段进行排序。数据库结构和数据记录可根据图示自行设计。

在“关键字类型”下拉列表框中选择“学号”“姓名”或“班级”后，在“关键字”文本框内输入查询关键字，单击“查询”按钮可得到希望的查询结果。单击“显示全部”按钮可再次显示所有记录数据。要求使用“姓名”或“班级”进行查询时支持“模糊查询”方式，如图 9-37 所示，在输入“姓名”关键字“王”后单击“查询”按钮，将得到姓名中包含“王”的所有记录。

成绩查询

关键字类型 学号 关键字 查询 显示全部

学号	姓名	性别	班级	数学	语文	英语	总分
0001	张三	男	一班	74	89	68	231
0002	李四	女	一班	69	92	74	235
0003	王五	男	一班	66	77	88	231
0004	赵六	男	二班	72	81	75	228
0005	陈七	女	二班	69	76	71	216
0006	刘八	女	三班	97	86	90	273
0007	王珂	男	三班	52	70	63	185
0008	李时	男	三班	85	84	68	237

图 9-36 页面载入时显示全部记录

成绩查询

关键字类型 姓名 关键字 王 查询 显示全部

学号	姓名	性别	班级	数学	语文	英语	总分
0003	王五	男	一班	66	77	88	231
0007	王珂	男	三班	52	70	63	185

图 9-37 按姓名进行模糊查询

此外，要求当用户的查询返回结果集为空时，弹出信息框提示“未找到符合条件的记录!”；如果用户在没有输入查询关键字而直接单击“查询”按钮时，弹出信息框提示“查询关键字不能为空!”。

9.3.3　实训步骤

1. 设计 Web 界面

新建一个 ASP. NET 空网站，向页面中添加一个用于布局的 HTML 表格，向页面中添加必要的说明文字，添加一个下拉列表框控件 DropDownList1，一个文本框控件 TextBox1，以及两个按钮控件 Button1 和 Button2。向表格中添加一个用于显示数据库数据的 GridView1 和一个 SqlDataSource1 控件，适当调整各控件的大小及位置。

2. 设置对象属性

设置 DropDownList1 的 ID 属性为 dropKey，并添加“学号”“姓名”和“班级”3 个选项；设置 TextBox1 的 ID 属性为 txtKey；设置 Button1 和 Button2 的 ID 属性分别为 btnQuery 和 btnShowAll，Text 属性分别为“查询”和“显示全部”。

向网站中添加一个 SQL Server 数据库 students. mdf，并将其存放在 App_Data 文件夹中。向数据库中添加一个 grade 表，并向表中输入一些数据记录。表结构可根据需要自行设置。

配置 SqlDataSource1 时，在“配置 Select 语句”界面中选择“指定自定义 SQL 语句或存储过程”单选按钮，并输入如下所示的 Select 语句。

```
SELECT id,name,sex,class,math,chs,en,math+chs+en AS 总分 FROM grade
```

通过 GridView1 控件的任务菜单，配置其数据源为 SqlDataSource1，设置其 AllowSorting 属性为 True（允许排序）。

3. 编写代码

1）在 Default. aspx 的源视图中添加对超链接样式设置的 CSS 代码（超链接文字使用蓝色显示，鼠标指向时使用红色显示，不带下画线）。

```
<head>
    …
    <style type="text/css">
        A:link{
                color:#0000FF;font-family:"Times New Roman",Times,serif;
                :none }
        A:visited{color:#0000FF}
    A:hover{color:#FF0000;text-decoration:none}
    </style>
…
</head>
```

2）在 Default. aspx 的源视图中修改 GridView1 的代码如下。

```
<asp:GridView ID="GridView1" runat="server" AutoGenerateColumns="False"
        DataKeyNames="id" DataSourceID="SqlDataSource1" Width="554px" AllowSorting=
"True">
    <Columns><%--设置列属性--%>
        <asp:BoundField DataField="id" HeaderText="学号" ReadOnly="True" SortExpression=
"id" />
        <asp:BoundField DataField="name" HeaderText="姓名" SortExpression="name" />
        <asp:BoundField DataField="sex" HeaderText="性别" SortExpression="sex" />
        <asp:BoundField DataField="class" HeaderText="班级" SortExpression="class" />
        <asp:BoundField DataField="math" HeaderText="数学" SortExpression="math" />
        <asp:BoundField DataField="chs" HeaderText="语文" SortExpression="chs" />
        <asp:BoundField DataField="en" HeaderText="英语" SortExpression="en" />
        <asp:BoundField DataField="总分" HeaderText="总分" ReadOnly="True"
```

```
            SortExpression="总分" />
        </Columns>
    <%--设置表格行、标题栏的高均为 27px,标题栏背景色为灰色--%>
    <RowStyle Height="27px" /><HeaderStyle Height="27px" BackColor="#c0c0c0"/>
</asp:GridView>
```

3）为了使用 DataView 对象统计符合条件的记录数，需要在网站中引用 System. Data 命名空间。切换到 Default. aspx 的代码编辑窗口，在命名空间的引用区中添加以下代码。

```
using System. Data;
```

4）在 Default. aspx 代码编辑窗口中编写事件处理代码如下。

页面载入时执行的事件处理代码如下。

```
protected void btnQuery_Click(object sender,EventArgs e)
{
    if(txtKey. Text. Trim()= ="")
    {
        //若用户设有输入查询关键字,弹出信息框提示“查询关键字不能为空!”
        ClientScript. RegisterStartupScript(GetType(),"Warning",
                "<script>alert('查询关键字不能为空！')</script>");
        return;
    }
SqlDataSource1. FilterExpression=dropKey. SelectedValue+" like '%"+
                                txtKey. Text. Trim()+"%'";
    //获取当前筛选出的记录数
    int num=((DataView)SqlDataSource1. Select(DataSourceSelectArguments. Empty)). Count;
    if(num= =0)
    {
        //若符合条件的记录数为 0,弹出信息框提示“未找到符合条件的记录!”
        ClientScript. RegisterStartupScript(GetType(),"Warning",
                    "<script>alert('未找到符合条件的记录！')</script>");
    }
}
```

“显示全部”按钮被单击执行的事件处理代码如下。

```
protected void btnShowAll_Click(object sender,EventArgs e)
{
    GridView1. DataSourceID="SqlDataSource1";  //设置 SqlDataSource1 为 GridView1 的数据源
    GridView1. DataBind();                      //重新绑定数据源
}
```

第 10 章　使用 ADO. NET 访问数据库

ADO. NET 是微软公司推出的由 ADO（ActiveX Data Object）演变而来的数据访问技术。作为 . NET 框架的一部分，ADO. NET 绝不仅仅是前一版本 ADO 的简单升级。ADO. NET 提供了一组功能强大的 . NET 类，这些类不仅有助于实现对各种数据源进行高效访问，使用户能够对数据进行复杂的操作，而且形成了一个重要的框架，在这个框架中可以实现应用程序之间的通信和 XML Web 服务。

10. 1　ADO. NET 概述

ADO. NET 是对 ADO 的一个跨时代的改进，它们之间有很大的差别。主要表现在 ADO. NET 可通过 DateSet 对象在“断开连接模式”下访问数据库，即用户访问数据库中的数据时，首先要建立与数据库的连接，从数据库中下载需要的数据到本地缓冲区，之后断开与数据库的连接。此时用户对数据的操作（如查询、添加、修改和删除等）都是在本地进行的，只有需要更新数据库中的数据时才再次与数据库连接，在发送修改后的数据到数据库后关闭连接。这样大大减少了因连接过多（访问量较大时）而导致对数据库服务器资源大量占用的问题。

ADO. NET 也支持在连接模式下的数据访问方法，该方法主要通过 DataReader 对象实现。该对象表示一个向前的、只读的数据集合，其访问速度非常快，效率极高，但其功能有限。

此外，由于 ADO. NET 传送的数据都是 XML 格式的，因此任何能够读取 XML 格式的应用程序都可以使用 ADO. NET 进行数据处理。事实上，接收数据的组件不一定是 ADO. NET 组件，它可以是一个基于 Microsoft Visual Studio 的解决方案，也可以是任何运行在其他平台上的任何应用程序。

10. 1. 1　ADO. NET 的数据模型

ASP. NET 使用 ADO. NET 数据模型来实现对数据库的连接和各种操作。ADO. NET 数据模型由 ADO 发展而来，其特点主要有以下几个。

1）ADO. NET 不再采用传统的 ActiveX 技术，是一种与 . NET 框架紧密结合的产物。

2）ADO. NET 包含对 XML 标准的全面支持，这对于实现跨平台的数据交换具有十分重要的意义。

3）ADO. NET 既能在数据源连接的环境下工作，也能在断开数据源连接的条件下工作。特别是后者，非常适合网络环境中多用户应用的需要。因为在网络环境中若持续保持与数据源的连接，不但效率低下而且占用的系统资源也很大，经常会因多个用户同时访问同一资源而造成冲突。ADO. NET 较好地解决了在断开网络连接的情况下正确进行数据处理的问题。

应用程序和数据库之间保持连续的通信，称为“已连接环境”。这种方法能及时刷新数据库，安全性较高。但是，由于需要保持持续的连接，需要固定的数据库连接，如果使用在Internet上，则对网络的要求较高，并且不宜多个用户共同使用同一个数据库，所以扩展性差。一般情况下，数据库应用程序使用该类型的数据连接。

随着网络的发展，许多应用程序要求能在与数据库断开的情况下进行操作，出现了非连接环境。这种环境中，应用程序可以随时连接到数据库获取相应的信息。但是，由于与数据库的连接是间断的，可能获得的数据不是最新的，并且对数据进行更改时可能引发冲突，因为在某一时刻可能有多个用户对同一数据进行操作。

ADO. NET采用了层次管理的结构模型，各部分之间的逻辑关系如图10-1所示。结构的最顶层是应用程序（ASP. NET网站或Windows应用程序），中间是数据层（ADO. NET）和数据提供器（Provider），在这个层次中数据提供器起到了关键作用。

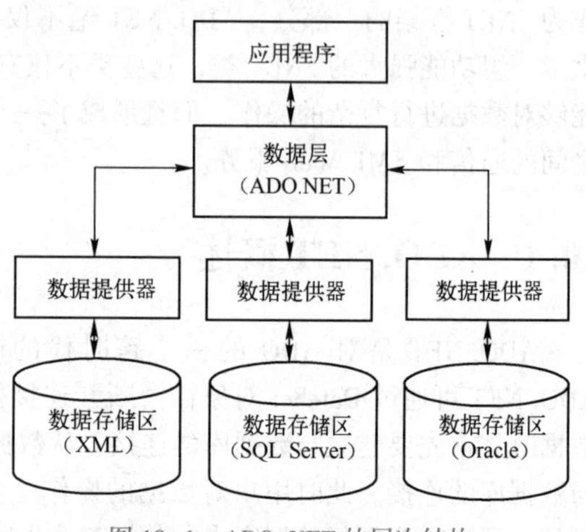

图10-1 ADO. NET的层次结构

数据提供器（也称为“数据提供程序”）相当于ADO. NET的通用接口，各种不同类型的数据源需要使用不同的数据提供器。它相当于一个容器，包括一组类及相关的命令，它是数据源（DataSource）与数据集（DataSet）之间的桥梁，负责将数据源中的数据读入到数据集（内存）中，也可将用户处理完的数据集保存到数据源中。

10.1.2 ADO. NET中的常用对象

前面介绍过的数据源控件及各类数据显示控件，可以实现几乎无须编写任何代码即可方便地完成对数据库的一般操作。但这种方式下修改各类控件的外观设计或执行特殊的数据库操作时，就显得有些困难了。

在ASP. NET中，除了可以使用控件完成数据库信息的浏览和操作外，还可以使用ADO. NET提供的各种对象，通过编写代码自由地实现更复杂、更灵活的数据库操作功能。

ADO. NET对象主要指包含在数据集（DataSet）和数据提供器（Provider）中的对象。使用这些对象可通过代码自由地创建符合用户需求的数据库Web应用程序。

在ADO. NET中，数据集（DataSet）与数据提供器（Provider）是两个非常重要而又相互关联的核心组件。它们两者之间的关系如图10-2所示。

DataSet对象用于以数据表形式在程序中放置一组数据，它不关心数据的来源。DataSet是实现ADO. NET断开式连接的核心，应用程序从数据源读取的数据暂时被存放在DataSet中，程序再对其中的数据进行各种操作。

Provider中包含许多针对数据源的组件，开发人员通过这些组件可以使程序与指定的数据源进行连接。Provider主要包括Connection对象、Command对象、DataReader对象和DataAdapter对象。Provider用于建立数据源与数据集之间的连接，它能连接各种类型的数据源，并能按要求将数据源中的数据提供给数据集，或者将应用程序编辑后的数据发送回数据库。

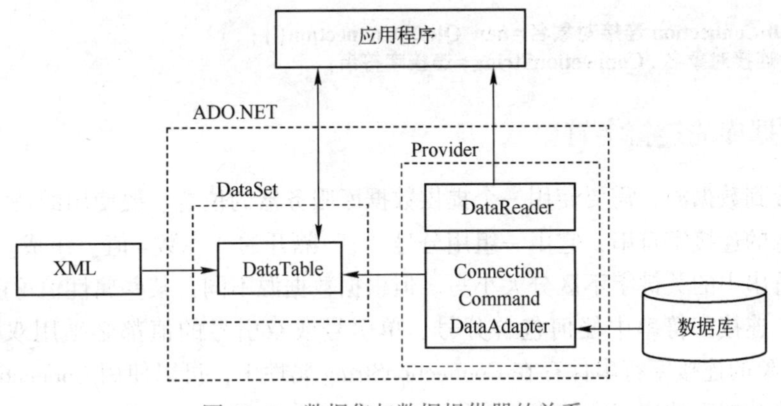

图 10-2　数据集与数据提供器的关系

10.2　数据库连接对象（Connection）

Connection 类提供了对数据源连接的封装。类中包括连接方法及描述当前连接状态的属性。Connection 类中最重要的属性是 ConnectionString（连接字符串），该属性用来指定服务器名称、数据源信息及其他登录信息。

Connection 对象的功能是创建与指定数据源的连接，并完成初始化工作。它提供了一些属性用来描述数据源和进行用户身份验证。Connection 对象还提供一些方法允许程序员与数据源建立连接或者断开连接。

对不同的数据源类型，使用的 Connection 对象也不同，ADO. NET 中提供了以下 4 种数据库连接对象来连接到不同类型的数据源。

1）要连接到 Microsoft SQL Server 7. 0 或更高版本，应使用 SqlConnection 对象。

2）要连接到 OLE DB 数据源、Microsoft SQL Server 6. x 或更低版本、Access 或 Excel，应使用 OleDbConnection 对象。

3）要连接到 ODBC 数据源，应使用 OdbcConnection 对象。

10. 2. 1　创建 Connection 对象

使用 Connection 对象的构造函数创建 SqlCommand 对象，并通过构造函数的参数来设置 Connection 对象的特定属性值的语法格式如下。

```
SqlConnection 连接对象名=new SqlConnection(连接字符串);
```

也可以首先使用构造函数创建一个不含参数的 Connection 对象实例，然后通过连接对象的 ConnectionString 属性设置连接字符串。其语法格式如下。

```
SqlConnection 连接对象名=new SqlConnection();
连接对象名.ConnectionString=连接字符串;
```

以上两种方法在功能上是等效的。选择哪种方法取决于个人喜好和编码风格。不过，对属性进行明确设置能够使代码更易理解和调试。

创建其他类型的 Connection 对象时，仅须将上述语法格式中的 SqlConnection 替换成相应的类型即可。例如，下列语法格式用于创建一个用于连接 Access 数据库的 Connection 对象。

```
OleDbConnection 连接对象名=new OleDbConnection();
    连接对象名.ConnectionString=连接字符串;
```

10.2.2 数据库的连接字符串

为了连接到数据源，需要使用一个提供数据库服务器的位置、要使用的特定数据库及身份验证等信息的连接字符串，它由一组用分号“;”隔开的“参数=值”组成。

连接字符串中的关键字不区分大小写。但根据数据源不同，某些属性值可能是区分大小写的。此外，连接字符串中任何包含分号、单引号或双引号的值都必须用双引号括起来。Connection 对象的连接字符串保存在 ConnectionString 属性中，可以使用 ConnectionString 属性来获取或设置数据库的连接字符串。

1. 连接字符串中常用的属性

表 10-1 列出了数据库连接字符串中常用的属性及其说明。

表 10-1 数据库连接字符串中常用的属性及其说明

属性名称	说明
Provider	设置或返回连接提供程序的名称，仅用于 OleDbConnection 对象
Data Source 或 Serve	要连接的 SQL Server 实例的名称或网络地址
Initial Catalog 或 Database	要连接的数据库名称
User ID 或 Uid Password 或 Pwd	SQL Server 登录账户（用户名和密码）在安全级别要求较高的场合建议不要使用
Integrated Security 或 Trusted_Connection	决定连接是否为安全连接。当为 False（默认值）时，将在连接中指定用户 ID 和密码。当为 True、Yes 和 SSPI（安全级别要求较高时推荐使用）时，使用当前的 Windows 账户凭据进行身份验证
Persist Security Info	当该值设置为 False（默认值）时，如果连接是打开的或者一直处于打开状态，那么安全敏感信息将不会作为连接的一部分返回。重置连接字符串将重置包括密码在内的所有连接字符串值。可识别的值为 True、False、Yes 和 No
Connection Timeout	在终止尝试并产生异常前，等待连接到服务器的连接时间长度（以 s 为单位）。默认值是 15 s

2. 连接到 SQL Server 的连接字符串

SQL Server 的 .NET Framework 数据提供程序通过 SqlConnection 对象的 ConnectionString 属性设置或获取连接字符串，可以连接 Microsoft SQL Server 7.0 或更高版本。

有两种连接数据库的方式：标准安全连接和信任连接。

（1）标准安全连接

标准安全连接（Standard Security Connection）也称为非信任连接。它把登录账户（User ID 或 Uid）和密码（Password 或 Pwd）写在连接字符串中。

其语法格式如下。

```
"Data Source=服务器名或 IP;Initial Catalog=数据库名;User ID=用户名;Password=密码"
```

或者

```
"Server=服务器名或IP地址;Database=数据库名;Uid=用户名;Pwd=密码;Trusted_
Connection=False"
```

如果要连接到本地的SQL Server服务器，可使用localhost作为服务器名称。

(2) 信任连接

信任连接（Trusted Connection）也称为“SQL Server集成安全性”，这种连接方式有助于在连接到SQL Server时提供安全保护，因为它不会在连接字符串中公开用户ID和密码，这是安全级别要求较高时推荐的数据库连接方法。对于集成Windows安全性的账号而言，其连接字符串的形式一般如下。

```
"Data Source=服务器名或IP地址;Initial Catalog=数据库名;Integrated Security=SSPI"
```

或者

```
"Server=服务器名或IP地址;Database=数据库名;Trusted_Connection=True"
```

3. 连接到OLE DB数据源的连接字符串

OLE DB的.NET Framework数据提供器通过OleDbConnection对象的ConnectionString属性设置或获取连接字符串，提供与OLE DB公开数据源的连接或SQL Server 6.x更早版本的连接。

对于OLE DB.NET Framework数据提供程序，连接字符串格式中的Provider关键字是必需的，必须为OleDbConnection连接字符串指定提供程序名称。下列连接字符串使用Jet提供程序连接到一个Microsoft Access 2003数据库（.mdb）。

```
"Provider=Microsoft.Jet.OLEDB.4.0;Data Source=数据库名;User ID=用户名;Password=密码"
```

下列代码为连接到Microsoft Access 2007/2010数据库（.accdb，无访问密码）的连接字符串。

```
"Provider=Microsoft.ACE.OLEDB.12.0;Data Source=|DataDirectory|\test.accdb"
```

其中，“|DataDirectory|”表示网站的App_Data文件夹。

4. 连接字符串的存放位置

连接字符串可以书写在程序代码中，也可以书写在网站的配置文件web.config中。在.NET Framework 2.0以上版本中，ConfigurationManager类新增了一个connectionStrings属性，专门用来获取web.config配置文件中<configuration>元素的<connectionStrings>节的数据。<connectionStrings>中有3个重要部分：字符串名、字符串的内容和数据提供器名称。

下面的web.config配置文件片段说明了用于存储连接字符串的架构和语法。在<configuration>元素中，创建一个名为<connectionStrings>的子元素并将连接字符串置于其中，语法格式如下。

```
<connectionStrings>
    <add name="连接字符串名" connectionString="数据库的连接字符串"
            providerName = " System.Data.SqlClient 或 System.Data.OldDb 或
            System.Data.Odbc" />
</connectionStrings>
```

子元素add用来添加属性。add有3个属性：name、connectionString和providerName。

1）name属性是唯一标识连接字符串的名称，以便在程序中检索到该字符串。

2）connectionString属性是描述数据库的连接字符串。

3）providerName属性是描述.NET Framework数据提供程序的固定名称，其名称为

System. Data. SqlClient（默认值）、System. Data. OldDb 或 System. Data. Odbc。

应用程序中任何页面上的任何数据源控件都可以引用此连接字符串项。将连接字符串信息存储在 web. config 文件中的优点是，程序员可以方便地更改服务器名称、数据库或身份验证信息，而无须逐个修改程序。

在程序中获得<connectionStrings>连接字符串的语法格式如下。

```
System. Configuration. ConfigurationManager. ConnectionStrings [ "连接字符串名"]. ToString
();
```

如果在程序中引入 ConfigurationManager 类的命名空间 System. Configuration，则在程序中获得<connectionStrings>连接字符串的方法可简写为下列格式。

```
ConfigurationManager. ConnectionStrings["连接字符串名"]. ToString();
```

打开和修改 web. config 的方法如下。

1）在解决方案资源管理器中双击 web. config 文件名。

2）在打开的文件中找到<configuration>元素中的<connectionStrings/>子元素，删除<connectionStrings/>的后两个字符“/>”，成为“<connectionStrings”，然后输入“>”，这时系统将自动填充</connectionStrings>。在<connectionStrings>与</connectionStrings>之间输入如下所示的配置数据。

```
<connectionStrings>
    <add name="StudentDBConnectionString" connectionString="Data Source=vm2k8s;
            Initial Catalog=StudentDB;User ID=sa;Password=123456;"
            providerName="System. Data. SqlClient"/>
</connectionStrings>
```

上述配置创建了一个名为 StudentDBConnectionString 的、连接到名为 vm2k8s 的 SQL Server 服务器的、SQL Server 用户名为 sa、密码为 123456 的连接字符串。

又如，下列代码创建了一个与 SQL Server LocalDB 数据库文件 mydb. mdf 连接的连接字符串“ConnStr”。

```
<connectionStrings>
    <add name="ConnStr" connectionString=
         "Data Source=(LocalDB)\MSSQLLocalDB;AttachDbFilename=
                  |DataDirectory|\mydb. mdf;Integrated Security=True"
                  providerName="System. Data. SqlClient" />
</connectionStrings>
```

10.3 数据库命令对象（Command）

10-1 Command 对象、ExecuteReader() 方法和 DataReader 对象

Command 对象用于在数据源上执行的 SQL 语句或存储过程，该对象最常用的属性是 CommandText，用于设置针对数据源执行的 SQL 语句或存储过程。

连接好数据源后，就可以对数据源执行一些命令操作。命令操作包括对数据的查询、插入、更新、删除和统计等。在 ADO. NET 中，对数据库的命令操作是通过 Command 对象来实现的。从本质上讲，ADO. NET 的 Command 对象就是 SQL 命令或者是对存储过程的引用。除了查询或更新数据命令之外，Command 对象还可用来对数据源执行一些不返回结果集的查询命令，以及用来执行改变数据源结构的数据定义命令。

根据所用的数据源类型不同，Command 对象也分为 4 种，分别是 OleDbCommand 对象、SqlCommand 对象、OdbcCommand 对象和 OracleCommand 对象。

10. 3. 1　创建 Command 对象

使用 Connection 对象与数据源建立连接后，可使用 Command 对象对数据源执行各种操作命令并从数据源中返回结果。可以使用对象来创建 Command 对象。可通过对象的构造函数或调用 CreateCommand( ) 方法来创建 Command 对象。

1. 使用构造函数创建 Command 对象

使用构造函数创建 SqlCommand 对象的语法格式如下。

```
SqlCommand 命令对象名=new SqlCommand(查询字符串,连接对象名);
```

举例如下。

```
SqlCommand cmd=new SqlCommand( "SELECT * FROM StudentInfo",conn );
```

也可以先使用构造函数创建一个空 Command 对象，然后直接设置各属性值。这种写法能够使代码更易理解和调试。其语法格式如下。

```
SqlCommand 命令对象名=new SqlCommand();
命令对象名.Connection=连接对象名;
命令对象名.CommandText=查询字符串;
```

例如，下面的代码在功能上与前面介绍的方法是等效的。

```
sqlCommand cmd=new SqlCommand();
cmd. Connection=conn;                    // conn 是前面创建的连接对象名
cmd. CommandText="SELECT * FROM StudentInfo";
```

2. 使用 CreateCommand( ) 方法创建 Command 对象

使用 Connection 对象的 CreateCommand( ) 方法也可以创建 Command 对象。由 Command 对象执行的 SQL 语句可以使用 CommandText 属性进行配置。

下面是使用 Connection 对象的 CreateCommand( ) 方法创建 SqlCommand 对象的语法格式。

```
SqlCommand 命令对象名=连接对象名.CreateCommand();
命令对象名.CommandText=查询字符串;
```

例如，通过 Command 对象的 CommandText 属性来执行一条 SQL 语句的代码如下。

```
//从 web. config 中获取连接字符串
string ConnStr=ConfigurationManager. ConnectionStrings["StudentDBConnectionString"]. ToString();
SqlConnection conn=new SqlConnection(ConnStr);//创建数据库连接对象 conn
string sqlstr="SELECT * FROM StudentInfo";
//创建 Command 对象,并初始化查询字符串
SqlCommand cmd=new SqlCommand(sqlstr,conn);
```

如果要通过 Command 对象的 CommandText 属性来执行存储过程 ProcName，代码可按以下方式书写。

```
SqlCommand cmd=new SqlCommand("ProcName",conn);
cmd. CommandType=CommandType. StoredProcedure;         //调用存储过程
```

或者

```
SqlCommand command=new SqlCommand();                        //创建 Command 对象
command.Connection=connection;                              //设置 Connection 属性
command.CommandType=CommandType.StoredProcedure;            //设置为存储过程
command.CommandText="ProcName";                             //设置存储过程的名称
```

需要注意的是，使用 CommandType 属性需要引用命名空间 System. Data。

10.3.2 Command 对象的属性和方法

Command 对象的常用属性见表 10-2。

表 10-2 Command 对象的常用属性

属性名称	说　明
CommandType	获取或设置 Command 对象要执行命令的类型，类型值有 Text（默认）、StoredProcedure 或 TableDirect。 Text：定义在数据源处执行语句的 SQL 命令。 StoredProcedure：存储过程的名称。可以使用某一命令的 Parameters 属性访问输入和输出参数，并返回值（无论调用哪种 Execute 方法）。当使用 ExecuteReader()方法时，在关闭 DataReader 对象后才能访问返回值和输出参数。 TableDirect：表的名称。 当设置为 StoredProcedure 时，应将 CommandText 属性设置为存储过程的名称。当调用 Execute 方法之一时，该命令将执行此存储过程
CommandText	获取或设置对数据源执行的 SQL 语句、存储过程名或表名。CommandText 也称为查询字符串
Connection	获取或设置此 Command 对象使用的 Connection 对象的名称
CommandTimeOut	获取或设置在终止对执行命令的尝试并生成错误之前的等待时间。等待命令执行的时间以秒为单位。 如果分配的 CommandTimeout 属性值小于 0，将生成一个 ArgumentException

Command 对象的方法统称为 Execute 方法，其常用方法见表 10-3。

表 10-3 Command 对象的常用方法

方法名称	返回值
ExecuteScalar()	返回一个标量值。例如，需要返回 COUNT()、SUM()或 AVG()等聚合函数的结果
ExecuteNonQuery()	执行 SQL 语句并返回受影响的行数。用于执行不返回任何行的命令，如 INSERT、UPDATE 或 DELETE
ExecuteXMLReader	返回 XmlReader 对象。只用于 SqlCommand 对象
ExecuteReader()	返回一个 DataReader 对象，将在 10.4 节中详细介绍

1. ExecuteScalar()方法

如果需要返回的只是单个值的数据库信息，而不需要返回表或数据流形式的数据库信息，则可使用该方法。例如，可能需要返回 COUNT()、SUM()或 AVG()等聚合函数的结果，以及 INSERT、UPDATE、DELETE 和 SELECT 受影响的行数。这时就要使用 Command

对象的 ExecuteScalar 方法，返回一个标量值。如果在一个常规查询语句中调用该方法，则只读取第一行第一列的值，而丢弃所有其他值。其语法格式如下。

```
命令对象名.ExecuteScalar();
```

使用 ExecuteScalar()方法时，首先需要创建一个 Command 对象，然后使用 ExecuteScalar()方法执行该对象设置的 SQL 语句。

【演练 10-1】使用 SqlCommand 对象的 ExecuteScalar()方法返回表中的记录总数。

程序设计步骤如下。

新建一个 ASP.NET 空网站，向网站中添加一个 Web 窗体页面 Default.aspx 和用于存放数据库文件的 App_Data 文件夹。将第 9 章中创建的包含 SQL Server 的数据库文件 employee.mdf 和 employee_log.ldf 复制到 App_Data 中（复制后要刷新文件夹）。

在解决方案资源管理器中双击打开 web.config 文件，参照前面介绍的方法向其中添加连接字符串。

```
<configuration>
    ...
    <connectionStrings>
        <add name="ConnString" connectionString="Data Source=
                    (LocalDB)\MSSQLLocalDB;AttachDbFilename=
                    |DataDirectory|\employee.mdf;Integrated Security=True"
                    providerName="System.Data.SqlClient" />
    </connectionStrings>
    ...
</configuration>
```

切换到 Default.aspx 的代码窗口编写程序代码。

在命名空间区域中添加下列引用。

```
using System.Data;
using System.Data.SqlClient;
using System.Configuration;
```

Default.aspx 页面载入时执行的事件代码如下。

```
protected void Page_Load(object sender,EventArgs e)
{
    string ConnStr=
            ConfigurationManager.ConnectionStrings["ConnString"].ToString();
    SqlConnection conn=new SqlConnection(ConnStr)      //创建数据库连接对象 conn
    string SqlStr="Select Count(*) From emp";          //查询字符串,统计 emp 表中的记录数
    //创建 Command 对象 cmd,并初始化查询字符串
    SqlCommand cmd=new SqlCommand(SqlStr,conn);
    conn.Open();
    int count=(int)cmd.ExecuteScalar();                 //将返回的记录数转换成 int 类型
    conn.Close();                                       //关闭数据库连接
    Response.Write("数据库中记录总数为:"+count.ToString());
}
```

2. ExecuteNonQuery()方法

使用 Command 对象的 ExecuteNonQuery()方法，可以方便地处理那些修改数据但不返回行的 SQL 语句（如 Insert、Update 和 Delete 等），以及用于修改数据库或编录架构的语句。（如 Create Table、Alter Column 等）。

使用 ExecuteNonQuery( )方法执行更新操作时将返回一个整数，表示受影响的记录数。ExecuteNonQuery( )方法的语法格式如下。

```
命令对象名 . ExecuteNonQuery( ) ;
```

例如，下列代码使用 ExecuteNonQuery( )方法执行一条 SQL 语句，将一条新记录插入到数据表中，同时在页面中显示受影响的记录数。

```
…     //建立与 SQL Server 数据库 addresslist 的连接
conn. Open( ) ;
string SqlStr = " Insert Into emp( eid,ename,esex,eunit,eduty) Values('0008',
                    '白雪','女','财务处','科员')" ;
SqlCommand cmd = new SqlCommand( SqlStr,conn) ;
int Num = cmd. ExecuteNonQuery( ) ;              //执行方法并保存受影响的记录个数
Response. Write( "受影响的记录数为:" +Num. ToString( ) ) ;
```

如果插入记录后在服务器资源管理器中看到新记录中的中文字段值变成了“?”，则需通过 Windows“开始”菜单启动 Microsoft SQL Server Management Studio，使用“Windows 身份验证”方式连接数据库实例“(locadb)\MSSQLLocalDB”，如图 10-3 所示。右击数据库名称，在弹出的快捷菜单中选择“属性”命令，在打开的如图 10-4 所示的对话框的“选择页”窗格中选择“选项”，在右侧窗格中修改“排序规则”为 Chinese_PRC_CS_AI_WS。

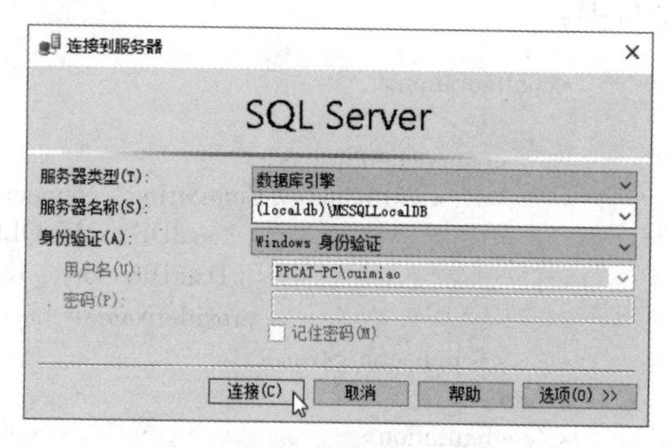

图 10-3　连接到服务器

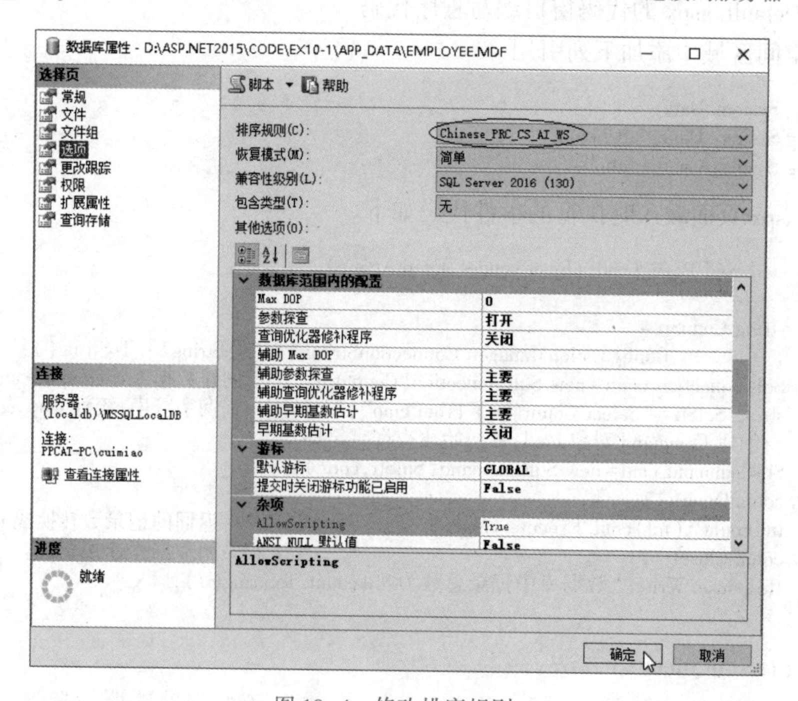

图 10-4　修改排序规则

10.4　ExecuteReader( )方法和 DataReader 对象

通过 ExecuteReader( )方法执行 CommandText 中定义的 SQL 语句或存储过程，可以返回一个 DataReader（数据阅读器）对象。该对象是包含了一行或多行数据记录的结果集。使用 DataReader 对象提供的方法可以实现对结果集中数据的检索。

DataReader 对象拥有以下一些特点。

1）DataReader 对象是一种只读的、只能向前移动的游标。

2）DataReader 对象每次只能在内存中保留一行，所以开销非常小。

3）DataReader 对象的工作过程中需要一直保持与数据库的连接，不能提供非连接的数据访问。

4）使用 OLEDB 数据库编程时需要使用 OleDbDataReader 对象，使用 SQL Server 数据库编程时，则应使用 SqlDataReader 对象。

10.4.1　使用 ExecuteReader( )方法创建 DataReader 对象

ExecuteReader( )方法的语法格式如下。

```
SqlDataReader 对象名=命令对象名.ExecuteReader( );
```

或

```
OleDbDataReader 对象名=命令对象名. ExecuteReader( );
```

其中，“对象名”是创建的 DataReader 对象的名称，“命令对象名”是 Command 对象的名称。使用 ExecuteReader( )方法时，首先需要创建一个 Command 对象，然后使用 ExecuteReader( )方法创建 DataReader 对象来对数据源进行读取。

10.4.2　DataReader 对象的常用属性及方法

OleDbDataReader 或 SqlDataReader 对象常用的属性和方法有以下几个。

1）FieldCount 属性：该属性用来获取当前行中的列数，如果未放置在有效的记录集中，则返回 0，否则返回列数（字段数），默认值为-1。

2）HasRows 属性：该属性用来获取 DataReader 对象中是否包含任何行。

3）Read( )方法：使用该方法可将当前记录设置为操作对象，以便使用列名或列的索引值来访问列的值。如果已到了数据表的最后，则返回一个布尔值 false。

4）GetValue( )方法：获取以本机格式表示的指定列的值。

5）Close( )方法：该方法用来关闭 DataReader 对象，并释放对记录集的引用。

【演练 10-2】使用 ExecuteReader( )方法和 DataReader 对象设计一个通过员工姓名模糊查询记录的应用程序。数据库仍使用前面创建的 employee 数据库中的 emp 表，要求通过数据库中的存储过程 GetData 实现程序功能。程序运行结果如图 10-5 所示。

输入员工姓名 张　查询

编号	姓名	性别	年龄	部门	职务
0001	张三	男	45	办公室	主任
0005	张胜利	男	38	教务处	科长
0006	胡张华	女	40	财务处	科长

图 10-5　程序运行结果

程序设计步骤如下。

（1）设计 Web 界面及控件属性

新建一个 ASP.NET 空网站，向网站中添加一个 Web 窗体页面 Default.aspx，向页面中添加一个文本框控件 TextBox1、一个按钮控件 Button1 和一个数据表控件 GridView1。

设置 TextBox1 的 ID 属性为 txtKey；设置 Button1 的 ID 属性为 btnQuery，Text 属性为“查询”。

在网站中添加一个用于存放数据库文件的 App_Data 文件夹，将数据库文件 employee.mdf 和日志文件 employee_log.ldf 复制到该文件夹中并刷新文件夹。

（2）在 web.config 文件中配置连接字符串

在解决方案资源管理器中双击打开 web.config 文件，添加如下所示的连接字符串代码。

```
<connectionStrings>
    <add name="ConnectionString" connectionString="Data Source=
                    (LocalDB)\MSSQLLocalDB;AttachDbFilename=
                    |DataDirectory|\employee.mdf;Integrated Security=True"
                    providerName="System.Data.SqlClient" />
</connectionStrings>
```

（3）创建存储过程

在“服务器资源管理器”窗口中右击 employee 数据库下的“存储过程”选项，在弹出的快捷菜单中选择“添加新存储过程”命令，在打开的窗口中输入如下所示的代码，然后单击“更新”。

```
CREATE PROCEDURE [dbo].[GetData]
    @ename nvarchar(10)
AS
    SELECT eid as "编号",ename as "姓名",esex as "性别",
            eage as 年龄,eunit as "部门",eduty as "职务"
    FROM emp WHERE ename LIKE '%'+RTRIM(@ename)+'%'
RETURN
```

（4）编写程序代码

切换到 Default.aspx 的代码编辑窗口，添加必需的命名空间引用代码。

```
using System.Data;
using System.Data.SqlClient;
using System.Configuration;
```

编写“查询”按钮被单击时执行的事件处理代码如下。

```
protected void btnQuery_Click(object sender,EventArgs e)
{
    string ConnStr=
        System.Configuration.ConfigurationManager.ConnectionStrings["ConnString"].ToString();
    //使用 using 语句可以在语句块结束后自动关闭数据库连接
    using(SqlConnection conn=new SqlConnection(ConnStr))
    {
        SqlCommand cmd=new SqlCommand("GetData",conn);        //GetData 为存储过程名
        cmd.CommandType=CommandType.StoredProcedure;          //指定命令类型为存储过程
        cmd.Parameters.Add(new SqlParameter("@ename",SqlDbType.NVarChar,10));
        cmd.Parameters["@ename"].Value=txtKey.Text;
        conn.Open();
```

```
            //调用 ExecuteReader()方法创建一个 DataReader 对象
            SqlDataReader dr=cmd.ExecuteReader();
            if(!dr.HasRows)                                   //如果 dr 对象中不包含任何行
            {
                ClientScript.RegisterStartupScript(GetType(),"Warning",
                        "<script>alert('未找到符合条件的记录！')</script>");
                return;                                       //不再执行后续语句
            }
            GridView1.DataSource=dr;//将 DataReader 对象作为 GridView 控件的数据源
            GridView1.DataBind();
        }
    }
```

思考：如果用户没有输入任何查询关键字直接单击“查询”按钮，将得到怎样的结果？为什么？

【演练 10-3】 使用 DataReader 对象设计一个用户登录身份验证页面，页面打开时如图 10-6 所示，用户输入了正确的用户名和密码后，程序将根据用户级别跳转到不同页面。

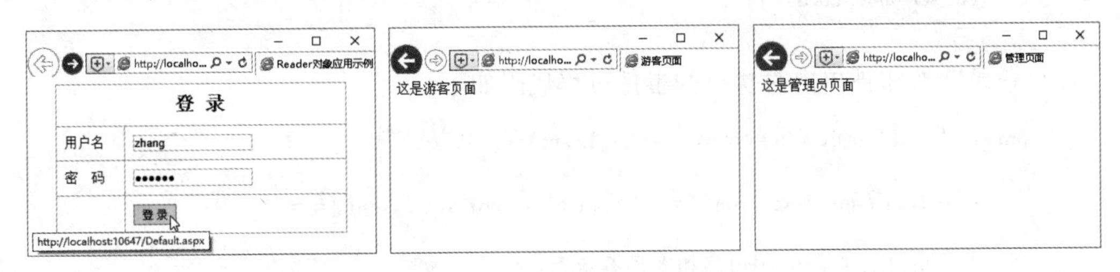

图 10-6　成功登录后根据用户级别跳转到不同页面

设已完成了 Access 数据库 manager.mdb 的设计，并在其中创建了如图 10-7 所示的用于存放用户信息的 Admin 表。表中的 uname 字段表示用户名，upwd 字段表示密码，ulevel 字段表示用户级别，0 表示管理员，1 表示普通用户（游客）。

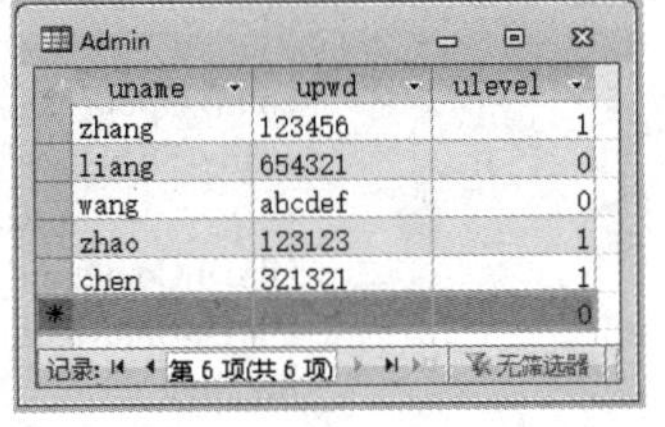

uname	upwd	ulevel
zhang	123456	1
liang	654321	0
wang	abcdef	0
zhao	123123	1
chen	321321	1
*		0

图 10-7　用户信息

程序设计步骤如下。

（1）设计 Web 页面

新建一个 ASP.NET 空网站，向网站中添加一个 Web 窗体页面 Default.aspx，向页面中添加一个用于布局的 HTML 表格，适当调整表格的行列数。向表格中添加必要的说明文字，添加两个文本框控件 TextBox1 和 TextBox2，添加一个按钮控件 Button1。适当调整各控件的大小及位置，适当调整 HTML 表格边框和文本框边框的样式。将 manager.mdb 数据库文件复制到站点 App_Data 文件夹中。

向网站中添加两个新网页 Admin.aspx 和 Guest.aspx，并分别写入文本“这是管理员页面”和“这是游客页面”。

（2）设置对象属性

设置两个文本框的 ID 属性分别为 txtUserName 和 txtPassword；设置“密码”文本框的 TextMode 属性为 password；设置按钮 Button1 的 ID 属性为 btnOK，Text 属性为“登录”，控件的其他初始属性将在页面载入事件中通过代码进行设置。

（3）编写代码

1）在解决方案资源管理器中双击打开 web.config 文件，添加如下所示的连接字符串配置代码。

```
<connectionStrings>
    <add name="ConnString" connectionString="Provider=Microsoft. Jet. OleDb. 4. 0;
                    Data Source= |DataDirectory| \manager. mdb"
                    providerName="System. Data. OldDb" />
</connectionStrings>
```

2）在代码窗口最上方的命名空间引用区中引入需要的命名空间。

```
using System. Data;
using System. Configuration;
using System. Data. OleDb;
```

3）Default. aspx 载入时执行的事件处理代码如下。

```
protected void Page_Load(object sender,EventArgs e)
{
    this. Title="Reader 对象应用示例";
    txtUserName. Focus();
}
```

4）“登录”按钮被单击时执行的事件过程代码如下。

```
protected void btnOK_Click(object sender,EventArgs e)
{
    if(txtUserName. Text. Trim()= ="" | txtPassword. Text. Trim()= ="")
    {
        lblMsg. Text="用户名和密码不能为空";
        return;
    }
    string ConnStr=ConfigurationManager. ConnectionStrings["ConnString"]. ToString();
    using(OleDbConnection conn=new OleDbConnection(ConnStr))
    {
        conn. Open();
        string StrSQL="select ulevel from Admin where uname='"+txtUserName. Text+
                "'and upwd='"+txtPassword. Text+"'";
        OleDbCommand com=new OleDbCommand(StrSQL,conn);
        OleDbDataReader dr=com. ExecuteReader();    //调用 ExecuteReader()方法得到 dr 对象
        dr. Read();                                  //调用 Read()方法得到返回记录集
        string level;
        if(dr. HasRows)                              //如果有返回记录存在
        {
            level=dr["ulevel"]. ToString();          //获取返回记录中的 ulevel 字段值
        }
        else                    //如果 dr 中不包含任何记录,即数据库中没有符合条件的记录
        {
            lblMsg. Text="用户名或密码错";
            return;
        }
        if(level= ="0")
        {
            Session["pass"]="admin";
            Response. Redirect("Admin. aspx");
        }
        else
        {
            Session["pass"]="guest";
```

```
                Response. Redirect( "Guest. aspx" ) ;
            }
        }
    }
```

5）页面 Admin. aspx 载入时执行的事件过程代码如下。

```
protected void Page_Load( object sender,EventArgs e)
{
    this. Title = "管理页面" ;
    if( Session[ "pass" ] = =null)       //使用 Session 对象限制用户只能从 Default. aspx 跳转至此
    {
        Response. Redirect( "Default. aspx" ) ;
    }
    if( Session[ "pass" ]. ToString( ) ! = "admin" )
    {
        Response. Redirect( "Default. aspx" ) ;
    }
}
```

6）Guest. aspx 页面载入时执行的事件代码如下。

```
protected void Page_Load( object sender,EventArgs e)
{
    this. Title = "游客页面" ;
    if( Session[ "pass" ] = =null)       //使用 Session 对象限制用户只能从 Default. aspx 跳转至此
    {
        Response. Redirect( "Default. aspx" ) ;
    }
    if( Session[ "pass" ]. ToString( ) ! = "guest" )
    {
        Response. Redirect( "Default. aspx" ) ;
    }
}
```

10. 5　数据适配器对象（DataAdapter）

10-2　数据适配器对象（DataAdapter）

DataAdapter 对象在物理数据库表和内存数据表（结果集）之间起着桥梁作用。它通常需要与 DataTable 对象或 DataSet 对象配合来实现对数据库的操作。

10. 5. 1　DataAdapter 对象概述

DataAdapter 对象是一个双向通道，用来把数据从数据源中读到一个内存表中或把内存中的数据写回到一个数据源中。这两种情况下使用的数据源可能相同，也可能不相同。通常将把数据源中的数据读取到内存的操作称为填充（Fill），将把内存中的数据写回数据库的操作称为更新（Update）。DataAdapter 对象通过 Fill 方法和 Update 方法来提供这一桥接通道。

DataAdapter 对象可以使用 Connection 对象连接到数据源，并使用 Command 对象从数据源检索数据，以及将更改写回数据源。

如果所连接的是 SQL Server 数据库，需要将 SqlDataAdapter 与关联的 SqlCommand 和 Sql-Connection 对象一起使用。

如果连接的是 Access 数据库或其他类型的数据库，则需要使用 OleDbDataAdapter、Odbc-DataAdapter 或 OracleDataAdapter 对象。

10.5.2 DataAdapter 对象的属性和方法

与其他所有对象一样，DataAdapter 对象在使用前也需要进行实例化。下面以创建 Sql-DataAdapter 对象为例，介绍使用 DataAdapter 类的构造函数创建 DataAdapter 对象的方法。

常用的创建 SqlDataAdapter 对象的语法格式如下。

```
SqlDataAdapter 对象名=new SqlDataAdapter(SqlStr,conn);
```

其中，SqlStr 为 Select 查询语句或 SqlCommand 对象；conn 为 SqlConnection 对象。

1. DataAdapter 对象的常用属性

DataAdapter 对象的常用属性见表 10-4。

表 10-4 DataAdapter 对象的常用属性

属性名	说明
SelectCommand	获取或设置一条语句或一个存储过程，用于在数据源中选择记录
InsertCommand	获取或设置一条语句或一个存储过程，用于在数据源中插入新记录
UpdateCommand	获取或设置一条语句或一个存储过程，用于更新数据源中的记录
DeleteCommand	获取或设置一条语句或一个存储过程，用于从数据源中删除记录
MissingSchemaAction	确定现有 DataSet 架构与传入数据不匹配时需要执行的操作
UpdateBatchSize	获取或设置每次到服务器的往返过程中处理的行数

需要注意的是，DataAdapter 对象的 SelectCommand、InsertCommand、UpdateCommand 和 DeleteCommand 属性都是 Command 类型的对象。

设已创建了用于删除数据表记录的 SQL 语句 StrDel，并且已建立了与 Access 数据库的连接对象 conn，则下列代码说明了如何在程序中通过 DataAdapter 对象的 DeleteCommand 属性删除记录的程序设计方法。

```
OleDbCommand DelCom=new OleDbCommand(StrDel,conn);            //创建 Command 对象
OleDbDataAdapter da=new OleDbDataAdapter();                    //创建 DataAdapter 对象
conn.Open();
da.DeleteCommand=DelCom;                  //设置 DataAdapter 对象的 DeleteCommand 属性
da.DeleteCommand.ExecuteNonQuery();       //执行 DeleteCommand 代表的 SQL 语句(删除记录)
conn.Close();
```

2. DataAdapter 对象的常用方法

DataAdapter 对象的常用方法见表 10-5。

表 10-5 DataAdapter 对象的常用方法

方法名	说明
Fill()	用从源数据读取的数据行填充 DataTable 或 DataSet 对象
Update()	当 DataSet 或 DataTable 对象中的数据有所改动后更新数据源
FillSchema()	将一个 DataTable 加入到指定的 DataSet 中，并配置表的模式
GetFillParameters()	返回一个用于 SELECT 命令的 DataParameter 对象组成的数组
Dispose()	删除 DataAdapter 对象，释放占用的系统资源

10. 5. 3　DataTable 对象

DataTable 对象是内存中的一个关系数据库表，可以独立创建，也可以由 DataAdapter 来填充。声明一个 DataTable 对象的语法格式如下。

```
DataTable 对象名=new DataTable( );
```

一个 DataTable 对象被创建后，通常需要调用 DataAdapter 的 Fill( )方法对其进行填充，使 DataTable 对象获得具体的数据集，而不再是一个空表对象。

1. 创建 DataTable 对象

在实际应用中使用 DataTable 对象一般需要经过以下几个步骤。

1）创建数据库连接。

2）创建 Select 查询语句或 Command 对象。

3）创建 DataAdapter 对象。

4）创建 DataTable 对象。

5）调用 DataAdapter 对象的 Fill( )方法填充 DataTable 对象。

需要注意的是，使用 DataTable 对象需要引用 System. Data 命名空间。

【演练 10-4】按照上述步骤创建并填充 DataTable 对象的示例，程序最终将 DataTable 对象作为 GridView 控件的数据源，将数据显示到页面中。程序运行结果如图 10-8 所示。

曙光学校学生成绩表

学号	姓名	性别	班级	数学	语文	英语	总分
0001	张三	男	网络01	78	89	65	232
0002	李四	女	网络02	77	88	99	264
0003	王五	男	网络01	90	56	73	219
0004	赵六	男	软件01	88	64	81	233
0005	陈其	女	软件02	50	84	70	204
0006	刘八	男	软件02	83	74	95	252
0007	王可	女	软件01	90	80	70	240

图 10-8　程序运行结果

程序设计步骤如下。

1）新建一个 ASP. NET 空网站，向页面中添加一个用于显示数据的 GridView 控件。将事先准备好的 Access 数据库 student. mdb 复制到网站的 App_Data 文件夹下。

2）切换到 Default. aspx 的代码编辑窗口，添加必需的命名空间引用语句。

```
using System. Data. OleDb;
using System. Data;
```

3）Default. aspx 页面载入时执行的事件代码如下。

```
protected void Page_Load(object sender,EventArgs e)
{
    OleDbConnection conn=new OleDbConnection( );
    //在程序代码中设置连接字符串(前面的例子都是将连接字符串写在 web. config 中)
    conn. ConnectionString="Provider=Microsoft. Jet. OleDb. 4. 0;Data Source="+
                        Server. MapPath("App_Data/student. mdb");
    string SqlStr="select uid as 学号,uname as 姓名,usex as 性别,class as 班级,
                math as 数学,chs as 语文,en as 英语,(math+chs+en) as 总分 from grade";
    OleDbDataAdapter da=new OleDbDataAdapter(SqlStr,conn);
    DataTable dt=new DataTable( );            //创建 DataTable 对象
    da. Fill(dt);                             //填充 DataTable 对象
    //为 GridView1 添加表格标题
    GridView1. Caption="<b><h2>曙光学校学生成绩表</h2></b>";
    GridView1. DataSource=dt;                 //将 DataTable 对象作为 GridView 控件的数据源
    GridView1. DataBind( );
}
```

2. DataTable 对象的常用属性

DataTable 对象的常用属性主要有 Columns、Rows 和 DefaultView。

1）Columns 属性：用于获取 DataTable 对象中表的列集合。

2）Rows 属性：用于获取 DataTable 对象中表的行集合。

3）DefaultView 属性：用于获取可能包括筛选视图或游标位置的表的自定义视图。

下列代码说明了使用 DataAdapter、DataTable 和 DataRow 对象配合实现修改数据记录的程序设计方法。

```
…      //声明查询字符串 SqlStr,并创建 OleDbConnection 对象 conn
OleDbDataAdapter da=new OleDbDataAdapter(SqlStr,conn);
DataTable dt=new DataTable();
//为 DataAdapter 自动生成更新命令
OleDbCommandBuilder builder=new OleDbCommandBuilder(da);
da.Fill(dt);
DataRow myrow=dt.Rows[0];       //声明一个行对象 myrow,并将 dt 的第 1 行数据存入对象中
myrow[2]="女";                  //将 dt 对象中第 1 行第 3 列的字段值修改为"女"
da.Update(dt);                  //调用 DataAdapter 对象的 Update()方法,将修改提交到数据库
```

下列代码说明了使用 DataAdapter、DataTable 和 DataRow 对象配合实现添加新数据记录的程序设计方法。

```
…//声明查询字符串 SqlStr,并创建 OleDbConnection 对象 conn
OleDbDataAdapter da=new OleDbDataAdapter(SqlStr,conn);
DataTable dt=new DataTable();
//为 DataAdapter 自动生成更新命令
OleDbCommandBuilder builder=new OleDbCommandBuilder(da);
da.Fill(dt);
//创建一个 DataRow 对象,并为其赋值为 dt 对象的新行
DataRow myrow=dt.NewRow();
myrow[0]="200909";          //为新行的各字段赋值
myrow[1]="zhangsan";
myrow[2]="男";
…
dt.Rows.Add(myrow);         //将由赋值完成的各字段组成的新行添加到 dt 对象中
da.Update(dt);              //调用 DataAdapter 对象的 Update()方法,将修改提交到数据库
```

需要说明的是，当使用“OleDbCommandBuilder builder = new OleDbCommandBuilder(da);”语句为 DataAdapter 对象自动生成更新命令时，要求数据库表中必须设有主键。

10.6 DataSet 概述

10-3 DataSet 概述

DataSet（数据集）对象是 ADO.NET 的核心构件之一，它是数据的内存流表示形式，提供了独立于数据源的关系编程模型。DataSet 表示整个数据集，其中包括表、约束，以及表与表之间的关系。由于 DataSet 独立于数据源，故其中既可以包含应用程序的本地数据，也可以包含来自多个数据源的数据。这是 DataSet 与前面介绍的 DataTable 的关键不同点。

DataSet 提供了对数据库的断开操作模式（也称为离线操作模式），当 DataSet 从数据源获取数据后就断开了与数据源之间的连接。在本地完成了各项数据操作（增、删、改、查等）后，可以将 DataSet 中的数据送回到数据源以更新数据库记录。

10. 6. 1　DataSet 与 DataAdapter 的关系

DataSet 是实现 ADO. NET 断开式连接的核心，它通过 DataAdapter 从数据源获得数据后就断开了与数据源之间的连接（这一点与前面介绍过的 DataReader 对象完全不同），此后应用程序对数据源的所有操作（如定义约束和关系、添加、删除、修改、查询、排序、统计等）均转向 DataSet，当所有这些操作完成后可以通过 DataAdapter 提供的数据源更新方法将修改后的数据写入数据库。

图 10-9 表示了 DataSet、DataAdapter 和数据源之间的关系，从图中可以看到 DataSet 并没有直接连接数据源，它与数据源之间的连接是通过 DataAdapter 来完成的。

DataSet ⟷ DataAdapter ⟷ 数据源

图 10-9　DataSet、DataAdapter 和数据源之间的关系

需要说明的是，对于不同的数据源，DataAdapter 对象也有不同的形式，如用于连接 Access 数据库的 OleDbDataAdapter，用于连接 Sql Server 数据库的 SqlDataAdapter，用于连接 ODBC 数据源的 OdbcDataAdapter，以及用于连接 Oracle 数据库的 OracleDataAdapter 等。

10. 6. 2　DataSet 的组成

DataSet 主要由 DataRelationCollection（数据关系集合）、DataTableCollection（数据表集合）和 ExtendedProperties 对象组成，如图 10-10 所示。其中最基本也最常用的是 DataTableCollection。

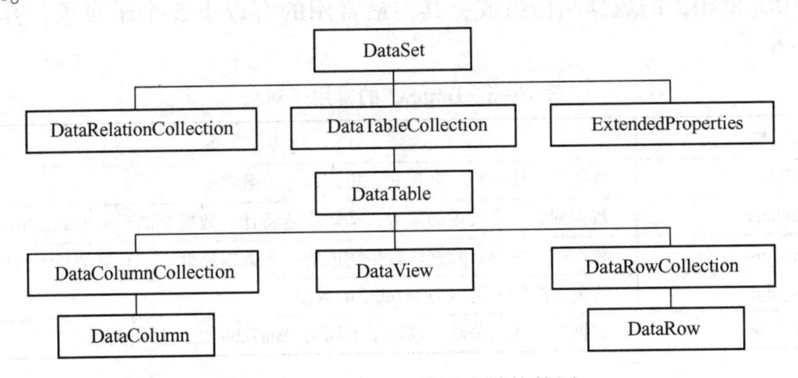

图 10-10　DataSet 的组成结构简图

1. DataRelationCollection

DataRelationCollection 对象用于表示 DataSet 中两个 DataTable 对象之间的父子关系，它使一个 DataTable 中的行与另一个 DataTable 中的行相关联，这种关联类似于关系数据库中数据表之间的主键列和外键列之间的关联。DataRelationCollection 对象管理 DataSet 中所有的 DataTable 之间的 DataRelation 关系。

2. DataTableCollection

在每一个 DataSet 对象中可以包含由 DataTable（数据表）对象表示的若干个数据表的集合。而 DataTableCollection 对象则包含了 DataSet 对象中的所有 DataTable 对象。

DataTable 在 System. Data 命名空间中定义，表示内存驻留数据的单个表。其中包含由 DataColumnCollection（数据列集合）表示的数据列集合和由 ConstraintCollection 表示的约束集合，这两个集合共同定义表的架构。隶属于 DataColumnCollection 对象的 DataColumn（数据列）对象则表示了数据表中某一列的数据。

此外，DataTable 对象还包含由 DataRowCollection 所表示的数据行集合，而 DataRow（数据行）对象则表示数据表中某行的数据。除了反映当前数据状态之外，DataRow 还会保留数据的当前版本和初始版本，以标识数据是否曾被修改。

隶属于 DataTable 对象的 DataView（数据视图）对象用于创建存储在 DataTable 中的数据的不同视图。通过使用 DataView，可以使用不同的排列顺序公开表中的数据，并且可以按行状态或基于过滤器表达式来过滤数据。

3. ExtendedProperties

ExtendedProperties 对象其实是一个属性集合（PropertyCollection），用户可以在其中放入自定义的信息，如用于产生结果集的 Select 语句，或生成数据的时间/日期标志。

因为 ExtendedProperties 可以包含自定义信息，所以在其中可以存储额外的、用户定义的 DataSet（DataTable 或 DataColumn）数据。

10.6.3 DataSet 中的对象、属性和方法

DataSet 内部是一个或多个 DataTable 的集合。每个 DataTable 由 DataColumn、DataRow 和 Constraint（约束）的集合，以及 DataRelation 的集合组成。DataTable 内部的 DataRelation 集合对应于父关系和子关系，两者建立了 DataTable 之间的连接。

1. DataSet 中的对象

DataSet 由大量相关的数据结构组成，其中最常用的有以下 5 个子对象，其名称及功能说明见表 10-6。

表 10-6 DataSet 的常用子对象

名 称	功 能
DataTable	数据表。使用行、列形式来组织的一个数据集
DataColumn	数据列。一个规则的集合，描述决定将什么数据存储到一个 DataRow 中
DataRow	数据行。由单行数据库数据构成的一个数据集合，该对象是实际的数据存储
Constraint	约束。决定能进入 DataTable 的数据
DataRelation	数据表之间的关联。描述了不同的 DataTable 之间如何关联

DataSet 是数据的一种内存驻留表示形式，无论它包含的数据来自哪个数据源，都会提供一致的关系编程模型。DataSet 表示整个数据集，其中包含对数据进行包含、排序和约束的表，以及表之间的关系。

2. DataSet 对象的常用属性

DataSet 对象的常用属性见表 10-7。

表 10-7 DataSet 对象的常用属性

名 称	说 明
DataSetName	获取或设置当前 DataSet 的名称
Tables	获取包含在 DataSet 中表的集合

3. DataSet 对象的常用方法

DataSet 对象的常用方法见表 10-8。

表 10-8　DataSet 对象的常用方法

名　称	说　明
AcceptChanges()	提交自加载此 DataSet 或上次调用 AcceptChanges 以来对其进行的所有更改
Clear()	通过移除所有表中的所有行来清除数据
Clone()	复制 DataSet 的结构，包括所有 DataTable 架构、关系和约束（不复制任何数据）
Copy()	复制该 DataSet 的结构和数据
CreateDataReader()	为每个 DataTable 返回带有一个结果集的 DataReader，顺序与 Tables 集合中表的显示顺序相同
HasChanges()	获取一个值，该值指示 DataSet 是否有更改，包括新增行、已删除的行或已修改的行
Merge()	将指定的 DataSet、DataTable 或 DataRow 对象的数组合并到当前的 DataSet 或 DataTable 中

使用 DataSet 的方法有若干种，这些方法可以单独应用，也可以结合应用。常用的应用形式有以下 3 种。

1）以编程方式在 DataSet 中创建 DataTable、DataRelation 和 Constraint，并使用数据填充表。

2）通过 DataAdapter 用现有关系数据源中的数据表填充 DataSet。

3）使用 XML 加载和保持 DataSet 内容。

10.7　使用 DataSet 访问数据库

DataSet 的基本工作过程为：首先完成与数据库的连接，DataSet 可在存放 ASP. NET 网站的服务器上为每个用户开辟一块内存，通过 DataAdapter（数据适配器）将得到的数据填充到 DataSet 中，然后把 DataSet 中的数据发送给客户端。

ASP. NET 网站服务器中的 DataSet 使用完以后，将释放 DataSet 所占用的内存。客户端读入数据后，在内存中保存一份 DataSet 的副本，随后断开与数据库的连接。

在这种方式下，应用程序所有针对数据库的操作都是指向 DataSet 的，并不会立即引起数据库的更新。待数据库操作完毕后，可通过 DataSet 和 DataAdapter 提供的方法将更新后的数据一次性保存到数据库中。

10.7.1　创建 DataSet

创建数据集对象的语法格式如下。

```
DataSet 数据集对象名=new DataSet();
```

或

```
DataSet 数据集对象名=new DataSet("表名");
```

其中，前一个语法格式表示先创建一个空数据集，再将已经建立的数据表（DataTable）包含进来；后一条语句是先建立数据表，然后建立包含该数据表的数据集。

10.7.2　填充 DataSet

所谓“填充”，是指将 DataAdapter 对象通过执行 SQL 语句从数据源得到的返回结果，使用 DataAdapter 对象的 Fill()方法传递给 DataSet 对象。

其常用语法格式如下。

```
Adapter.Fill(ds);
```

或

```
Adapter.Fill(ds,tablename);
```

其中，Adapter 为 DataSetAdapter 对象实例；ds 为 DataSet 对象；tablename 为用于数据表映射的源表名称。在第一种格式中仅实现了 DataSet 对象的填充，而第二种格式则完成了填充 DataSet 对象和指定一个可以引用的别名两项任务。

需要说明的是，Fill()方法的重载方式（语法格式）有很多（共有 13 种），上面介绍的仅是最常用的两种，读者可查阅 MSDN 来了解其他重载方式。

DataSet 对象支持多结果集的填充，也就是说，可以将来自同一数据表或不同数据表的不同的数据集合同时填充到 DataSet 中。

例如，下列代码将来自同一数据表的不同数据集合（性别为“女”的所有记录和电子邮箱地址中包含“163”的所有记录）填充到了同一个 DataSet 对象中，然后通过 DataSet 对象的 Tables 属性分别将它们显示到两个不同的 GridView 控件中。

```
protected void Page_Load(object sender,EventArgs e)
{
    SqlConnection conn=new SqlConnection();                //创建 SQL Server 连接对象
    //设置连接远程 SQL Server 数据库的连接字符串
    conn.ConnectionString="server=vm2k8s;
                    Initial Catalog=StudentDB;uid=sa;pwd=123456" ;
    SqlDataAdapter da=new SqlDataAdapter();                //创建 DataAdapter 对象
    string SelectSql="select * from StudentInfo where Sex='女';"+
                "select * from StudentInfo where Email like '%163%'";
    da.SelectCommand=new SqlCommand(SelectSql,conn);
    DataSet ds=new DataSet();                              //创建 1 个空 DataSet 对象
    da.Fill(ds);
    GridView1.Caption="<b>性别为“女”的所有记录</b>";
    GridView1.DataSource=ds.Tables[0];          //第 1 个结果集作为 GridView1 的数据源
    GridView1.DataBind();
    GridView2.Caption="<b>电子邮箱地址中包含“163”的所有记录</b>";
    GridView2.DataSource=ds.Tables[1];          //第 2 个结果集作为 GridView2 的数据源
    GridView2.DataBind();
    conn.Close();
}
```

程序运行结果如图 10-11 所示。

性别为“女”的所有记录

StudentID	StudentName	Sex	DateOfBirth	Specialty	Email
202302602019	赵六萍	女	2005-1-25 0:00:00	软件技术	zhaolp@163.com
202302603006	李四慧	女	2005-10-28 0:00:00	计算机科学	Lisp@hotmail.com

电子邮箱地址中包含“163”的所有记录

StudentID	StudentName	Sex	DateOfBirth	Specialty	Email
202302602018	张三丰	男	2005-2-19 0:00:00	软件技术	zsf@163.com
202302602019	赵六萍	女	2005-1-25 0:00:00	软件技术	zhaolp@163.com

图 10-11 向 DataSet 中填充多个结果集

10.7.3　添加新记录

DataAdapter 是 DataSet 与数据源之间的桥梁，它不但可以从数据源返回结果集并填充到 DataSet 中，还可以调用其 Update()方法将应用程序对 DataSet 的修改（添加、删除或更新）回传到数据源，完成数据库记录的更新。

当调用 Update()方法时，DataAdapter 将分析已做出的更改，并执行相应的命令（如插入、更新或删除）。

DataAdapter 的 InsertCommand、UpdateCommand 和 DeleteCommand 属性也是 Command 对象，用于按照 DataSet 中数据的修改来对数据源相应数据进行更新。

通过 DataSet 向数据表添加新记录的一般方法如下。

1）建立与数据库的连接。

2）通过 DataAdapter 对象从数据库中取出需要的数据。

3）实例化一个 SqlCommandBuilder 类对象，并为 DataAdapter 自动生成更新命令。

4）使用 DataAdapter 对象的 Fill()方法填充 DataSet。

5）使用 NewRow()方法向 DataSet 中填充的表对象中添加一个新行。

6）为新行中的各字段赋值。

7）将新行添加到 DataSet 中填充的表对象中。

8）调用 DataAdapter 对象的 Update()方法，将数据保存到数据库。

例如，下列代码实现了向 StudentDB 数据库的 StudentInfo 表中添加一条新记录。

```
protected void ButtonAdd_Click(object sender,EventArgs e)
{
    SqlConnection conn=new SqlConnection();
    conn.ConnectionString="server=vm2k8s;Initial Catalog=StudentDB;
    uid=sa;pwd=123456" ;
    SqlDataAdapter da=new SqlDataAdapter();
    string SelectSql="select * from StudentInfo";
    da.SelectCommand=new SqlCommand(SelectSql,conn);          //取出数据库中需要的数据
    SqlCommandBuilder scb=new SqlCommandBuilder(da);   //为 DataAdapter 自动生成更新命令
    DataSet ds=new DataSet();
    da.Fill(ds);//填充 DataSet 对象
    DataRow NewRow=ds.Tables[0].NewRow();   //向 DataSet 的第一个表对象中添加一个新行
    NewRow["StudentID"]="200902601103";                     //为新行的各字段赋值
    NewRow["StudentName"]="刘东风";
    NewRow["Sex"]="男";
    NewRow["DateOfBirth"]="1992-3-28";
    NewRow["Specialty"]="计算机应用";
    NewRow["Email"]="ldf@163.com";
    ds.Tables[0].Rows.Add(NewRow);          //将新建行添加到 DataSet 的第一个表对象中
    da.Update(ds);                   //将 DataSet 中的数据变化提交到数据库(更新数据库)
    conn.Close();
    Response.Write("<script language=javascript>alert('新记录添加成功！');</script>");
}
```

需要说明的是，使用 SqlCommandBuilder 对象自动生成 DataAdapter 对象的更新命令（DeleteCommand、InsertCommand 和 UpdateCommand）时，填充到 DataSet 中的 DataTable 对象只能映射到单个数据表或从单个数据表生成，而且数据库表必须定义了主键。所以，通常把由 SqlCommandBuilder 对象自动生成的更新命令称为“单表命令”。

10.7.4 修改记录

通过 DataSet 修改现有数据表记录的操作方法与添加新记录非常相似，唯一不同的地方是无须使用 NewRow( )方法添加新行，而是创建一个 DataRow 对象后，从表对象中获得需要修改的行并赋给新建的 DataRow 对象，根据需要修改各列的值（为各字段赋以新值）。最后仍需要调用 DataAdapter 对象的 Update( )方法将更新提交到数据库。

例如，下列代码按照指定“学号”字段值返回需要修改的记录，修改数据后将修改结果提交到数据库，从而完成修改记录的操作。

```
protected void ButtonEdit_Click(object sender,EventArgs e)
{
    SqlConnection conn=new SqlConnection( );                    //建立数据库连接
    conn.ConnectionString="server=vm2k8s;Initial Catalog=StudentDB;uid=sa;pwd=123456" ;
    SqlDataAdapter da=new SqlDataAdapter( );                    //创建一个 DataAdapter 对象
    //得到要修改的记录
    string SelectSql="select * from StudentInfo where StudentID='20160001'" ;
    da.SelectCommand=new SqlCommand(SelectSql,conn);
    SqlCommandBuilder scb=new SqlCommandBuilder(da);  //为 DataAdapter 自动生成更新命令
    DataSet ds=new DataSet( );
    da.Fill(ds);                                               //将要修改的记录填充到 DataSet 对象中
    DataRow MyRow=ds.Tables[0].Rows[0];                        //从 DataSet 中得到要修改的行
    MyRow[1]="张大民";                     //为第 2 个字段赋以新值,"学号"字段为主键不能修改
    MyRow[2]="男";                                             //为第 3 个字段赋以新值
    MyRow[3]="1998-2-19";
    MyRow[4]="软件技术";
    MyRow[5]="zdm@163.com";
    da.Update(ds);                         //将 DataSet 中的数据变化提交到数据库(更新数据库)
    conn.Close( );
    Response.Write("<script language=javascript>alert('记录修改成功！');</script>");
}
```

10.7.5 删除记录

使用 DataSet 从填充的表对象中删除行时需要创建一个 DataRow 对象，并将要删除的行赋值给该对象，然后调用 DataRow 对象的 Delete( )方法将该行删除。当然，此时的删除仅是针对 DataSet 对象的，若需要从数据库中删除该行，还需要调用 DataAdapter 对象的 Update( )方法将删除操作提交到数据库。

“删除记录”按钮被单击时执行的事件代码如下。

```
protected void DelRecord_Click(object sender,EventArgs e)
{
        SqlConnection conn=new SqlConnection( );                //建立数据库连接
         conn.ConnectionString = " server = vm2k8s; Initial  Catalog = StudentDB; uid = sa; pwd =
123456";
        SqlDataAdapter da=new SqlDataAdapter( );
        //仅返回要删除的行
        string SelectSql="select * from StudentInfo where StudentID='20160001'" ;
        da.SelectCommand=new SqlCommand(SelectSql,conn);
        SqlCommandBuilder scb=new SqlCommandBuilder(da);  //为 DataAdapter 自动生成更新
                                                          //命令
        DataSet ds=new DataSet( );
        da.Fill(ds);                                     //将要删除的记录填充到 DataSet 对象中
```

```
        DataRow DeleteRow=ds.Tables[0].Rows[0];          //得到要删除的行
        DeleteRow.Delete();              //调用 DataRow 对象的 Delete()方法,从数据表中删除行
        da.Update(ds);                   //更新数据库
        conn.Close();
        Response.Write("<script language=javascript>alert('记录删除成功!');</script>");
    }
```

10.8　实训——设计一个课程表管理程序

10.8.1　实训目的

1）通过本实训进一步理解使用 DataSet 配合 DataAdapter 和 DataReader 对象完成数据库常规操作的一般步骤。

2）掌握 ASP. NET 标准控件的基本使用方法和常用属性。

3）本实训除应用了 DataSet、DataAdapter 和 DataReader 等 ADO. NET 对象外，还涉及许多 SQL 查询语句，以及通过 ASP. NET 内置对象在不同页面间传递数据的技巧，这些都是开发 Web 数据库应用程序的基本手段，要求在实训中认真理解其含义及语句书写格式。

10.8.2　实训要求

在 ASP. NET 环境中使用 DataSet 配合 DataAdapter 对象，创建一个简单的学校课程表管理程序，具体功能要求如下。

1. 查询某班级课程表

程序启动后显示如图 10-12 所示的页面（Default. aspx），用户可以通过在下拉列表框中选择班级名称查询课程表。当下拉列表框中的被选内容变化或用户单击“确定”按钮时，打开如图 10-13 所示的页面（CurriCulum. aspx），显示指定班级的课程表。单击 IE 浏览器工具栏上的“后退”按钮可返回上一页面。

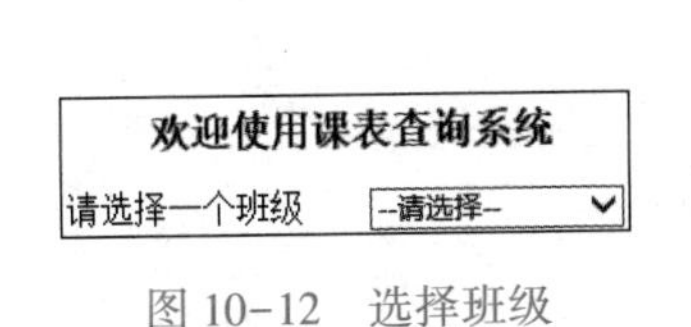

图 10-12　选择班级

网络03班课程表

	星期一	星期二	星期三	星期四	星期五
1-2节	数学	语文	数据库	计算机	数据库
3-4节	语文	语文	英语	计算机	数学
5-6节	数学	计算机	英语		数据库
返回					

图 10-13　查询课程表

2. 更新或添加课程表

在 Default. aspx 页面的下拉列表框中选择“管理员”选项，将自动打开如图 10-14 所示的课程表管理页面（Admin. aspx），但此时课程表编辑环境中所用到的所有控件（“班级”文本框、“提交”按钮和提供课程选项的所有下拉列表框）均不可见。

用户在“请输入密码”文本框中输入了密码“123456”后，单击“确定”按钮，这些控件方可使用，此时密码输入框自动隐藏。在如图 10-15 所示的页面中，用户可在文本框中输入班级名称，并通过表格中相应位置上的下拉列表框选择课程名称。课程表编排完毕后

单击“提交”按钮，将数据上传到数据库中。

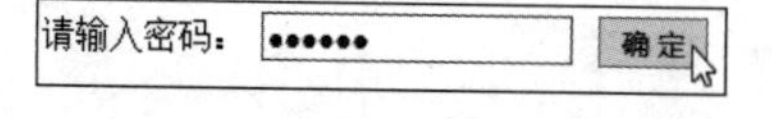

图 10-14 输入管理员密码

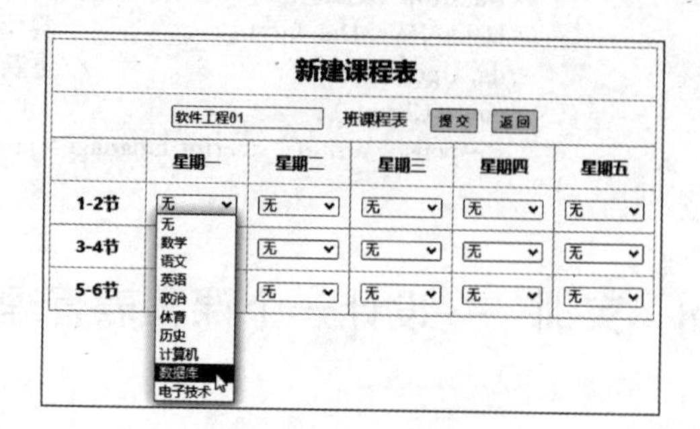

图 10-15 编辑课程表

单击“提交”按钮后，程序将分析用户输入的班级名称，若为新班级，则执行插入记录操作，若为已存在的班级，则执行更新操作。如果用户忘记了输入班级名称，程序将给出提示。

10.8.3 实训步骤

1. 创建数据库及表

在 Access 中创建一个名为“curriculum.mdb”的数据库，并在库中创建两个数据表：syllabus 和 course。syllabus 表中包括如图 10-16 所示的 16 个字段，class 字段用于存放班级名称，c11 用于存放星期一的 1-2 节课，c21 用于存放星期二的 1-2 节课，c31 用于存放星期三的 1-2 节课，c12 用于存放星期一的 3-4 节课……注意将 class 字段设为主键。

syllabus

字段名称	数据类型	说明
class	文本	
c11	文本	周一的1-2节课
c21	文本	周二的1-2节课
c31	文本	周三的1-2节课
c41	文本	周四的1-2节课
c51	文本	周五的1-2节课
c12	文本	周一的3-4节课
c22	文本	周二的3-4节课
c32	文本	周三的3-4节课
c42	文本	周四的3-4节课
c52	文本	周五的3-4节课
c13	文本	
c23	文本	
c33	文本	
c43	文本	
c53	文本	

字段属性

图 10-16 syllabus 表的结构

course 表中只有一个 curriculumname 字段，用于存放课程名称。数据库创建完毕后，输入一些记录并保存。

2. 向网站中添加类文件（MyClass.cs）

为了提高代码的复用率，将数据库连接对象、数据库操作等代码放置在类文件中。在解决方案资源管理器中右击网站名称，在弹出的快捷菜单中选择“添加”→“添加新项”命令，向网站中添加一个名为 MyClass 的类文件，系统会自动创建 App_Code 文件夹，并将该文件放置在其中。MyClass.cs 中包含 GetDT( )、ClassIsExist( )、Update( ) 和 Insert( ) 共 4 个静态方法，其代码如下所示。

1）添加需要的命名空间引用，代码如下。

```
using System. Configuration;
using System. Data. OleDb;
using System. Data;
```

2）编写类代码如下。

```
public class MyClass
{
    //获取连接字符串
    static string ConnStr=ConfigurationManager. ConnectionStrings["ConnString"]. ToString();
    //创建连接对象
    static OleDbConnection conn=new OleDbConnection(ConnStr);
    //创建返回一个 DataTable 的 GetDT()方法,声明为静态方法,可在调用时不必进行实例化
    public static DataTable GetDT(string sql)
    {
        conn. Open();
        OleDbDataAdapter da=new OleDbDataAdapter(sql,conn);
        DataTable dt=new DataTable();                        //创建 DataTable 对象
        da. Fill(dt);                                        //填充 DataTable 对象
        conn. Close();
        return dt;
    }
    //创建一个用于判断班级名是否已存在的 ClassIsExist()静态方法
    public static bool ClassIsExist(string classname)
    {
        conn. Open();
        string sql="select * from syllabus where class='"+classname+"'";
        OleDbCommand cmd=new OleDbCommand(sql,conn);
        cmd. ExecuteNonQuery();                   //执行 sql 语句,清除上次执行录取操作的结果
        OleDbDataReader dr=cmd. ExecuteReader();  //调用 ExecuteReader()方法得到 dr 对象
        dr. Read();                               //调用 Read()方法得到返回记录集
        if(dr. HasRows)
        {
            conn. Close();
            return true;
        }
        else
        {
            conn. Close();
            return false;
        }
    }
    //创建一个将修改后的课程表更新到数据库的 Update()静态方法
    public static string Update(string[] row)
    {
        string SqlStr="select * from syllabus where class='"+row[0]+"'";
        OleDbDataAdapter da=new OleDbDataAdapter(SqlStr,conn);
        DataTable dt=new DataTable();
        OleDbCommandBuilder builder=new OleDbCommandBuilder(da);
        da. Fill(dt);
        DataRow MyRow=dt. Rows[0];//从数据表中提取第 1 行(第一条记录)
        for(int i=0;i<16;i++)
        {
            MyRow[i]=row[i];
        }
```

```
            string msg;
            try
            {
                da.Update(dt);
                msg="数据更新成功!";
            }
            catch(Exception ex)
            {
                msg=ex.Message;
            }
            finally
            {
                conn.Close();
            }
            return msg;
        }
        //创建一个用于向数据库插入新记录的 Insert()静态方法
        public static string Insert(string[] newrow)
        {
            string SqlStr="select * from syllabus";
            OleDbDataAdapter da=new OleDbDataAdapter(SqlStr,conn);
            DataTable dt=new DataTable();
            OleDbCommandBuilder builder=new OleDbCommandBuilder(da);
            da.Fill(dt);
            DataRow MyRow=dt.NewRow();
            for(int i=0;i<16;i++)
            {
                MyRow[i]=newrow[i];
            }
            string msg;
            try
            {
                dt.Rows.Add(MyRow);
                da.Update(dt);
                msg="数据添加成功!";
            }
            catch(Exception ex)
            {
                msg=ex.Message;
            }
            finally
            {
                conn.Close();
            }
            return msg;
        }
    }
```

3. 设计选择班级页面（Default. aspx）

1）新建一个 ASP. NET 空网站，将前面设计完毕的数据库文件 curriculum. mdb 复制到网站的 App_Data 文件夹中。向网站中添加一个 Web 窗体页面 Default. aspx，并向其中添加必要的说明文字和一个下拉列表框控件 DropDownList1。设置 DropDownList1 的 ID 属性为 dropClass，AutoPostBack 属性为 True。

2）参照前面介绍过的方法，将用于连接 Access 数据库的连接字符串写到 web. config 中。

3）切换到 Default. aspx 页面的代码编辑窗口，添加引用所需命名空间的语句，代码如下。

```
using System. Data( );
```

4）Default. aspx 页面载入时执行的事件代码如下。

```
protected void Page_Load( object sender,EventArgs e)
{
    this. Title = "课表查询系统";
    if( !IsPostBack)
    {
        string sql = "select class from syllabus";
        //调用 MyClass 静态类中的 GetClasses( )方法得到班级表
        DataTable dt = MyClass. GetDT( sql);
        dropClass. DataSource = dt;                //将班级表作为下拉列表框控件的数据源
        dropClass. DataTextField = "class";        //指定下拉列表框绑定到的字段
        dropClass. DataBind( );
        dropClass. Items. Add( "新建课程表");
        dropClass. Items. Add( "--请选择--");
        dropClass. Text = "--请选择--";
        dt = null;
    }
}
```

5）“请选择一个班级” 下拉列表框中的选项改变时执行的事件处理代码如下。

```
protected void dropClass_SelectedIndexChanged( object sender,EventArgs e)
{
    if( dropClass. SelectedItem. Text! = "新建课程表")//若选择的不是“新建课程表”
    {
        //跳转到课表查询页面,并传递用户选择的班级名称
        Response. Redirect( "curriculum. aspx? st = " +dropClass. SelectedItem. Text);
    }
    else
    {
        Response. Redirect( "admin. aspx");//否则跳转到管理员页面
    }
}
```

4. 设计课表查询页面（curriculum. aspx）

1）向网站中添加一个新 Web 窗体，并将其命名为 curriculum. aspx。向页面中添加一个运行在服务器端的 Table 控件。

2）切换到 curriculum. aspx 页面的代码编辑窗口，添加引用所需命名空间的语句，代码如下。

```
using System. Data( );
```

3）curriculum. aspx 页面载入时执行的事件代码如下。

```
protected void Page_Load( object sender,EventArgs e)
{
    if( Request. QueryString[ "st" ] = = null)
    {
        Response. Redirect( "Default. aspx");
    }
    this. Title = Request. QueryString[ "st" ] +"班课程表";
    //返回课程表中指定班级的记录
```

```
string SqlSelect="select * from syllabus where class='"+Request.QueryString["st"]+"'";
DataTable dt=MyClass.GetDT(SqlSelect);
Table1.Width=450;                              //设置表格的宽度
//设置表格的标题
Table1.Caption="<b><h2>"+Request.QueryString["st"]+"班课程表</h2></b>";
Table1.GridLines=GridLines.Both;               //设置单元格的框线
Table1.Height=180;
Table1.CellPadding=1;                          //设置单元格内间距
Table1.CellSpacing=3;                          //设置单元格之间的距离
int Num=1;
for(int i=0;i<4;i++)                           //外循环控制行
{
    TableRow TabRow=new TableRow();            //声明一个表格行对象
    for(int j=0;j<6;j++)                       //内循环控制列
    {
        TableCell TabCell=new TableCell();     //声明一个单元格对象
        TabCell.HorizontalAlign=HorizontalAlign.Center;
        if(j==0)                               //如果当前设置的是第 1 列
        {
            switch(i)                          //设置第 1 列各行的内容
            {
                case 0:
                    TabCell.Text=" ";
                    TabRow.Cells.Add(TabCell);
                    break;
                case 1:
                    TabCell.Text="<b>1-2 节</b>";
                    TabRow.Cells.Add(TabCell);
                    break;
                case 2:
                    TabCell.Text="<b>3-4 节</b>";
                    TabRow.Cells.Add(TabCell);
                    break;
                case 3:
                    TabCell.Text="<b>5-6 节</b>";
                    TabRow.Cells.Add(TabCell);
                    break;
            }
        }
        else                                   //其他各列的设置
        {
            if(i==0)                           //如果当前设置的是第 1 行
            {
                switch(j)                      //第 1 行各列的设置
                {
                    case 1:
                        TabCell.Text="<b>星期一</b>";
                        TabRow.Cells.Add(TabCell);
                        break;
                    case 2:
                        TabCell.Text="<b>星期二</b>";
                        TabRow.Cells.Add(TabCell);
                        break;
                    case 3:
                        TabCell.Text="<b>星期三</b>";
                        TabRow.Cells.Add(TabCell);
                        break;
```

```
                        case 4:
                            TabCell.Text="<b>星期四</b>";
                            TabRow.Cells.Add(TabCell);
                            break;
                        case 5:
                            TabCell.Text="<b>星期五</b>";
                            TabRow.Cells.Add(TabCell);
                            break;
                    }
                }
            }
            if(i!=0 && j!=0)                              //如果既不是第 1 行,也不是第 1 列
            {
                if(dt.Rows[0][Num].ToString()!="")
                {
                    //读取 dt 对象中当前列的数据填写到单元格中
                    TabCell.Text=dt.Rows[0][Num].ToString();
                    TabRow.Cells.Add(TabCell);
                    Num=Num+1;                            //定位到下一列
                }
                else
                {
                    TabCell.Text=" ";
                    TabRow.Cells.Add(TabCell);
                    Num=Num+1;
                }
            }
        }
        Table1.Rows.Add(TabRow);
    }
    TableRow FootRow=new TableRow();
    TableCell FtCell=new TableCell();
    FtCell.HorizontalAlign=HorizontalAlign.Center;
    FtCell.ColumnSpan=6;
    FtCell.Height=25;
    LinkButton lnk=new LinkButton();                      //创建一个 LinkButton 对象
    lnk.PostBackUrl="Default.aspx";                       //设置 LinkButton 对象的属性
    lnk.Text="返回";
    FtCell.Controls.Add(lnk);                             //将 LinkButton 对象添加到单元格
    FootRow.Cells.Add(FtCell);                            //将单元格添加到表格行
    Table1.Rows.Add(FootRow);                             //将表格行添加到表格
    dt=null;
}
```

5. 设计编辑课程表页面（Admin. aspx）

1）向网站中添加一个新 Web 窗体，并将其命名为 Admin. aspx。按照图 10-17 所示向页面中添加两个容器控件 Panel1 和 Panel2。向 Panel1 中添加一个文本框控件 TextBox1 和一个按钮控件 Button1。向 Panel2 中添加一个用于布局的 HTML 表格，按图 10-17 所示添加一个文本框控件 TextBox2 和两个按钮控件 Button2、Button3，添加 15 个用于提供备选课程名称的下拉列表框 DropDownList1 ～ DropDownList15（注意，添加控件时应按编号横向排布）。

图 10-17　设计 Admin. aspx 页面

2）设置 TextBox1 的 ID 属性为 txtPwd；设置 Button1 的 ID 属性为 btnOK，Text 属性为“确定”；设置 TextBox2 的 ID 属性为 txtClass；设置 Button2、Button3 的 ID 属性分别为 btnSubmit 和 btnBack，Text 属性分别为“提交”和“返回”，Button3 的 PostBackUrl 属性为“Default. aspx”，使用户单击按钮时能返回到指定的页面。

3）为了统一处理所有下拉列表框的 SelectedIndexChanged 事件，需要切换到 Admin. aspx 的源视图，在所有下拉列表框的定义中添加下列用于创建控件共享事件的代码。

```
OnSelectedIndexChanged = "DropDownList_SelectedIndexChanged"
```

4）切换到 Admin. aspx 页面的代码编辑窗口，添加对所需命名空间的引用，代码如下。

```
using System. Data;
```

5）在所有事件处理程序之外声明用于存放下拉列表框中用户选项的静态数组，代码如下。

```
static string[ ] DropText=new string[16];//声明静态字符串型数组,存放下拉列表框中的选项
```

6）Admin. aspx 页面载入时执行的事件代码如下。

```
protected void Page_Load(object sender,EventArgs e)
{
    this. Title="课程表管理";
    txtPwd. Focus();
    if(!IsPostBack)
    {
        Panel2. Visible=false;//隐藏密码输入文本框
    }
}
```

7）“确定”按钮被单击时执行的事件代码如下。

```
protected void btnOK_Click(object sender,EventArgs e)
{
    if(txtPwd. Text!="123456")//此处设置的密码用户不能更改
    {
        ClientScript. RegisterStartupScript(GetType(),"Warning","<script>alert('密码错！')</
                                    script>");
        return;
    }
    Panel2. Visible=true;
    Panel1. Visible=false;
    DropDownList[ ] drop=new DropDownList[16];//创建控件数组
    drop[1]=DropDownList1;drop[2]=DropDownList2;drop[3]=DropDownList3;
    drop[4]=DropDownList4;drop[5]=DropDownList5;drop[6]=DropDownList6;
    drop[7]=DropDownList7;drop[8]=DropDownList8;drop[9]=DropDownList9;
    drop[10]=DropDownList10;drop[11]=DropDownList11;drop[12]=DropDownList12;
    drop[13]=DropDownList13;drop[14]=DropDownList14;drop[15]=DropDownList15;
    string sql="select * from course";
    //调用 GetDT()方法获取包含所有供选课程名称的 DataTable 对象
    DataTable dt=MyClass. GetDT(sql);
    for(int i=1;i<16;i++)//将 dt 对象绑定到 15 个下拉列表框
    {
        drop[i]. DataSource=dt;
        drop[i]. DataTextField="curriculumname";//设置下拉列表框的绑定字段
        drop[i]. DataBind();//填充下拉列表框中的选项内容(绑定)
```

```
        }
        dt=null;
    }
```

8）“提交”按钮被单击时执行的事件代码如下。

```
protected void btnSubmit_Click(object sender,EventArgs e)
{
    if(txtClass.Text=="")
    {
        ClientScript.RegisterStartupScript(GetType(),"Warning",
                              "<script>alert('班级名称不能为空！')</script>");
        return;
    }
    //调用 ClassIsExist()方法检查班级名是否已存在
    if(MyClass.ClassIsExist(txtClass.Text.Trim()))   //如果指定班级已存在,则执行更新操作
    {
        string[] row=new string[16];                     //用于存放班级名和 15 个课程名
        row[0]=txtClass.Text.Trim();
        for(int i=1;i<16;i++)
        {
            if(DropText[i]=="无")
            {
                row[i]="";
            }
            else
            {
                row[i]=DropText[i];
            }
        }
        string msg=MyClass.Update(row);   //调用 Update()方法将数组中的数据更新到数据库
        ClientScript.RegisterStartupScript(GetType(),"Infomation",
                                  "<script>alert('"+msg+"')</script>");
    }
    else                                              //班级名称不存在时执行插入记录操作
    {
        string[] newrow=new string[16];
        newrow[0]=txtClass.Text;
        for(int i=1;i<16;i++)
        {
            if(DropText[i]=="无")
            {
                newrow[i]="";
            }
            else
            {
                newrow[i]=DropText[i];
            }
        }
        //调用 Insert()方法将数据插入到数据库
        string msg=MyClass.Insert(newrow);
        ClientScript.RegisterStartupScript(GetType(),"Infomation",
                                  "<script>alert('"+msg+"')</script>");
    }
}
```

9）下拉列表框控件组的共享 SelectedIndexChanged 事件代码如下。

```
protected void DropDownList_SelectedIndexChanged(object sender,EventArgs e)
{
    DropDownList[] drop=new DropDownList[16];
    drop[1]=DropDownList1;drop[2]=DropDownList2;drop[3]=DropDownList3;
    drop[4]=DropDownList4;drop[5]=DropDownList5;drop[6]=DropDownList6;
    drop[7]=DropDownList7;drop[8]=DropDownList8;drop[9]=DropDownList9;
    drop[10]=DropDownList10;drop[11]=DropDownList11;drop[12]=DropDownList12;
    drop[13]=DropDownList13;drop[14]=DropDownList14;drop[15]=DropDownList15;
    for(int i=1;i<16;i++)
    {
        DropText[i]=drop[i].SelectedItem.Text; //通过循环保存用户在下拉列表框中的选择
    }
}
```

下面来思考以下几个问题。

1）用户选择“新建课程表”时需要输入管理员密码，而本例将密码以常数的方式写到了代码中，用户不能修改。如何修改程序使用户可以修改密码？

2）程序仅提供了新建课程表的功能，并且当新建课程表对应的班级已存在时采用更新方式处理（新课表替换老课表）。如何修改程序使之具有修改课程表的功能？

3）本程序仅提供了手工排课的功能。如果希望能根据用户需求自动生成课程表，应如何修改？

第11章　LINQ to SQL 数据库操作

语言集成查询（Language INtegrated Query，LINQ）是 Visual Studio 2008 和 .NET Framework 3.5 中一个突破性的创新，它在对象和数据间架起了一座“桥梁”。

在开发一个数据库应用程序时，常规做法是由程序员编写 SQL 语句，然后从数据库中取出相应数据生成 DataSet、DataReader 等，最后绑定到表示层上。这就造成了数据库数据与表示层之间出现“紧耦合”的现象。一旦数据库结构发生变化，将造成表示层必须进行大量修改的问题，违反了“高内聚，低耦合”的设计原则。LINQ 的出现使程序员找到了一种简单、有效的问题解决方案。

11.1　LINQ 概述

LINQ 支持所有类型的数据源，使程序开发人员可以使用相同的语法在 XML、SQL Server、MySQL、ADO.NET，甚至是所有支持 IEnumerable 或泛型 IEnumerable<T>接口的对象集合等环境中执行查询操作。LINQ 作为编程语言的一个组成部分，在编写程序时可以得到很好的编译时语法检查、丰富的元数据、智能感知和静态类型等强类型语言的好处。它同时还使得查询可以方便地对内存中的信息进行查询而不仅仅只是外部数据源。

LINQ 定义了一组标准查询操作符，用于在所有基于 .NET 平台的编程语言中更加直接地声明跨越、过滤和映射操作的统一方式。标准查询操作符允许查询作用于所有基于 IEnumerable<T>接口（泛型接口）的源，并且它还允许适合于目标域或技术的第三方特定域操作符来扩大标准查询操作符集。更重要的是，第三方操作符可以用自己提供的附加服务来实现自由标准查询操作符的替换。

11.1.1　LINQ 的构成

在 .NET 类库中，与 LINQ 相关的类库都在 System.Linq 命名空间下，该命名空间提供支持使用 LINQ 进行查询的类和接口，其中最重要的是下列两个类和两个接口。

1）Enumerable 类：它通过对 IEnumerable<T>提供扩展方法，实现 LINQ 标准查询运算符，包括过滤、导航、排序、查询、连接、求和、求最大值和求最小值等操作。

2）Queryable 类：它通过对 IQueryable<T>提供扩展方法，实现 LINQ 标准查询运算符，包括过滤、导航、排序、查询、连接、求和、求最大值和求最小值等操作。

3）IEnumerable<T>接口：它表示可以查询的数据集合，一个查询通常是对集合中的元素逐个进行筛选操作，然后返回一个新的 IEnumerable<T>对象，用来保存查询结果。

4）IQueryable<T>接口：它继承 IEnumerable<T>接口，表示一个可以查询的表达式目录树。

根据数据源类型，可以将 LINQ 技术分成以下 4 个主要技术方向。

1）LINQ to Object：数据源为实现了接口 IEnumerable<T>或 IQueryable<T>的内存数据集

合，这也是 LINQ 的基础。

2）LINQ to ADO. NET：数据源为 ADO. NET 数据集，这里将数据库中的表结构映射到类结构，并通过 ADO. NET 从数据库中获取数据集到内存中，通过 LINQ 进行数据查询。

3）LINQ to XML：数据源为 XML 文档，这里通过 XElement、XAttribute 等类将 XML 文档数据加载到内存中，通过 LINQ 进行数据查询。

4）除了这 3 种常见的数据类型外，. NET 3. 5 还为用户扩展 LINQ 提供了支持，用户可以根据需要实现第三方的 LINQ 支持程序，然后通过 LINQ 获取自定义的数据源。

本章主要介绍使用 LINQ to ADO. NET 的一个分支 LINQ to SQL，实现关系型数据库访问的技术和基本操作方法。其他 LINQ 分支的使用方法与 LINQ to SQL 十分相似，涉及的语法和基本概念完全相同，读者可参考有关书籍进一步学习。

11. 1. 2 与 LINQ 相关的几个概念

在开始使用 LINQ 前，先来了解几个相关概念。

1. 匿名类型

“匿名类型”也称为“隐式类型”或“推断类型”，如果在程序中需要用到临时类型，而又不希望去创建相应的类，可以考虑使用匿名类型。匿名类型使用 var 关键字进行声明。举例如下。

```
var stuinfo=new{StuName="张三",StuID="000234",StuAge=20};
Response. Write(stuinfo. StuName. ToString());//屏幕上显示“张三”
```

需要说明的是，上面声明的变量 stuinfo 虽然没有明确地指定类型（var 是关键字，不是类型），但它仍然是有类型的，只是在这里不需要关心，也不知道而已。程序运行时使用 var 关键字声明的匿名类型变量的具体类型由编译器根据上下文进行判断和处理。

举例如下。

```
var i=10;                  //声明一个匿名变量
int j=10;                  //声明一个整型变量
Response. Write( i+j);     //隐式转换后输出,得到计算结果 20
```

上述代码中声明了一个整型和一个匿名类型的变量，分别为其赋值 10，输出两个变量的和，屏幕上得到“20”的计算结果。

在使用 LINQ to SQL 时，经常需要创建一些临时功能的新类型。例如，执行一个查询时，通常希望能返回一个类，用于存放代表一些数据库列的集合，这时使用匿名类型就显得十分方便了。

2. 泛型

泛型并不是 . NET Framework 4. 5 的新功能，但它对 LINQ to SQL 来说是相当重要的概念。需要注意的是，使用泛型需要引入 System. Collections. Generic 命名空间。

例如，下列语句声明并初始化了一个名为 MyGeneric、用于表述一个字符串列表的泛型集合。

```
List<string>MyGeneric=new List<string>;
MyGeneric. Add("zhangsan");
MyGeneric. Add("000234");
MyGeneric. Add("工程机械 01");
```

在 Visual Studio 中可以将上述代码简化为如下所示。

```
List<string>MyGeneric=new List<string>{"zhangsan","000234","工程机械 01"};
```

由于泛型是强类型的，因此泛型集合（如 List）优于非泛型集合（如 ArrayList）。ArrayList 将数据都保存为对象，在使用这些数据前需要将其转换成特定的类型。泛型则将所有数据都保存为它们特定的类型。当使用这些数据时可直接提取，而不需要进行类型转换。

3. 扩展方法

使用扩展方法可以为一些现有的类增加某种特定的功能，也就是向一个现有的类中添加新的静态方法（注意必须是静态的）。创建扩展方法的语法格式如下。

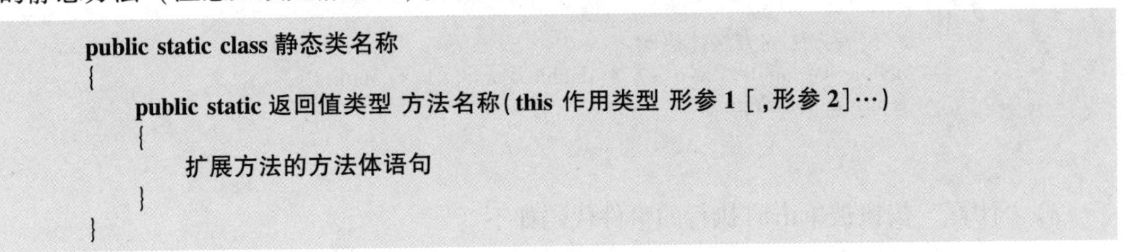

```
public static class 静态类名称
{
    public static 返回值类型 方法名称(this 作用类型 形参 1 [,形参 2]…)
    {
        扩展方法的方法体语句
    }
}
```

需要说明以下两点。

1）this 关键字后面的“作用类型”表示该方法对哪个类型有效。

2）必须在顶级静态类中定义扩展方法，也就是说，方法定义代码必须书写在页面 public partial class 的声明之外。

例如，在对字符串的操作中有 ToUpper()方法和 ToLower()方法，用于将字符串变量转换为全部大写或全部小写。但是，如果希望将字符串转换成首字母大写、其他小写的格式，就没有现成的方法可以使用，此时可以考虑使用添加扩展方法的方式解决问题。

【演练 11-1】为字符串（string）类型添加一个用于实现以数字字符串为半径值，输出圆面积的扩展方法。程序运行后显示如图 11-1 所示的页面，用户在文本框中输入了一个数字字符串后，单击“计算”按钮，在标签中将显示出以该数字字符串为半径值的圆的面积计算结果。

图 11-1　扩展方法使用示例

程序设计步骤如下。

（1）设计 Web 页面

新建一个 ASP.NET 网站，向页面中添加一个文本框控件 TextBox1、一个按钮控件 Button1 和一个用于显示输出信息的标签控件 Label1，适当调整各控件的大小及位置。

（2）设置对象属性

设置文本框的 ID 属性为 txtR，命令按钮控件的 ID 属性为 btnOK，标签控件的 ID 属性为 lblResult。各控件的其他初始属性值在页面载入时通过代码进行设置。

（3）编写程序代码

1）页面载入时执行的事件代码如下。

```
protected void Page_Load(object sender,EventArgs e)
{
    this.Title="扩展方法使用示例";//设置对象的初始属性值
    lblResult.Text="";
}
```

2）创建扩展方法的代码如下（ExtraClass 类与 Web 窗体类的级别相同，不可将其嵌套在_Default 类中）。

```
public static class ExtraClass//创建一个名为 ExtraClass 的静态扩展类
{
    //新建扩展方法名称为 Area(),带有一个用于接收方法调用语句传递来的字符串的形参 s
    public static string Area(this string s)
    {
        //扩展方法的方法体语句
        double a=double.Parse(s) * double.Parse(s) * Math.PI;
        return a.ToString();
    }
}
```

3）“计算”按钮被单击时执行的事件代码如下。

```
protected void btnOK_Click(object sender,EventArgs e)
{
    string r=txtR.Text;
    if(r!="")
    {
        lblResult.Text="圆面积为："+r.Area();
    }
    else
    {
        Response.Write("<script language=javascript>alert('半径值不能为空！');</script>");
    }
}
```

从上例中可以看到扩展方法的确十分有用，在为程序员扩展现有类型的行为方面提供了充分的自由度。在使用扩展方法时应注意下列几个问题。

1）扩展方法是一种特殊的静态方法。

2）扩展方法必须在静态类中进行定义。

3）扩展方法的优先级低于同名的类方法。

4）扩展方法只能在特定的命名空间中使用。

4. Lambda 表达式

Lambda 表达式是 .NET Framework 3.5 开始提供的一个新特性，它提供了一种极为简洁的定义方法的方式。它是从 .NET Framework 1.0 中的“委托”和 .NET Framework 2.0 中的“匿名方法”过渡而来的。

（1）委托

委托实际上是一个函数指针，将问题的处理指向一个方法。例如，希望将前面介绍的字符串“首字母大写、其他小写”的实现交由委托来完成的示例代码如下。

1）定义一个委托，代码如下。

```
//委托名为 DeleTransfer,返回值为 string 类型,向方法传递一个 string 类型的 s 形参
```

```
public delegate string DeleTransfer(string s);//使用 delegate 关键字声明委托
public string ToPascal(string s)//创建一个将字符串的首写字母转化为大写的方法 ToPascal
{
    return s.Substring(0,1).ToUpper()+s.Substring(1).ToLower();//方法体语句
}
```

2）单击“委托”按钮时调用委托实现程序功能，代码如下。

```
protected void MyDelegate_Click(object sender,EventArgs e)
{
    deleTransfer Trans=new DeleTransfer(ToPascal);//委托指向方法 ToPascal
    Label1.Text=Trans("abcdEFGH");
}
```

（2）匿名方法

分析上述代码可以看出，在实际应用中被调用方法的具体名称无关紧要，关键是方法体的返回值。所以在.NET Framework 中引入了“匿名方法”的概念。如下列代码所示，使用匿名方法无须首先创建方法，而是将方法体语句直接书写到委托实例化语句中，并用大括号将其括起来（如代码中的斜体部分）。

```
public delegate stringDeleTransfer(string s);//使用 delegate 关键字声明委托
//.NET Framework 中的匿名方法
protected void Anonymous_Click(object sender,EventArgs e)
{
    //首字母大写、其余小写
    DeleTransfer Trans=delegate(string s){return s.Substring(0,1).ToUpper()+
                                          s.Substring(1).ToLower();};
    Label1.Text=Trans("abcdEFGH");
}
```

（3）过渡到 Lambda 表达式

Lambda 表达式是一个匿名函数，它可以包含表达式和语句块，可用于创建委托或表达式目录树类型。

所有 Lambda 表达式都使用 Lambda 运算符“=>”，该运算符读为“goes to”。该运算符的左边是输入参数（如果有的话），右边是表达式或语句块。

具体使用方法如下列代码中的斜体部分所示。程序的功能仍然是将一个字符串的首字母变成大写，其他为小写。

```
delegate void TestDelegate(string s);
protected void MyLambda_Click(object sender,EventArgs e)
//在.NET Framework 中的 Lambda 表达式
{
    TestDelegate MyDele=x=>{string s=x.Substring(0,1).ToUpper()+
                            x.Substring(1).ToLower();Label1.Text=s;};
    MyDele("abcdEFGH");
}
```

Lambda 表达式的基本形式如下。

```
(参数列表)=>{表达式或语句块};
```

Lambda 表达式与匿名方法主要的不同点在于，匿名方法中的参数必须是已定义好的，而在 Lambda 中的参数既可以是明确类型，也可以是匿名类型（可推断的）。

Lambda 表达式的一般规则如下。

1）Lambda 表达式所包含的参数数量必须与委托类型包含的参数数量相同。

2）Lambda 表达式中的每个输入参数必须都能够隐式转换为其对应的委托参数。

3）Lambda 表达式的返回值（如果有的话）必须能够隐式地转换为委托的返回类型。

需要说明的是，Lambda 表达式本身没有类型，因为通用类型系统中没有“Lambda 表达式”这一内部概念。通常所说的 Lambda 表达式的“类型”，是指委托类型或 Lambda 表达式所转换为的 Expression 类型。

5. 对象关系设计器

对象关系设计器也称为 O/R 设计器，用来自动生成与数据库表对应的 DataConText 类。DataConText 类是 LINQ to SQL 框架的主入口点，所有实体对象与关系型数据库中数据的转换就是依靠 DataConText 类来完成的。

创建 DataConText 类可以通过手工的方法，也可以使用 O/R 设计器自动完成。当向 ASP. NET 网站中添加一个“LINQ to SQL 类”时，系统将自动打开 O/R 设计器。从服务器资源管理器窗口中，将数据库表、存储过程等拖动到 O/R 设计器中，即可自动生成需要的 DataConText 类或方法。

关于 O/R 设计器的具体用法，将在后面的例题中进行详细介绍。

11.2 使用 LinqDataSource 控件

11-1 使用 LinqDataSource 控件

在 Visual Studio 2008 以上版本中提供了一个名为 LinqDataSource 的控件，使用该控件可以非常简单地实现 LINQ to SQL 对数据库的访问，而且程序员几乎不用编写任何代码。使用该控件创建数据库应用程序的基本步骤如下。

1）创建 DataContext 类。

2）配置 LinqDataSource 控件。

3）配合 GridView、DataList 等数据控件操作数据库。

11.2.1 创建 DataContext 类

在 Visual Studio 中可以方便地使用对象关系设计器（O/R 设计器），完成使用 LINQ to SQL 所必需的类的创建，操作时只要将数据表从服务器资源管理器中拖动到 O/R 设计器中即可。

例如，已经在 SQL Server 中创建了一个名为 StudentDB 的数据库，其中包含一个用于存放学生基本信息的 StudentInfo 表。使用 O/R 设计器创建 DataContext 类的操作方法如下。

1）向网站中添加一个 LINQ to SQL 类的新项。在解决方案资源管理器中右击网站名称，在弹出的快捷菜单中选择“添加”→“添加新项”命令，在弹出的如图 11-2 所示的对话框中选择“LINQ to SQL 类”选项，指定对应的文件名称（本例使用了系统提供的默认名称 DataClasses. dbml）后单击“添加”按钮。

一般，LINQ to SQL 类文件需要存放在 App_Code 文件夹（具有访问控制特性的 ASP. NET 特殊文件夹）中，如果网站中尚未创建该文件夹，系统会弹出如图 11-3 所示的信息提示框，应单击“是”按钮。

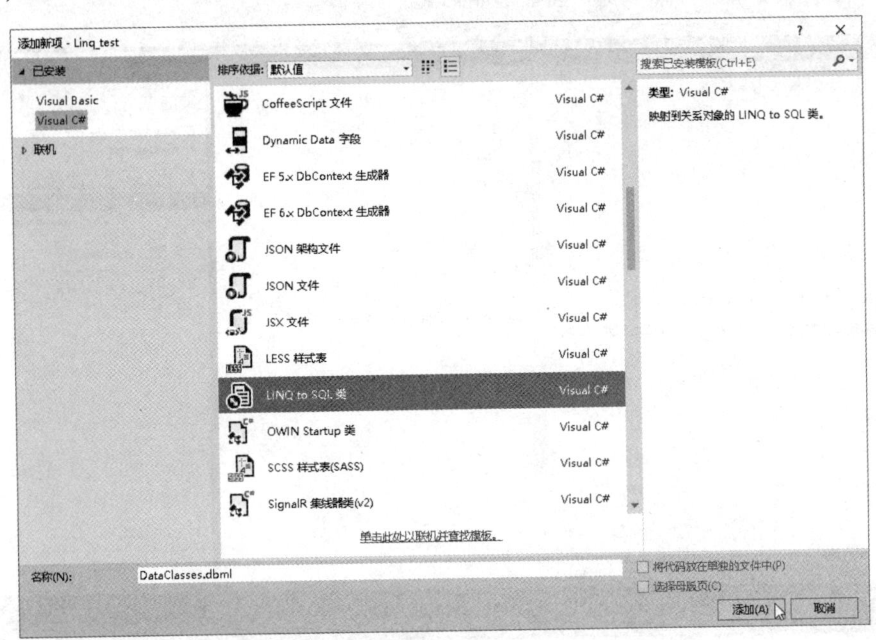

图 11-2　向网站中添加 LINQ to SQL 类

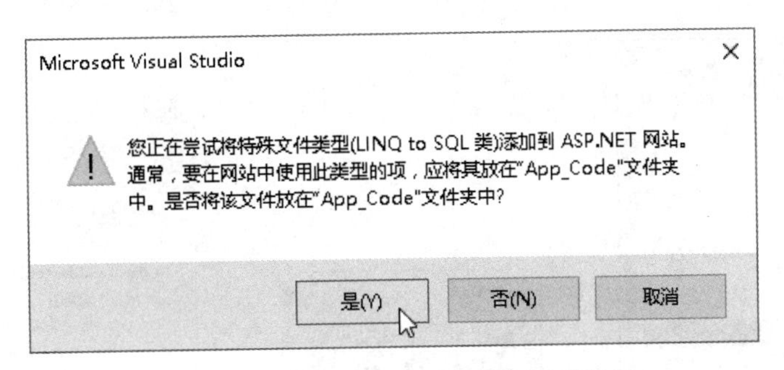

图 11-3　创建 App_Code 文件提示信息框

2）操作完成后，屏幕自动切换到如图 11-4 所示的 O/R 设计器窗口。此时，在解决方案管理器中可以看到在 App_Code 文件夹中多出了一个名为 DataClasses. dbml 的文件，以及隶属于该文件夹的 DataClasses. dbml. layout 和 DataClasses. dbml. cs 两个文件。

从图中可以看到 O/R 设计器由左、右两个窗格组成，将数据表拖动到左侧窗格可以创建相应的数据类，将存储过程等拖动到右侧窗格则可创建相应的方法。设计器关闭后，可在解决方案资源管理器中，通过双击 DataClasses. dbml 文件的方法将其再次打开。

3）将事先准备好的 StudentDB 数据库及其日志文件（StudentDB. mdf 和 StudentDB_log. ldf）复制到网站 App_Data 文件夹中。与数据库连接成功后，在服务器资源管理器中将显示该数据库中的表、存储过程等资源，如图 11-5 所示。将数据表从服务器资源管理器中拖动到 O/R 设计器的左侧窗格，将出现如图 11-6 所示的数据表对象。

4）操作完毕后，选择“视图”→“类视图”命令，可以看到系统已成功地创建了一个名为 DataClassesDataContext 类和一个与数据表同名的实体类（如本例的 StudentInfo 类），如图 11-7 所示。

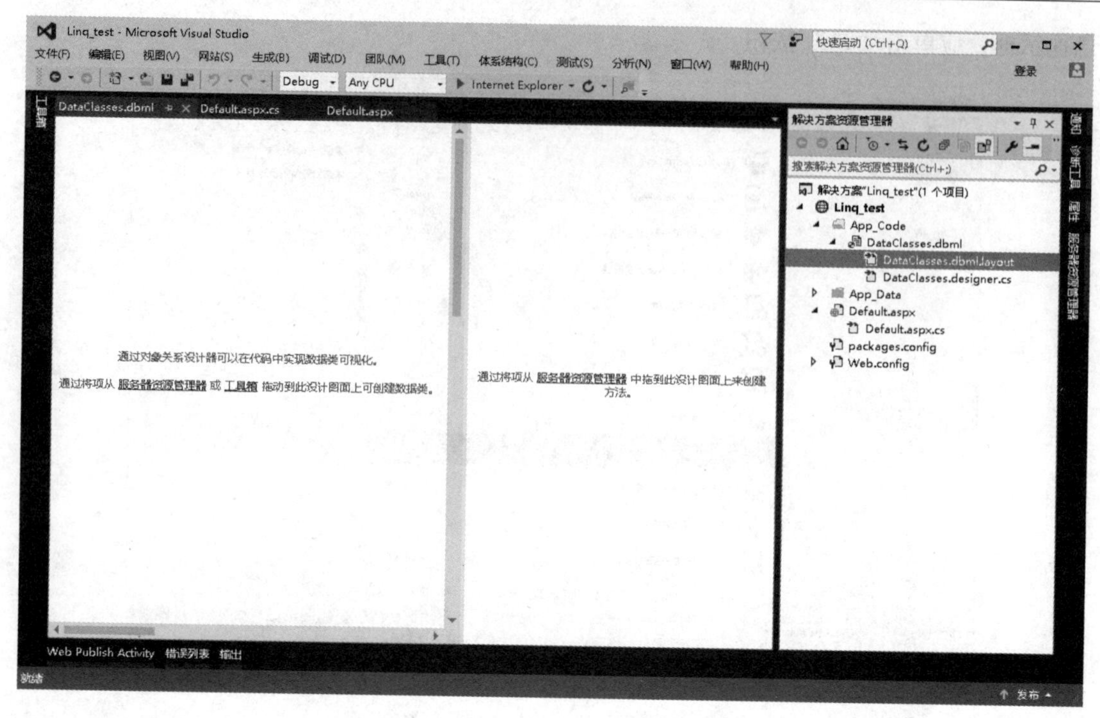

图 11-4　O/R 设计器界面

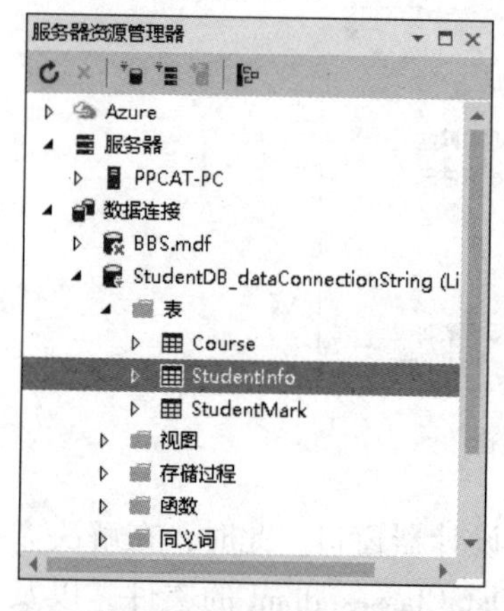

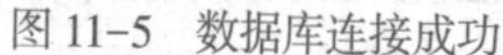
图 11-5　数据库连接成功

图 11-6　O/R 设计器中的表对象

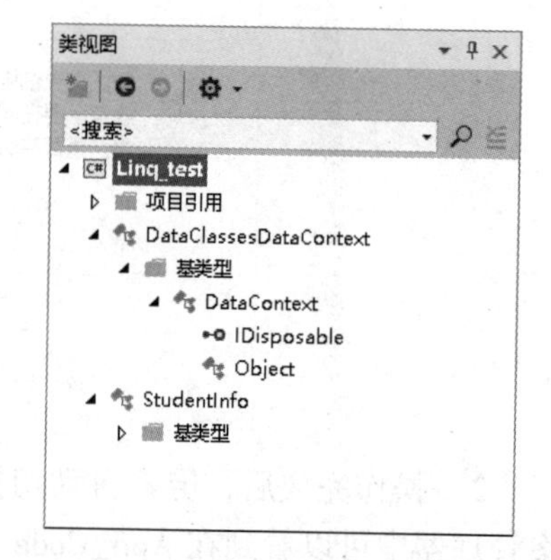

图 11-7　由 O/R 设计器生成的类

上述两个类的定义内容包含在 DataClasses. dbml. cs 文件中，用户可以在代码视图中将其打开进行查看或修改。此外，从解决方案资源管理器中打开 web. config 文件，可以看到系统自动添加到其中的数据库连接字符串信息。

11. 2. 2　配置 LinqDataSource

1）双击工具箱中的 LinqDataSource 控件图标将其添加到页面中，通过控件的任务菜单启动 LinqDataSource 的配置向导，如图 11-8 所示。

2）配置数据源首先需要一个用于检索或更新数据表的上下文对象，一般应选择前面创建的 DataContext 类对象，如本例的 DataClassesDataContext，如图 11-9 所示。选择完毕后单击“下一步”按钮。

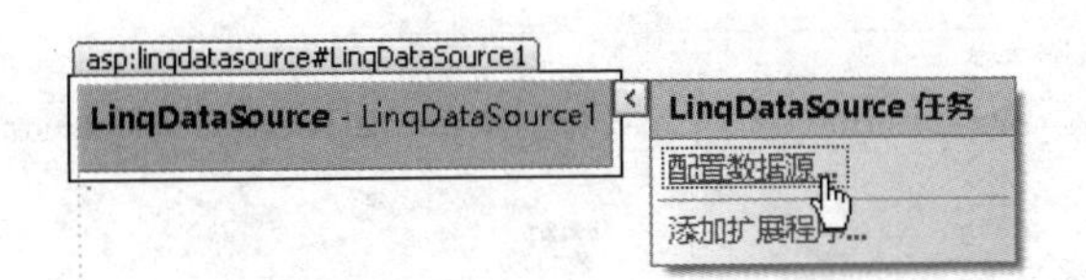

图 11-8　配置 LinqDataSource 的数据源

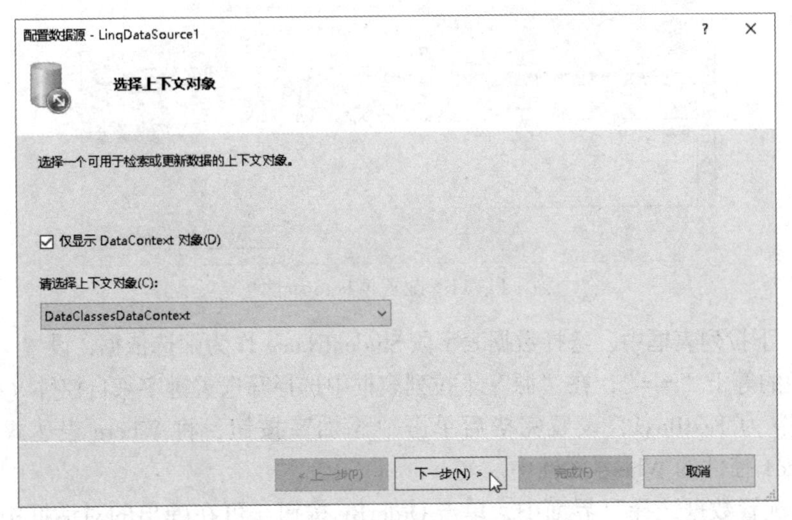

图 11-9　选择上下文对象

3）在“配置数据选择”界面中，选择目标数据表、是否分组及返回数据集中包含的字段，如图 11-10 所示。单击 Where 按钮，可以在弹出的对话框中设置返回数据的筛选条件（配置 Where 条件表达式）。

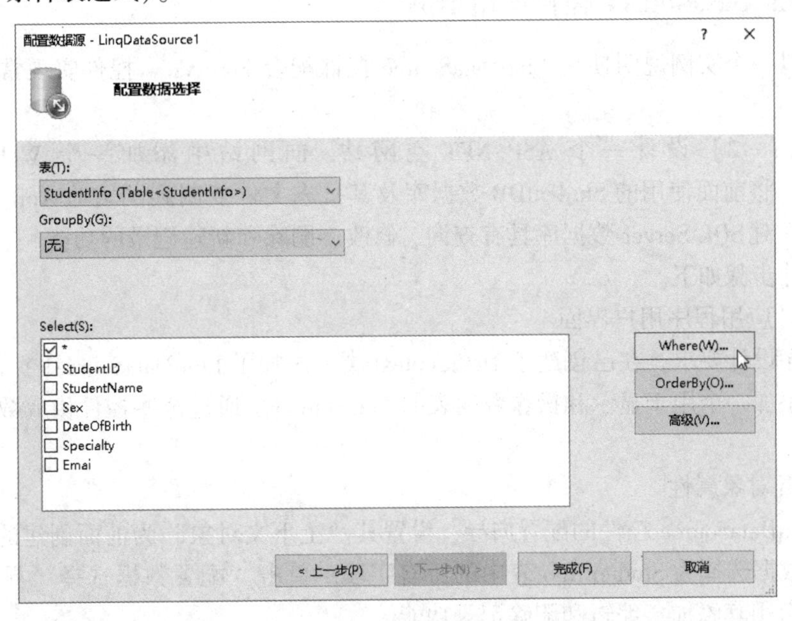

图 11-10　配置数据选择

例如，希望程序运行时通过用户在文本框 TextBox1 中输入的信息作为按学生姓名进行查询的依据，可按如图 11-11 所示配置 Where 表达式。

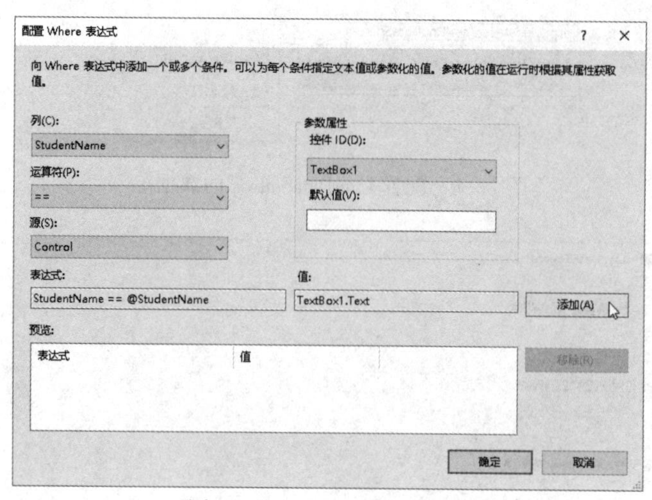

图 11-11 配置 Where 属性

在“列”下拉列表框中，选择数据表字段 StudentName 作为筛选依据，设置“运算符”为布尔表达式中的等于“= =”，在“源”下拉列表框中选择筛选关键字来自控件（Control），设置“控件 ID”为 TextBox1，设置完毕后单击“添加”按钮，将 Where 表达式设置添加到 LinqDataSource1 控件的 Where 属性中。

4）在“配置数据选择”界面中，单击 OrderBy 按钮，可在弹出的对话框中设置返回数据的排序依据和排序方式（升序或降序）。

5）单击“高级”按钮，可在弹出的对话框中选择是否启用 LinqDataSource1 控件的自动删除、插入或更新功能。

11.2.3 LinqDataSource 控件使用示例

本节将以一个实例说明使用 LinqDataSource 控件配合 FormView 控件实现常规数据库操作的方法。

【演练 11-2】设计一个 ASP.NET 空网站，向网站中添加一个 Web 窗体页面 Default.aspx。将前面使用的 StudentDB 数据库及其日志文件复制到网站的 App_Data 文件夹中。要求程序对 SQL Server 数据库具有查询、修改、删除和新建记录的功能。

程序设计步骤如下。

（1）设计应用程序用户界面

按照程序设计要求，在已创建了 DataContext 类、添加了 LinqDataSource1 控件的基础上，再向页面中添加一个用于显示和操作数据表的 FormView1。通过这些控件构成数据表操作的用户界面。

（2）设置对象属性

通过 LinqDataSource 控件的配置向导，设置其“上下文对象”为前面创建的 DataContext 类，设置其数据选择为 StudentInfo 表中的所有字段。单击“配置数据选择”界面中的“高级”按钮，启用其添加、编辑和删除记录功能。

通过 FormView1 控件的任务菜单设置其数据源为前面配置完成的 LinqDataSource1，选择“启用分页”，并参照本书前面的介绍修改 FormView 控件的 ItemTemplate、EditItemTemplate 和 InsertItemTemplate，模板外观如图 11-12 所示。

FormView1 - ItemTemplate
ItemTemplate
查看记录
学号 [StudentIDLabel1]
姓名 [StudentNameLabel1]
性别 [SexLabel1]
出生日期 [DateOfBirthLabel1]
专业 [SpecialtyLabel1]
电子邮件 [EmailLabel1]
编辑 删除 新建

FormView1 - EditItemTemplate
EditItemTemplate
修改记录
学号 [StudentIDLabel1]
姓名
性别
出生日期
专业
电子邮件
更新 取消

FormView1 - InsertItemTemplate
InsertItemTemplate
添加记录
学号
姓名
性别
出生日期
专业
电子邮件
插入 取消

图 11-12　修改 FormView 控件的查看、修改和添加记录模板

按〈F5〉键运行程序，显示如图 11-13 所示的页面，单击分页标记可逐条查看数据记录，单击“编辑”“删除”或“新建”按钮可实现相应的数据库操作。

查看记录
学号 00001
姓名 张三丰
性别 男
出生日期 2005-12-19
专业 软件技术
电子邮件 zsf@163.com
编辑 删除 新建
1 2 3 4 5

修改记录
学号 00001
姓名 张三丰
性别 男
出生日期 2005-12-19
专业 软件技术
电子邮件 zsf@163.com
更新 取消
1 2 3 4 5

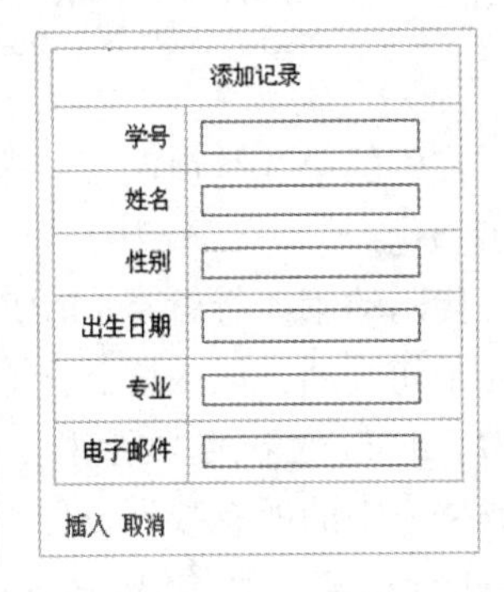

图 11-13　查看、修改和添加记录的界面

通过本例可以看出，LinqDataSource 控件的使用方法与 SqlDataSource、AccessDataSource 等数据源控件的使用方法非常相似，程序员几乎不用编写任何代码即可实现对数据库的常规操作（如查询、插入、修改和删除）。

需要说明的是，上面介绍的方法仅适合于简单且对数据库操作没有特殊要求的应用场合。多数情况下，需要使用手工编写 LINQ to SQL 查询语句的方法来实现更为复杂、实用的数据库操作。

11.3　使用 LINQ to SQL 的对象和方法

11-2　使用 LINQ to SQL 的对象和方法

本节将介绍使用 LINQ to SQL 对象直接操作数据库的相关知识。LINQ to SQL 的语法格式与常用的 SQL 语法格式相似，也是由 Select、Update、Insert 和 Delete 等关键字组成的，但其含义却有根本上的不同。

使用 LINQ to SQL 进行选择，类似于 SQL 语言中的 Select 语句。其基本操作步骤如下。

1）创建 DataContext 类和数据表实体类，这一步骤一般可通过 O/R 设计器来完成。有关 LINQ 的其他操作这一步也是必需的，今后不再赘述。

2）实例化 DataContext 类。

3）使用 LINQ to SQL 语法创建查询。

4）输出查询结果。

11.3.1 返回数据表中的全部记录（Select 语句）

在使用 LINQ to SQL 进行数据库操作前，必须保证已正确创建了 DataContext 类和数据表实体类（如本例由 O/R 设计器生成的 DataClassesDataContext 类和 StudentInfo 类）。

1. 返回全部记录的全部列

下面代码说明了在此基础上如何使用 LINQ to SQL 返回数据表 StudentInfo 中所有数据的方法。

```
protected void Button1_Click(object sender,EventArgs e)
{
    DataClassesDataContext db=new DataClassesDataContext();
    var Stuinfo=from StuTable in db.StudentInfo select StuTable;
    GridView1.DataSource=Stuinfo;
    GridView1.DataBind();
}
```

代码的第 3 行声明了一个名为 db 的 DataClassesDataContext 对象，完成了 DataContext 类的实例化。

代码的第 4 行就是 LINQ to SQL 查询语句，可以看到与传统的 SQL 语句不同，它是以 from 子句开始，以 select 子句结束，而且查询结果被赋值给了一个使用 var 关键字声明的、名为 Stuinfo 的匿名类型对象。from 子句后面的 StuTable 也是一个匿名类型对象，其中存放了数据表中的所有数据，但由于 StuTable 对象是在 LINQ to SQL 语句中声明的，因此该对象对 select 语句之后的语句是不可见的。

代码的第 5 行，将匿名类型对象作为 GridView1 控件的数据源进行了绑定，实现了查询结果的输出。

如果仅是简单地返回全部记录的全部字段，上述代码可简化为下列形式。

```
protected void Button1_Click(object sender,EventArgs e)
{
    DataClassesDataContext db=new DataClassesDataContext();
    GridView1.DataSource=db.StudentInfo;      //使用 db.StudentInfo 得到全部数据
    GridView1.DataBind();
}
```

2. 返回全部记录的部分字段

如果希望只返回全部记录的部分字段值（如只返回“学号”StudentID 和“电子邮件”Email)，可将 select 子句改为如下内容。其中，new{StuTable.StudentID,StuTable.Email}语句创建了一个包含了两个属性的新匿名类型。

```
select new{StuTable.StudentID,StuTable.Email};
```

3. 返回某条记录的某个字段值

下列语句表示从查询结构中取出某行某列值的方法。语句使用 ToList()方法，将 StuInfo 转换成 List<>泛型集合后，取出其中的字段值，即将查询结果中第一条记录的 StudentID 字段值显示到标签控件中。

```
protected void Button1_Click(object sender,EventArgs e)
```

```
{
    DataClassesDataContext db=new DataClassesDataContext();
    var StuInfo=from StuTable in db.StudentInfo select StuTable;
    Label1.Text=StuInfo.ToList()[0].StudentID;
}
```

请思考一下，如果将语句改为以下内容可以得到相同的结果吗？

```
Label1.Text=db.StudentInfo.ToList()[0].StudentID;
```

改成以下内容又如何？

```
Label1.Text=StuTable.ToList()[0].StudentID;
```

4. 遍历某字段的全部值

下列代码表示使用 foreach 循环遍历 StudentID 字段，并将该字段的所有值添加到列表框控件 ListBox1 中的方法。

```
protected void Button1_Click(object sender,EventArgs e)
{
    DataClassesDataContext db=new DataClassesDataContext();
    foreach (var s in db.StudentInfo)
    {
        ListBox1.Items.Add(s.StudentID);
    }
}
```

11.3.2 返回数据表中符合条件的部分记录（Where 语句）

Where 语句用于设置查询的筛选条件，使只有符合 Where 表达式的记录才能出现在返回结果中。

1. 使用 Where 语句

下列语句（斜体字部分）通过 Where 语句设置了条件表达式，筛选出专业为“软件技术”，且 2005 年 02 月 01 日前出生的所有记录。

```
protected void LinqWhere_Click(object sender,EventArgs e)
{
    DataClassesDataContext db=new DataClassesDataContext();
    var StuInfo=from StuTable in db.StudentInfo
            where StuTable.Specialty=="软件技术" &&
                StuTable.DateOfBirth<DateTime.Parse("2005-02-01")
            select StuTable;
    GridView1.DataSource=StuInfo;
    GridView1.DataBind();
}
```

2. 使用 Where()方法

通常将上面代码的编写方式称为“语句方式”，将使用 Lambda 表达式的编写方式称为“方法方式”，实现程序功能的方法方式代码如下所示。代码中的斜体字部分使用 db.StudentInfo 对象的 Where()方法，并使用 Lambda 表达式表示查询条件。程序的返回结果与上例完全相同。

```
protected void LinqWhere_Click(object sender,EventArgs e)
{
    DataClassesDataContext db=new DataClassesDataContext();
```

```
        var StuInfo=db. StudentInfo. Where(m=>m. Specialty=="软件技术" &&
                                        m. DateOfBirth<DateTime. Parse("2005-02-01"));
        GridView1. DataSource=StuInfo;
        GridView1. DataBind();
    }
```

3. Single()和 SingleOrDefault()方法

如果希望从数据库中返回一条单独的记录，可使用 Single()或 SingleOrDefault()方法。

Single()方法：用于返回符合条件的一条单独的记录，在没有找到任何匹配记录时将抛出一个异常。

SingleOrDefault()方法：用于返回符合条件的一条单独的记录，在没有找到任何匹配记录时将返回 null。

例如，有一个 user 数据表，其中包含 username 和 userpassword 两个字段，且已通过 O/R 设计器生成了 DataContext 类 DataClassesUserDataContext 和数据表实体类 user。下列代码表示用户登录时身份验证的实现方法，UserName 和 UserPwd 为两个文本框控件。

```
DataClassesUserDataContext userdb=new DataClassesUserDataContext();
user Result=Userdb. user. SingleOrDefault(m=>m. username==UserName. Text &&
                                        m. userpassword==UserPwd. Text);
if(Result !=null)
{
    Response. Write("<script language=javascript>alert('登录成功！');</script>");
}
else
{
    Response. Write("<script language=javascript>alert('用户名或密码错！');</script>");
}
```

说明：如果网站中已存在由其他数据表通过 O/R 设计器生成的 DataContext 类，需要再次执行“添加新项”命令，向网站中添加一个新的 DataContext 类（如本例的 DataClassesUserContext）。也就是说，网站中包含几个数据表就需要使用几个 DataContext 类。

4. 返回字段值包含特定字符串的记录

可以在 LINQ to SQL 查询中使用的字符串方法有许多，如 Length、Substring、Contains、StartsWith、EndsWith 和 IndexOf 等。这些方法的含义及使用与标准字符串方法基本相同，这里不再赘述。

下列语句可实现返回 StudentInfo 数据表中所有使用 163 邮箱的学生记录的功能，类似于 SQL 语句中的 Like 查询。语句中使用了 Contains()方法来判断字段中是否包含特定字段串。

```
protected void LikeQuery_Click(object sender,EventArgs e)
{
    DataClassesDataContext db=new DataClassesDataContext();
    var StuInfo=db. StudentInfo. Where(m=>m. Email. Contains("163. com"));
    GridView1. DataSource=StuInfo;
    GridView1. DataBind();
}
```

11.3.3 返回数据集合的排序（OrderBy 方法）

使用 OrderBy()方法或 OrderByDescending()方法可以实现返回记录的升序或降序排列。例如，下列代码实现了所有学生记录按出生日期字段升序排序的功能。

```
protected void LinqOrderBy_Click(object sender,EventArgs e)
{
    DataClassesDataContext db=new DataClassesDataContext();
    GridView1.DataSource=db.StudentInfo.OrderBy(m=>m.DateOfBirth);
    GridView1.DataBind();
}
```

需要说明的是，使用日期时间字段值排序时，日期值越小，年龄就越大。本例实际是按年龄的降序排列的。

11.3.4　连接不同的数据表（Join 语句）

如果希望将数据库中不同表的字段组成一个来自多个表的查询返回集合，需要使用 LINQ to SQL 提供的 Join 语句。

【演练 11-3】多表查询的实现。数据库 StudentInfo 中有两个数据表 StudentInfo 和 StudentMark。两个表中的 StudentID 均为主键，其中存放的数据记录内容如图 11-14 和图 11-15 所示。

StudentID	StudentName	Sex	DateOfBirth	Specialty	Emai
00001	张三丰	男	2005-12-19 0:00:00	软件技术	zsf@163.com
00002	赵六萍	女	2006-1-25 0:00:00	软件技术	zhaolp@163.com
00003	李四慧	女	2005-10-28 0:00:00	计算机科学	Lisp@hotmail.com
00004	王五强	男	2005-5-23 0:00:00	网络技术	wwq@126.com
NULL	NULL	NULL	NULL	NULL	NULL

图 11-14　StudentInfo 表

StudentID	Score	DateOfExam
00001	90	2023-11-21 0:0...
00002	92	2023-11-22 0:0...
00003	79	2023-11-23 0:0...
00004	80	2023-11-22 0:0...
NULL	NULL	NULL

图 11-15　StudentMark 表

可以看出两个表中的 StudentID（学号）字段具有相同的数据，下列代码实现了按照上述两个字段的一对一关系，将 StudentInfo 表的 StudentID、StudentName（姓名）和 StudentMark 表的 Score（成绩）、DateOfExam（考试时间）字段组合在一起，形成一个新的查询返回集合，图 11-16 所示为显示在 GridView 控件中的多表查询结果。

程序设计步骤如下。

（1）生成 DataContext 类和数据表实体对象

在服务器管理器中，配合〈Ctrl〉键同时选中 StudentInfo 表和 StudentMark 表，并将其拖动到 O/R 设计器中，为两个表创建 DataClassesDataContext 类和 StudentInfo 表、StudentMark 表对象实体，如图 11-17 所示。

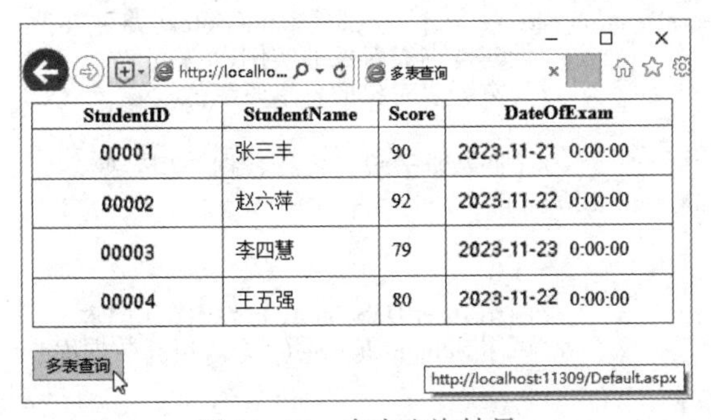

StudentID	StudentName	Score	DateOfExam
00001	张三丰	90	2023-11-21 0:00:00
00002	赵六萍	92	2023-11-22 0:00:00
00003	李四慧	79	2023-11-23 0:00:00
00004	王五强	80	2023-11-22 0:00:00

图 11-16　多表查询结果

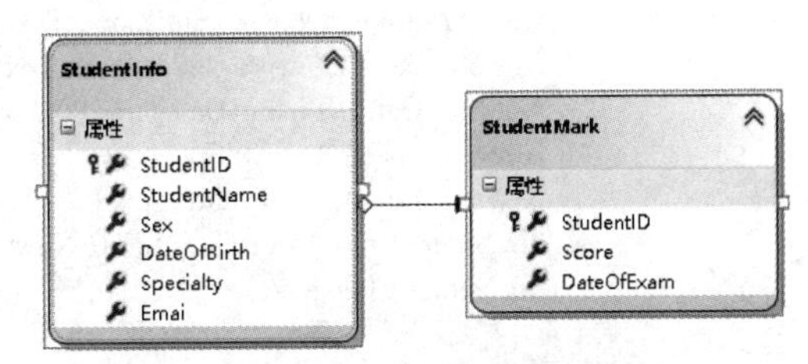

图 11-17　O/R 设计器中的两个表

保存文件后，在类视图中应看到系统已自动生成 DataClassesContext 类、StudentInfo 类和 StudentMark 类。

（2）设计 Web 页面

向网站中添加一个用于显示查询返回结果的 GridView 控件 GridView1 和一个按钮控件 Button1。设置 Button1 控件的 ID 属性为 btnQuery，Text 属性为“多表查询”。

（3）编写程序代码

在“多表查询”按钮的单击事件中添加以下代码。

```
protected void btnQuery_Click(object sender,EventArgs e)
{
    DataClassesDataContext db=new DataClassesDataContext();
    var Query=from StuTable in db.StudentInfo
        join MarkTable in db.StudentMark on StuTable.StudentID equals MarkTable.StudentID
            into ResultTable
            from MarkTable in ResultTable.DefaultIfEmpty()
        select new{StuTable.StudentID,StuTable.StudentName,
                MarkTable.Score,MarkTable.DateOfExam};
        GridView1.DataSource=Query;
        GridView1.DataBind();
}
```

有下列两点需要说明。

1）本例中，LINQ to SQL 语句中的第一个 from 语句将 StudentInfo 表和 StudentMark 表按照 StudentID 相等（equals）的关系进行连接生成 ResultTable 对象。第二个 from 语句从两个表连接后的 ResultTable 对象中选择（select）需要的字段，最终存放在 Query 对象中。

2）DefaultIfEmpty()方法用于返回 IEnumerable<T>泛型接口的元素。如果序列为空，则返回一个具有默认值的单一实例集合。也就是说，如果上述代码中不使用该方法，则返回结果中将包含两个表中都存在的记录。

11.3.5 插入新记录

使用 LINQ to SQL 语句向数据表中插入一条记录的方法十分简单，在创建了 DataContext 类和数据表实体对象后，只要创建一个数据表对象的实例，并为该实例的各个字段赋值，最后调用数据表对象的 InsertOnSubmit()方法，将数据表对象实例添加到表，调用 DataContext 类对象的 SubmitChanges()方法更新数据库即可。

举例如下。

```
protected void AddStudent_Click(object sender,EventArgs e)
{
    DataClassesDataContext db=new DataClassesDataContext();      //创建 DataContext 类对象 db
    StudentInfo NewStu=new StudentInfo();                        //创建数据表对象的实例 NewStu
    NewStu.StudentID=StuID.Text;                                 //为数据表对象的各字段赋值
    NewStu.StudentName=StuName.Text;
    NewStu.Sex=char.Parse(StuSex.Text);                          //按照数据表设计进行数据类型转换
    NewStu.DateOfBirth=DateTime.Parse(StuDateBirth.Text);
    NewStu.Specialty=StuSpecialty.Text;
    NewStu.Email=StuEmail.Text;
    db.StudentInfo.InsertOnSubmit(NewStu);                       //调用 InsertOnSubmit()方法添加记录
    db.SubmitChanges();                                          //调用 SubmitChanges()方法更新数据库
}
```

11.3.6 修改记录

使用 LINQ to SQL 技术修改数据库记录的操作与添加新记录十分相似，在创建了 Data-

Context 类和数据表实体对象后，首先需要查询到希望修改的记录，然后为查询结果对象中的各个字段赋以新值，最后调用 DataContext 类对象的 SubmitChanges( ) 方法即可。

例如，下面的代码可以实现修改 StudentID 字段值为 00006 数据表记录的 Email 字段值为“cqz@ 163. com”。

```
DataClassesDataContext db = new DataClassesDataContext( );      //创建 Context 对象 db
//查询 StudentID 字段值为"00006"的记录
StudentInfo StuTab = db. StudentInfo. Single( m = >m. StudentID = = "00006" );
StuTab. Email = " cqz@ 163. com" ;         //为查询返回结果赋予新值
db. SubmitChanges( ) ;                    //向数据库提交更新
```

11. 3. 7　删除记录

使用 LINQ to SQL 技术删除数据库记录的操作与更新记录十分相似，在创建了 DataContext 类和数据表实体对象后，首先需要查询到希望修改的记录，然后调用数据表实体对象的 DeleteOnSubmit( ) 方法，最后调用 DataContext 类对象的 SubmitChanges( ) 方法即可。

下列语句用于删除 StudentInfo 表中 StudentID 为 00006 的一条记录。

```
DataClassesDataContext db = new DataClassesDataContext( );  //创建 Context 对象 db
//查询 StudentID 字段值为"00006"的记录
StudentInfo StuDel = db. StudentInfo. Single( m = >m. StudentID = = "00006" );
db. StudentInfo. DeleteOnSubmit( StuDel) ;                  //调用表对象的删除方法
db. SubmitChanges( ) ;                                      //向数据库提交删除操作
```

11. 3. 8　使用 LINQ to SQL 直接执行 SQL 语句

通过前面的介绍可以看到 LINQ to SQL 提供了一种全新的操作数据库的方法，但这并不意味着传统的 SQL 语句彻底失去了存在的必要。很多时候使用 SQL 语句处理某些问题可能比 LINQ to SQL 更方便。

例如，执行更新或删除操作时 LINQ to SQL 必须首先要执行查询，然后才能进行更新或删除操作，而且需要批量更新或删除记录时使用 LINQ to SQL 就非常麻烦。

为此，在 LINQ to SQL 中提供了一些与传统 SQL 语句有关的方法，使程序员可以查看 LINQ to SQL 自动生成的 SQL 语句内容，直接在 LINQ to SQL 中调用 SQL 语句等。

1. GetCommand( ) 方法

GetCommand( ) 方法用于提供有关由 LINQ to SQL 生成的 SQL 命令的信息。使用该方法可以帮助程序员了解 LINQ to SQL 在后台具体的执行情况，这对程序查错而言很有帮助。

例如，下列代码将 LINQ to SQL 在后台执行 SQL 语句的相关信息显示到网页中。

```
using System. Data. Common;                              //引用 System. Data. Common 命名空间
protected void Button1_Click( object sender,EventArgs e)
{
    DataClassesDataContext Userdb = new DataClassesDataContext( ) ;
    var q = from UsrTab in Userdb. user                   //执行 LINQ to SQL 查询
        where UsrTab. userid = = "00003"
        select UsrTab;
    DbCommand dc = Userdb. GetCommand( q) ;              //调用 GetCommand( ) 方法
    Response. Write( dc. CommandText) ;                  //输出 SQL 命令内容
    Response. Write( "<br>" ) ;                          //输出一个换行符
    Response. Write( dc. CommandType) ;                  //输出 SQL 命令类型
```

```
        Response.Write("<br>");
        Response.Write(dc.Connection);              //输出数据库连接方式
    }
```

程序运行结果如图 11-18 所示。

```
SELECT [t0].[username], [t0].[userpassword], [t0].[userid] FROM [dbo].[user] AS [t0] WHERE [t0].[userid] = @p0
Text
System.Data.SqlClient.SqlConnection
```

图 11-18　使用 GetCommand()方法得到 SQL 数据

2. ExecuteCommand()方法

DataContext 类提供的 ExecuteCommand()方法可用于直接对数据库执行一个没有返回值的 SQL 命令。

注意，在书写 SQL 语句时，表名称和字段名需要用方括号“[]”括起来。

例如，下列代码用于将 user 表中所有记录的 userpassword 字段值更改为 0000（初始化用户密码）。

```
DataClassesDataContext Userdb=new DataClassesDataContext();
userdb.ExecuteCommand("update [user] set [userpassword]='0000'");
```

又如，下列代码用于删除 StudentInfo 表中 Specialty（专业）字段值为“网络技术”的所有记录。

```
DataClassesDataContext db=new DataClassesDataContext();
db.ExecuteCommand("delete from [StudentInfo] where [Specialty]='网络技术'");
```

3. ExecuteQuery()方法

DataContext 类提供的 ExecuteQuery()方法用于直接执行一个 SQL 查询，该方法返回一个 IEnumerable<T>类型的泛型枚举接口。

例如，下列代码使用 SQL 语句对 StudentInfo 表进行查询，返回表中 Specialty（专业）字段值为“软件技术”的所有记录，并将返回的泛型集合作为 GridView 控件的数据源将其显示出来。

```
protected void SQLquery_Click(object sender,EventArgs e)
{
    DataClassesDataContext db=new DataClassesDataContext();
    var StuTab=db.ExecuteQuery<StudentInfo>("select * from [StudentInfo] where
                                            [Specialty]='软件技术'");
    GridView1.DataSource=StuTab;
    GridView1.DataBind();
}
```

11.4　实训——使用 LINQ to SQL 操作数据库

11.4.1　实训目的

1）进一步理解创建和使用 DataContext 类的基本方法。

2）掌握常用的 LINQ to SQL 语句和方法，掌握通过 LINQ to SQL 语句或方法实现常规数据库操作的基本步骤。

11.4.2　实训要求

使用 LINQ to SQL 语句和方法，配合 GridView、LinqDataSource 等控件，设计一个能对 SQL Server 数据库 StudentDB 中 StudentInfo 表进行查询、添加、修改或删除操作的 ASP. NET 应用程序。程序启动后显示如图 11-19 所示的界面。用户在下拉列表框中选择查询关键字的类型（全部、学号、姓名或专业），在文本框中输入查询关键字后，单击“查询”按钮，可得到如图 11-20 所示的结果。

全部 查询 修改 添加 删除

学号	姓名	性别	出生日期	专业	电子邮件
00001	张三丰	男	2005-12-09	软件技术	zsf@163.com
00002	赵六萍	女	2006-01-25	软件技术	zhaolp@163.com
00003	李四慧	女	2005-10-28	计算机科学	Lisp@hotmail.com
00004	王五强	男	2005-05-23	网络技术	wwq@126.com

图 11-19　程序初始界面

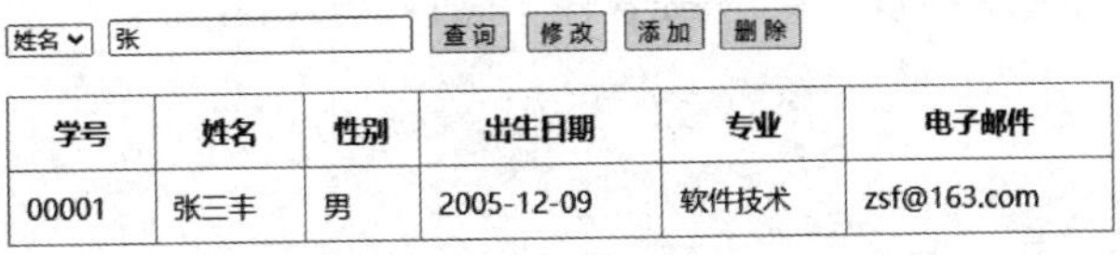

姓名 张 查询 修改 添加 删除

学号	姓名	性别	出生日期	专业	电子邮件
00001	张三丰	男	2005-12-09	软件技术	zsf@163.com

图 11-20　按姓名查询记录

在文本框中输入希望修改记录的学号值，单击“修改”按钮，屏幕显示如图 11-21 所示的界面，用户在修改了记录数据后，单击“提交”按钮可将修改结果提交到数据库，并在 GridView 控件中立即显示出来。如果用户在没有输入学号的情况下直接单击“修改”按钮，程序将弹出信息框给予出错提示。此外，从图 11-21 中可以看到修改记录时学号字段是不能修改的，“学号”文本框呈灰色显示。

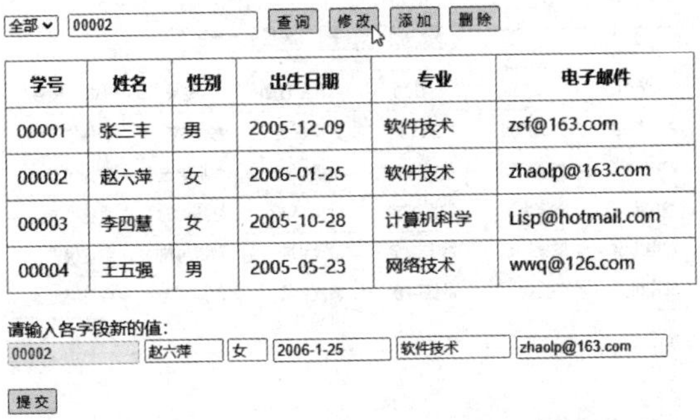

全部 00002 查询 修改 添加 删除

学号	姓名	性别	出生日期	专业	电子邮件
00001	张三丰	男	2005-12-09	软件技术	zsf@163.com
00002	赵六萍	女	2006-01-25	软件技术	zhaolp@163.com
00003	李四慧	女	2005-10-28	计算机科学	Lisp@hotmail.com
00004	王五强	男	2005-05-23	网络技术	wwq@126.com

请输入各字段新的值：
00002 赵六萍 女 2006-1-25 软件技术 zhaolp@163.com
提交

图 11-21　修改记录界面

用户单击“添加”按钮时，屏幕显示如图 11-22 所示的界面，用户在空白文本框中填写了各字段值后，单击“提交”按钮可将新记录添加到数据库中，并立即在 GridView 中显示出来。

用户通过在下拉列表框中选择删除关键字类型后，在文本框中输入删除关键字并单击“删除”按钮，可将符合条件的记录全部删除。图 11-23 所示的选择和输入表示的是删除“姓名”字段中包含“张三丰”的所有记录。在删除记录时，如果下拉列表框中选择的是“全部”选项，程序将弹出信息框提示“不要删除全部记录!”。

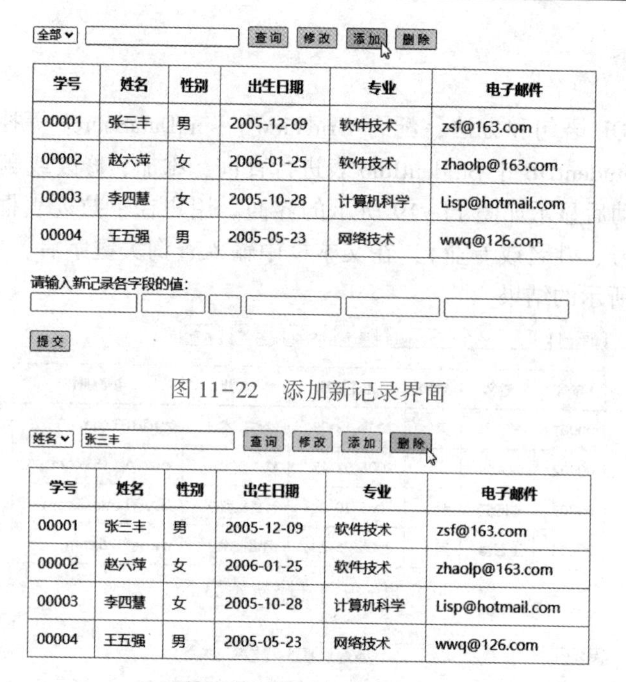

图 11-22　添加新记录界面

图 11-23　删除记录的操作

11.4.3　实训步骤

1. 设计 Web 界面

新建一个 ASP. NET 空网站，向网站中添加一个 Web 窗体页面 Default. aspx。按照图 11-24 所示向 Default. aspx 页面中添加一个下拉列表框控件 DropDownList1，添加一个文本框控件 TextBox1 和 4 个按钮控件 Button1 ～ Button4；添加一个 GridView 控件和一个 LinqDataSource 控件；添加一个 Panel 控件，并向其中添加一个标签控件 Label1，添加 6 个文本框控件 TextBox2 ～ TextBox7，添加一个按钮控件 Button5。

图 11-24　设计 Web 界面

2. 设置对象属性

设置 DropDownList1 的 ID 属性为 dropSelect，并添加“全部”“学号”“姓名”和“专业”4 个选项；设置 TextBox1 的 ID 属性为 txtKey；设置 4 个按钮控件的 ID 属性分别btnSearch、btnEdit、btnAdd 和 btnDel，设置它们的 Text 属性分别为“查询”“修改”“添加”和“删除”。

Panel1 容器控件中各控件的属性设置如下。

设置 Label1 的 ID 属性为 lblTip；6 个文本框的 ID 属性分别为 txtNo、txtName、txtSex、 txtBirthday、txtSpecialty 和 txtEmail；设置 Button5 的 ID 属性为 btnOK，Text 属性为“提交”。

为了使 GridView 控件中能显示中文列标题及适当的日期格式，需要切换到 Default. aspx 页面的源视图，按以下所示添加 CSS 样式设置和修改 GridView 控件的描述代码。

设置 CSS 样式，代码如下。

```
<head>
    …
    <style type="text/css">
        td{padding:10px;}
        th{padding:10px;}
    </style>
    …
</head>
```

修改 GridView 代码，代码如下。

```
<asp:GridView ID="GridView1" runat="server" AutoGenerateColumns="False">
    <Columns>
        <asp:BoundField DataField="StudentID" HeaderText="学号"/>
        <asp:BoundField DataField="StudentName" HeaderText="姓名"/>
        <asp:BoundField DataField="Sex" HeaderText="性别"/>
        <asp:BoundField DataField="DateOfBirth" HeaderText="出生日期"
                    DataFormatString="{0:yyyy-MM-dd}" HtmlEncode="False"/>
        <asp:BoundField DataField="Specialty" HeaderText="专业"/>
        <asp:BoundField DataField="Email" HeaderText="电子邮件"/>
    </Columns>
    <RowStyle Height="22px"/>
</asp:GridView>
```

3. 创建 DataContext 类和配置 LinqDataSource

在解决方案资源管理器中右击网站名称，在弹出的快捷菜单中选择“添加”→“添加新项”命令，在弹出的对话框中选择“LINQ to SQL 类”选项后单击“添加”按钮。从服务器资源管理器中将 StudentInfo 表拖放到 O/R 设计器的左窗格中，单击工具栏中的“保存全部”按钮，完成 DataContext 类的创建。使用配置完成的 DataContext 类配置 LinqDataSource1。

4. 编写程序代码

1）页面载入时执行的事件代码如下。

```
protected void Page_Load(object sender,EventArgs e)
{
    if (!IsPostBack)
    {
        GridView1. DataSource=LinqDataSource1;
        GridView1. DataBind();
    }
    Panel1. Visible=false;      //Panel1 控件不可见时,其中包含的所有控件均不可见
}
```

2）“查询”按钮被单击时执行的事件代码如下。

```
protected void btnSearch_Click(object sender,EventArgs e)
{
    DataClassesDataContext db=new DataClassesDataContext();
    var StuInfo=from StuTable in db. StudentInfo
            selectStuTable;
    switch (dropSelect. Text)   //根据用户选择的关键字类型返回不同的结果集
```

```
    {
        case "学号":
            StuInfo=from StuTable in db.StudentInfo
                    where StuTable.StudentID==TextKey.Text
                    select StuTable;
            break;
        case "姓名":     //使用 Contains()方法表示"包含"("姓名"包含文本框中的内容)
            StuInfo=db.StudentInfo.Where(m=>m.StudentName.Contains(txtKey.Text));
            break;
        case "专业":     //"专业"包含文本框中的内容(模糊查询)
            StuInfo=db.StudentInfo.Where(m=>m.Specialty.Contains(txtKey.Text));
            break;
        case "全部":
            txtKey.Text="";
            txtKey.Focus();
            break;
    }
    GridView1.DataSource=StuInfo;
    GridView1.DataBind();
}
```

3）"修改"按钮被单击时执行的事件代码如下。

```
protected void btnEdit_Click(object sender,EventArgs e)
{
    if (txtKey.Text=="")
    {
        Response.Write("<script language=javascript>alert('请输入要修改记录的学号！');</
script>");
        return;
    }
    Panel1.Visible=true;     //使编辑区显示出来
    txtNo.Enabled=false;     //"学号"文本框不可用(呈灰色显示)
    lblTip.Text="请输入各字段新的值:";
    DataClassesDataContext db=new DataClassesDataContext();    //创建 Context 对象 db
    //查询单条记录
    StudentInfo StuTab=db.StudentInfo.Single(m=>m.StudentID==txtKey.Text);
    txtNo.Text=StuTab.StudentID;     //将各字段值填写到文本框中供用户修改
    txtName.Text=StuTab.StudentName;
    txtSex.Text=StuTab.Sex.ToString();
    //将"出生日期"中表示时间的部分用空字符串替换(调整显示格式)
    txtBirthday.Text=StuTab.DateOfBirth.ToString().Replace(" 0:00:00","");
    txtSpecialty.Text=StuTab.Specialty;
    txtEmail.Text=StuTab.Email;
}
```

4）"提交"按钮被单击时执行的事件代码如下。

```
protected void btnOK_Click(object sender,EventArgs e)
{
    DataClassesDataContext db=new DataClassesDataContext();    //创建 Context 对象 db
    StudentInfo StuTab=new StudentInfo();
    if (txtNo.Enabled==false)          //"学号"文本框不可用,说明当前为"修改"状态
    {
        StuTab=db.StudentInfo.Single(m=>m.StudentID==txtKey.Text);
    }
    StuTab.StudentID=txtNo.Text;          //将各文本框中的数据保存到表对象中
    StuTab.StudentName=txtName.Text;
```

```
        StuTab. Sex=char. Parse(txtSex. Text);
        StuTab. DateOfBirth=DateTime. Parse(txtBirthday. Text);
        StuTab. Specialty=txtSpecialty. Text;
        StuTab. Email=txtEmail. Text;
        if (txtNo. Enabled==true)                //"学号"文本框可用,表示当前为"添加"状态
        {
            if (txtNo. Text=="")
            {
                Response. Write("<script language=javascript>alert('学号字段不能为空!');
</script>");
                return;
            }
            else
            {
                db. StudentInfo. InsertOnSubmit(StuTab);    //调用 InsertOnSubmit()方法添加记录
            }
        }
        db. SubmitChanges();                              //向数据库提交更新
        //跳转回 Default. aspx,为的是对应 Page_Load 事件过程,在 GridView 控件中显示新数据
        Response. Redirect("default. aspx");
    }
```

5)“添加”按钮被单击时执行的事件代码如下。

```
    protected void btnAdd_Click(object sender,EventArgs e)
    {
        Panel1. Visible=true;
        lblTip. Text="请输入新记录各字段的值:";
    }
```

6)“删除”按钮被单击时执行的事件代码如下。

```
    protected void btnDel_Click(object sender,EventArgs e)
    {
        DataClassesDataContext db=new DataClassesDataContext();     //创建 Context 对象 db
        switch (dropSelect. Text)
        {
            case "学号":
                //直接执行 SQL 语句,删除以文本框中内容开头的所有记录(注意只有一个"%")
                db. ExecuteCommand("delete from [StudentInfo] where [StudentID] like '"+
                                    txtKey. Text+"%'");
                break;
            case "姓名":
                //删除包含文本框内容的所有记录,"%"是通配符
                db. ExecuteCommand("delete from [StudentInfo] where [StudentName] like '%"+
                                    txtKey. Text+"%'");
                break;
            case "专业":
                db. ExecuteCommand("delete from [StudentInfo] where [Specialty] like '%"+
                                    txtKey. Text+"%'");
                break;
            case "全部":
                Response. Write("<script language=javascript>alert('请不要删除全部记录!');</
script>");
                return;
        }
        Response. Redirect("default. aspx");
    }
```

第12章　ASP. NET MVC

ASP. NET 支持 3 种开发模式：Web Forms、MVC 和 Web Pages，前面各章使用的就是 3 种模式中最基本的 Web Forms 模式。Web Pages 是最简单的网页开发编程模型，它提供了一种简单的方法将 HTML、CSS、JavaScript 及服务器代码结合起来。本章要介绍的 MVC 则是 Microsoft 推出的，将业务逻辑、数据及显示界面分离的一种编程模型，这种分离可实现业务逻辑、数据和显示界面松耦合的目的，大大提高了系统的可维护性。

需要说明的是，使用 MVC 构建应用程序时需要精心计划，由于它的内部原理比较复杂，因此需要花费一些时间去思考。同时由于模型和视图要严格分离，这样也给调试应用程序带来了一定的困难，所以 MVC 并不适合部署到小型应用程序中。

12. 1　ASP. NET MVC 概述

ASP. NET MVC 是 Microsoft 推出的 ASP. NET 应用程序开发模式，MVC 是模型（Model）、视图（View）和控制器（Controller）3 个单词的缩写，它意味着这种开发模式将一个应用程序分为模型、视图和控制器 3 个组成部分。Visual Studio 2015 中内置的 MVC 版本为 ASP. NET MVC 5。

12. 1. 1　MVC 的组成

ASP. NET MVC 应用程序的 3 个组成部分分别从数据和业务逻辑、用户界面及响应系统或用户请求几个方面分担了整个应用程序的实现。MVC 的这种拆分有助于设计复杂的应用程序，在 3 个组件之间提供松耦合更利于团队开发，也能充分发挥程序员的专长。

1. 模型（Model）

模型表示企业数据和业务规则，是用于存储或处理数据的组件，其主要作用是实现业务逻辑对实体类对应数据库的操作，包括数据验证规则、数据访问和业务逻辑等。在 MVC 的 3 个部件中，模型拥有最多的处理任务。被模型返回的数据是中立的，也就是说，模型与数据格式无关，这样一个模型就可以为多个视图提供数据支持，增加了代码的复用率。

2. 视图（View）

视图是由 HTML 元素组成的应用程序界面，是用户接口组件，用于将 Model 中的数据展示给用户。在视图中，也就是 ASP. NET MVC 用户界面中，HTML 和 CSS 及其他一些页面设计技术依旧扮演着重要的角色。

3. 控制器（Controller）

控制器是处理用户交互的组件，用于接收用户的输入并调用模型和视图实现用户的需求。控制器的工作方式有以下两种。

1）从 Model 中读取数据，通过 View 展示结果。

2）从 View 中接收用户的输入并将其传递给 Model，然后重复步骤 1）的方式。

当用户单击 Web 页面中的超链接和发送 HTML 表单时，控制器本身并不输出任何内容或做任何处理。它只是接受请求并决定调用哪个模型构件去处理请求，然后再确定用哪个视图来显示返回的数据。

4. MVC 的工作原理

MVC 程序中 3 个组件的工作原理如图 12-1 所示。工作过程分为以下几个环节。

1）用户通过浏览器与 MVC 应用程序交互，用户在浏览器中发出请求（打开页面、单击按钮等）。

2）用户的请求被相应的 Controller 获取并处理。控制器根据需要将请求传递给相应的 Model 以获取需要的数据。

3）Model 根据 Controller 传递过来的请求访问数据库，并将数据返回给调用自己的 Controller。

4）Controller 接到从 Model 返回的数据后，选择预设的 View 页面将返回结果以预设的样式展现给发起请求的用户。

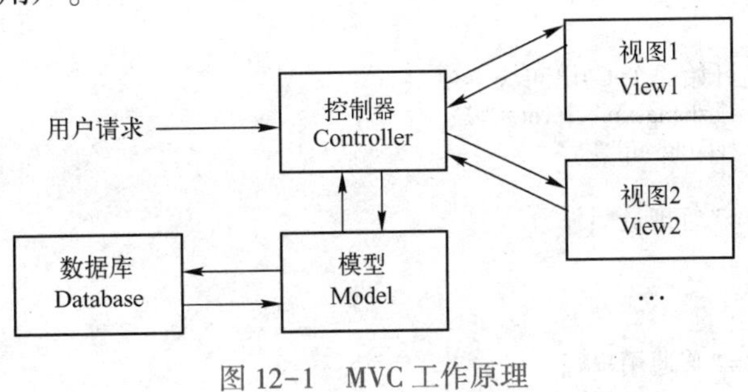

图 12-1　MVC 工作原理

12.1.2　Razor 语法

ASP.NET MVC 5 默认使用 Razor 语法来设计动态网页。由于 Razor 是通过 System.Web.Mvc 下的 RazorViewEngine 类来实现的，因此也称为“Razor 视图引擎”。在 ASP.NET MVC 5 项目中使用的 Razor 视图引擎为基于 Razor 语法的 Web 网页第 3 版（也称为 ASP.NET Web Pages 3）。

1. Razor 的特点

Razor 视图引擎具有以下几个特点。

1）利用 Razor 可以在视图（.cshtml）文件中混合使用 C#和 HTML、JavaScript 和 jQuery 等服务器端和客户端语言。

2）Razor 有非常简洁的语法格式。在视图文件中只需要使用一个“@”符号就可以表示 C#语句块或内联表达式，这一点与 jQuery 中使用一个 $ 符号来调用 JavaScript 脚本十分相似。

3）Razor 能自动对网页中输入的字符串进行 HTML 编码，可以有效地防范客户端脚本攻击。

当一个 MVC 项目被创建后，Visual Studio 将自动在网站根目录下的 web.config 文件中添加下列代码。

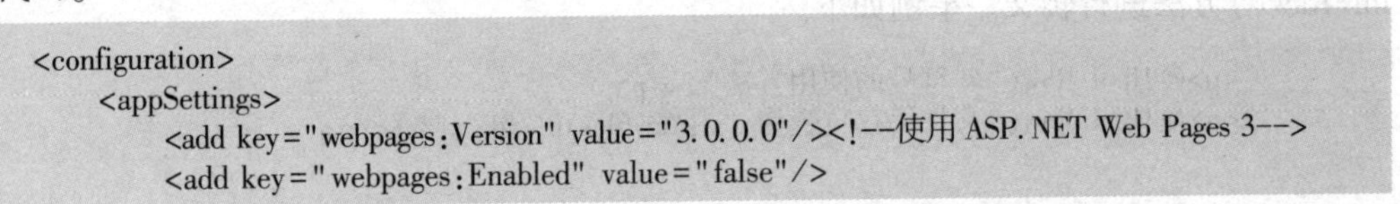

```
<configuration>
    <appSettings>
        <add key="webpages:Version" value="3.0.0.0"/><!--使用 ASP.NET Web Pages 3-->
        <add key="webpages:Enabled" value="false"/>
```

```
        ...
    </appSettings>
    ...
</configuration>
```

代码中的“<add key = " webpages:Enabled" value = " false"/>”表示在 MVC 项目中不支持使用 ASP. NET Web Pages 3 模板添加网页，若将此处的 false 更改为 true，就可以使用模板添加网页，并可以通过“在浏览器中查看”功能来观察网页的设计效果。但由于这种方式本质上并非 MVC 开发模式，故一般不予采用。

2. 使用 Razor

（1）使用@标记

@标记表示其后跟随的是 C#代码的一个内联表达式、单行语句或一个语句块；@* …… *@ 表示注释语句。

例如，在视图文件中添加下列代码，将得到如图 12-2 所示的运行结果。

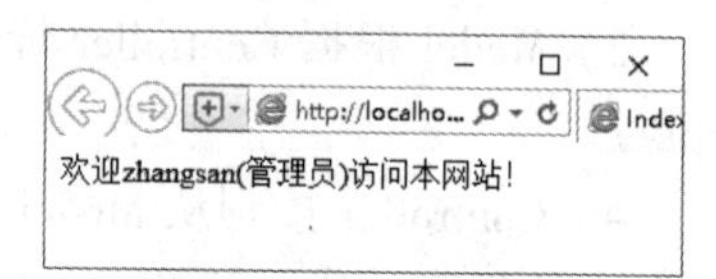

图 12-2 运行结果

```
@{@* 注释:开始一个 C#语句块 *@
    string xm = "zhangsan",level = "";
    if(xm = = "zhangsan")
    {
        level = "管理员";
    }
    else
    {
        level = "普通用户";
    }
}@* 注释:C#语句块结束 *@
<div>
    @* 注释:在 HTML 代码中获取 C#变量的值 *@
    <span>欢迎@(xm)(@level)访问本网站！</span>
</div>
```

有以下两点需要说明。

1）Razor 使用“@(变量名或表达式)”来返回 C#的变量值。如果该变量名能与其他符号分隔开，则可省略一对小括号。例如，代码中返回变量 xm 的值时需要使用小括号，而返回变量 level 的值时就可以省略小括号。

2）对于 C#语句块，可使用@{…}的形式表示。若 C#语句块本身就是一个结构化的代码段，则可省略一对大括号。举例如下。

```
@for(int i=0;i<10;i++)@* 此处省略了一对大括号 *@
{
    …      //循环体语句(此处可以使用 C#的注释表示法)
}
```

（2）使用@Html. Raw()方法

对于 HTML 代码中出现的@符号本身、双引号、单引号等特殊符号，可以通过@Html. Raw()方法进行转义。举例如下。

```
<p>@Html. Raw("@符号的使用方法")</p>
<p>@Html. Raw("文件保存位置为:"d:\myfiles\file. docx"")</p>
```

12.1.3　创建 MVC 应用程序

12-1　创建
MVC 应用程序

本节通过一个简单的实例来介绍创建 MVC 应用程序项目的基本步骤和 MVC 应用程序的基本结构。

【演练 12-1】创建一个简单的 MVC 应用程序项目。程序由 Controller 提供数据，由 View 将数据以表格的形式显示出来。

（1）创建 ASP. NET MVC 项目

创建一个空白 ASP. NET MVC 项目的操作步骤如下。

1）在 Visual Studio 起始页中单击“新建项目”按钮，在弹出的如图 12-3 所示的对话框中选择项目类型为 ASP. NET Web Application(. NET Framework)，并为项目指定名称和保存位置，然后单击“确定”按钮。

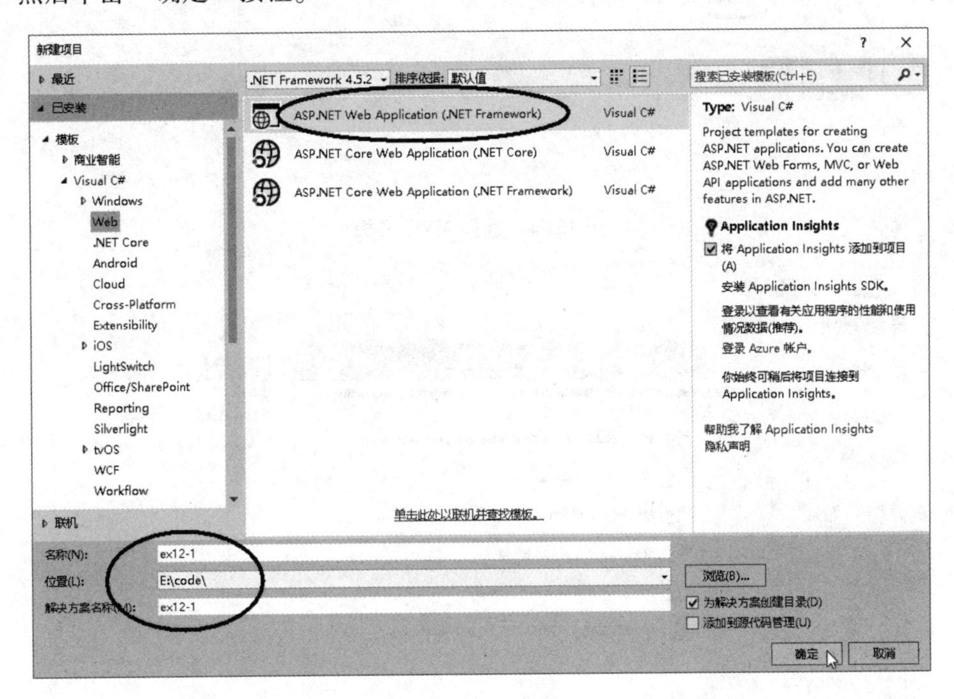

图 12-3　新建项目

2）在弹出的如图 12-4 所示的对话框中选择 ASP. NET 的模板为“空”，并选择为项目添加 MVC 核心引用，然后单击“确定”按钮。如果希望在项目中使用 Web Forms 或 Web API 的功能，可同时向项目中添加相应的核心引用。

（2）添加 Controller

创建空白 ASP. NET MVC 应用程序项目后，在解决方案资源管理器中右击 Controllers 文件夹，在弹出的快捷菜单中选择“添加”→“控制器”命令。在弹出的“添加基架”对话框中选择“MVC 5 控制器-空”模板并单击“添加”按钮，如图 12-5 所示。在弹出的对话框中将添加的控制器命名为 NewController（控制器的名称应以 Controller 结尾），单击“添加”按钮。命令执行后，系统将在 Controllers 文件夹中创建一个名为 NewController. cs 的文件（控制器的代码应书写到该文件中）。同时，在 Views 文件夹中创建一个名为 New（与控制器同名）的子文件夹。

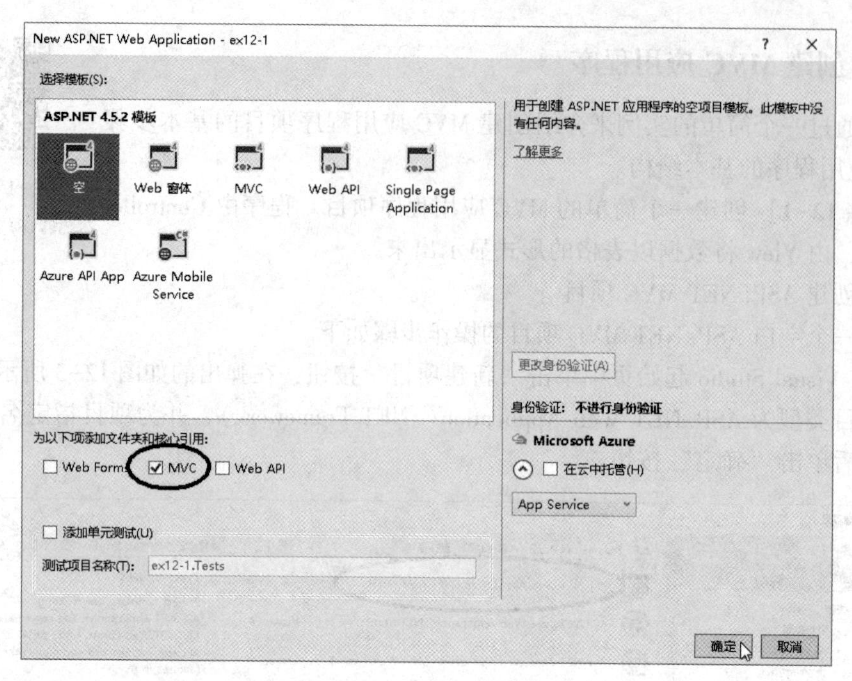

图 12-4 选择 MVC 模板

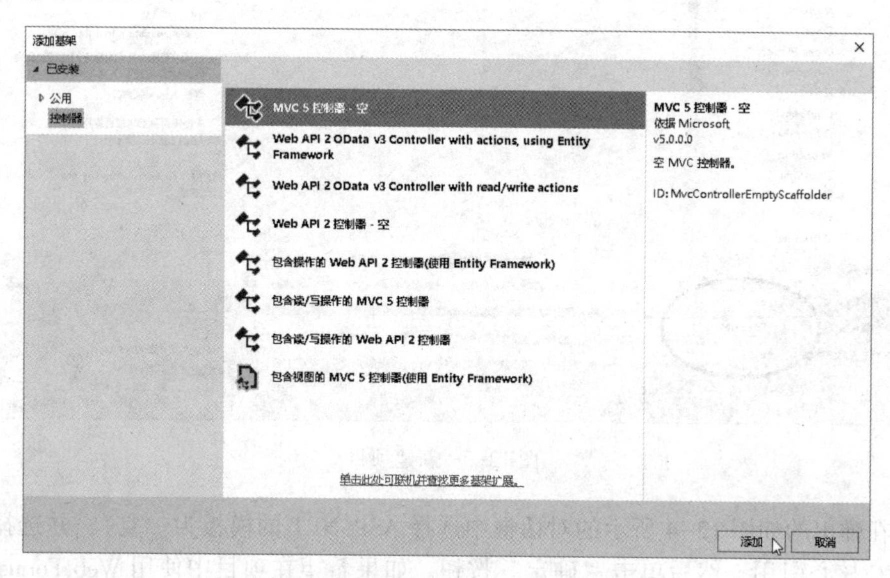

图 12-5 向项目中添加一个空白控制器

在解决方案资源管理器中双击打开 NewControllers. cs，按照以下所示编写 Index( )方法的代码（控制器中的方法称为 Action 或动作）。

```
public ActionResult Index()
{
    string[] data=new string[4];        //声明一个包含 4 个元素的数组
    data[0]="张三";                      //为数组各元素赋值
    data[1]="男";
    data[2]="教务处";
    data[3]="12345678901";
```

```
        ViewData["d"]=data;          //将数组赋值给 ViewData[]对象,以传递给 View
        return View();               //调用 View()方法返回一个视图对象
    }
```

（3）添加 View

在解决方案资源管理器中右击 Views 文件夹下的 New 子文件夹，在弹出的快捷菜单中选择“添加”→“视图”命令，在弹出的如图 12-6 所示的对话框中指定视图的名称为 Index（本例中未选择“使用布局页”复选框），单击“添加”按钮。命令执行后，系统将在 New 文件夹中创建一个名为 Index. cshtml 的视图页文件。. cshtml 文件的格式与 HTML 文件夹的格式十分相似，与控制器交互的部分使用“@”标注（这一点与早期版本的“<%=…%>”不同）。

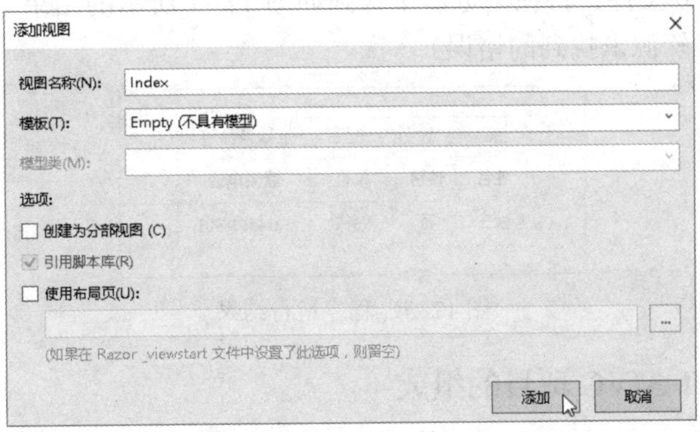

图 12-6　添加视图

在解决方案资源管理器中双击打开 Index. cshtml，按照以下所示编写其代码。

```
@{/*@{…}表示用 Razor 语法编写的 C#代码(服务器端执行的代码)*/
    Layout=null;                              /*不使用布局页*/
    Array data=(Array)ViewData["d"];          /*将 ViewData["d"]转换成数组*/
}
<!DOCTYPE html>
<html>
<head>
    <meta name="viewport" content="width=device-width"/>
    <title>简单 MVC 示例</title>
    <style type="text/css">                   /*设置表格样式*/
        table{border:1px solid Silver;border-collapse:collapse;
            width:320px;text-align:center;margin:auto}
        tr{height:30px}
        th{border:1px solid Silver;padding:10px}
        td{border:1px solid Silver;padding:10px}
    </style>
</head>
<body>
    <div>
        <table>
            <thead>
                <tr><th>姓名</th><th>性别</th>
                    <th>单位</th><th>联系电话</th>
                </tr>
            </thead>
```

```
                    <tbody>
                        <tr>
                            <!--将数组中的数据填写到单元格中-->
                            <td>@ data. GetValue(0)</td>
                                <td>@ data. GetValue(1)</td>
                                <td>@ data. GetValue(2)</td>
                                <td>@ data. GetValue(3)</td>
                        </tr>
                    </tbody>
                </table>
            </div>
    </body>
    </html>
```

运行 Index. cshtml 文件，将在浏览器中得到如图 12-7 所示的结果（注意：运行其他文件时程序会出现 404 资源未找到的错误）。

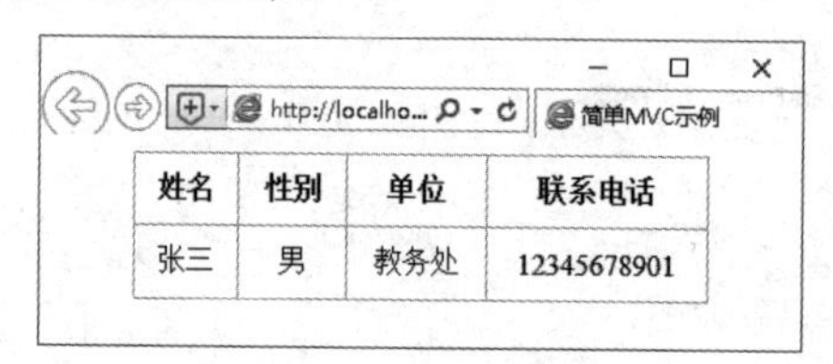

图 12-7　程序运行结果

12. 1. 4　ASP. NET MVC 项目的组成

创建一个 ASP. NET MVC 项目后，Visual Studio 会自动为项目添加一系列的配置文件和用于保存各类文件的文件夹。图 12-8 所示为在解决方案资源管理器中看到的【演练 12-1】中创建的 ASP. NET MVC 项目的系统结构。

1. 应用程序信息文件

1）Properties 文件夹：项目属性文件夹，其中包含一个名为 AssemblyInfo. cs、用于保存程序集信息（如名称、版本和版权等）的文件。该文件由项目“属性”窗口中的各选项生成，一般不需要手工编辑。

2）“引用”文件夹（bin）：用于存放系统运行所必需的外部引用（各类 . dll 文件）。

2. 项目文件夹

1）App_Data 文件夹：用于存放项目中使用的数据文件或数据库文件，其作用及功能与 Web Forms 项目中的 App_Data 文件夹相同。

2）App_Start 文件夹：用于存放配置类的代码文件，默认包含一个名为 RouteConfig. cs 的路由配置文件，也就是 ASP. NET MVC 项目的“路由表”。

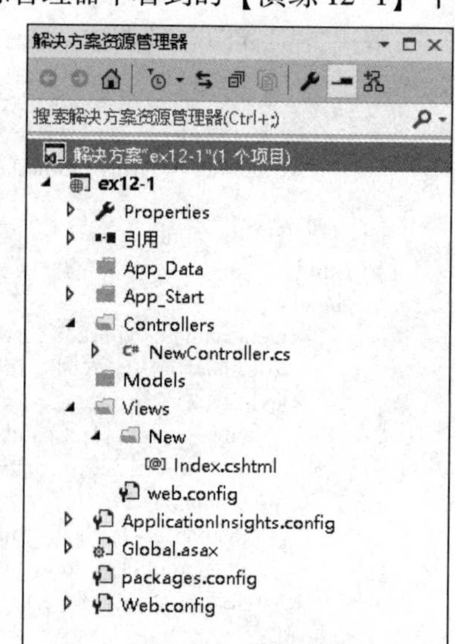

图 12-8　最基本的 MVC 项目结构

3）Controllers 文件夹：用于存放项目中所有控制器文件的文件夹。

4）Models 文件夹：用于存放项目中所有模型文件的文件夹。

5）Views 文件夹：用于存放项目中所有视图的文件夹。每个视图以对应控制器名为子文件夹名，视图文件的扩展名为 . cshtml。

3. 配置文件

1）ApplicationInsights. config：监视配置文件，用于设置如何监视应用程序的运行情况。

2）Global. asax：全局配置文件，用于设置全局 URL 路由的默认值，在应用程序启动时可通过该文件执行一些特殊操作。

3）packages. config：项目中附加的软件包配置文件，由系统自动生成和管理，一般不需要程序员编写和修改。

4）Web. config：XML 格式的网站或文件夹的配置文件。其作用与 Web Forms 项目中的 web. config 文件相同。

12.2　ASP. NET MVC 路由

12-2　ASP. NET MVC 路由

MVC 路由是指用来将用户请求与控制器对应的处理方法进行关联的设置，它也是除了模型、视图和控制器外最为重要的一个概念，分为入站路由和出站路由两种类型。在前面几章介绍过的 Web Forms 开发模式中，所有的用户请求都会指向一个物理存在的文件（如 . aspx、. html 等），而在 MVC 中用户请求则一律指向控制器中的某个操作方法，并由该方法决定下一步的操作（如打开视图、获取数据等）。

12.2.1　MVC 路由

在 ASP. NET MVC 中，所有用户请求都要首先经过 MVC 的路由系统才能找到处理该请求的控制器中对应的 Action 方法。

1. 注册路由

所谓“注册路由”，就是通过存放在 App_Start 文件夹下的 RouteConfig. cs 所表述的 RouteConfig 类中定义的 RegisterRoutes( )方法，将 URL、控制器及对应的 Action 关联起来。

MVC 应用程序启动后，首先会调用全局配置文件 Global. asax 中定义的 Application_Start( )方法。其中的代码如图 12-9 所示（以【演练 12-1】为例）。

```
1   using System;
2   using System.Collections.Generic;
3   using System.Linq;
4   using System.Web;
5   using System.Web.Mvc;
6   using System.Web.Routing;
7
8   namespace ex12_1
9   {
        0 个引用
10      public class MvcApplication : System.Web.HttpApplication
11      {
            0 个引用|0 异常
12          protected void Application_Start()
13          {
14              AreaRegistration.RegisterAllAreas();
15              RouteConfig.RegisterRoutes(RouteTable.Routes);
16          }
17      }
18  }
```

图 12-9　Global. asax 中的代码

Application_Start( )方法中通过调用 RouteConfig 类的 RegisterRoutes( )方法，注册了一个应用于整个项目的“全局路由”。参数 RouteTable. Routes 是一个静态集合对象，用于存放路由数据（RouteData）。当应用程序规模较大时，可以通过区域（Areas）将其划分为较小的单元。而且每个单元都可以有自己的路由规则，代码中的“AreaRegistration. RegisterAllAreas( );”

语句就是用于注册基于区域的路由规则的。

图 12-10 所示为由系统自动创建的 RouteConfig 类的代码。RegisterRoutes( )方法的参数 routes 是一个 RouteCollection 类型的集合对象，用于接收调用语句传递过来的路由数据。

```
1   using System;
2   using System.Collections.Generic;
3   using System.Linq;
4   using System.Web;
5   using System.Web.Mvc;
6   using System.Web.Routing;
7
8   namespace ex12_1
9   {
        1 个引用
10      public class RouteConfig
11      {
            1 个引用|0 异常
12          public static void RegisterRoutes(RouteCollection routes)
13          {
14              routes.IgnoreRoute("{resource}.axd/{*pathInfo}");
15
16              routes.MapRoute(
17                  name: "Default",
18                  url: "{controller}/{action}/{id}",
19                  defaults: new { controller = "Home", action = "Index",
20                                  id = UrlParameter.Optional }
21              );
22          }
23      }
24  }
```

图 12-10 RouteConfig. cs 中的代码

RegisterRoutes( )方法中最重要的是由 routes. MapRoute( )语句表述的“路由表”的定义。它通过 name、url 和 defaults 这 3 个参数来规定 URL 路径、控制器及其 Action 之间的关系。

1）name：表示路由名称，Default 是默认路由名称。

2）url：以占位符的形式表示的 URL 格式，它使用以“/”分隔的 3 级结构，即控制器、对应的方法和传递的数据。

举例如下。

```
http://localhost/home/index/1      //表示指向 HomeController 的 Index 方法,并传递参数 1
http://localhost/New/Details/2     //表示指向 NewController 的 Details 方法,并传递参数 2
```

3）defaults：一个带有 3 个属性的匿名类型，提供了默认路由的默认数据。表示对应控制器是 HomeController，对应的 Action 方法是 Index，第 3 个属性 id 表示所传递的数据。可以理解为在程序启动时默认指向 HomeController 控制器的 Index 方法，同时向 Index 方法传递数据 id。

理解了这些，就能看出在【演练 12-1】中并不存在系统默认的 HomeController 控制器，只有一个手工创建的 NewController 控制器。所以将 defaults 属性中的“controller = " Home" ”改为“controller = " New" ”，就可以在任何位置正确运行程序，而不会出现 404 错误了。

2. 从 URL 向控制器传递数据

在 MVC 程序中可以通过 Controller 类的 RouteData 属性或查询字符串 Request. QueryString[ ] 进行页面间的数据传递。

【演练 12-2】 使用 URL 向控制器传递数据示例。

程序设计步骤如下。

1）新建一个 ASP. NET 空 MVC 项目（不使用布局页和单元测试），手工添加控制器和视图，并按下列代码所示编写路由注册（RouteConfig. cs）、控制器（DefaultController）和视图（Index. cshtml）代码。

2）编写 RouteConfig. cs 的代码如下。

```
public static void RegisterRoutes(RouteCollection routes)
{
    routes.IgnoreRoute("{resource}.axd/{*pathInfo}");
    routes.MapRoute(
        name: "Default",
        url: "{controller}/{action}/{x}/{y}",
        //设置占位符的默认值
        defaults: new{controller="Default",action="Index",id="",plus=""}
    );
}
```

3）编写 DefaultController. cs 的代码如下。

```
public ActionResult Index()
{
    string[] parameter=new string[4];
    //使用 RouteData.Values[]获取 URL 中传递的数据并保存在 parameter 数组中
    parameter[0]=RouteData.Values["controller"].ToString();
    parameter[1]=RouteData.Values["action"].ToString();
    parameter[2]=RouteData.Values["x"].ToString();
    parameter[3]=RouteData.Values["y"].ToString();
    ViewData["msg"]=parameter;      //将 parameter 数组传递到视图页
    return View();
}
```

4）编写 Index. cshtml 的代码如下。

```
@{
    Layout=null;
    Array data=(Array)ViewData["msg"];
}
<!DOCTYPE html>
<html>
<head>
    <meta name="viewport" content="width=device-width"/>
    <title>Index</title>
</head>
<body>
    <div>
        @{
            string xm="";
            string info="";
            if (data.GetValue(2).ToString()=="张三")      //若第 3 个参数值为“张三”
            {
                xm=data.GetValue(2).ToString()+"(管理员)";    //姓名后面标注“管理员”
            }
            else if(data.GetValue(2).ToString() !="")
            {
                xm=data.GetValue(2).ToString()+"(普通用户)"; //姓名后面标注“普通用户”
            }
            if (Request.QueryString["id"] !=null)          //接收 URL 中使用“?”传递的参数
            {
                info="员工编号:"+Request.QueryString["id"].ToString();
            }
        }
        姓名:@ xm<br/><!--将处理后的姓名值显示到页面中-->
```

```
            电话:@ data. GetValue(3)<br/>
            @ info
        </div>
    </body>
    </html>
```

5）按〈F5〉键运行程序后 Index. cshtml 中显示如图 12-11 所示的内容，从浏览器地址栏中可以看到此时的 URL 为“http://localhost:××××/”（××××为随机端口号）。

如果在地址栏中输入“http://localhost:××××/default/index/张三/12345678”后按〈Enter〉键，将得到如图 12-12 所示的结果。

如果在地址栏中输入“http://localhost:××××/default/index/李四/87654321”后按〈Enter〉键，将得到如图 12-13 所示的结果。

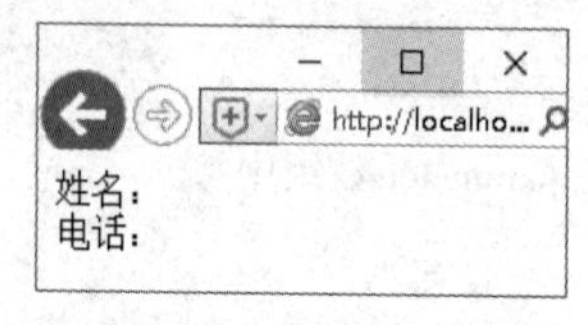

图 12-11 默认状态

图 12-12 传递管理员参数

图 12-13 传递普通用户参数

需要注意以下几个问题。

1）从 RouteConfig. cs 中可以看出，URL 中包含 4 个占位符{controller}/{action}/{id}/{plus}，且占位符的名称与实际内容无关（第 3 个占位符中实际存放的是用户名，第 4 个占位符中实际存放的是用户电话号码）。

2）使用“http://localhost:××××/”URL 地址访问网站时，{controller}参数为 DefaultController，{action}参数为 Index，{id}和{plus}参数为空，自然就得到了如图 12-11 所示的结果。

3）使用“http://localhost:××××/default/index/张三/12345678”URL 地址访问网站时，{id}参数为“张三”，{plus}参数为 12345678，自然就得到了图 12-12 所示的结果。

4）MVC 项目与 Web Forms 项目相同，都可以通过查询字符串 Request. QueryString[ ]接收 URL 中通过“?”传递过来的参数。例如，在浏览器地址栏中输入以下 URL 后按〈Enter〉键，将得到如图 12-14 所示的结果。

```
http://localhost:××××/default/index/张三/12345678?id=0001
```

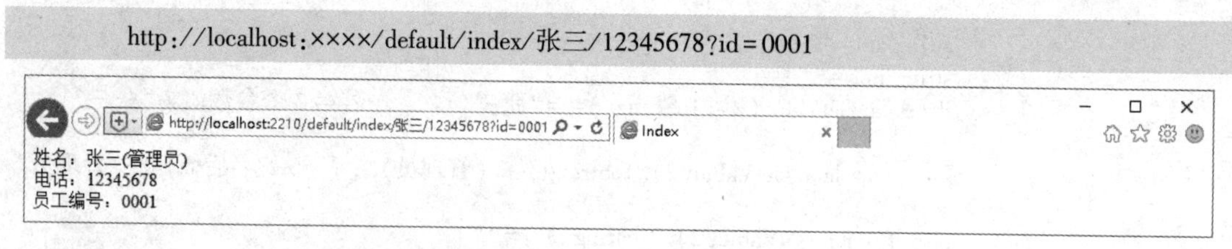

图 12-14 接收通过“?”传递过来的参数

12. 2. 2 通过路由实现超链接和页面跳转

实际应用中常会用到超链接和页面跳转，最典型的处理方法就是在页面中添加<a>…</a>标记或使用 Response. Redirect( )方法。举例如下。

```
<a href="admin/main. html">进入管理页面</a>        //书写在 HTML 页面代码中
Response. Redirect("~/admin/main. html");         //书写在服务器控件的后台事件中
```

在 ASP. NET MVC 项目中一般会使用路由及相关的方法，从而更加灵活地输入超链接和实现页面间的跳转。

1. 通过路由创建超链接

在 ASP. NET MVC 项目中，如果希望请求一个特殊的路由，可以使用 HtmlHelper 类中的 RouteLink( )方法，该方法用于动态地在页面中生成一个超链接。举例如下。

```
…//前面的代码负责获取 ulevel(用户级别)的值
@{
    string ctrl,msg;                    //用于存放控制器名称和热点文字的内容
    if (ulevel=="管理员")
    {
        ctrl="Admin";                   //使用名为 Admin 的控制器
        msg="进入管理页面";
    }
    else
    {
        ctrl="Guest";                   //使用名为 Guest 的控制器
        msg="修改个人信息";
    }
}
@Html.RouteLink(msg,new{controller=ctrl,action="Index",id="1"});
…
```

书写在视图页中的上述代码，能根据变量 ulevel 的不同输出不同的热点文字和目标 URL。当 ulevel 的值为“管理员”时，显示“进入管理页面”，超链接相对地址为“/Admin/Index/1”。否则，热点文字为“修改个人信息”，超链接相对地址为“/Guest/Index/1”。其中，Admin 和 Guest 为控制器名，Index 为控制器中的方法名，1 为传递的参数。

HtmlHelper 类中还提供了一个 ActionLink( )方法，该方法用于动态生成一个指向某控制器方法的超链接。举例如下。

```
@Html.ActionLink("关于我们","About","Default")
```

书写在视图页中的上述代码创建了一个指向 http://localhost:××××/About 的超链接，热点文字为“关于我们”，指向 Default 控制器的 About 方法。

2. 通过路由实现页面跳转

在 ASP. NET MVC 项目中仍然可以使用 Response. Redirect( )方法实现页面跳转。而更常用的方式是利用事先定义好的路由来实现页面间的跳转。

【演练 12-3】使用 RouteLink( )方法实现页面间的跳转，并与<a>…</a>标记生成的静态超链接进行比较。程序运行后显示如图 12-15 所示的 first. cshtml 页面，其中显示有一个使用<a>…</a>标记生成的静态超链接，热点文字为“a 标记生成的静态超链接”。单击该超链接后跳转到如图 12-16 所示的 second. cshtml 页面，其中显示有一个使用 RouteLink( )方法生成的超链接，热点文字为“RouteLink 生成的超链接”。单击该超链接后可返回 first. cshtml 页面。

图 12-15　first. cshtml 页面

图 12-16　second. cshtml 页面

程序设计步骤如下。

1）新建一个 ASP.NET 空 MVC 项目（不使用布局页和单元测试），通过手工的方式添加控制器和视图。

参照前面介绍的方法，在解决方案资源管理器中添加一个控制器（DefaultController.cs）和两个视图页 first.cshtml、second.cshtml。

2）在解决方案资源管理器中右击项目名称，在弹出的快捷菜单中选择“属性”命令，在弹出的如图 12-17 所示的对话框中选择设置对象为 Web，设置“启动操作”的类型为“特定页”，并填写特定页为“default/first”（Default 控制器的 First()方法）。

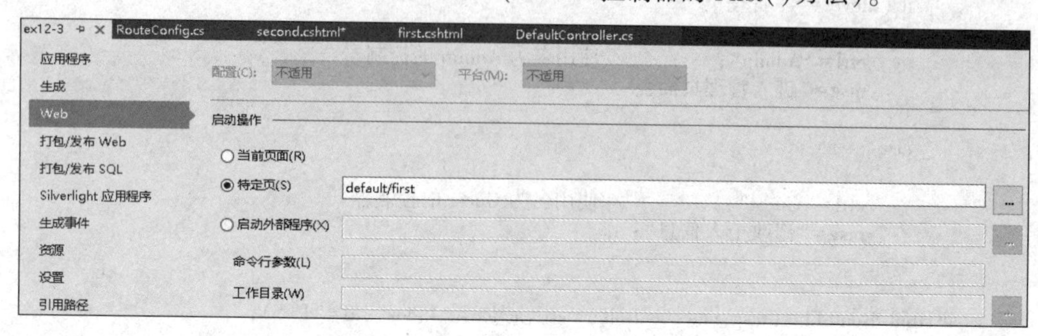

图 12-17 设置从特定页启动

3）按以下所示编写 RouteConfig.cs 的代码。

```
public static void RegisterRoutes(RouteCollection routes)
{
    routes.IgnoreRoute("{resource}.axd/{*pathInfo}");
    routes.MapRoute(
        name: "Map1",
        url: "{controller}/{action}/{id}",
        defaults: new{controller="Default",action="First",id=UrlParameter.Optional}
    );
    routes.MapRoute(
        name:"Map2",
        url:"{controller}/{action}/{id}",
        defaults: new{controller="Default",action="Second",id=UrlParameter.Optional}
    );
}
```

4）按以下所示编写 DefaultController.cs 的代码。

```
public class DefaultController:Controller
{
    public ActionResult First()
    {
        ViewData["msg"]="这是 First 视图";
        return View();
    }
    public ActionResult Second()
    {
        ViewData["msg"]="这是 Second 视图";
        return View();
    }
}
```

5）按以下所示编写 first. cshtml 的代码。

```
@{
    Layout=null;
}
<!DOCTYPE html>
<html>
<head>
    <meta name="viewport" content="width=device-width"/>
    <title>First</title>
</head>
<body>
    <div>
        @ViewData["msg"]<br/><br/>
        <!--跳转目标为 Default 控制器的 Second()方法-->
        <a href="/Default/Second">a 标记生成的静态超链接</a>
    </div>
</body>
</html>
```

6）按以下所示编写 second. cshtml 的代码。

```
@{
    Layout=null;
}
<!DOCTYPE html>
<html>
<head>
    <meta name="viewport" content="width=device-width"/>
    <title>Second</title>
</head>
<body>
    <div>
        @ViewData["msg"]<br/><br/>
        <!--跳转目标为 Default 控制器的 First()方法-->
        @Html.RouteLink("RouteLink 生成的超链接",new{controller="Default",action="First"})
    </div>
</body>
</html>
```

12.3　ASP. NET MVC 控制器

12-3　ASP. NET MVC 控制器

控制器是 ASP. NET MVC 应用程序的“指挥中心”，而视图则构成了应用程序的用户界面。在前面几节中已初步接触到最基本的控制器和视图的使用方法，本节将对它们进行更加深入的了解。

控制器的作用是处理传入的请求、接收用户输入和展现处理结果，以及执行应用程序逻辑。所有的控制器均继承于 ControllerBase 类，通过该类可以进行常规的 MVC 处理。

控制器继承于 Controller 类，Controller 又继承于 ControllerBase 类。但由于 ControllerBase 类中包含的成员数量较少，而 Controller 却包含非常丰富的成员，因此 Controller 类是控制器的默认实现，它负责以下几个处理阶段的工作。

1）查找要调用的 Action 方法，并验证该方法是否可以被调用。

2）获取要执行的 Action 方法的参数。

3）处理在执行操作期间可能发生的错误。

4）提供呈现视图的默认引擎。

在一个控制器中可以定义一个或多个 Action 方法，一个 Action 方法也可以控制一个或多个视图。

12.3.1 控制器的常用属性

控制器中的常用属性有 ViewData、ViewBag、TempData、Server、Request 和 Response 等。在 Action 方法或视图中可以通过这些属性访问相关的对象，从而实现控制器与视图之间的数据传递。

1. ViewData 和 ViewBag 属性

ViewData 属性是一个 ViewDataDictionary 对象，是一个不区分大小写的由“键/值”（Key/Value）对组成的字典类型集合，也就是说，ViewData 中的每一个元素都由“键”和“值”构成的一对数据组成。举例如下。

```
ViewData["msg"]="ASP.NET MVC";
```

其中，msg 为键，ASP.NET MVC 为值，可以理解为“ViewData 集合中键名为 msg 的元素”。

ViewBag 属性是 ViewData 的另一种表示形式，也是一种由“键/值”（Key/Value）对组成的字典类型集合。该属性返回的是一种动态数据类型（Dynamic），这种数据类型只有在进行编译时才会被系统处理。下列代码演示了 ViewData 与 ViewBag 在语法上的不同。

```
ViewData["Name"]="张三";
ViewBag.Name="张三";
```

又如：

```
List<string>tel=new List<string>      //使用泛型集合 List 处理多组数据
{
    "张三,12345678","李四,23456789","王五,34567890"
};
ViewData["Contacts"]=tel;
ViewBag.Contacts=tel;
```

在 ASP.NET MVC 项目中通常需要在控制器中使用 ViewData 或 ViewBag 属性定义要传递给视图的数据，然后在视图中将这些数据展示出来。

2. TempData 属性

TempData 属性的作用与 ViewData 和 ViewBag 相似，也用来向视图传递数据。不同的是，它可以在不同的视图间进行数据传递。此外，TempData 是一个临时的键值对数据集合，只能在当前请求时读取该对象，再次请求时其中的所有数据都会自动变成 null。从 MVC 内部的实现来看，TempData 实际上是通过 Session 来实现的，这样既可以区分不同的访问者，又能及时清除这些暂存的数据。

TempData 的另一个典型用法是，在数据重定向到另一个 Action 方法之前先通过 TempData 存储要传递的数据，然后再从另一个 Action 中得到这些数据。

3. Server 属性

在控制器中，利用 Controller 类公开的 Server 属性可以获取 ControllerBase 类中定义的 HttpServerUtility 对象，然后通过该对象在服务器上执行一些特定的操作。例如，对 HTML 字符串和 URL 字符串进行编码和解码、将虚拟路径转换成物理路径等。Server 属性的常用方法见表 12-1。

表 12-1　Server 属性的常用方法

方　法	说　明
Server. HtmlDecode(htmltext)	对已经进行过 HTML 编码的字符串执行解码
Server. UrlDecode(urltext)	对表示 URL 的字符串进行解码
Server. HtmlEncode(text)	对 HTML 字符串进行编码
Server. UrlEncode(text)	对 URL 字符串进行编码
Server. MapPath(virtualpath)	将虚拟路径转换成物理路径

这些方法与第 5 章中介绍过的 Web Forms 编程模式中的 Server 对象的相关方法十分相似，读者可参阅前面的内容以加深理解。

4. Request 和 Response 属性

在 Action 方法或视图的 C#代码块中，通过 Request 属性可以获取 HttpRequestBase 对象，从而进一步调用该对象提供的一些属性和方法，如 Request. Cookies[key]、Request. Files[key]、Request. Form[key]和 Request. QueryString 等。下列书写在 Action 方法中的代码演示了 Request 属性的使用过程。

```
public ActionResult RequestDemo()//定义 Action 方法
{
    string s="";
    s=s+string. Format("<p>请求的 URL:{0}</p>",Request. Url);
    string filepath=Request. FilePath;
    s=s+string. Format("<p>相对路径为:{0}</p>",filepath);
    s=s+string. Format("物理路径为:{0}</p>",Request. MapPath(filepath));
    s=s+string. Format("<p>HTTP 请求类型:{0}</p>",Request. RequestType);
    //使用 MvcHtmlString 类提供的 Create()静态方法,在 Action 中直接生成 HTML 代码
    ViewBag. Result=MvcHtmlString. Create(s);
    return View();
}
```

在视图文件（*. cshtml）中通过“@ViewBag. Result”语句即可将上述 HTML 代码直接输出到页面中。

控制器还提供了一个只读的 Response 属性，其使用方法与第 5 章中介绍的 Response 对象的使用方法完全一致，这里不再赘述。

12. 3. 2　控制器的 Action()方法

ASP. NET MVC 应用程序通过路由设置找到相应的 Action()方法后，下一步工作就是将请求中携带的数据传递给 Action()方法的参数。

1. Action()方法参数的来源和映射

ASP. NET MVC 框架可以将 Action()方法中的参数值自动映射到 Action()方法。在默认情况下，若 Action()方法带有参数，则 ASP. NET MVC 会检查是否存在同名参数，若有，则自动传递给 Action()方法，无须再编写从请求中获取参数的代码。

Action()方法参数的主要来源见表 12-2。

表 12-2 Action( )方法参数的主要来源

参数来源	说明	优先级
Request. Form 集合	提交表单的集合数据	高
路由数据	路由中定义的参数	中
Request. QueryString 集合	通过查询字符串传递过来的参数	低

所谓“参数映射”，是指在 Action( )方法中设置用于接收通过上述方法传递过来的参数值的设置。例如，下列代码通过 FormCollection 类型变量 formValues 实现了参数映射。当 Create( )方法被调用时，控制器自动接收调用者传递过来的参数，并将其存放在 formValues 中。完成参数映射后才会转去执行 Action( )方法中的代码。

```
public ActionResult Create(FormCollection formValues)
{…}
```

除了上述常规的参数映射方式外，ASP. NET MVC 还支持 Action( )方法的可选参数。例如下列代码表示 Show( )方法使用日期作为参数，如果没有获得参数值，则将当前日期作为默认值。

```
public ActionResult Show(DateTime? data)
{
    if(!data.HasValue)
        data=DateTime.Now;
}
```

2. ActionResult 类的返回值类型

ActionResult 类是所有操作结果的基础，多数 Action( )方法会返回从该类派生的子类实例。例如，常见的操作是调用 View( )方法返回一个从 ActionResult 类派生的 ViewResult 类的实例。当然，也可以根据实际需要返回任意类型（如字符串、整数或布尔值等）的对象。不管返回值是何种类型，它们在呈现到响应流之前，都会被封装在 ActionResult 类型的对象中。

表 12-3 列出了常见的 ActionResult 类的子类型，通过它们可以实现各种内容的输出。

表 12-3 ActionResult 类的子类型及说明

子类型	说明
EmptyResult	表示 Action 方法返回 null，不输出任何结果
ContextResult	将指定内容作为文本输出
JsonResult	输出 JSON 字符串
JavaScriptResult	输出可以在客户端执行的 JavaScript 脚本
RedirectResult、RedirectToRouteResult	重定向到指定的 URL
FileResult（抽象类）包含 FilePathResult、FileContentResult、FileStreamResult 三个子类	文件输出。FileResult 本身不做任何输出工作，其 3 个子类负责文件输出
ViewResult	将视图呈现为网页

【演练 12-4】ActionResult 类应用示例。程序运行后显示如图 12-18 所示的界面，当用户单击某个超链接时将显示出相应的结果，如图 12-19 所示。

单击 3 和 4 时，可下载并播放指定的 MP3 文件和在浏览器中打开 PDF 文件。

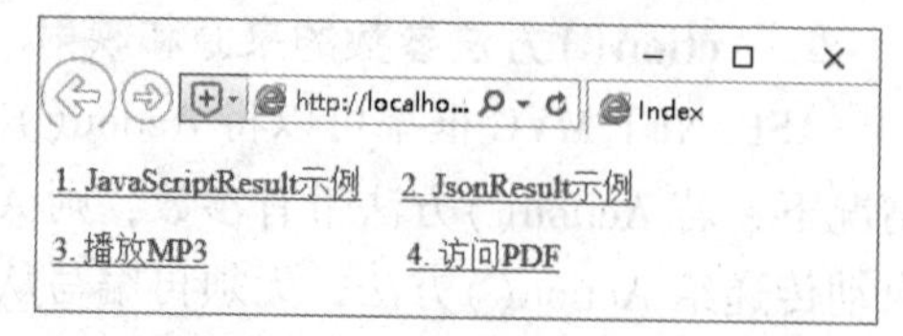

图 12-18 程序界面

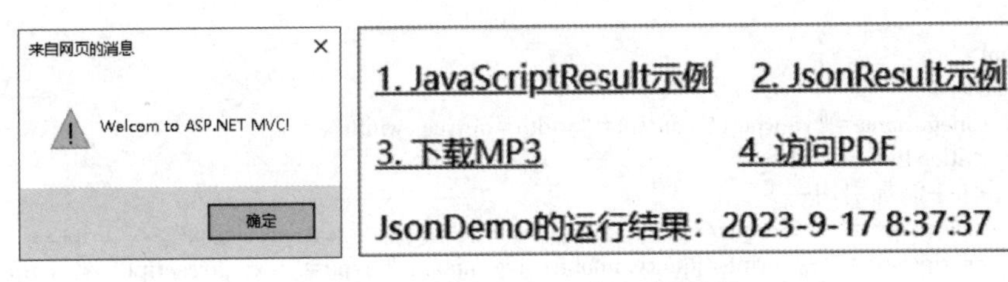

图 12-19　单击 1 和 2 时显示的结果

程序设计步骤如下。

1）新建一个 ASP. NET 空 MVC 项目（不使用布局页和单元测试），通过手工方式添加控制器和视图。参照前面介绍的方法，在解决方案资源管理器中添加一个控制器 DefaultController. cs 和一个视图页 Index. cshtml。

在项目文件夹中创建一个名为 Content 的子文件夹，将用于测试的 MP3 文件和 PDF 文件复制到其中。创建一个 Scripts 子文件夹，将需要引用的 “jquery. unobtrusive-ajax. js” 和 “jquery-3. 1. 1. min. js” 复制到其中。上述 . js 文件可以从 Internet 中下载，也可以通过本书第 8 章中介绍过的 NuGet 来获取。

2）按以下所示编写 DefaultController. cs 的代码。

```
public class DefaultController:Controller
{
    // GET: Default
    public ActionResult Index()                    //系统默认 Action
    {
        return View();
    }
    public ActionResult JsonDemo()                 //运行 JSON
    {
        string s="JsonDemo 的运行结果:"+DateTime.Now.ToString();
        return Json(s);
    }
    public ActionResult JavaScriptDemo()           //执行 JavaScript 脚本
    {
        string js="alert('Welcom to ASP.NET MVC!')";
        return JavaScript(js);
    }
    public ActionResult FileDownDemo()             //下载并播放 MP3
    {
        var download=File("~/Content/rain.mp3","audio/mp3","rain.mp3");
        return download;
    }
    public ActionResult FileStreamDemo()           //打开 PDF
    {
        FileStream fs=new FileStream(Server.MapPath("/Content/readme.pdf"),FileMode.Open);
        return File(fs,"application/pdf");
    }
}
```

3）按以下所示编写 Index. cshtml 的代码。

```
@{
    Layout=null;
}
<!DOCTYPE html>
```

```
<html>
<head>
    <meta name="viewport" content="width=device-width"/>
    <title>Index</title>
    <!--添加引用-->
    <script src="~/Scripts/jquery-3.1.1.min.js" type="text/javascript"></script>
    <script src="~/Scripts/jquery.unobtrusive-ajax.js" type="text/javascript"></script>
</head>
<body>
    <div id="test">
        <p>@ Ajax.ActionLink("1. JavaScriptResult 示例","JavaScriptDemo",
                    "Default",new AjaxOptions())
         @ Ajax.ActionLink("2. JsonResult 示例","JsonDemo","Default",
                new AjaxOptions{ UpdateTargetId="div2",HttpMethod="POST"})
        </p>
        <p>@ Html.ActionLink("3. 播放 MP3","FileDownDemo")
                      
            @ Html.ActionLink("4. 访问 PDF","FileStreamDemo")
        </p>
        <div id="div2"></div><!--这里用于显示 JsonDemo 的结果-->
    </div>
</body>
</html>
```

有以下两点需要说明。

1）缺少了对“jquery-3.1.1.min.js”和“jquery.unobtrusive-ajax.js”的引用将无法使用 Ajax.ActionLink()方法。

2）在设计“JavaScriptResult 示例”和“JsonResult 示例”时，若使用 Html.ActionLink()方法创建超链接，将不能得到预期的效果（JavaScript 会按文本输出脚本内容，不能弹出信息框；JSON 会报错）。

12.4 ASP.NET MVC 视图和模型

12-4 ASP.NET MVC 视图与模型

在前面介绍过的内容中已经初步接触了一些关于视图的概念和一些简单的视图文件（.cshtml）。可以看出一个 cshtml 文件包含了两大类代码：客户端代码和服务器端代码。其中，客户端代码包括 HTML、CSS、JavaScript 和 jQuery 等，服务器端代码由使用 Razor 语法编写的 C#代码构成。细心的读者会注意到，ASP.NET MVC 放弃了前端页面与后台代码紧耦合的 ASP.NET 服务器控件，页面的构成完全由客户端代码来实现。

12.4.1 布局页的概念

布局页也称为母版页，是指可以被其他页面作为模板来引用的特殊网页，通常用来布局页面中固定不变的部分，与 ASP.NET Web Forms 项目中母版页（.master）的概念相似。布局页通常被保存在网站文件夹下的 Views/Shared 子文件夹中，并且其文件名都以下画线“_”开头（如_Layout.cshtml、_AreasLayout.cshtml 等）。对于规模较大的网站，通常使用区域（Areas）来管理项目，每个区域都可以拥有自己的布局页模板。

布局页中使用 RenderBody()方法指定视图页或视图的显示位置，使用 RenderSection()

方法显示视图中定义的“节”内容。

例如，可以将网站的标题横幅区、版权页脚区、左侧导航区，以及对 .css 和 jQuery 的引用等公共内容设计到布局页中，而将主显示区的动态内容通过“@ RenderBody( )”方法指定其显示位置。需要注意的是，RenderBody( )方法不带任何参数，且在布局页中只能出现一次。

如果在视图页中使用“@ Section 名称”定义了一个“节”，则可在布局页中通过调用 RenderSection( )方法指定该“节”显示的位置。在布局页中引用“节”的语法格式如下。

```
@RenderSection(secname[,required=true | required=false])
```

在视图页中定义“节”的语法格式如下。

```
@section 节名称
{
    节的内容
}
```

12.4.2　使用布局页

【演练 12-5】使用布局页控制视图的样式，程序运行后显示如图 12-20 所示的页面。其中，Logo（标题栏）、Nav（导航栏）、Left（左侧栏）和 Bottom（版权栏）板块均由布局页配合 CSS 样式表创建，并通过 RenderBody( )和 RenderSection( )方法指定视图和 Section 的显示位置。

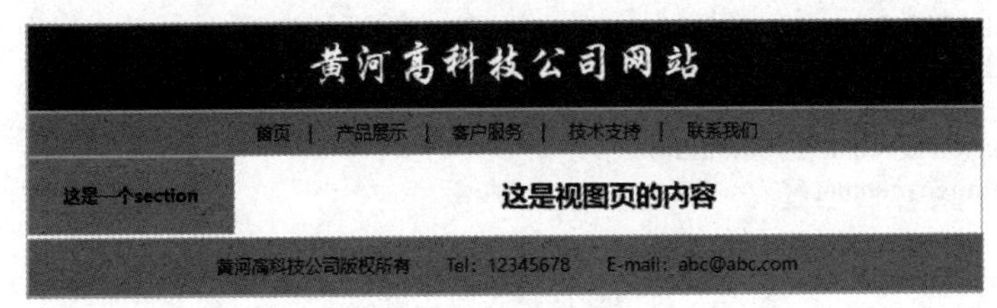

图 12-20　使用布局页的视图

程序设计步骤如下。

新建一个 ASP. NET MVC 空网站项目，向项目中添加一个 HomeController 控制器。

（1）设计 CSS 样式表

在解决方案资源管理器中右击项目名称，在弹出的快捷菜单中选择“新建文件夹”命令，在网站根目录下创建一个用于存放 CSS 样式表文件、名为 Content 的文件夹。右击 Content 文件夹，在弹出的快捷菜单中选择“添加”→“样式表”命令，按以下所示编写 StyleSheet1. css 的代码。

```
body
{
    font-size:small;
    text-align:center;
}
#logo                              /* 设置网站 Logo 栏的样式 */
{
    width: 700px;
    height: 60px;
    line-height:60px;              /* 设置 height 和 line-height 属性值相同可使单行文本垂直居中 */
```

```
        border: 1px solid Silver;
        background-color:darkblue;
        text-align:center;
        font-family:华文行楷;
        font-size:xx-large;
        color:#FFFFFF;
    }
    #nav                        /*设置导航栏的样式*/
    {
        border: 1px solid Silver;
        width: 700px;
        height: 30px;
        background-color:cornflowerblue;
        line-height:30px;
    }
    #left                       /*设置左侧 Section 的样式*/
    {
        width: 150px;
        height: 54px;           /*设置左侧<div>的高度,在实际应用中通常需要设置为动态值*/
        line-height:54px;       /*设置 line-height 等于 height 可以使<div>中的文字垂直居中*/
        border: 1px solid Silver;
        background-color:cadetblue;
        float:left;
    }
    #bottom                     /*设置底部版权栏的样式*/
    {
        border: 1px solid Silver;
        width: 700px;
        height: 40px;
        line-height:40px;
        background-color:cornflowerblue;
        text-align:center;
    }
    a{text-decoration:none}     /*设置超链接没有下画线*/
    a:link{color:black}         /*设置超链接文字为黑色*/
    a:visited{color:black}      /*设置访问过的超链接文字也为黑色*/
    a:hover{color:red}          /*设置鼠标指向超链接时文字变成红色*/
```

（2）设计布局页

在解决方案资源管理器中右击 Views 文件夹，在弹出的快捷菜单中选择“新建文件夹”命令，在 Views 下创建一个用于存放布局页、名为 Shared 的子文件夹。右击 Shared 文件夹，在弹出的快捷菜单中选择“添加”→“MVC 5 布局页（Razor）”命令，向 Shared 文件夹中添加一个名为“_LayoutPage1. cshtml”的布局页，并按以下所示编写代码。

```
<!DOCTYPE html>
<html>
<head>
    <meta name="viewport" content="width=device-width"/>
    <title>@ ViewBag. Title</title>
    <link href="~/Content/StyleSheet1. css" rel="stylesheet"/>      @*引用样式表文件*@
</head>
<body>
    <div style="width:700px;border: solid 1px Silver">
        <div id="logo">黄河高科技公司网站</div>
        <div id="nav">
            @*这里仅是一个示例,没有设置跳转目标 URL*@
```

```
                @ Html. ActionLink("首页","") | 
                @ Html. ActionLink("产品展示","") | 
                @ Html. ActionLink("客户服务","") | 
                @ Html. ActionLink("技术支持","") | 
                @ Html. ActionLink("联系我们","")
            </div>
            <div id="left">
                @* 将视图页 Index. cshtml 中定义的名为 sec 的 section 的内容放置在此处 *@
                @ RenderSection("sec")
            </div>
            <div>
                @ RenderBody()        @* 将视图页的内容放置在此处 *@
            </div>
            <div id="bottom">
                黄河高科技公司版权所有   
                Tel:12345678  E-mail:abc@ abc. com
            </div>
        </div>
    </body>
    </html>
```

（3）添加视图

在解决方案资源管理器中右击 Views 下的 Home 文件夹，在弹出的快捷菜单中选择“添加”→“视图”命令，在弹出的如图 12-21 所示的对话框中指定视图名称为 Index，选择使用前面创建的布局页后单击“添加”按钮。按以下所示编写 Index. cshtml 的代码。

```
    @{
        ViewBag. Title="使用布局页";       @* 显示到浏览器标题栏中的文本 *@
        Layout="~/Views/Shared/_LayoutPage1. cshtml";       @* 引用布局页 *@
    }
    <h2>这是视图页的内容</h2>
    @ section sec{       @* 定义一个名为 sec 的 section *@
        <b>这是一个 section</b>
    }
```

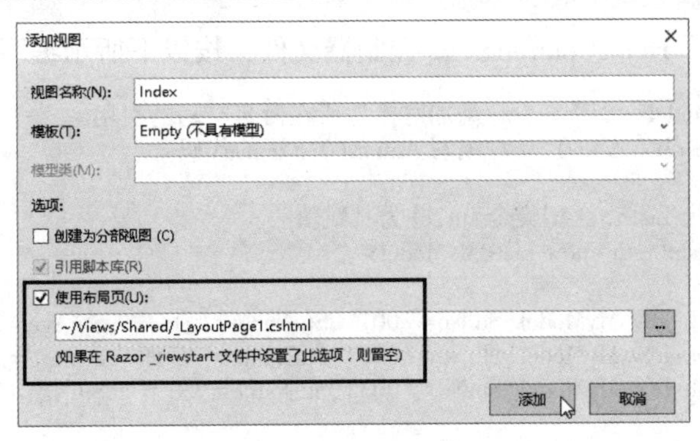

图 12-21　添加视图

12. 4. 3　通过模型向视图传递数据

模型（Model）是 ASP. NET MVC 项目的数据接口。数据库、XML 文件、Web API 及其他各种 Web 服务（Web Service）中的数据都可以通过模型传递给控制器。用户提交的数据也可以通过模型传递给数据库。

通过模型向视图传递数据一般需要经过以下 3 个步骤：在 Models 文件夹下创建模型类；

在控制器中获取模型数据；最后在视图中显示模型数据。本节将使用一个简单的实例来说明通过模型向视图传递数据的具体实现。

【演练 12-6】 在 ASP.NET MVC 项目的 Models 文件夹下创建一个用于存放学生信息的 MyModel.cs 模型类，该类具有 StuNo、StuName 和 StuAge 共 3 个属性。在控制器的 Action( ) 方法中声明一个 MyModel 类型的泛型集合，将 3 名学生的信息存入集合并返回给视图。在视图中获取由模型传递过来的数据，并将其显示到表格中。程序运行结果如图 12-22 所示。

学号	姓名	年龄
001	张三	20
002	李四	19
003	王五	21

图 12-22　在视图中显示从模型获取的数据

程序设计步骤如下。

创建一个 ASP.NET MVC 空项目，向项目的 Controller 文件夹中添加一个控制器 HomeController.cs；向 Views 下的 Home 文件夹中添加一个不使用布局页的 Index.cshtml 视图。

（1）创建模型类

在解决方案资源管理器中右击 Models 文件夹，在弹出的快捷菜单中选择"添加"→"类"命令，向 Models 中添加一个名为 MyModel.cs 的模型类文件。按以下所示编写 MyModel.cs 的代码。

```
namespace ex12_6.Models      //ex12_6 为本例的项目名称,ex12_6.Models 是项目的命名空间名称
{
    public class MyModel
    {
        public string StuNo{get;set;}       /*声明模型类的3个属性:学号、姓名和年龄*/
        public string StuName{get;set;}
        public int StuAge{get;set;}
    }
}
```

（2）获取模型数据

在代码窗口中打开 HomeController.cs 控制器文件，按以下所示编写其代码。

```
using ex12_6.Models;            //添加对模型所在命名空间的引用
public ActionResult Index()     //编写 Action()方法的代码
{
    //声明一个 List<>泛型集合 stu,并为其赋值
    List<MyModel>stu=new List<MyModel>
    {
        new Models.MyModel{StuNo="001",StuName="张三",StuAge=20},
        new Models.MyModel{StuNo="002",StuName="李四",StuAge=19},
        new Models.MyModel{StuNo="003",StuName="王五",StuAge=21},
    };
    return View(stu);
}
```

（3）显示模型数据

在代码窗口中打开 Index.cshtml 视图文件，按以下所示编写其代码。

```
@{
    Layout=null;
}
```

```
<!DOCTYPE html>
<html>
<head>
    <meta name="viewport" content="width=device-width"/>
    <title>通过 Model 传递数据</title>
    <style type="text/css">
        /*设置表格样式*/
        table{
            border: 1px solid Silver;
            border-collapse: collapse;
            width: 320px;
            text-align: center;
            margin: auto;}
        tr{height: 30px;}
        th{border: 1px solid Silver;padding: 10px;}
        td{border: 1px solid Silver;padding: 10px;}
    </style>
</head>
<body>
    <div>
        @*获取从模型中传递过来的数据*@
        @model List<ex12_6.Models.MyModel>
        <table>
            <thead>
                <tr>
                    <th>学号</th>
                    <th>姓名</th>
                    <th>年龄</th>
                </tr>
            </thead>
            <tbody>
                @*通过循环将泛型集合中的数据(也就是模型传递过来的数据)
                    显示到表格中*@
                @foreach (var v in Model)
                {
                    <tr>
                        <td>@v.StuNo</td>
                        <td>@v.StuName</td>
                        <td>@v.StuAge</td>
                    </tr>
                }
            </tbody>
        </table>
    </div>
</body>
</html>
```

说明：在视图文件中，可以使用@ model（首字母小写）声明控制器传递过来的模型类型，该类型必须与模型类型一致，如本例的“@ model List<ex12_6. Models. MyModel>”。而后，可以使用@ Model（首字母大写）访问模型中对应的属性，如本例的“@ foreach（var v in Model）”。

12.4.4　使用 ADO. NET 实体数据模型

在 ASP. NET MVC 项目中可以使用 ADO. NET 实体数据模型，创建能对数据库进行常规操作的应用程序。这种方式与在 ASP. NET Web Forms 项目中使用数据源控件类似，几乎不需要程序员编写任何代码，在向导的指引下即可十分方便地完成程序设计。本节将以管理 SQL Server 数据库（TelBook）中的通信录（Tel）表为例说明 ADO.NET 实体数据模型的操作方法。

【演练 12-7】使用 ASP.NET 实体数据模型创建一个能对 SQL Server 数据库进行常规操作的 MVC 项目。

程序运行后显示如图 12-23 所示的 Index.cshtml 页面（如果初始状态下没有在数据库中输入任何记录，此处为一个空表）。

单击“添加记录”超链接将打开如图 12-24 所示的 Create.cshtml 页面，用户在填写了新记录的相关数据后，单击“添加记录”超链接，程序将自动返回到 Index.cshtml 页面，并将新记录显示到表格中。若要放弃添加，可直接单击“返回列表”超链接。

图 12-23 查看记录页面 Index.cshtml

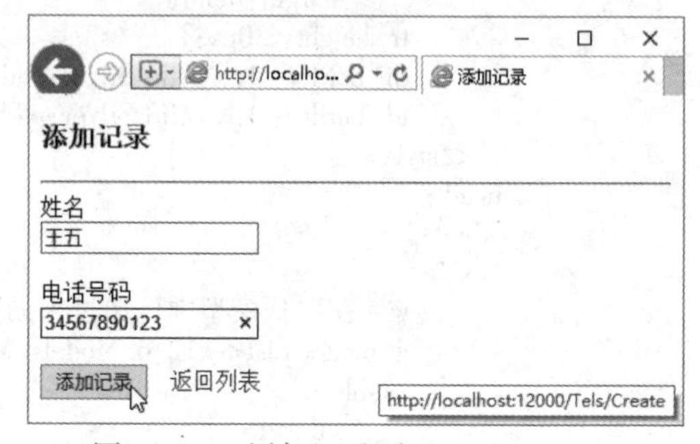

图 12-24 添加记录页面 Create.cshtml

若在 Index.cshtml 中单击“编辑”超链接，将打开如图 12-25 所示的 Edit.cshtml 页面，其中显示有当前记录的现有数据，用户在修改后单击“保存”按钮，可将修改后的数据提交到数据库。若要放弃修改，可直接单击“返回列表”超链接。

若在 Index.cshtml 中单击某条记录前面的“删除”超链接，将打开如图 12-26 所示的 Delete.cshtml 删除确认页面。单击“删除”按钮进行确认，若放弃删除，可直接单击“返回列表”超链接。

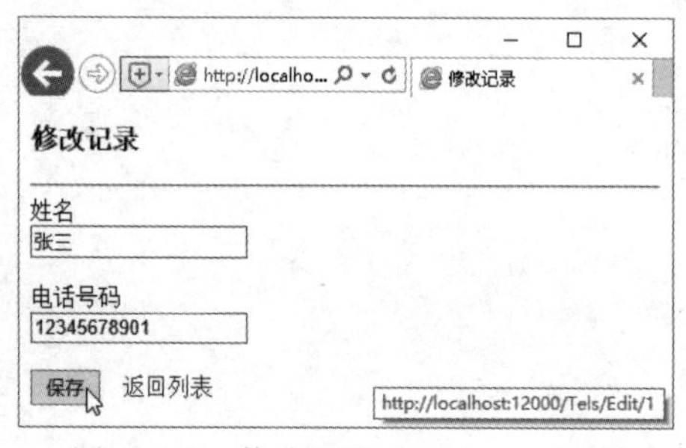

图 12-25 修改记录 Edit.cshtml 页面

图 12-26 确认删除 Delete.cshtml 页面

程序设计步骤如下。

（1）创建 MVC 项目和数据库

创建一个 ASP.NET MVC 空项目，在解决方案资源管理器中右击 App_Data 文件夹，在弹出的快捷菜单中选择“添加”→“SQL Server 数据库”命令，向项目中添加一个名为 TelBook 的数据库，并向数据库中添加一个名为 Tel 的数据表，该表中包含 id（编号，自增值整型）、name（姓名）和 telnum（电话号码）3 个字段。

（2）添加 ADO.NET 实体数据模型

1）在解决方案资源管理器中右击 Models 文件夹，在弹出的快捷菜单中选择“添加”→

“新建项”命令，在弹出的如图 12-27 所示的对话框中选择“数据”分类下的“ADO. NET 实体数据模型”选项，指定模型名称后单击“添加”按钮。

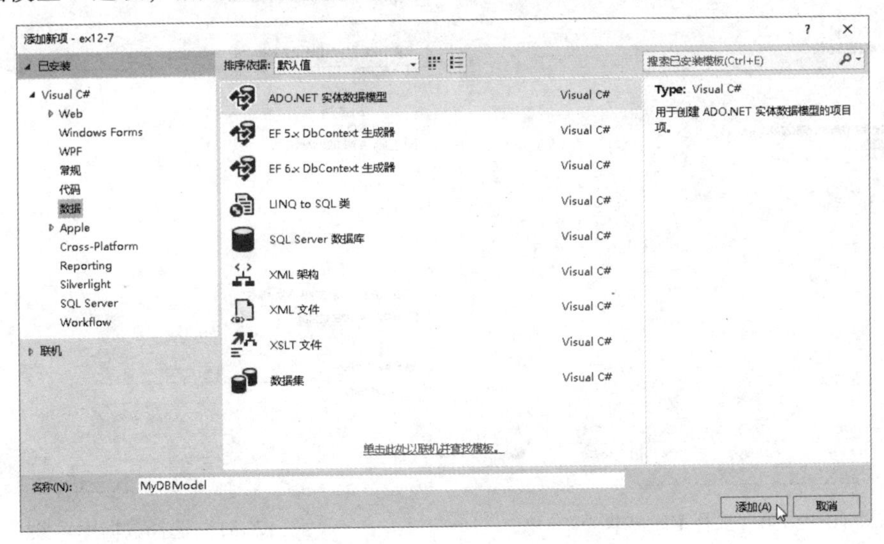

图 12-27　添加 ADO. NET 实体数据模型

2）在弹出的如图 12-28 所示的“选择模型内容”界面中选择“来自数据库的 EF 设计器”选项，然后单击“下一步”按钮。所谓 EF，是指 Entity Framework（实体框架），Visual Studio 2015 内置了对 EF 5 和 EF 6 的支持。

3）在如图 12-29 所示的“选择您的数据连接”界面中，选择前面创建完毕的 TelBook 数据库后单击“下一步”按钮。

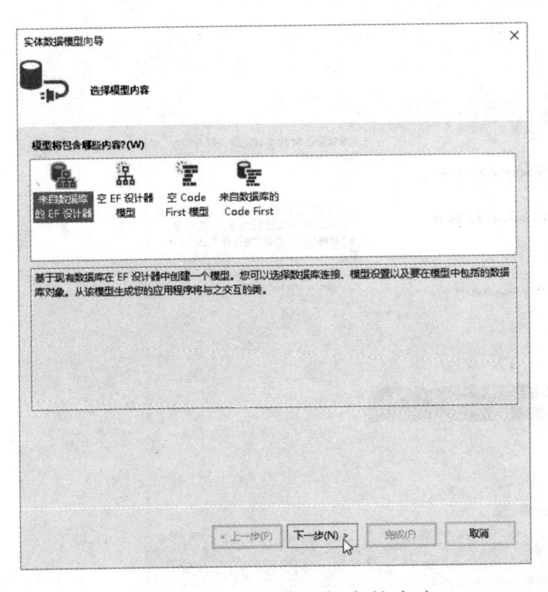

图 12-28　指定模型包含的内容

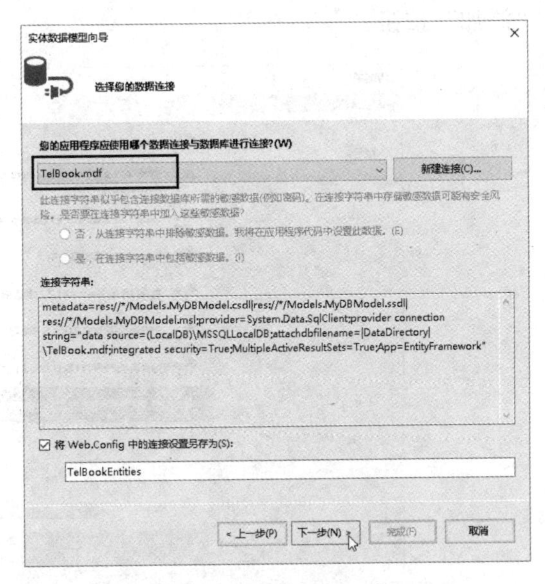

图 12-29　选择要连接的数据库

4）在如图 12-30 所示的“选择您的版本”界面中，选择“实体框架 6. ×”单选按钮，然后单击“下一步”按钮。在如图 12-31 所示的“选择您的数据库对象和设置”界面中，选择操作对象为前面创建的 TelBook 数据库中的 Tel 表，然后单击“完成”按钮。

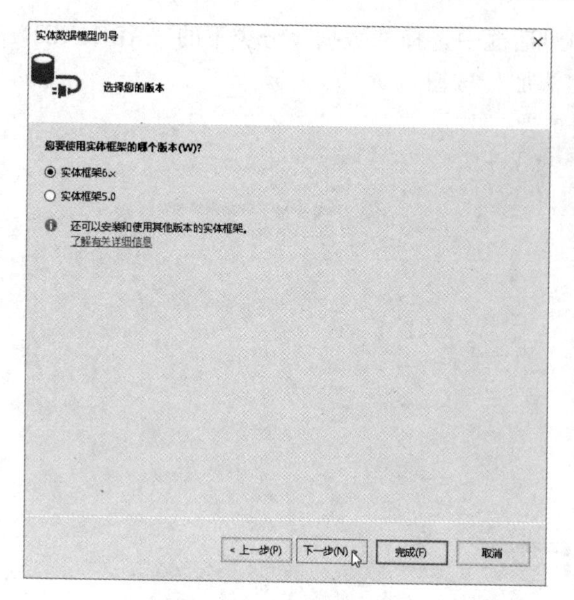

图 12-30　选择 EF 版本

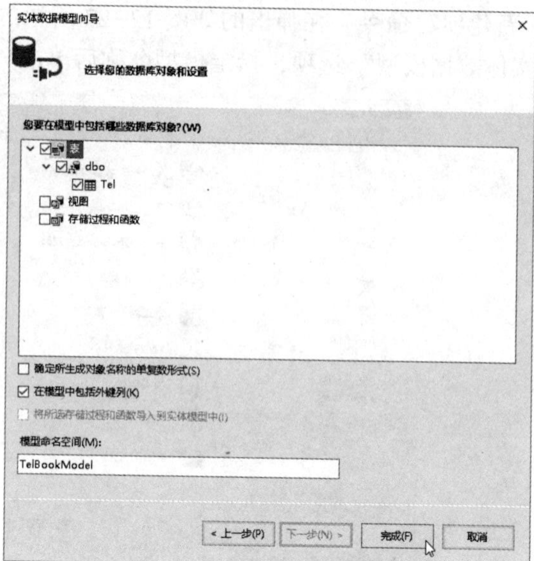

图 12-31　选择数据库对象

注意：ADO. NET 实体数据模型添加完毕后，需要在 Visual Studio 中执行一次“生成”→“重新生成解决方案”命令，否则后续的操作会出现错误。

（3）添加 MVC 控制器

ADO. NET 实体数据模型添加完毕后，可在解决方案资源管理器中右击 Controllers 文件夹，在弹出的快捷菜单中选择“添加”→“控制器”命令。在如图 12-32 所示的“添加基架”对话框中选择“包含视图的 MVC 5 控制器（使用 Entity Framework）”选项，然后单击“添加”按钮。

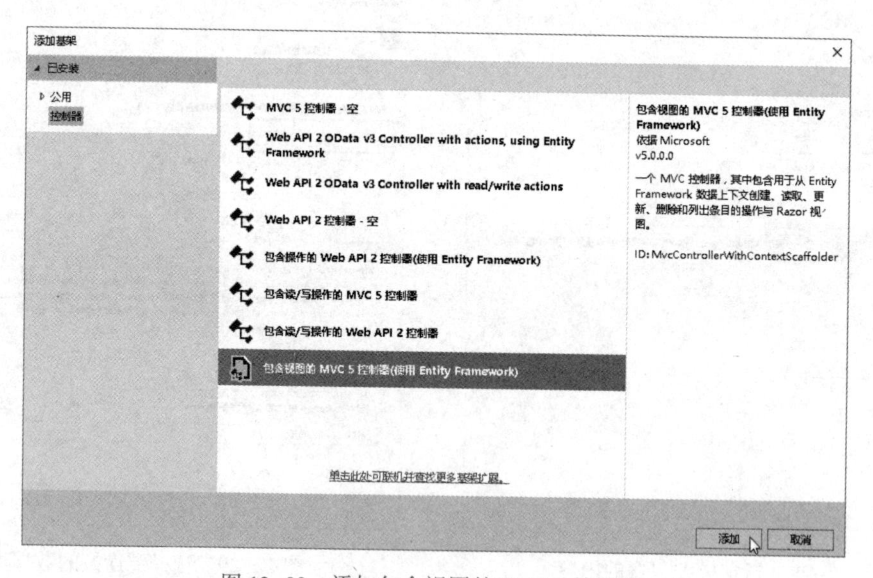

图 12-32　添加包含视图的 MVC 5 控制器

在弹出的如图 12-33 所示的对话框中需要选择和设置为 ADO. NET 实体数据模型提供支持的模型类和数据上下文类。

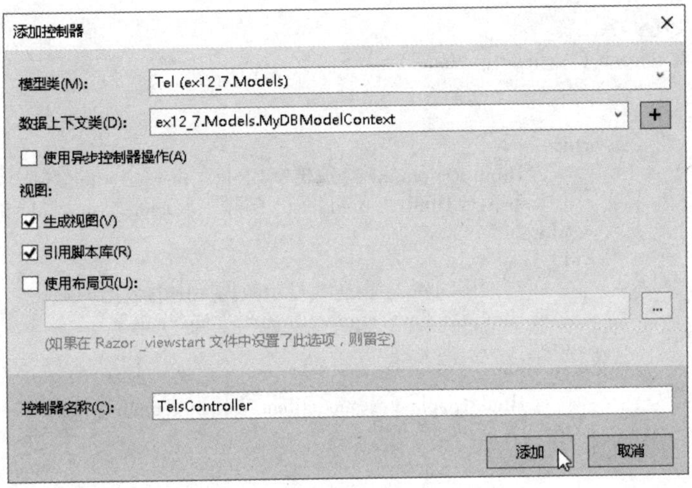

图 12-33　设置模型类和数据上下文类

在设置上下文类时，若系统提供的选项中没有与 Models 文件夹中相同的，可单击选择框右侧的“+”按钮，进行手工修改。请读者自行比较一下解决方案资源管理器中由系统自动生成的上下文类的名称，进而理解这里为何要这样设置。

本例中未使用布局页，因此需要取消选择“使用布局页”复选框。控制器的名称一般情况下不需要修改，设置完毕后单击“添加”按钮。

（4）修改视图文件代码

完成了前 3 步的操作后，一个能对 SQL Server 数据库进行常规操作的 MVC 应用程序基本也就完成了，可按〈F5〉键运行程序并检测其基本功能。若希望使程序界面基本符合用户的一般使用习惯，可按以下所示修改由系统自动生成的 Index. cshtml、Create. cshtml、Edit. cshtml 和 Delete. cshtml 这 4 个视图文件，并向项目中添加必要的 CSS 样式文件。系统自动生成的还有一个用于显示记录细节的 Details. cshtml 视图文件，在本例中其作用不大，可以在 Index. cshtml 中删除向视图转换的超链接，将其屏蔽。

1）修改 Index. cshtml 的代码如下。

```
@ model IEnumerable<ex12_7. Models. Tel>
@ {
    Layout = null;
}
<!DOCTYPE html>
<html>
<head>
    <meta name = " viewport"  content = " width = device-width" />
    <title>ADO. NET 实体模型示例</title>
    <link href = " ~/Content/StyleSheet1. css"  rel = " stylesheet" />        @* 引用样式表文件 *@
</head>
<body>
    <h3>我的通信录</h3><hr/>
    @ Html. ActionLink( " 添加记录" , " Create" )
    <table class = " table" >
        <tr>
            <th>操作</th>
            <th>姓名</th>
            <th>电话号码</th>
```

```
            </tr>
            @foreach (var item in Model)
            {
                <tr>
                    <td>
                        @Html.ActionLink("编辑","Edit",new{id=item.Id})
                         @Html.ActionLink("删除","Delete",new{id=item.Id})
                    </td>
                    <td>
                        @*使用 Lambda 表达式显示数据库中的数据*@
                        @Html.DisplayFor(modelItem=>item.name)
                    </td>
                    <td>
                        @Html.DisplayFor(modelItem=>item.telnum)
                    </td>
                </tr>
            }
        </table>
    </body>
    </html>
```

2）修改 Create.cshtml 的代码如下。

```
    @model ex12_7.Models.Tel
    @{
        Layout=null;
    }
    <!DOCTYPE html>
    <html>
    <head>
        <meta name="viewport" content="width=device-width"/>
        <title>添加记录</title>
        <style type="text/css">
            a{text-decoration: none;}              /*设置超链接没有下画线*/
            a:link{color: blue;}                   /*设置超链接文字为蓝色*/
            a:visited{color: blue;}                /*设置访问过的超链接文字为黑色*/
            a:hover{color: red;}                   /*设置鼠标指向超链接时文字变成红色*/
        </style>
    </head>
    <body>
        <script src="~/Scripts/jquery-1.10.2.min.js"></script>
        <script src="~/Scripts/jquery.validate.min.js"></script>
        <script src="~/Scripts/jquery.validate.unobtrusive.min.js"></script>
        @using (Html.BeginForm())
        {
            @Html.AntiForgeryToken()
            <div class="form-horizontal">
                <h3>添加记录</h3>
                <hr/>
                @Html.ValidationSummary(true,"",new{@class="text-danger"})
                <div class="form-group">
                    姓名
                    <div class="col-md-10">
                        @Html.EditorFor(model=>model.name,
                                new{htmlAttributes=new{@class="form-control"}})
                        @Html.ValidationMessageFor(model=>model.name,"",
                                new{@class="text-danger"})
```

```
                </div>
            </div><br/>
            <div class="form-group">
                电话号码
                <div class="col-md-10">
                    @Html.EditorFor(model=>model.telnum,
                        new{htmlAttributes=new{@class="form-control"}})
                    @Html.ValidationMessageFor(model=>model.telnum,"",
                        new{@class="text-danger"})
                </div><br/>
            </div>
            <div class="form-group">
                <div class="col-md-offset-2 col-md-10">
                    <input type="submit" value="添加记录" class="btn btn-default"/>
                         @Html.ActionLink("返回列表","Index")
                </div>
            </div>
        </div>
    }
</body>
</html>
```

3）修改 Edit. cshtml 的代码如下。

```
@model ex12_7.Models.Tel
@{
    Layout=null;
}
<!DOCTYPE html>
<html>
<head>
    <meta name="viewport" content="width=device-width"/>
    <title>修改记录</title>
    <link href="~/Content/StyleSheet1.css" rel="stylesheet"/>
</head>
<body>
    <script src="~/Scripts/jquery-1.10.2.min.js"></script>
    <script src="~/Scripts/jquery.validate.min.js"></script>
    <script src="~/Scripts/jquery.validate.unobtrusive.min.js"></script>
    @using (Html.BeginForm())        @* HTML 表单的开始位置 *@
    {
        @Html.AntiForgeryToken()
        <div class="form-horizontal">
            <h3>修改记录</h3>
            <hr/>
            @Html.ValidationSummary(true,"",new{@class="text-danger"})
            @Html.HiddenFor(model=>model.Id)
            <div class="form-group">
                姓名
                <div class="col-md-10">
                    @Html.EditorFor(model=>model.name,
                        new{htmlAttributes=new{@class="form-control"}})
                    @Html.ValidationMessageFor(model=>model.name,"",
                        new{@class="text-danger"})
                </div>
            </div><br/>
            <div class="form-group">
```

```
                    电话号码
                    <div class="col-md-10">
                        @Html.EditorFor(model=>model.telnum,
                              new{htmlAttributes=new{@class="form-control"}})
                        @Html.ValidationMessageFor(model=>model.telnum,"",
                              new{@class="text-danger"})
                    </div>
                </div><br/>
                <div class="form-group">
                    <div class="col-md-offset-2 col-md-10">
                        <input type="submit" value="保存" class="btn btn-default"/>
                               @Html.ActionLink("返回列表","Index")
                    </div>
                </div>
            </div>
        }
</body>
</html>
```

4）修改 Delete.cshtml 的代码如下。

```
@model ex12_7.Models.Tel
@{
    Layout=null;
}
<!DOCTYPE html>
<html>
<head>
    <meta name="viewport" content="width=device-width"/>
    <title>删除记录</title>
    <link href="~/Content/StyleSheet1.css" rel="stylesheet"/>
</head>
<body>
    <div>
        <h3>下列记录将被删除请确认</h3>
        <hr/>
        <table>
            <tr>
                <th>姓名</th>
                <th>电话号码</th>
            </tr>
            <tr>
                <td>@Html.DisplayFor(model=>model.name)</td>
                <td>@Html.DisplayFor(model=>model.telnum)</td>
            </tr>
        </table>
        @using (Html.BeginForm())
        {
            @Html.AntiForgeryToken()
            <br/><div class="form-actions no-color">
                <input type="submit" value="删除" class="btn btn-default"/> 
                @Html.ActionLink("返回列表","Index")
            </div>
        }
    </div>
</body>
</html>
```

思考：观察一下 App_Data 文件夹中的内容。在应用程序中添加的数据库记录被保存到了哪里？为什么？

12.5　实训——设计一个用户管理程序

12.5.1　实训目的

1）熟练掌握使用 ADO. NET 实体数据模型，创建用于管理 SQL Server 数据库的 MVC 应用程序的一般步骤。

2）通过修改由系统自动生成的视图页面，进一步熟悉使用 CSS 样式表、HTML 标记语言和 Razor 语法编写网页代码的技巧。

3）通过阅读由系统自动生成的相关控制器文件代码和模型文件代码，初步建立通过模型管理数据库的概念。

12.5.2　实训要求

1）新建一个 MVC 空项目，向项目中添加一个名为 Admin 的 SQL Server 数据库，向数据库中添加一个名为 Users 的数据表，该表具有 id（编号）、uname（用户名）、upwd（密码）和 ulevel（级别）4 个字段（字段类型和宽度可根据需要自行设计）。

2）使用 ADO. NET 实体数据模型，创建一个能对上述数据库进行常规操作（如浏览、添加记录、修改记录和删除记录）的 MVC 项目。

3）修改由系统自动生成的视图文件，使之基本符合用户的一般操作习惯（使用中文提示、使用表格布局等）。